AF344075

Encyclopédie agricole

A. ROLET

PLANTES a PARFUMS

ET

PLANTES AROMATIQUES

PARIS

J. B. BAILLIÈRE & FILS

ENCYCLOPÉDIE AGRICOLE
Publiée sous la direction de G. WÉRY

ANTONIN ROLET

PLANTES A PARFUMS

ET

PLANTES AROMATIQUES

ENCYCLOPÉDIE AGRICOLE
Publiée par une réunion d'Ingénieurs agronomes
SOUS LA DIRECTION DE G. WERY

PLANTES A PARFUMS

ET

PLANTES AROMATIQUES

PAR

Antonin ROLET

INGÉNIEUR AGRONOME
PROFESSEUR A L'ÉCOLE PRATIQUE D'HORTICULTURE D'ANTIBES (A.-M.)

Avec 100 figures intercalées dans le texte

PARIS

LIBRAIRIE J.-B. BAILLIÈRE et FILS
19, rue Hautefeuille, près du Boulevard Saint-Germain

1918

DU MÊME AUTEUR

Culture des Plantes médicinales (en collaboration avec Bouret), 1918, 1 vol. in-18 (*Encyclopédie agricole*).

Les Conserves de Fruits, 500 p., 170 fig. (*Encyclopédie agricole*).

Les Conserves de Légumes, Œufs, Laitage, Viande, 500 p., 90 fig. (*Encyclopédie agricole*).

L'Industrie laitière, sous-produits et résidus, 400 p., 162 fig.

Les Essences et les Parfums, 404 p., 104 fig.

Les Vers à soie, sériciculture moderne, 430 p., 102 fig.

L'Industrie du Beurre en France et à l'Étranger, 456 p., 35 fig.

Le Lait hygiénique, 382 p., 112 fig.

Les Gelées, 124 p.

La Grêle, 127 p.

Recherches sur la composition du Lait et des Produits de la Laiterie, 83 p. (22cm × 28, 40 tableaux, 24 graphiques).

Le Lait écrémé des centrifuges et le petit-lait, 70 p.

Le Muséon arlaten et le Pays d'Arles, 14 p.

Sur l'Enseignement pédagogique et rationnel de la Laiterie et de l'Agriculture, 20 p.

Médailles d'argent (Exposition 1900 et Académie d'Agriculture de France); Diplôme de Médaille d'or (Académie d'Agriculture de France); Médaille d'or (Société d'encouragement pour l'Industrie nationale); deux prix agronomiques au concours (Société des Agriculteurs de France); Prix de la Société scientifique d'Hygiène alimentaire; Prix Roulot au concours (Association des Ingénieurs agronomes).

L'Institut National Agronomique de Paris.

INTRODUCTION

Si les choses se passaient en toute justice, ce n'est pas moi qui devrais signer cette préface.

L'honneur en reviendrait plus naturellement à l'un de mes deux éminents prédécesseurs :

A Eugène TISSERAND, que nous devons considérer comme le véritable créateur en France de l'enseignement supérieur de l'agriculture ; n'est-ce pas lui qui, pendant de longues années, a pesé de toute sa valeur scientifique sur nos gouvernements et obtenu qu'il fût créé à Paris un Institut agronomique comparable à ceux dont nos voisins se montraient fiers depuis déjà longtemps ?

Eugène RISLER, lui aussi, aurait dû, plutôt que moi,

présenter au public agricole ses anciens élèves devenus des maîtres. Près de douze cents ingénieurs agronomes, répandus sur le territoire français, ont été façonnés par lui ; il est aujourd'hui notre vénéré doyen, et je me souviens toujours avec douce reconnaissance du jour où j'ai débuté sous ses ordres et de celui, proche encore, où il m'a désigné pour être son successeur (1).

Mais, puisque les éditeurs de cette collection ont voulu que ce fût le directeur en exercice de l'Institut agronomique qui présentât aux lecteurs la nouvelle *Encyclopédie*, je vais tâcher de dire brièvement dans quel esprit elle a été conçue.

Des Ingénieurs agronomes, presque tous professeurs d'agriculture, tous anciens élèves de l'Institut national agronomique, se sont donné la mission de résumer, dans une série de volumes, les connaissances pratiques absolument nécessaires aujourd'hui pour la culture rationnelle du sol. Ils ont choisi pour distribuer, régler et diriger la besogne de chacun, Georges WERY, que j'ai le plaisir et la chance d'avoir pour collaborateur et pour ami.

L'idée directrice de l'œuvre commune a été celle-ci : extraire de notre enseignement supérieur la partie immédiatement utilisable par l'exploitant du domaine rural et faire connaître du même coup à celui-ci les données scientifiques définitivement acquises sur lesquelles la pratique actuelle est basée.

Ce ne sont pas de simples Manuels, des Formulaires irraisonnés que nous offrons aux cultivateurs ; ce sont de brefs Traités, dans lesquels les résultats incontestables sont mis en évidence, à côté des bases scientifiques qui ont permis de les assurer.

Je voudrais qu'on puisse dire qu'ils représentent le véri-

____

(1) Depuis que ces lignes ont été écrites, nous avons eu la douleur de perdre notre éminent maître, M. Risler, décédé, le 8 août 1905, à Calève (Suisse). Nous tenons à exprimer ici les regrets profonds que nous cause cette perte. M. Eugène Risler laisse dans la science agronomique une œuvre impérissable.

table esprit de notre Institut, avec cette restriction qu'ils ne doivent ni ne peuvent contenir les discussions, les erreurs de route, les rectifications qui ont fini par établir la vérité telle qu'elle est, toutes choses que l'on développe longuement dans notre enseignement, puisque nous ne devons pas seulement faire des praticiens, mais former aussi des intelligences élevées, capables de faire avancer la science au laboratoire et sur le domaine.

Je conseille donc la lecture de ces petits volumes à nos anciens élèves, qui y retrouveront la trace de leur première éducation agricole.

Je la conseille aussi à leurs jeunes camarades actuels, qui trouveront là, condensées en un court espace, bien des notions qui pourront leur servir dans leurs études.

J'imagine que les élèves de nos Écoles nationales d'agriculture pourront y trouver quelque profit et que ceux des Écoles pratiques devront aussi les consulter utilement.

Enfin c'est au grand public agricole, aux cultivateurs, que je les offre avec confiance. Ils nous diront, après les avoir parcourus, si, comme on l'a quelquefois prétendu, l'enseignement supérieur agronomique est exclusif de tout esprit pratique. Cette critique, usée, disparaîtra définitivement, je l'espère. Elle n'a d'ailleurs jamais été accueillie par nos rivaux d'Allemagne et d'Angleterre, qui ont si magnifiquement développé chez eux l'enseignement supérieur de l'agriculture.

Successivement, nous mettons sous les yeux du lecteur des volumes qui traitent du sol et des façons qu'il doit subir, de sa nature chimique, de la manière de la corriger ou de la compléter, des plantes comestibles ou industrielles qu'on peut lui faire produire, des animaux qu'il peut nourrir, de ceux qui lui nuisent.

Nous étudions les manipulations et les transformations que subissent, par notre industrie, les produits de la terre;

la vinification, la distillerie, la panification, la fabrication des sucres, des beurres, des fromages.

Nous terminons en nous occupant des lois sociales qui régissent la possession et l'exploitation de la propriété rurale.

Nous avons le ferme espoir que les agriculteurs feront un bon accueil à l'œuvre que nous leur offrons.

Dr PAUL REGNARD,

Membre de l'Académie
d'Agriculture de France,
Directeur honoraire de l'Institut
National Agronomique.

AVERTISSEMENT

La littérature agricole ne compte que de très rares ouvrages
consacrés à la *culture* proprement dite des plantes à parfums
et des plantes aromatiques. Placé depuis longtemps dans des
conditions particulièrement propices pour étudier cette
question, nous avons pensé qu'un travail résumant et diffusant
les progrès accomplis dans ces dernières années pourrait
rendre quelques services.

Nous avons parcouru la Provence dans tous les sens, des
confins du Briançonnais où croissent les simples, aux champs
de violettes de la région hyéroise, aux cultures de narcisses et
d'œillets du pays d'Ollioules ; des rives du Rhône et de la
Durance où grainent le fenouil et l'anis, et où fleurit l'origan,
aux Alpes embaumées de lavande et de menthe sauvage ;
des solitudes arides et émotionnantes de la vaste Crau où les
paisibles transhumants broutent le thym, compagnon de
l'aspic, de l'hysope et des calaments, aux roseraies et aux
jardins des Hespérides de la Riviera italienne. Nous avons vu
dans les garrigues ensoleillées du Bas-Languedoc les alambics
rustiques distiller en plein air les labiées de la lande dans une
ambiance de vapeurs aromatiques.

Nous avons visité les sites si pittoresques du Dauphiné,
des glaciers majestueux du Pelvoux et des neiges du Galibier,
qui, l'été venu, entretiennent la fraîcheur des mille corolles
étincelantes d'une flore aussi variée que rare, aux baïassières
parfumées du Diois et du Nyonsais, aux flancs arides du
Ventoux, ce géant de la plaine du Comtat qui nourrit la lavande et le romarin où butinent les abeilles laborieuses.

Qu'il nous soit permis d'invoquer aussi seize années de professorat à l'École pratique d'horticulture d'Antibes, au milieu de ce pays d'élection de la culture des fleurs et de l'industrie des parfums qui ont acquis une réputation mondiale et dont Grasse est l'heureuse et glorieuse capitale.

Les expérimentateurs et les agronomes ne s'étaient guère occupés jusqu'ici que des plantes de grande culture, céréales, pomme de terre, betterave, vigne, etc. Aujourd'hui la voie est tracée, les plantes à parfums et les plantes aromatiques sortent de l'oubli où elles étaient laissées depuis trop longtemps.

Nous avons fait une large place aux déductions pratiques des travaux de savants tels que Charabot, Hébert et Laloue, Dr Mazzaron, Dr Blandini, Jeancard et Satie, Lamothe, Lubimenko et Novikoff, Rabat Frank, E. Voulf et autres chercheurs, simples praticiens, professeurs, agronomes, français ou étrangers, qui ont apporté leur pierre à l'édifice.

L'aire d'action ici est vaste également : chimisme de l'élaboration des essences dans les tissus végétaux ; influence de l'exposition, de l'éclairement, de l'âge de la plante ; répercussion produite par la composition du sol, la nature des engrais. Au point de vue cultural : sélection des variétés (floribondité, rendement, richesse et qualité du produit utile ; rusticité, résistance au froid, à la sécheresse, etc.) ; greffage ; traitement contre les insectes et les maladies, par exemple cochenilles, pourridié, gommose des orangers Au point de vue rendement en essence : meilleur moment et conditions les plus favorables pour la récolte ; appareils perfectionnés de distillation. Un pourcentage plus élevé d'huile essentielle diminue le prix de revient de l'extraction, puisqu'il faut mettre en œuvre un poids moindre de matière première dans les manipulations parfois compliquées et coûteuses, d'où possibilité de voir se relever le prix d'achat de la récolte.

Il serait désirable que l'on multipliât les champs d'essai. Sur l'initiative de la maison Jeancard fils et Cie, de Cannes, une société anonyme devait se constituer dans un pareil but et acheter dans l'Estérel un domaine de 70 hectares pour étudier d'abord la rose.

En ce qui concerne la lutte contre les *insectes et les maladies*, nous indiquons plusieurs remèdes. L'expérience a montré, en effet, que d'une façon générale on ne peut compter toujours sur l'efficacité absolue d'une méthode donnée. La vie aux champs des ennemis des récoltes diffère trop de ce qu'elle peut être dans un laboratoire. Par exemple tel insecticide vérifié dans ce dernier et préparé, d'ailleurs, avec toutes les précautions voulues, peut ne pas toujours donner des résultats identiques dans les milieux ordinaires de la pratique courante, une fois entre les mains du cultivateur. On ne saurait demander à ce dernier les connaissances d'un chimiste, d'un entomologiste, d'un pathologiste. Certaines mixtures sont délicates à préparer, d'autres doivent être employées aussitôt obtenues. L'époque de l'application importe beaucoup. Or, le moment où l'ennemi est le plus vulnérable n'est pas toujours facile à saisir, sans compter qu'il peut varier. Il y a même à considérer les différentes heures de la journée eu égard soit au produit, soit à l'hôte, soit à la plante ; le cultivateur n'est pas, de son côté, toujours prêt pour une raison ou pour une autre. Les agents météorologiques interviennent aussi pour contrarier l'action du remède. Nous signalerons encore la difficulté de se procurer certains ingrédients, leur prix de revient, etc. Nous estimons donc qu'il est bon pour le praticien d' « avoir plusieurs cordes à son arc ».

L'étude des engrais nous amènerait également à des considérations qui expliquent la diversité des formules que nous donnons.

Nous étudions la question des *marchés* et de la vente des produits, qui se fait parfois dans des conditions spéciales, le producteur n'intervenant pas dans la fixation du prix, de même qu'il n'est généralement pas tenu compte de la richesse de la marchandise en principe utile. Nous rappelons le rôle important des *coopératives* de production dans le relèvement des cours ; celui des *syndicats* de vente pour diminuer le nombre des intermédiaires et commissionnaires, réglementer leurs exigences ; pour mieux organiser le groupement et le ramassage des récoltes, assurer les bonnes conditions de leur transport à l'usine et réduire les déchets au minimum ; pour parfaire l'instruction technique des producteurs, favoriser l'achat en commun des produits et appareils de culture qui permettent, quand la nature de la production et la situation des lieux s'y prêtent, la substitution de la traction animale au travail à bras ; pour faciliter l'emploi des alambics perfectionnés, etc. Ce sont là toutes choses capables à la fois et d'augmenter les rendements, et de diminuer le prix de revient.

Depuis quelque temps la question de la mise en valeur des terrains incultes des garrigues ou des montagnes, par les labiées rustiques ou autres plantes sauvages, est à l'ordre du jour. Nous l'examinons dans ses détails à propos de la lavande.

Dans les conditions futures de la vie économique, nous devrons nous efforcer de produire tout ce dont nous avons besoin. Au point de vue où nous nous plaçons ici, nous possédons les climats les plus variés, les sols les plus divers. Nos industriels sont très bien outillés et nos colonies leur apportent un concours des plus utiles. Nous avons devant nous un champ d'action commerciale étendu, si nous voulons supplanter à l'étranger et même chez nous les produits qui avaient envahi les marchés... Au surplus, nous donnons dans les premières pages qui suivent un aperçu sur les plantes à parfums et leurs produits dans les diverses régions du globe.

Nous avons apporté le plus grand soin dans la disposition matérielle de notre travail, multipliant les titres, sous-titres, paragraphes ; groupant dans l'étude des variétés de plantes la suite naturelle des opérations culturales, le traitement des produits, etc., tous les développements concernant une même question. Nous pensons rendre ainsi la lecture plus claire et faciliter les recherches. Enfin un grand nombre de figures ajoutent encore à l'intelligence du texte.

On trouvera aussi dans notre ouvrage : *Plantes médicinales*, d'autres plantes qui sont utilisées également en parfumerie et en distillerie.

A. ROLET.

AVANT-PROPOS

LES PLANTES A PARFUMS

ET LEURS PRODUITS EN FRANCE ET A L'ÉTRANGER

Les progrès réalisés en France. — S'il résulte de « l'histoire des parfums » que notre pays n'a pas été le berceau de leur fabrication, qui remonte à la plus haute antiquité, — les premiers peuples de l'Orient les employaient dans les cérémonies religieuses, — elle montre aussi que la parfumerie est devenue par la suite une industrie essentiellement française. De la Rome antique elle est passée à Florence, d'où, avec Catherine de Médicis, elle émigra en Provence pour s'y établir définitivement et se développer librement (1).

Aujourd'hui la supériorité de nos produits a une réputation mondiale. Nos huiles essentielles, extraits, bouquets, eaux parfumées, teintures, vinaigres, pommades, savons, crèmes, cosmétiques, fards, poudres, dentifrices, etc., s'imposent par la qualité et la confection, par la façon avec laquelle ils sont présentés, par l'emballage élégant qui les accompagne.

La parfumerie donne lieu en France à un chiffre d'affaires de 80 millions de francs. Nous avons 300 fabriques occupant 6 000 ouvriers (T. Piver). Notre pays est d'ailleurs favorisé par un climat exceptionnel. On sait que les végétaux qui croissent dans les régions tempérées donnent des essences plus fines, plus délicates que ceux des climats chauds où le rendement est, il est vrai, plus élevé.

---

(1) Voy. PIESSE, *Histoire des parfums* et *Chimie des parfums*, 2 vol. in-18 (Librairie J.-B. Baillière et fils).

L'art d'extraire les essences et de marier les parfums a fait chez nous de très grands progrès, qu'il s'agisse de distillation, de macération, d'enfleurage, etc. Mais c'est surtout le traitement des fleurs par les *dissolvants volatils* qui a perfectionné la parfumerie fine. Cette méthode est bien française. On sait que Robiquet posa le problème en 1835 en se servant de l'éther pour obtenir l'arome de la jonquille. Depuis on a substitué à l'éther ordinaire l'éther de pétrole, le sulfure de carbone, le chlorure de méthyle, le chlorure d'éthyle (dichloréthylène, trichloréthylène), etc. Grâce aux perfectionnements dus à Herzel, Camille Vincent, Laurent-Naudin, etc., on peut traiter aujourd'hui œillet, mimosa, narcisse, jacinthe et autres fleurs qui jusque-là n'avaient guère d'emploi en parfumerie.

On sait que les *huiles essentielles* sont des *mélanges complexes* d'alcools, aldéhydes, acides, éthers, cétones, phénols, terpènes, cires, résines, etc. Or, il est de ces constituants dont le rôle est bien minime dans la production du parfum; ils sont même parfois plutôt nuisibles, comme les terpènes, qui rappellent l'essence de térébenthine, et qui limitent la solubilité de l'essence dans l'alcool. Les procédés si délicats d'expulsion des dernières traces du solvant, lavages, concentration, etc., constituent une branche toute française qui a été d'abord appliquée aux essences de linaloë et de certains géraniums de l'Inde. Nos parfumeurs sont ainsi parvenus, par d'habiles tours de main et une technique parfois très onéreuse, à isoler de son milieu naturel si complexe le principe odorant pur, l'*essence absolue*, concrète ou liquide, avec toute sa suavité, son degré ultime de concentration, son maximum de solubilité dans l'alcool et qui peut remplacer des taux élevés d'essence ordinaire dans la préparation des extraits, bouquets, composés, etc. C'est la maison Roure-Bertrand fils, de Grasse, qui, reprenant les idées émises par Milon en 1856, parvint à obtenir ces essences concrètes (1873).

L'art de la parfumerie a vu naître, il y a relativement peu d'années, une catégorie de produits créés par la *synthèse chimique* pure, parfums élaborés par conséquent non plus dans ces mystérieux laboratoires que sont les feuilles ou les fleurs sous les effluves bienfaisants de l'astre d'or, et avec le concours de facteurs climatériques ou agrologiques encore mal connus mais dans les prosaïques cornues des laboratoires à la faveur de brutales combinaisons d'alcools, d'aldéhydes, d'éthers, d'acides, etc. Ces *parfums artificiels* n'ont pas la composition harmonieuse des essences naturelles ; s'ils ont l'avantage de

Fig. 1. — Récolte du Mimosa Dealbata.

pouvoir être fabriqués en toute saison et sous tous les climats, ils n'ont pas la finesse, le fleuri, la délicatesse, la suavité, la fraîcheur, la fixité de ces dernières ; ils sont « plus lourds au nez », leur abus provoque plus facilement des étourdissements, des maux de tête.

Les premières réalisations des parfums synthétiques sont dues à Cahours, qui découvrit le salicylate de méthyle (essence de gaultheria) et à Grimaux et Lauth qui indiquèrent une méthode de préparation de l'aldéhyde benzoïque (essence d'amandes amères). On peut donc dire que ces parfums

spéciaux sont nés en France. Mais si au début nos industriels
n'avaient pas songé à pousser plus avant dans cette nouvelle
voie, les produits naturels de notre Côte d'Azur affirmant
toujours leur incontestable supériorité, il n'en était pas de
même des chimistes allemands qui ont fait des progrès considérables dans ce genre de synthèse. Toutefois, ces dernières
années nous avons reconquis le chemin perdu.

Outre les parfums synthétiques fabriqués de toutes pièces
avec les produits de la chimie, il existe aussi des parfums
artificiels obtenus avec des composants naturels, tirés des
plantes le plus généralement, tels que camphol, bornéol,
géraniol, citronnellol, menthol, thymol, etc., avec lesquels
on prépare des compositions diverses. Enfin il est encore des
produits d'imitation ou de substitution faits de mélanges
d'extraits de fleurs différentes rappelant le parfum dont
l'essence est difficile à obtenir ou trop coûteuse ou impos-
sible à extraire, comme extraits de lilas, de chèvrefeuille, de
magnolia, de glycine, de pois de senteur, de giroflée, etc.

Voici quelques exemples de fabrication de ces divers
produits. La *nitrobenzine* ou *essence de mirbane*, obtenue en
faisant réagir l'acide nitrique et la benzine, et l'aldéhyde
benzoïque dérivée du toluène du goudron de houille ont
l'odeur de l'*essence d'amandes* amères (aldéhyde benzoïque
naturelle); l'*aldéhyde cinnamique*, qui a le parfum de l'*essence
de cannelle*, s'obtient en faisant réagir l'aldéhyde benzoïque
et l'aldéhyde acétique. Les constituants principaux de l'*essence
d'iris* (l'irone) et de l'essence de violette (probablement
l'ionone ou l'irone ou analogues) sont des isomères. On obtient
artificiellement l'odeur d'iris ou de violette (ionone) en partant
du citral, aldéhyde que l'on tire de certaines essences naturelles. La *vaniline*, principe odorant de la *vanille*, s'obtient en
dédoublant la conidine, glucoside extrait de la sève de certains
conifères. On la prépare aussi en partant de l'eugénol tiré du
clou de girofle, du gaïacol, etc. L'aldéhyde pipéronylique
ou *pipéronal* ou *héliotropine* (parfum de l'héliotrope) est
produit en partant du safrol extrait de l'essence de sassafras.
L'*aldéhyde anisique*, qui a l'odeur de l'*aubépine*, dérive de
l'oxydation de l'anéthol du fenouil. La *coumarine* artificielle

(odeur de la fève tonka et du foin coupé) est obtenu en faisant réagir l'acide salicylique et l'anhydride acétique. Le *terpinéol*, qui a l'odeur du *lilas* et du *muguet*, est obtenu en partant de l'hydrate de terpène dérivant de l'action des acides sur l'essence de térébenthine. Le *musc* artificiel est constitué par des carbures nitrés : trinitrobutyltoluène, trinitrobutylxylène.

On fait une *imitation de pois de senteur* avec 28 centilitres de chacun des extraits suivants : de tubéreuse, de fleur d'oranger, de pommade à la rose, de vanille ; une *imitation d'œillet* avec : 28 centilitres d'esprit de rose, 14 d'esprit de fleur d'oranger, 14 d'esprit de fleur d'acacia, 56 grammes d'esprit de vanille, 10 gouttes d'essence de girofle, etc.

Les parfums synthétiques, — ils valaient très cher au début, tel le musc Baur, 25 000 francs le kilogramme, mais la concurrence a vite amené la baisse, ainsi l'héliotropine est tombée de 3790 francs à 45 francs, — en vulgarisant le goût des parfums dans les classes populaires, ont du même coup contribué à l'écoulement des essences végétales auxquelles on les associe, car ils ont besoin d'un correctif. D'ailleurs la parfumerie fine tirée de ces dernières sera toujours le lot des classes aisées. Mais on objecte que même la parfumerie fine n'est pas exempte de mélanges ; que dans les pays de production les cours des plantes à parfums ont baissé. Rappelons qu'au début, quand l'analyse révélait dans une essence végétale quelque substance nouvelle, on s'en tirait assez facilement en disant que le principe incriminé s'était formé par dédoublement, par exemple, durant le transport des fleurs à l'usine.

Outre ses produits de synthèse (de Leipzig en particulier), l'Allemagne cultive quelques plantes à parfums ou aromatiques, en Saxe principalement, violettes, roses, anis, fenouil, carvi, aneth, coriandre, angélique, sauge, thym, calamus ; en Thuringe (Erzgebirge), la menthe. Il y a d'importantes distilleries à Leipzig, Berlin, Magdebourg, où l'on traite beaucoup de clous de girofle. La maison Schimmel, de Leipzig, avait installé à Barrême (Basses-Alpes) et à Sault (Vaucluse) des distilleries pour traiter les plantes rustiques des montagnes.

Avant la guerre, on disait que nous perdions un million pour les essences et que nous dépensions à l'étranger 29 millions pour des produits que nous pourrions récolter. Il ne faut pas oublier non plus que « l'industrie des parfums confectionnés exige une grande main-d'œuvre et qu'elle fait profiter un grand nombre d'industries nationales qui lui fournissent acides gras, alcool, amidon pulvérisé, papiers, cartonnages, rubans et ficelles ; essences naturelles ; fécule, graisse de porc et de bœuf, gras d'os, gomme élastique, peaux d'agneaux et glycérine, boîtes et emballages en bois ; travaux de typographie et de chromolithographie, travaux de métal ; huile de coco, d'olive, de ricin, de sésame, d'amande ; des porcelaines, de la verrerie, des produits chimiques, de la soude ; de l'étain en feuille, des compte-gouttes, des tubes de cristal, du sucre, du vinaigre, etc. ».

Notre flore des Alpes, des Cévennes, du Plateau central, des Pyrénées est riche en plantes aromatiques, lavande, thym, serpolet, hysope, romarin, origan, marjolaine, menthes diverses, calaments, etc., que l'on peut exploiter sur grande échelle pour mettre en valeur les terrains improductifs.

En ce qui concerne les plantes cultivées d'habitude, d'une façon générale il faudrait s'attacher à employer des variétés vigoureuses, rustiques, à parfum pénétrant, à grande floraison. Le plus souvent l'espèce type primitive à fleur simple est préférable aux variétés de fantaisie, aux sujets à duplicature, perfectionnés par l'art de l'horticulteur. Les industriels se plaignent parfois de la faiblesse des rendements. Ils réclament la sélection, une culture plus rationnelle, une étude suivie. On nous dit : « Que l'on fasse pour nos fleurs ce que l'on a fait pour le blé, la vigne, la betterave ; que l'on analyse les sols et les plantes, que l'on étudie les engrais, que l'on nous donne du parfum et non de l'eau ».

Les distillateurs ambulants qui parcourent les collines et les montagnes ne connaissent guère les alambics perfectionnés. Des syndicats pourraient louer aux adhérents les appareils nécessaires et des coopératives de producteurs permettraient de réaliser des progrès techniques.

Les associations professionnelles. — Voici quelques exemples de ces sociétés.

Coopérative de producteurs de fleurs d'oranger de Vallauris (A.-M.) : son usine de Golfe-Juan a coûté 150 000 francs (bâtiment et matériel). Elle est pourvue d'une chaudière à vapeur et d'un distilloir de 11 alambics à vapeur traitant

Fig. 2. — Récolte des Narcisses sur les terrasses de Bandol (Var).

chacun 1 000 kilogrammes de fleurs. Sous le hall sont 18 réservoirs dans lesquels on peut mettre 60 000 litres d'eau de fleur. Une annexe est installée au Bar avec 5 alambics à feu nu. Tout cela représente un capital total, tant en construction qu'en matériel, de 210 000 francs. Avant la création de la coopérative, le prix de la fleur était en moyenne de 0 fr. 40 le kilogramme ; depuis il a atteint jusqu'à 1 franc en moyenne. En 1912 la Société comptait 1 806 membres et son rayon d'action s'étendait sur 15 communes. De 1904, date de sa création, à 1911, elle a reçu 9 499 760 kilogrammes de fleurs

d'oranger et payé 9 646 459 francs aux coopérateurs. Cette
même année 1911 on a récolté 1 800 000 kilogrammes d'une
valeur de 1 172 407 francs; 1 110 000 kilogrammes ont été
vendus aux industriels parfumeurs et 700 000 kilogrammes
ont été distillés à l'usine de la société, donnant en moyenne
1 gramme de néroli par kilogramme. En principe, la coopérative ne distille que si le prix de vente est trop bas. En 1913 la
récolte a été de 2 517 903 kilogrammes.

La *société coopérative de fleurs naturelles pour la parfumerie
de la Colle* (A.-M.) exerce son action sur les communes de la
Colle, Saint-Paul et Villeneuve-Loubet. Créée en 1908 elle
compte 400 adhérents. Son usine est installée au quartier
Saint-Donnat au bord du Loup. Elle traite également les
produits quand les prix de vente sont insuffisants. Les récoltes
se sont ainsi composées en 1913 : roses, 92 685 kilogrammes ;
fleurs d'oranger, 20 173 kilogrammes; brouts, 4 476 kilogrammes ; violettes, 700 kilogrammes ; feuilles, 2 840 kilogrammes ; menthe, 8 395 kilogrammes ; soit une vente totale
de 98 420 francs. Cette société n'a pas peu contribué également au relèvement des cours, des roses en particulier.

La *Société coopérative des producteurs de fleurs pour la parfumerie de l'arrondissement de Grasse et des communes de Caillon
et de Tanneron* (Var), créée en 1908, groupe des producteurs
de jasmin, tubéreuse, géranium, violettes, roses, etc. Elle
a une usine qui fonctionne à la vapeur.

A Althen-les-Paluds, il y a une *Union des producteurs
d'essence (menthe) de Vaucluse*.

Il existe encore en diverses régions quelques *syndicats*
qui n'ont en vue que la vente des récoltes. Si leur puissance
d'action en ce qui concerne les cours est plus limitée, puisqu'ils ne peuvent à l'occasion traiter la matière, ils n'exercent
pas moins une heureuse influence à bien des points de vue :
organisation des ventes, groupement des produits, réglemen-
tation des commissionnaires, défense des intérêts en cas de
litige, achat en commun des produits et instruments de
culture, instruction professionnelle des associés, etc.

Nous citerons : *Société coopérative des propriétaires de
cassiers de Cannes et de ses environs*. Fondée en 1891, elle

réunit 275 adhérents et elle exerce son action sur les communes de Cannes et le Cannet, Mougins, la Roquette, Vallauris-Golfe-Juan, Saint-Laurent du Var. Elle a un magasin central où se fait la réception des fleurs, 13, rue du Pré (au Suquet), à Cannes.

Elle a pour but, disent les statuts, « la vente des fleurs de cassies de toutes qualités au mieux des intérêts des producteurs, et la réduction au strict nécessaire des frais de placement et de transport.

« La commission peut, par délibération spéciale, autoriser le commissionnaire de la coopérative à se procurer par tels moyens et conditions qu'il jugera convenables des fleurs de cassies auprès des propriétaires étrangers à la société ; cela pour la régularité de ses livraisons et la bonne renommée de la Société auprès des parfumeurs. Elle devra, autant que possible, fixer le prix maximum qu'elle peut payer les fleurs à acquérir, et décider, exceptionnellement, que ces fleurs seront payées comme celles des sociétaires si les propriétaires qui consentent à les livrer le leur demandaient. »

La Société livre annuellement à la parfumerie en moyenne 26 500 kilogrammes à 27 000 kilogrammes de fleurs de cassie, dont 14 000 kilogrammes pour la variété ancienne (Farnesiana) récoltée en automne, et 12 500 kilogrammes à 13 000 kilogrammes de romaine (Semperflorens), qui se décomposent en 7 000 kilogrammes pour la récolte d'automne et 5 500 à 6 000 kilogrammes pour celle d'avril-mai.

Syndicat des producteurs d'iris de Giniès (commune de Corbonot, Ain) ; Société coopérative de production des citrons, bigarades, mandarines de Menton (Alpes-Maritimes) ; Société coopérative de vente des cédrats corses à Ajaccio ; Société coopérative des producteurs de violettes (pour bouquets) à Toulouse.

Il y a aussi la question des *marchés* à créer (1) et des *cours pratiqués* à mieux faire connaître. Dans certaines régions où les cultures sont peu connues on voudrait bien parfois en entreprendre, mais on ne sait où écouler la matière première ou même l'essence, et l'on ignore ce que l'on pourra en tirer

____

(1) Il existe un marché des plantes rustiques à Carpentras.

et supputer le bénéfice probable. Il faudrait donc dans ces cas une organisation commerciale sérieuse. Ainsi les acheteurs de lavande s'entendent parfois et les producteurs sont obligés de passer par leurs offres. Le marché des essences des plantes rustiques est entre les mains des courtiers, des intermédiaires qui trop souvent imposent leurs prix aux vendeurs sans se préoccuper des fluctuations que peut amener la différence entre l'offre et la demande, ni de la teneur des huiles essentielles en principes utiles.

Les débouchés extérieurs. — Nos produits de parfumerie exportés s'élevaient à 17 millions de francs en 1905 (Allemagne, Angleterre, États-Unis, etc.). Nous pourrions

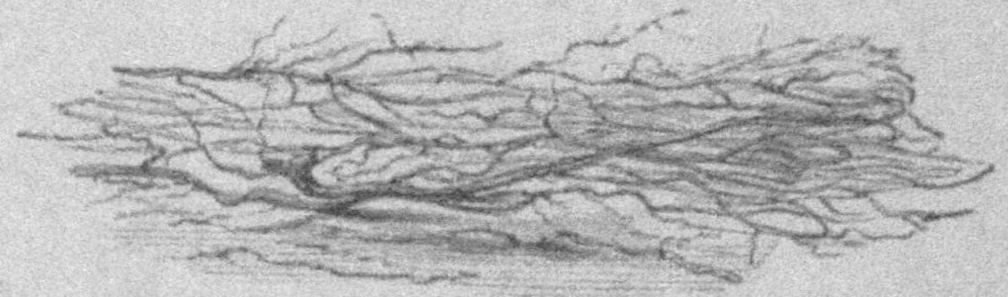

Fig. 3. — Racine de Vétiver (*Andropogon Muricatus*).

entretenir des affaires plus importantes avec les grands marchés de Scandinavie, Russie, États-Unis, Amérique du Sud.

Les Américains, sur une consommation générale de 13 500 000 francs de parfums, reçoivent de nous pour 8 100 000 francs environ. Dans les Antilles anglaises (Trinidad et Tabago), la France envoyait en 1910 pour 812 livres sterling sur 1 895 ; en 1911, pour 1 096 livres sterling, sur 2 123 ; la concurrence des parfums bon marché des États-Unis commence à se faire sentir. Cuba importe surtout de France, d'Angleterre, d'Allemagne.

Au Brésil, la demande en parfumerie va toujours en augmentant. Le Chili recherche beaucoup nos produits. Sur 749 524 piastres, la part de la France est de 311 034, puis vient, très près, l'Allemagne. En Uruguay, l'importation des parfums ne cesse de s'accroître aussi ; 70 p. 100 sont fournis par la France, puis viennent les États-Unis, l'Angleterre, l'Allemagne.

À l'Ile Maurice, la vente des articles de parfumerie est surtout faite par les commissionnaires établis à Port-Louis, et aussi

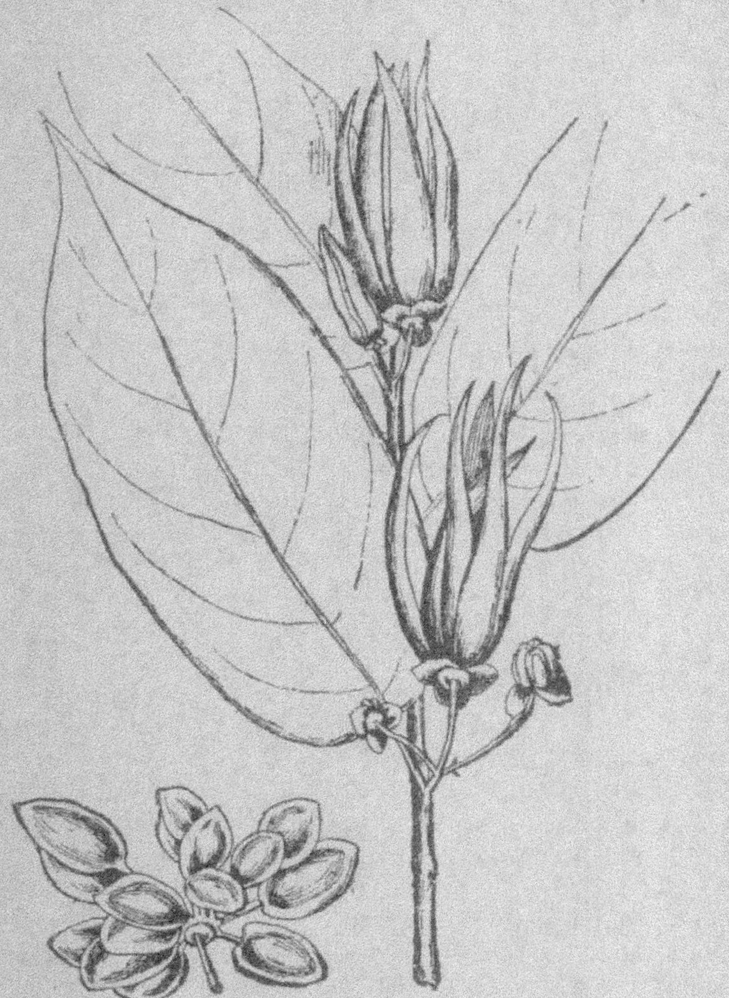

Fig. 4. — Fleurs et fruits du Cananga odorata (Ylang-ylang).

par quelques voyageurs de commerce qui visitent la place tous les ans. Aucun magasin spécial n'existe pour la vente de la parfumerie à Maurice. Tous les savons, essences, vinaigros, eaux de toilette, cosmétiques, etc., sont détaillés chez les coiffeurs, qui exposent dans les vitrines les principales marques françaises.

En Italie, l'importation des huiles essentielles a plus que doublé dans ces dernières années ; elle représente à peu près 2 millions et demi par an, dont les trois cinquièmes d'Allemagne, en grande partie des produits synthétiques bon marché. Pour lutter contre ces derniers, il faut certainement des matières premières moins chères que les belles fleurs de notre Midi.

Les régions de production en France. — Sur la Côte d'Azur les cultures de plantes à parfums s'étendent sur une surface d'au moins 1 100 hectares. En Provence, d'après la Feuille d'informations du ministère de l'Agriculture, on cultive : basilic, bigaradier, cassier, citronnier, estragon, eucalyptus, géranium, héliotrope, jasmin, laurier-cerise, lavande, mandarinier, marjolaine, menthe, mimosa, narcisse, rosier, réséda, sauge sclarée, verveine citronnelle, violette, tubéreuse, etc. On récolte aussi les plantes sauvages : aspic, hysope, lavande, marjolaine, romarin, sauge, serpolet, thym, etc. Enfin, certaines fleurs, comme rose, œillet, mimosa, jonquille et jacinthe, sont utilisées quand la bouquetterie ne les demande plus.

Voici quelques chiffres puisés à des sources très diverses. Que l'on ne s'étonne pas des grandes différences que l'on peut remarquer. On verra par la suite combien sont variables d'une année à l'autre et les surfaces cultivées et les prix des récoltes. Peu de produits agricoles sont comparables à ces points de vue aux plantes à parfums.

La vente des fleurs pour la parfumerie rapporte dans les Alpes-Maritimes 9 450 000 francs et 400 000 francs dans le Var. La région de la Côte d'Azur produisait vers 1900 400 000 kilogrammes de pommade et 100 000 kilogrammes d'huile parfumées. Les distilleries donnaient 2 000 kilogrammes d'essence de fleur d'oranger, 50 kilogrammes d'essence de rose, 4 000 kilogrammes d'essence de menthe, 4 millions de litres d'eau de rose et de fleur d'oranger, sans compter les essences tirées des plantes sauvages, lavande, etc. Aujour-

d'hui la production de la parfumerie atteindrait annuellement sur la Côte d'Azur plus de 16 millions de francs, dont
15 pour les Alpes-Maritimes.

Fig. 5. — Santal (près Bengalore).

On compterait dans ce département 70 fabriques (Grasse,
Cannes, Le Cannet, Golfe-Juan, Vallauris, Antibes, Nice, etc.),
employant 2 300 à 2 400 ouvriers et ouvrières. On y récol-

terait 100 000 à 150 000 kilogrammes de cassie, 400 000 à 500 000 kilogrammes de jasmin, 20 000 à 50 000 kilogrammes de jonquilles, 1 500 000 kilogrammes de menthe, 80 000 kilogrammes de mimosa, 2 millions et demi à 3 millions de kilogrammes de fleur d'oranger, 150 000 kilogrammes d'œillets, 20 000 à 25 000 kilogrammes de réséda, un million de kilogrammes de roses, 200 000 kilogrammes de violettes, etc. On a donné encore : 2 millions de francs de fleur d'oranger, 3 600 000 francs de jasmin, 400 000 francs de violette, 750 000 francs de tubéreuse, 2 250 000 francs de rose, 450 000 francs divers, total 9 450 000 francs. D'après la chambre de commerce de Nice, la valeur annuelle de la production de l'industrie de la parfumerie est d'environ 30 millions de francs, dont 20 millions au moins pour Grasse. D'après le Syndicat des Parfumeurs-Distillateurs, l'industrie des matières premières de parfumerie de Grasse et des A. M. exporte pour plus de 40 millions de francs de ses produits.

Dans les *Alpes-Maritimes*, les plantes à parfums sont cultivées depuis le bord de la mer jusque dans la région moyenne en remontant le long des vallées et sur les côteaux jusqu'à 700 à 800 mètres. L'*oranger* prospère surtout sur les côteaux qui courent de Grasse et Cannes à Gattières et Nice à quelques kilomètres de la mer ; la *rose* à Grasse, Mouans-Sartoux, Valbonne, la Colle, Peymeinade, Vence, Mougins, Tourette, Auribeau, le Cannet, Saint-Paul, La Roquette, Pégomas, Opio, Roquefort, Villeneuve-Loubet, Rouret, Châteauneuf ; le *jasmin* à Grasse et environs ; la *violette* sous les oliviers de Vence, Grasse, Tourette et le Bar ; la *cassie* à Cannes, le Cannet, Vallauris, Mougins, Grasse, Mouans-Sartoux, le Var ; la *menthe* à Villeneuve-Loubet, Cagnes, Grasse, Pégomas, Auribeau, etc.

On le voit, *Grasse* est la capitale de cette région fleurie et parfumée. Vers 1806 on y comptait déjà plus de 3 000 ouvriers employés à la cueillette des fleurs et à la fabrication des essences que l'on expédiait à Paris. A cette époque on exportait pour 600 000 francs par an. Ce n'est qu'à partir de 1830 que cette industrie a pris un véritable essor. On y voit de nombreuses parfumeries qui travaillent cinq à six mois en

grande activité; quelques unes reçoivent jusqu'à 30 000 kilogrammes de fleurs d'oranger par jour; telle autre 50 000 kilogrammes de roses ou 9 000 kilogrammes de violettes ; dans
telle autre encore 200 000 châssis sont employés pour l'enfleurage du jasmin, de la tubéreuse, etc ». « La région de Grasse,
dit M. Andrieli, possède une vingtaine d'usines fournissant
du travail à 5 000 ouvriers, hommes, femmes, enfants, et produisant pour 20 millions de francs par an de matières premières pour la parfumerie. Dans la saison des fleurs, des milliers d'alambics sont en activité, alambics de tous systèmes,
de toutes formes, de toutes dimensions. On distille journelle-
ment des centaines et des milliers de kilogrammes de fleurs ;
on travaille des centaines de mille litres d'alcool; on expédie
des centaines de tonnes de produits bruts et travaillés ».

Les récoltes commencent au premier printemps, février à
avril, avec la violette, puis viennent : jonquille, jacinthe
(mars à avril), mimosa dealbata, oranger et rose (les deux
récoltes les plus actives, fin avril à fin mai), héliotrope, mélisse,
marjolaine, sauge, thym, romarin (avril à juin), réséda, œillet
(mai à juin), menthe (juillet à septembre), tubéreuse (août
à octobre), jasmin (fin juillet à mi-septembre), lavande (juillet et août), géranium et cassie (août à octobre), etc. Les
producteurs passent des marchés avec les industriels acheteurs généralement pour six ans. Pour la « fleur libre », le
syndicat des parfumeurs de Grasse fixe les prix à la fin de
la campagne.

Grasse distille encore, en dehors de la saison des fleurs, des
rhizomes d'iris, des bois de rose, de gaïac, de santal citrin,
de la cannelle, des racines de sassafras, des clous de girofle, etc.,
presque tous produits exotiques.

Voici maintenant quelques indications pour d'autres
départements.

Le *Var* livre à la parfumerie : menthe, tubéreuse, narcisse,
violette, sauge sclarée ; l'*Ain* cultive l'iris, qui croît spontanément en Provence et en Languedoc ; l'*Aisne* fait un certain
commerce d'origan, mélisse, menthe, thym, serpolet, verveine,
hysope, calament ; dans les *Basses-Alpes* on récolte : lavande,
menthe, etc. — *Hautes-Alpes* : lavande ; *Ardèche* : fenouil ;

Aude : thym, romarin, lavande ; *Bordelais* : anis ; *Bouches-du-Rhône* : marjolaine, fenouil, aspic, thym, romarin ; *Corse* : géranium, cédrats ; *Doubs* : absinthe ; *Drôme* : lavanderaies sauvages et cultivées, romarin, thym, mélisse, hysope ; *Deux-Sèvres* : angélique ; *Gard* : fenouil, sauge sclarée, labiées sauvages ; *Hérault* : fenouil ; *Isère* : lavande ; *Languedoc* : anis ; *Loire* : sauge, menthe ; *Haute-Loire* : verveine ; *Loire-Inférieure* : angélique ; *Lorraine* : anis ; *Lot* et *Lozère* : lavande ; *Hautes-Pyrénées* : menthe ; *Pyrénées-Orientales* : romarin ; *Seine-et-Oise* : hysope, menthe, mélisse, marjolaine, basilic ; *Tarn* : fenouil ; *Touraine* : coriandre, anis ; *Vaucluse* : lavanderaies naturelles et artificielles, aspic, menthe, mélisse, sauge, hysope, marjolaine, sauge sclarée, fenouil ; *Yonne* : menthe.

Fig. 6. — Ambrette ou Kétmie (*Hibiscus abelmoschus*).

Les cultures en Algérie. — En 1878 il y avait 650 hectares cultivés en plantes à parfums, principalement géranium, oranger, rose, jasmin, cassie, menthe, verveine, citronnelle, violette, absinthe, thuya, eucalyptus. Quelques petites distilleries locales à fonctionnement temporaire employaient aussi les plantes aromatiques spontanées, lavande, menthes, thym, romarin, fenouil, rue, etc., ramassées à bon marché par les femmes indigènes.

La région du Tell, protégée du siroco et rafraîchie en été par les brises marines, est, dit-on, favorable à la culture, qui a commencé, d'après Sauvaigo, à Chéragas. Dans une seule propriété, celle de Sainte-Marguerite, à Rhilen, les plantes aromatiques couvraient 150 hectares environ, abritées par des lignes de cyprès et d'eucalyptus.

Autres centres : Staoueli-Rovigo (géranium, héliotrope, verveine), dans le Sahel, aux environs d'Alger ; Blida, Bouffarik (oranger, bigaradier, jasmin, rose, cassie, tubéreuse, violette, géranium) ; Mostaganem, Jemmapes (Constantine), Philippeville. Mais ces plantations ont perdu beaucoup de leur importance. « Depuis longtemps, disent MM. Rivière et Lecq, l'Arabe a abandonné la culture du rosier musqué et la distillation. Cependant à Bouffarik on rencontre quelques cultures spéciales (bigaradier, cassier) exclusivement réservées à une usine dont le siège social est à Grasse. La classe des végétaux à essences et à parfums d'origine exotique ou indigène ne paraît pas avoir une place indiquée dans le nord de l'Afrique ; d'ailleurs la faible étendue de son territoire tempéré ne présente pas des conditions favorables à cette culture et à son industrie ».

Voici cependant ce qu'écrivait O. Mac-Carthy en 1878 : « L'Algérie

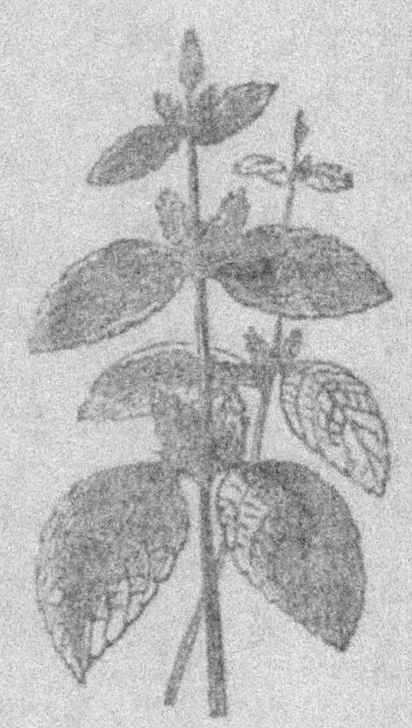

Fig. 7. — Patchouli.

est une de ces terres privilégiées où les plantes qui renferment des essences précieuses croissent sans peine, tant elles y sont favorisées par des terres riches, profondes, par un climat propice. Il y a une trentaine d'années, deux hommes d'initiative, Simounet et Mercurin, de Chéragas, y introduisirent cette riche industrie des plantes odoriférantes. Les résultats ne se firent pas attendre, et aux expositions de 1849 à Paris, de 1851 à Londres, l'Algérie apparut de manière à faire naître de sérieuses espérances. Elles étaient très réelles, puisqu'un an à peine s'était écoulé qu'en 1852 le jury décernait une médaille aux deux promoteurs de la nouvelle industrie. Les comptes rendus de cette dernière exposition mentionnent les nouveaux noms de Payen à Blida, de Réquier et Martin à Alger, de Ferrand à Birmandreïs, de Haloche à El-Biar, du Dr Trehan et de M. Jeantet à Jemmapes (Constantine). Les produits étaient de premier ordre et d'une variété

2.

telle qu'il fallait l'attendre d'une région si heureusement préparée pour de telles cultures. Il y avait là des essences de menthe pouliot, de myrte, de petit grain citron, de bigarade, de romarin, de mélisse, de sauge, de géranium, etc. Malgré ces brillants débuts, la nouvelle industrie, comme toutes les industries trop spéciales dans un pays nouveau, ne se développait que lentement. MM. Simounet et Mercurin en tenaient toujours la tête, lorsque M. Antoine Chiris, négociant à Grasse, vint fonder en 1857 un grand établissement à Bouffarik sous la direction de M. Gros et lui imprima ainsi une nouvelle impulsion. MM. Ardisson et Guillaume Nial à Chéragas, les Trappistes de Staouéli, MM. Thiel et Charbroux à Mostaganem et quelques autres aidèrent puissamment à l'amener au point où elle est aujourd'hui. Leur attention s'est particulièrement portée sur le géranium dont les feuilles donnent à la distillation une odeur qui ressemble si fort à l'essence de rose véritable qu'on l'emploie sur une très grande échelle pour falsifier ce précieux parfum. Il ne pouvait, d'ailleurs, en être autrement, si l'on réfléchit à la difficulté où l'on est de se procurer l'essence de rose pure et au prix élevé qu'elle aura toujours ».

En Tunisie. — On pourrait donner plus d'extension aux cultures suivantes : rose, géranium, fleur d'oranger, cassie, tubéreuse, jasmin, menthe, romarin, thym. On distille surtout (industrie domestique pratiquée par les femmes) dans les régions de Sfax et de Nabeul.

Sous la rubrique « huiles essentielles ou essences de toutes sortes », ont été expédiées : 1° en France, jusqu'à concurrence de 8 000 kilogrammes en 1912, 8 000 kilogrammes en 1911, 12 000 en 1910, 14 000 en 1909, 11 000 en 1908 ; 2° à l'étranger et surtout en Italie, Angleterre, jusqu'à concurrence de 15 000 kilogrammes en 1912, 11 000 en 1911, 4 000 en 1910, 1 600 en 1909, 2 700 en 1908.

Au Maroc. — On y rencontre : cumin, coriandre, amandes amères. L'oranger vient à Rabat. On fait de l'essence de rose dans la région de Tétouan ; le rosier croît à Maraketch. On trouve le laurier-rose un peu partout dans l'intérieur jusqu'à 700 à 800 mètres ; la violette dans le Bas-Maroc ; la tubéreuse

Fig. 8. — Champaca faux ylang (*Michelia champaca*).

dans le moyen Atlas à 1 000 à 1 900 mètres d'altitude, ainsi que ixia, glaïeul, iris, jonquille, narcisse; dans les alluvions fertiles, amaryllidées, iridées. On rencontre, surtout de Rabat à Mogador, thym, lavande. Une usine, dit-on, pourrait être installée aux environs de Rabat ou de Casablanca, alimentée par les indigènes, les enfants (1).

A la Réunion. — Climat très doux, très favorable au géranium et autres, patchouli, vanille, vétiver (Andropogon muricatus), basilic, ylang-ylang (Cananga odoratissima), citronnelle. La culture a pris depuis vingt ans un essor considérable. En 1912, 1 600 hectares étaient cultivés, contre 300 en 1892, sans compter 560 hectares pour la vanille, contre 680. La surface pour giroflier (Caryophyllus aromaticus) n'a pas été déterminée. En 1892 le chiffre des exportations n'indiquait que 10 765 kilogrammes d'essence de géranium et d'ylang (500 000 francs environ). En 1913 : essence de géranium, 428 500 kilogrammes (60 francs

Fig. 9. — Styrax benjoin.

le kilogramme); essence d'ylang, 1 884 kilogrammes (151 fr. 95 le kilogramme); essence de vétiver, 2 048 kilogrammes (60 francs le kilogramme). Les cultures de géranium se sont étendues ; l'ylang a pris une place importante par suite du prix élevé de l'essence qui a atteint jusqu'à 500 francs le kilogramme. D'autres plantes, comme patchouli, citronnelle, lemon-grass, longose, gardenia, sont exploitées avec succès.

Asie. — *Arabie :* encens, tiré de la résine d'un arbre des Buséracées, le Boswelia Carterii ; myrrhe, aloès.

Chine : ambre gris sur la mer (du cachalot) ; badiane des fruits de l'Illicium anisatum ; fenouil ; cannelle, d'une Laurinée, Cinnamomum Cassia ; citronnelle ; santal, arbre para-

<hr>

(1) Voy. JUMELLE, *Cultures coloniales :* Plantes à essences, 1916, 1 vol. in-18.

sité (Santalum album) ; patchouli, d'une herbe, Pogostemum Patchouli. Ile Haïnan : galanga, des rhizomes d'une Zingibéracée, l'Alpinia Galanga.

Indes Orientales (Indes anglaises, Hindoustan, Inde) : Assam (Birmanie), musc ; Bengale : cardamome, de l'Amomum aromaticum ; musc ; Bombay : girofle ; Calicut : civette, d'un animal, Viverra Civetta ; Ceylan : cannelle, de l'écorce du Cinnamomum Zeylamium ou nicum ; cardamome, des graines de l'Elettaria Cardamomum ; citronnelle, essence de graminées ; Andropogon Nardus, Andropogon Citratus ou verveine des Indes orientales (essence de lemon-grass) ; palma rosa de l'Andropogon Schœnanthus (géranium indien) ; vanille ; côte de Coromandel ; ambré gris ; Gange ;

Fig. 10. — Laurier camphrier.

musc, gavial du Gange (Lacerta Gangelica) et Crocodile (Lacerta Crocodilus) ; Ghazepore,: rose ; Himalaya : costus, de la racine de l'Aplotaxis auriculata ; Kachemir : rose ; Malabar : civette, cardamome ; Mysore, Coorg, Coimbatore, Nilgires, Salem, Arcot : santal. On trouve encore aux Indes : acore (Acorus Calamus) ; ajowan, des graines d'une Ombellifère, Ajowan Ptychotis ; ambrette, des graines d'une Ibiscus ; aneth, benjoin, piper betle ou chavica betle ; cananga, des fleurs de l'arbre ylang-ylang (Cananga odorata) ; coriandre, cumin, fenouil ; oliban, gomme-résine de divers arbres Térébinthacés, les Boswellia ; il sert à la préparation de l'encens des anciens et du luban des Arabes ; musc du rat musqué (Sorex Indicus) ; patchouli, spika-nard ou nardindien, de Valérianées (Nardostachys Jatamensis et Nardostachys Grandiflora) ; vétiver, des racines de la graminée Andropogon muricatus.

Indo-Chine (Tonkin, Cambodge, Siam, Annam, Cochinchine, province de Malacca) : Annam : badiane, d'un
arbre des Magnoliacées. On pourrait tirer un meilleur parti
des ressources de ce pays. On y trouve : jasmin (hoalai), cultivé comme plante d'agrément aux fleurs abondantes ; une
liane robuste (hoa ly) à fleurs nombreuses dont l'odeur rappelle
celle du jasmin ; rosiers, cay huong si et cay hoa soi, à fleurs
blanches qui n'exhalent leur odeur qu'après dessiccation en
vase clos ; frangipanier à fleurs à
saveur très agréable ; caytruoc
dau, à fleurs à doux parfum ; le
cay hoa moi ressemble par son port
à l'arbre à thé ; pamplemoussier,
oranger, citronnier ; thoa qua
(Ammonium medicum) dont les
fruits séchés et écrasés donnent
une poudre employée à la confection de baguettes odoriférantes et
de médicaments ; huong bai, fougère sauvage dont la racine séchée
et pulvérisée fournit un parfum ;
l'ylang-ylang se rencontre fréquemment dans le Laos. — Siam :

Fig. 11. — Rameau de Cou-
marouna ou *Dipterix
odorata* (Fève tonka).

cardamome et benjoin (Styrax Benzoin). — Singapour :
patchouli. — Tonkin : muse.

*Insulinde, Archipel asiatique, Iles néerlandaises, Malaisie,
Iles de la Sonde* (Sumatra, Java, Sumbava, Timor, Banda,
Bornéo, Célèbes, Moluques, Philippines, Nouvelle-Guinée, etc.).
— Bornéo : benjoin gomme-résine du Styrax, bétel, camphre,
d'un arbre des Laurinées (Dryobalanops ou Laurus Camphora).
— Nouvelle-Guinée : massoy, de l'écorce du Massoia aromatica.
Java : benjoin, cananga (ylang), cannelle, champaca des fleurs
d'arbres des Magnoliacées (Michelia Champaca et Longifolia),
citronnelle. — Moluques : girofle ; îles Banda : macis, écorce
de la muscade, fruit d'un arbre, Myristica Moschata ; civette,
ambre gris. — Philippines : champaca, élémi de la résine
d'arbres des Burséracées ; à Manille : ylang-ylang tirée des
fleurs de l'arbre Anona odoratissima et de Cananga odorata ;

civette. — Sumatra: ambre gris (mer), camphre, citronnelle, benjoin, macis et muscade (Penang), patchouli, santal. On trouve aussi dans l'Archipel asiatique : palma rosa et cajeput, des feuilles d'une Myrtacée, Melaleuca viridiflora.

Japon: ambre gris, angélique, badiane du Japon (une Magnoliacée, l'Illicium religiosum), camphre, fenouil, kuro-maji, des feuilles du Sindera Sericea, menthe.

Perse: rose, opoponax, gomme-résine de l'Heraclum Panaces.

Thibet et Yunan: musc du daim musqué ou chevrotin porte-musc (Moschus Moschiferus).

Turquie d'Asie: Syrie : amandes amères, cumin, carvi, fenouil, jasmin, essence de fleur (néroli) et de feuille (petit-grain) d'oranger, citron, cèdre] (arbre du Liban, Cedrus Libani), civette (Bassorah), opoponax, origan (Smyrne), rose (Brousse, Uslack), styrax de l'écorce de l'arbrisseau Styrax officinale. Beyrouth est le centre de la fabrication des parfums ; la vente y est très active au moment du pèlerinage de la Mecque.

Turkestan: racine de Sumbul, en Boukharie, musc.

Australasie. — Australie : eucalyptus (Australie occidentale), musc du canard musqué (Biuzura lobata). — Nouvelle-Calédonie: cajéput des feuilles de l'arbre Melaleuca viridiflora ou niaouli.

Afrique.—Abyssinie : myrrhe, gomme-résine d'un arbre des Térébinthacées, Balsamodendron myrrha ; civette. — Égypte : rose, cumin. — Guinée : civette. — Madagascar : clous de girofle, vanille, ylang (île Mayotte), ambre gris. — Ile Maurice : vanille. — Ile Pemba : girofle. — Somalis : encens (oliban). — Sénégal : civette. — Zanzibar : girofle. En Afrique, un animal, le Danam (Hyrax capensis) donne une urine qui, desséchée (hyraceum), est utilisée en parfumerie.

Amérique du Nord.—Canada : baume du Canada (Québec), résine du Pinus Balsamea ; castoreum (Castor fiber et Rat musqué). — Californie : eucalyptus. — États-Unis : wintergreen ou gaulthéria, essence tirée du Gaultheria procumbens lavande, ambre gris ; menthe poivrée et menthe en épis

(États de New-York, Indiana, Michigan), Arthemisia Absinthium (Wisconsin, Michigan, New-York, etc.), Tanacetum vulgare (régions orientales), Chenopodium Ambrosioïdes (Maryland). Floride : badiane, cédre. Les États-Unis importent pour environ 3 millions de dollars d'essences et analogues. —

Fig. 12. — Fruit de *Dipterix odorata* coupé en long montrant à l'intérieur l'amande ou fève tonka.

Mexique : vanille d'une orchidée, Vanilla planifolia et aromatica ; bois de linaloé (Bursera Delpechiana). — Orégon : musc, plante à musc (Mimulus Moschatus). — Virginie : cèdre, huile de Juniperus Virginiana ou bois rouge de l'Ouest. — L'Amérique du Nord fournit aussi sassafras (des racines du Laurus Sassafras), musc du bœuf musqué (Oribos Moschatus) et du bison (Bos Americanus).

Amérique centrale. — Verveine (Verbena Triphylla), bétel, musc d'Alligator (Crocodilus Lucius). — Antilles : huile de Bay, des feuilles d'un arbre des Myrtacées (Myrcia Acris), vanille, Ondatra du rat musqué ; graines d'ambrette ou Ketmie (Hibiscus Abelmochus) (Martinique) ; essence de Mirtus Pimenta (Jamaïque).

Amérique du Sud. — Brésil : vanille, ambre gris, linaloé (Burs. Delp.), santal citrin. — Guyane française : linaloé ou essence de bois de rose d'un arbre des Laurinées, Acrodiclidium ; muscade. — Guyane anglaise : fève tonka, graines d'un arbre des Légumineuses, Dipterix odorata. — Paraguay : petit grain (essence des feuilles du bigaradier). — Pérou : baume du Pérou, d'un arbre des Légumineuses (Myroxylum Peruiferum), vanille. — Venezuela : camphre. — L'Amérique du Sud fournit encore : bois de gaïac ; matica, des feuilles du Piper Angustifolium ; baume de Tolu, d'un arbre des Légumineuses (Toluifera Balsamum).

Europe. — Allemagne : violettes, roses, fenouil, carvi, coriandre, sauge, menthe, aneth, anis, thym, angélique (Saxe). — Angleterre : menthe, lavande, coriandre, thym. — Autriche : romarin (Dalmatie), fenouil (Moravie), carvi. — Belgique : angélique. — Bulgarie : rose, jasmin. — Espagne : géranium (Valence, Alméria), sauge, thym, hysope, verveine, myrte, anis, absinthe, orange, bergamote. — Hollande : anis, coriandre, carvi. — Italie : violettes, roses (Vintimille, San Remo, Savone, Nervi, Taggia). Cette région est propice à la culture de la plupart des plantes à parfums : tubéreuse, jasmin, réséda, jonquille, géranium, anis, coriandre, oranger. Menthe, lavande, romarin, thym, sauge, absinthe (Haut-Piémont) ; iris et fenouil (Florence et Vérone), bergamote (Calabre), citron (Sicile), opoponax, gomme-résine d'une ombellifère, Hera-

Fig. 13. — Piment (*Myrtus pimenta*).

clum Panaces et de l'Opoponax Chironium (Sicile). — Irlande : carvi, ambre gris (côte occidentale). — Macédoine : fenouil, amandes amères, anis (Salonique). — Malte : anis, cumin, fenouil. — Norvège : angélique, carvi. — Roumanie : aneth. — Russie : anis, coriandre, aneth, carvi, castoreum et musc (Sibérie) ; ondatra, du Desman ou rat musqué de Russie ; musc (Volga), du rat musqué d'Europe (Migale Moschata). — Suède : carvi, angélique. — Turquie d'Europe : rose, jasmin (Andrinople).

L'ORANGER ET LES AURANTIACÉES

A tout seigneur, tout honneur. Les Aurantiacées sont les arbres les plus précieux pour la parfumerie (1).

Elles comprennent, entre autres, les *Bigaradiers* ou Orangers à fruits amers, les *Orangers* à fruits doux, les *Citronniers*, les *Bergamotiers* (2), les *Cédratiers*, les *Pamplemoussiers*, etc.

Climat. — Ces arbres aiment un climat chaud et humide. Ils ne dépassent pas, dans la végétation en plein air, 43° de latitude, et encore dans les endroits abrités. Ils réclament une température moyenne annuelle de 14°, une moyenne estivale de 22°-23°. En hiver ils ne supportent que difficilement — 4°, — 5° prolongés.

Leur aire de culture est considérable ; elle va des régions tempérées aux régions tropicales : Égypte, Algérie (Blida, la Chiffa, Dalmatie, Soumah, Cherchel, Bouffarik) (3), Tunisie, Maroc, Portugal, Espagne, Açores, Provence, Italie (Ligurie, Naples, Sorrente, Calabre, Sicile), Grèce, Bulgarie, Turquie (Syrie) Inde (l'Oranger pour parfumerie pourrait être cultivé en Annam où il est très répandu avec le Pamplemoussier, le Citronnier), Australie, Cap de Bonne-Espérance, Amérique (Paraguay, Floride, Californie).

En France la région de l'Olivier embrasse tout le littoral méditerranéen, mais l'Oranger reste confiné entre Hyères et Menton (100 kilomètres) et ne s'écarte de la mer guère plus de 10 à 12 kilomètres. Il ne s'élève pas à plus de 400 mètres

(1) L'Oranger appartient au genre Citrus, groupe des Aurantiacées ou Hespérides, famille des Rutacées.

(2) De Bergame, en Lombardie.

(3) Surtout dans la partie orientale de la Mitidja, aux endroits où les ruisseaux et les rivières sortent de la montagne. Consultez *La culture de l'oranger*, par A. de MAZIÈRES, ingénieur agronome, 1917, 1 vol. in-18 (Librairie J.-B. Baillière).

Fig. 14. — Rameau d'oranger avec fleurs et fruits.

dans les endroits les mieux exposés. Il semble ne pas vouloir se séparer de la compagnie des Palmiers, des Grenadiers et des Caroubiers.

Espèces. — Nous ne nous attarderons pas aux discussions qui divisent les botanistes voulant établir si l'Oranger ordinaire, qui paraît être originaire de la Chine ou de l'Inde centrale, est la seule espèce du genre Citrus et si les autres formes du même genre, Citronnier, Bergamotier, etc., sont de simples variétés, des hybrides, ou, au contraire, des espèces différentes.

Nous dirons tout de suite que ces divers représentants des Aurantiacées que l'on englobe en Italie sous le nom général d'*Agrumes* constituent des sources importantes de matières premières diverses pour la parfumerie. Celle-ci utilise non seulement les fleurs pour en tirer une essence appelée *néroli* (néro-olio en Italie) et de l'eau de fleur parfumée, mais aussi les feuilles dont l'essence est dite *petit grain*, et l'eau parfumée, l'*eau de brout*. En outre, le zeste des fruits ou partie colorée de la peau fournit l'essence au zeste. Nous devons donc développer un peu longuement leur culture et leur système d'exploitation, d'autant que, vivant pour ainsi dire indéfiniment, ils sont, hélas ! plus exposés, aussi, à toutes les misères qui résultent de l'attaque des champignons microscopiques, des insectes, de l'épuisement du sol et de son infection, des accidents physiologiques ou atmosphériques auxquels ils sont plus sensibles en avançant en âge. Ils diffèrent beaucoup à ce point de vue de la plupart des autres plantes cultivées pour la parfumerie.

C'est sans conteste dans les Alpes-Maritimes que les *Orangers amers* sont le mieux cultivés au point de vue de la production de la *fleur*. Quant aux fruits, ils sont surtout exploités pour le zeste dans l'Italie méridionale.

Les groupes de Citrus que nous avons cités plus haut n'ont pas tous la même importance industrielle. Le plus utile est celui des Bigaradiers.

Bigaradier. — Le Bigaradier Commun (Citrus Bigaradia, Duham ; Citrus aurantium var. amara L. ; Citrus vulgaris D. C.) (Melangolo, en Italie) ou Oranger à fruits amers (Oranger amer), forme sauvage de l'Oranger à fruits doux (Oranger doux), est pourvu d'épines (en Algérie, on en fait des haies défensives). Son fruit a la même grosseur que l'orange ordinaire, mais il est immangeable, très amer en même temps qu'acide. La peau est plus rouge, plus rugueuse, raboteuse, à vésicules concaves au lieu de convexes. Voici quelques autres caractères : feuillage plus ample, pétiole des feuilles plus largement ailé ; fleurs plus grandes, plus riches en essence, à odeur plus suave. C'est le type d'Aurantiacée le plus utilisé en parfumerie, le seul cultivé pour la fleur. Il est plus rustique que l'Oranger doux, aussi est-ce le *porte-greffe* par excellence non seulement de ce dernier, mais de tous les autres Citrus, car il donne aussi le tronc le plus droit, et surtout il résiste bien mieux à une grave affection qui atteint les agrumes, la maladie de la gomme.

Dans les *Alpes-Maritimes*, la culture du Bigaradier occupe 3 000 à 4 000 cultivateurs. Les deux centres principaux sont Vallauris et Bar-sur-Loup.

En *Italie*, les Bigaradiers abondent surtout en Sicile. En *Algérie*, ils sont cultivés principalement à Bouffarik. En *Tunisie*, on cultive un peu la variété « Bouquetier de Nice » dans la presqu'île du Cap Bon, principalement à Hammamet et à Nabeul. Au *Maroc*, on trouve le Bigaradier à Marakech et à Fez. Aux environs de cette dernière ville, 80 p. 100 des Orangers sont de la variété bigarade. On distille la feuille au *Paraguay*, en *République Argentine*, en *Syrie*, etc.

Le Bigaradier étant aussi ornemental que l'Oranger doux, c'est lui que l'on cultive habituellement en caisse dans les orangeries du Nord.

Il existe plusieurs *variétés* de cette espèce. On se base, pour leur classification, sur l'épaisseur relative des pétales ; la grandeur des fleurs, celle des ailerons du pétiole ; la présence ou l'absence des épines, leur longueur, etc.

Dans les *Alpes-Maritimes* on distingue : le *sauvage*, provenant du semis, à ailerons presque nuls, à fleurs petites, très parfumées, mais pas très abondantes ; la *petite épine*, à fleurs petites et riches en essence et plus nombreuses que celles de la « grosse épine ». Celle-ci a de grandes fleurs, mais moins riches ; les ailerons du pétiole sont très développés. Voici quelques autres types : *Bigaradier riche dépouillé* : fleurs moyennes, nombreuses, en bouquets disposés au sommet des rameaux (Provence, Italie, Espagne et surtout en Algérie, à Boufarik) ; *Bigaradier à grand calice* : fleurs assez grandes, d'un beau blanc ; *Bigaradier corniculé* : à grandes fleurs groupées par deux axillaires et terminales, etc.

Il y aurait lieu de faire des essais suivis pour déterminer les sujets les meilleurs comme rendement et qualité d'essence.

Le *Chinois* (Citrus Sinensis, Risso) est un Bigaradier de Chine à feuilles de myrte, ou à feuilles de saule et greffé sur Bigaradier ordinaire. On l'appelle aussi petit chinois, et, en Italie, chinotto, chinotto. Il donne de petites oranges amères employées en confiserie. Il est cultivé dans ce but surtout en Ligurie italienne.

Le *Kumquat* (Citrus Japonica) est un proche parent du Bigaradier, dont les fruits sont utilisés de la même façon.

Oranger à fruits doux (*Citrus Aurantium* L., *Citrus Aurantium vulgare*, Risso). — On l'appelle en Italie Arancio Dolcio. On distille aussi ses fleurs et ses feuilles, mais l'essence est de qualité moindre. Le zeste des fruits donne l'« essence au zeste ».

Le *Mandarinier* (Citrus Deliciosa, Ten.; Citrus Aurantium nobilis, Lour.) se rattache au groupe des Orangers doux. Il est plus petit, à feuilles plus étroites, et aussi plus rustique. On distille les feuilles, et les fruits donnent l'essence au zeste (surtout dans le sud de l'Italie et en Sicile). Dans le sud de la France, et mieux encore en Algérie, le Mandarinier est cultivé pour la vente des fruits de table. En Algérie, on tend à lui donner la préférence sur l'Oranger.

Citronniers à fruits acides et Limoniers (*Citrus Limonum*, Risso) (1). — Limone, en Italie. Le zeste des citrons fournit de l'essence. De la pulpe on tire l'acide citrique. On distille aussi les feuilles.

Le Citronnier s'accommode mieux du voisinage de la mer

(1) Pour Risso et Poiteau, le Citronnier et le Limonier constituent deux espèces ; pour d'autres auteurs, le Limonier est une variété de Citronnier.

et il n'exige pas autant d'eau que l'Oranger, mais il est plus sensible au froid.

Régions : surtout en Italie (Calabre ; presqu'île de Sor-

Fig. 15. — Rameau et fruit de Limonier (*Citrus Limonum*).

rante ; Sicile) ; Californie méridionale ; Côte d'Azur (principalement à Menton). En Corse, les Orangers et les Citronniers sont cultivés dans les parties les plus chaudes de la zone maritime. Dans l'arrondissement de Calvi, on rencontre le Citronnier à Calvi, Ile Rousse, Algajola, Aregno, Lumio.

Citrons doux ou Limettiers. — Ce groupe comprend les *Limettiers* proprement dits, les *Bergamotiers*, les *Lumiers*, qui, pour Risso et Poiteau, sont trois espèces différentes.

Les fruits du *Limettier* (Citrus Limetta, Risso) ou Limonier doux, qui serait un hybride de Limonier et d'Oranger, donnent de l'essence au zeste.

Le *Bergamotier ordinaire* (1) (Citrus Lumia Bergamia vulgaris, Desf. ; Citrus Bergamia, Riss. et Poit. ; Citrus Aurantium, var. Bergamia, Wight et Arn.) est considéré comme un hybride de l'Oranger et du Limonier (Lime Bergamote). Fruits en forme de poire ; non comestibles. L'écorce donne l'essence de bergamote. On distille aussi les fleurs. Cultivé dans la région de Messine et sur la côte méridionale de la Calabre ; vastes plantations à Reggio (spécialité de la province), Melito, Gallico, Arangea, Santa-Catarina, Catona.

On a conseillé de propager cette culture dans le nord de l'Afrique où l'arbre pousse très bien.

Le *Lumier commun* (Citrus Lumia, Risso) est très cultivé en Sicile. L'écorce du fruit (lumie, poire de commandeur) donne l'essence au zeste.

Cédratier (*Citrus Medica*, Risso ou *Citrus Medica Cedra*, Desf.). — Ce groupe comprend le *Poncirier* (poncire) (Citrus Pomum Syriacum, Naudin). Le Cédratier est cultivé sur le littoral des trois Calabres et plus particulièrement le long des rivières et des torrents. C'est le Citrus le plus sensible au froid. On en tire l'essence au zeste. En Corse, on le cultive surtout pour la production des fruits de confiserie : arrondissement de Bastia : 64 hect. Ersa, Centuri, Morsiglia, Pino, Barrettali, Canari, Ogliastro, Nouza, Oletta, Borgo, Vescovato, Castellare-di-Casina, San Nicolao, Sant-Andrea-di-Cotone ; arrondissement de Calvi 8 hect. : l'Ile-Rousse, Sancta-Reparata, Belgodere, Oregno, Cateri, arrondissement d'Ajaccio 24 hect. : Serriera, Ota, Piana, Vico, Cargèse, Coggia, Ambiegna ; arrondissement de Corte 9 hect : Pancheraccia, Guincaggio, Aleria, etc.

Pamplemoussier (*Citrus Decumana*, Rumph.). — Appelé

---

(1) On connaît aussi : Citrus Lumia Bergamia Parva Risso ou B. à petits fruits ; le Citrus Lumia Bergamia Mellarosa Duh. ou B. Mellarose, qui sont employés aux mêmes usages.

aussi Pamplemoussier, Pompoléon, Pommier d'Adam. On range à côté de lui le Chadeck, d'Algérie. N'est pas employé en parfumerie. Ses fruits énormes, non comestibles, sont utilisés en confiserie.

Multiplication. — Comme la plupart des arbres, l'Oranger se multiplie par le semis, le greffage, le bouturage, le marcottage.

On emploie beaucoup comme porte-greffe pour propager les autres Citrus, le Bigaradier venu de semis, nous avons dit pourquoi. Les graines de Bigaradier de Gallesio donneraient des pieds très vigoureux. Il faut naturellement employer des graines prises dans des oranges amères complètement mûres. On emploie aussi le Citronnier dont il est plus facile de se procurer des graines mûres ; la germination est plus sûre. Le Citrus Tryptera est très rustique ; on le recommande pour les régions froides, à la limite nord de la culture. On a signalé encore comme porte-greffe très résistant au froid, en même temps que s'accommodant à la sécheresse et à une température élevée, un agrume épineux originaire du nord-est de l'Australie, l'Eremocitrus ou Triphasia ou Atalantia Glauca.

Dans l'Afrique du Sud, on emploie les Citronniers sauvages et les Limettiers comme porte-greffes, car ils possèdent un système radiculaire très développé qui leur permet de mieux supporter la sécheresse.

Quand on vise la production des fruits, les arbres venus de semis ne fructifient qu'assez tard. On peut avoir de beaux Mandariniers en les greffant sur des Bigaradiers adultes, auraient-ils même cinquante ans. — une expérience en pareil cas a très bien réussi ; — on étête les branches mères à 2^m,50 à 3 mètres du sol pour respecter la forme primitive de l'arbre. Il naît des pousses que l'on greffe en écusson à leur base. Mais sur l'Oranger franc les fruits ont un goût plus fin.

Le *bouturage* s'emploie rarement. L'Oranger en particulier reprend assez difficilement. Le Cédratier, le Pamplemoussier et, surtout, le *Limonier*, principalement le L. Balotin, donnent de meilleurs résultats. On choisit les gourmands que l'on coupe à la longueur de 40 à 50 centimètres. On enfouit la bouture en ne laissant que deux ou trois bourgeons hors de terre.

3.

Le *marcottage* est surtout pratiqué en Espagne (dans le Léon).

Malgré tout, les sujets obtenus par le bouturage ou le marcottage sont moins vigoureux, moins rustiques et en particulier plus sujets à la gomme. Mais ces procédés ont cependant l'avantage de donner plus rapidement des pieds assez forts pour être greffés et produire rapidement, comparativement au semis, avec lequel un arbre ne peut guère être mis en place qu'après six à huit ans et plus.

Sur la Côte d'Azur on *sème* en mars-avril. L'époque serait d'ailleurs indifférente, sauf le plein hiver, puisque l'on peut toujours arroser, si l'on n'avait à tenir compte du fait que les graines se dessèchent rapidement hors du fruit et perdent assez facilement leur faculté germinative ; d'autre part, elles commencent parfois à germer dans la pulpe. Ainsi, si on doit les conserver quelque temps, les tenir dans du sable frais.

On sème en pépinière (que l'on appelle *semenzaio* en Italie), dans une plate-bande côtière bien abritée ou sur une couche ensoleillée, mais non couverte. On trace des lignes distantes de 25 centimètres environ et recouvre les graines de 2 à 3 centimètres de terre, puis on entoure le terrain d'un bourrelet pour pouvoir arroser.

Quand les jeunes plants ont pris un peu de vigueur, on choisit le brin le plus vigoureux, si la graine en a donné plusieurs, et on coupe les autres.

On met en place à partir de la deuxième année, mais il vaut mieux *repiquer*, en profitant de cette transplantation pour couper le pivot. On arrache donc à racines nues les pieds les plus forts, on raccourcit ce dernier et rabat à quelques centimètres du sol. La transplantation doit se faire également à bonne exposition comme chaleur et lumière et on met les plants à 30 centimètres sur des lignes distantes de 1 mètre. La tige nouvelle est assez forte après deux ans et on peut la greffer. Si l'on doit vendre les sujets, il faut encore attendre deux ans, soit six années après le semis.

M. le Dr Trabut a cité en Algérie le procédé suivi par un colon de l'Arba : semis de Bigaradier sur couche chaude sous châssis les premiers jours de février, empotage vers le 15 avril dans des pots de 25 centimètres et de 30 de hauteur ; laisser à l'ombre. Dans les premiers jours de juin, enterrer dans un plate-bande jusqu'au bord. Arrosages fréquents en été et, tous les mois, donner 3 à 4 grammes de sang desséché et de super-phosphate. Fin novembre, les pieds ont 70 à 80 centimètres et trois mois après, en fin février, on met en place en laissant subsister le pivot qui sort par le trou. Greffage en Oranger doux en octobre qui suit. À six ans les arbres entrent en rapport. Les sujets plantés et greffés représentent une dépense de 0 fr. 25.

On *greffe* en pépinière ou en place. Les avis sont d'ailleurs assez partagés. En greffant en pépinière après repiquage, on peut mieux soigner les plants et leur donner la forme défini-tive. Quand on met en place au bout d'un an de semis pour greffer ensuite, le sol est occupé trop longtemps inutilement.

En Italie, on greffe en pépinière entre trois et huit ans. D'après le Dᵣ Trabut, d'Alger, il y a avantage à mettre à demeure le Bigaradier très jeune et à le greffer en place ; on mutile ainsi moins le système radiculaire qu'en arrachant l'arbre après cinq à six ans de pépinière.

Tous les systèmes de greffe sont possibles (1). Sur la Côte d'Azur et en Ligurie italienne, c'est la *greffe en écusson* qui est presque généralement adoptée, à œil poussant en mai-juin quand l'arbre est en pleine sève, que l'écorce se détache bien du bois. L'œil dormant en août-septembre est moins recommandable parce qu'il s'accole et pousse quelquefois la même année, et les tissus, étant encore trop tendres, peuvent souffrir des rigueurs de l'hiver.

On met deux ou trois écussons quand la chose est possible, à environ 1 mètre de haut, en laissant des petites branches au-dessus ou tire-sève. On n'enlève cette tête qu'un an après, au moment de la mise en végétation. Bien surveiller les pousses ; éloigner les pucerons, les fourmis. En liant l'écusson, si on a passé une extrémité du lien sur le premier tour et l'autre sous le dernier, il est inutile de venir le couper ; il se

(1) Voir nos articles « Greffage de l'oranger » *Réveil agricole*, nº 1066, et « Multiplication de l'oranger », dans *la Vie agricole* du 3 janvier 1914 (Librairie J.-B. Baillière).

desserre de lui-même. Cependant, si le fait ne se produisait pas, on le trancherait quand les lèvres sont bien soudées sur l'écusson.

On donnera des tuteurs aux pousses fragiles et maintiendra entre elles un écartement suffisant.

En Algérie, les jeunes sujets venus de semis sont greffés en octobre en écusson et souvent, aussi, en pratiquant la fente de côté sous écorce et en emprisonnant la greffe dans un cornet de papier paraffiné. En Algérie on emploie encore les systèmes en fente, en couronne, en incrustation sur rameaux de deux ans, en septembre sous cloche. Le Dr Trabut a signalé un mode de transmission de *chlorose* spéciale par le greffon-rameau. Veiller donc au pied mère sur lequel on prend ce dernier. Le même auteur dit que le greffage par rameau, d'ailleurs plus facile, réussit mieux qu'en écusson. Ce dernier réclame un choix de gros bois, des gourmands, ou des sujets trop vigoureux, généralement moins fertiles. Mais par le procédé par rameaux il faut prendre ceux-ci, pour certaines variétés, sur des branches pas trop fructifères, la fructification pouvant être nuisible à la végétation du greffon. A Alger, on greffe en couronne au printemps les jeunes sujets, et tout le reste de l'année, sauf les mois d'hiver, on greffe de côté sous l'écorce incisée en T renversé, puis soulevée sur un des bords où l'on glisse le greffon taillé en biseau ; on ligature ou mastique et met un capuchon de papier paraffiné, qu'on laisse deux à trois semaines. Les arbres âgés sont greffés généralement en couronne sur les grosses branches conservées ; mais on peut greffer aussi sous écorce et n'étêter qu'après la reprise.

Création d'une orangeraie (1).

Exposition. — L'orangeraie (agrumeto, en Italie) doit être bien ensoleillée, bien aérée (cochenilles, fumagine). Les Orangers craignent le vent qui effeuille les branches et, surtout, maltraite les fruits. En Algérie on plante des haies de Cyprès

(1) Nous appelons *orangeraie* un verger d'orangers, et *orangerie* la serre ou autre local où, l'hiver, on abrite les orangers en caisse ou en pot.

un an à l'avance, surtout le Cyprès pyramidal. En Sicile, on utilise à cet effet le Cyprès funèbre. Ailleurs, le Laurier d'Apollon, le Casuarina, le Roseau, le Saule, l'Olivier, le Néflier (l'Eucalyptus dessèche trop le sol) ; des haies sèches, fixes ou mobiles (roseaux, châtaigniers, fagots) ; des murs en pierres sèches (macere, en Italie). Des brise-vent peuvent être nécessaires tous les 50 à 60 mètres. Dans certaines régions de l'Italie (Sorrente, Amalfi) on construit pour l'hiver des abris horizontaux (paillassons, claies en chêne, fougère).

Sol. — L'oranger craint surtout les sols trop calcaires, ou complètement siliceux ou trop argileux, compacts, froids à humidité excessive (pourridié des racines, chlorose, gommose) où la fructification est difficile. Dans ces derniers terrains un sous-sol perméable est indispensable, ou des précautions spéciales au moment de la plantation (drainage, etc.). Ces réserves faites, on peut dire, si les conditions climatériques sont favorables, que le Bigaradier surtout, — le plus rustique des Orangers, — s'accommode à peu près de tous les sols si on a soin de le bien fumer et de l'arroser en été. Si l'on vise particulièrement la production des fruits, choisir une terre irrigable plutôt légère, profonde, riche, calcaro-argileuse ou calcaro-siliceuse et pouvant conserver un certain degré de fraîcheur. Le calcaire paraît exercer une heureuse influence sur la végétation et la qualité des fruits. On a donné comme étant la meilleure formule : « un terrain argilo-calcaire mêlé de silice, riche en chaux et en potasse avec une proportion d'argile ne dépassant pas 50 p. 100 ». En Italie on considère comme terrains les meilleurs, quand il n'y pas à redouter la sécheresse, ceux d'origine volcanique. En Algérie on apprécie les sols argilo-siliceux. Dans cette région on peut cultiver les orangers dans les terres perméables pas trop compactes, à la condition qu'il y ait de l'eau dans le sous-sol à une profondeur ne dépassant pas 25 centimètres et que le prix de revient de l'eau n'excède pas 0 fr. 03 le mètre cube (Bernard).

Le Citronnier, le Limonier, le Cédratier exigent des terrains légers un peu sableux.

Préparation. — En été ou au plus tard dans le courant de l'automne, quand la terre est bien ressuyée, défoncer à 80 centimètres au moins, enlever pierres, racines, brûler celles-ci souvent attaquées par le pourridié. Si l'on doit irriguer, égaliser la surface, niveler. Parfois, par économie, on ne fait qu'un labour croisé et creuse les trous. Dans les sols en pente, préférer la plantation en terrasses.

On prépare les *trous* ($1^m \times 1^m \times 1^m$) avant l'hiver ou au moins deux mois avant la plantation pour laisser agir les agents atmosphériques. La *distance* entre les arbres varie avec le développement qu'ils peuvent prendre, la richesse du sol, leur genre de production, le climat, etc. Les Orangers à fleurs ne devant pas mûrir de fruits sont plantés à un écartement moindre.

La distance est d'autant plus grande que la région est plus chaude et plus sèche. Si, avec un faible écartement, les arbres se garantissent mieux contre les vents, une plantation trop dense est plus exposée aux ravages des cochenilles et de la fumagine; on circule moins aisément sous les branches pour donner les façons aratoires, etc. La disposition en quinconce permet de planter un plus grand nombre de pieds qu'au carré. Mais ce dernier mode est généralement adopté avec des intervalles de 4 à 8 mètres.

Sur la Côte d'Azur, les Bigaradiers sont à $4^m \times 4^m$, ce qui est trop peu. Il faudrait 5 mètres à 6 mètres. En Algérie on rencontre $8^m \times 10^m$ (110 pieds à l'hectare), ou $7^m \times 7^m$. Avec $6^m \times 8^m$, on a 150 pieds à l'hectare; 278 avec $6^m \times 6^m$. En Italie la moyenne est $5^m \times 5^m$ (400 arbres), dans la zone méridionale; $4^m \times 4^m$ (625), dans la zone centrale; $3^m \times 3^m$ (1 112) dans la zone septentrionale. On reconnaît que ces distances sont insuffisantes. Dans ce pays le défoncement complet du terrain à 75 centimètres à 1 mètre revient à 650 francs par hectare. Dans la zone centrale, pour les champs irrigués, avec 1 mètre, 1 200 francs, et dans les terrains non irrigués jusqu'à 3 à 4 mètres (Sorrente) 2 500 francs. On se contente souvent de faire un trou d'un mètre cube (40 à 90 francs par hectare) ou des fosses de 1 mètre carré de section (80 à 150 francs). On plante aussi le long des routes, ou encore les Orangers sont disséminés dans les jardins.

Les plants. — Dans certains pays on donne la préférence

Fig. 16. — Oranger en motte préparé pour l'expédition.

aux jeunes pieds non encore formés, ailleurs à des sujets déjà très développés. Quelques cultivateurs qui ont une pépinière mettent directement à demeure des plants d'un an de semis au lieu de les repiquer à ce moment et ils les greffent un an ou deux après. D'autres n'emploient que des sujets de deux à trois ans et même quatre. Ils les greffent en tête en écusson au printemps qui suit la plantation.

Les plants non greffés de trois à quatre ans valent environ 2 francs. On met aussi des pieds formés qui ont un à trois ans de greffe. Ils coûtent 3 à 4 francs.

Il est rare que le planteur produise lui-même ses plants en raison des soins spéciaux que le semis et la pépinière demandent. Il préfère s'adresser aux spécialistes. En Italie, il en est de réputés, en Sicile principalement (à Messine), qui exportent sur la Côte d'Azur et jusqu'aux États-Unis... Mais ces arbres arrachés depuis longtemps, le plus souvent à racines nues et qui ont souffert en route, ne donnent pas toujours de bons résultats à la reprise. Les pépiniéristes de Golfe-Juan, par exemple M. Dental, Cannes, Nice (Alpes-Maritimes), Hyères (Var) ont acquis en la matière une renommée mondiale (1).

On s'efforcera de conserver la motte aux orangers à planter et d'apporter tous les soins habituels observés en pareille circonstance.

Epoque de la plantation. — Les avis diffèrent autant en ce qui concerne l'époque de la plantation que la taille à appliquer si le sujet s'y prête. Cela varie certainement avec la région. Pour les arbres à feuilles persistantes toujours plus ou moins en végétation, le froid s'opposerait à la formation de nouvelles racines, ce qui entraînerait la mort. Les chaleurs de juillet-août ont l'avantage de favoriser le système radiculaire. Mais à cette époque il faut mettre un paillis et donner des arrosages abondants. Dans ces conditions, s'il s'agit d'un arbre d'un certain âge on le transplante avec la motte. On pourra se dispenser d'appliquer une taille sévère destinée d'habitude à maintenir un certain équilibre entre le système

(1) Pour les expéditions, consulter le ministère de l'Agriculture (services scientifiques, rue de Bourgogne) pour les restrictions des pays importateurs (insectes et maladies).

radiculaire affaibli qui absorbe l'eau et la ramure qui l'évapore.
Mais si l'on opère en terrain léger, sec et que l'on ne puisse
arroser, il faut, à la limite nord de l'aire de végétation, mettre
en place dès la fin de l'hiver avant la reprise active de la sève,
en avril-mai en Provence, en février en Algérie. En Sicile,

Fig. 17. — Plantation d'un oranger.

on plante en fin novembre en terrain argileux et situé en pente
à une altitude de 250 à 500 mètres ; au-dessous de 200 mètres
et dans le voisinage de la mer, fin janvier ou début février. De
façon générale, les arbres toujours verts réussissent mieux
quand ils sont plantés en sève qu'au moment de l'inaction de
celle-ci.

Mise en place. — Si le sol est imperméable, argileux, froid,
mettre au fond du trou de la pierraille, des débris de poterie ;
puis de la terre mélangée à un engrais à décomposition rapide
(tourteau, colombine, guano, sang desséché, vidange), à défaut

une trentaine de kilogrammes de fumier bien décomposé que l'on recouvre de 30 centimètres de terre. Cependant si le sol est de bonne qualité, on peut n'apporter la fumure que la deuxième année. Nous exposons d'ailleurs longuement plus loin la question des engrais.

Si la terre du trou était de mauvaise qualité, on la changerait.

Le sujet doit être planté à la même profondeur qu'en pépinière. Ne pas enterrer le tronc, ne serait-ce que légèrement, car il faut craindre la pourriture du collet. On tiendra donc compte du tassement qui se produira. Pour se guider, mettre une tige bien droite (règle, roseau) en travers du trou et touchant la base du sujet, les deux extrémités reposant sur les bords de la fosse ; elle indiquera le niveau du sol. Enfin, on ménagera une cuvette pour les arrosages et les fumures. On maintiendra l'humidité nécessaire jusqu'à la reprise complète.

Cultures intercalaires. — En Sicile, en Algérie, on loue le terrain des jeunes orangeraies non encore en rapport pour la culture maraîchère (voisinage des villes) ou celle des fourrages.

En Italie on associe souvent les arbres fruitiers aux orangers : Abricotier, Poirier, Cognassier, Grenadier, Pêcher, Néflier du Japon, Olivier, Noyer, Figuier de Barbarie, Vigne. En Algérie également on intercale des Pêchers et même des Mandariniers de trois ans préparés en pépinière ; on les sacrifie dès que les Orangers ont une huitaine d'années.

Ces cultures allègent les charges qui pèsent sur la propriété, mais elles ne sont pas sans nuire aux jeunes arbres.

Taille de formation. — L'Oranger se forme à peu près de lui-même. Toutefois les premières années il est nécessaire de diriger les branches pour que la ramure soit assez élevée et permette les façons culturales. En général, dans les pays chauds à grande intensité lumineuse, on laisse prendre à l'arbre sa forme naturelle en se contentant de diriger la ramure. Mais dans les régions moins favorisées, plus près de la limite nord de la zone culturale, on doit aider à la pénétration de la lumière par la forme en gobelet plus ou moins évidé, plus généralement en tête ronde. Si cette forme globuleuse de l'arbre de plein vent et le faible écartement ne permettent pas l'emploi des animaux de trait pour les labours, les arbres sont mieux garantis contre les vents, les frais de cueillette sont moindres et on peut mieux appliquer les traitements insecticides.

La tête ronde comme le gobelet s'obtiennent avec les branches bifurquant assez bas d'un même point du tronc. Quand celui-ci a atteint la hauteur voulue, un mètre environ, en Provence, on supprime au printemps la partie supérieure de la tige et on conserve les quatre rameaux en croix les plus rapprochés de la section. S'il n'y avait que deux rameaux, plus tard on les taillerait à leur tour pour garder sur chacun d'eux deux rameaux. On continue ainsi en gardant toujours deux branches jusqu'à obtenir la tête sphérique. Si l'on a bien opéré, on a la quatrième année 32 branches charpentières. Quand il s'agit de Bigaradiers, on laisse un espace ou passage un peu plus grand que les autres entre les branches principales pour faciliter la pénétration dans le centre de l'arbre au moment de la cueillette des fleurs.

Mais les Orangers sont généralement achetés tout formés aux pépiniéristes et il n'y a guère, à proprement parler, de taille à appliquer dans le jeune âge, sauf la coupe de quelques rameaux trop vigoureux ou gourmands. Les sujets n'exigent en somme que des élagages pour assurer la forme. On les applique en février-mars, tous les deux à trois ans d'abord, puis tous les quatre à cinq ans. La période de production arrivée, il faudra porter le fer chaque année après la récolte.

Les *Limoniers* se plient le mieux aux diverses opérations de la taille ; par exemple on peut les conduire en palmette Verrier. De même les *Mandariniers* peuvent prendre les formes en espalier. L'*Oranger doux* n'est pas non plus réfractaire à ce genre de taille. Mais c'est là un cas spécial de la culture et nous ne nous occupons ici que de l'exploitation en plein vent. Nous pouvons dire, toutefois, que chez les arbres palissés sur un treillage la production est plus régulière et plus abondante, par suite d'une meilleure aération et d'une action plus efficace de la lumière.

Soins culturaux. — Ils consistent en labours, binages,

fumures, élagages, arrosages, traitements contre les insectes
et les maladies. Non seulement ils favorisent la floraison et
la fructification, mais encore ils maintiennent l'arbre plus
vigoureux, plus résistant contre ses nombreux ennemis.

Labours et binages. — Dans les Alpes-Maritimes, les façons
appliquées au sol sont faites à bras devant le faible écartement des arbres et leur hauteur. On donne trois labours : un
au printemps (on enfouit les engrais pulvérulents et facilement assimilables) ; un après la récolte, qui a lieu en mai-juin
et la taille qui suit immédiatement ; on ameublit le sol piétiné;
un en automne, en septembre-octobre (on enfouit le fumier
et les matières organiques à décomposition lente). Dans les
terrains humides, si l'hiver est trop pluvieux, quelques raies
de charrue ouvertes dans le sens de la plus grande pente
faciliteront l'écoulement de l'eau.

Dans les labours à bras on remue le sol à 20 à 25 centimètres,
ce qui oblige les racines à descendre, car elles ont tendance
à remonter à la surface, où elles sont trop exposées à la sécheresse. Les Bigaradiers, tout au moins, ne paraissent pas trop
se ressentir d'une pareille pratique en contradiction appa-
rente avec la théorie et les lois de la physiologie. Toutefois, il
est prudent d'employer des appareils fourchus pour ménager le
plus possible le système radiculaire.

On donne au moins deux binages dans le courant de l'été.
Les binages et sarclages sont très utiles surtout si l'on ne peut
arroser. Il faudrait pouvoir les appliquer tous les quinze jours.
Dans des champs non irrigués de la région de l'Etna, on pratique ainsi jusqu'à 15 binages pendant la saison estivale.
Comme nous l'avons dit, les racines sont obligées de descendre
à l'abri de la sécheresse. Dans ces situations les fumures
doivent être plus abondantes, car le peu d'eau qui passe dans
la plante doit y apporter suffisamment d'aliments. En Italie,
les travaux de labour et de binage sont plus superficiels à
la limite sud de la zone que dans le nord. Dans la zone méridionale on opère à l'automne plus ou moins tard ; au printemps on donne une deuxième façon et parfois une troisième
en été. Ces travaux sont d'autant plus nombreux que le
terrain n'est pas irrigué. Si l'on emploie la charrue, ce qui

réduit les frais (50 francs par hectare) sans causer du mal
en raison de la vitalité de l'arbre dans les régions méridionales,
on complète le travail par un binage à bras autour des pieds.
Le labour à bras exige quatre-vingt-dix à cent quarante jours
par hectare, ce qui triple les frais. Dans la zone centrale, le
premier se fait à 30 centimètres (cinquante journées) ; le second
en août (trente-six jours) ; le troisième en octobre (vingt jours) ;
avec les sarclages cela représente cent à cent cinquante jours de
travail. En Sicile, on donne un premier labour en automne
et deux au printemps ; au dernier on fait une cuvette autour du
pied pour l'arrosage. A Messine, les trois labours à bras et la
fumure (la fumure 0 fr. 40 à 0 fr. 60 par 150 décimètres cubes)
exigent cent jours (150 arbres par hectare) à 1 fr. 50, soit
150 francs ou 0 fr. 27 par pied.

Arrosages. — Ils sont surtout nécessaires les premières
années qui suivent la plantation. Dans la période des sécheresses estivales, il peut être utile d'irriguer tous les huit jours
la première année. Par la suite, et d'une façon générale, le
nombre des arrosages et le volume d'eau employé varient avec
le climat, la nature du terrain, son exposition, les conditions
atmosphériques, l'espèce cultivée, la nature de la production :
les fruits réclament plus d'eau que les fleurs ; le Citronnier
est moins exigeant que l'Oranger à fruits.

Ici trois ou quatre arrosages par mois en été sont nécessaires ; ailleurs il n'en faudra que deux ou un seulement.
En Algérie on en donne douze dans la saison ; en Italie, deux
par semaine de la mi-mai jusqu'en septembre ; sur la Côte
d'Azur, trois ou quatre dans la saison (1er juillet au 1er septembre). Certaines années l'eau peut être utile dès le mois de mai ;
plus généralement on n'irrigue guère que deux fois, fin juin,
début d'août, à raison de 200 litres par arbre.

Le volume de liquide réservé à chaque pied varie d'ailleurs
considérablement et il peut atteindre 1 000 litres suivant les
régions, etc. Malgré tout, dans les Alpes-Maritimes les orangeraies irriguées constituent plutôt une exception.

Rappelons qu'un bon paillis au pied des arbres ménage
l'eau ; que les binages, les sarclages sont de nature aussi à
conserver l'humidité du sol. Quand le liquide est donné avec

parcimonie, on bine un peu profondément cinq à six jours après, puis on met un paillis.

Arroser le matin de très bonne heure ou le soir après le coucher du soleil, ou, encore, la nuit.

La température de l'eau doit être à peine inférieure à celle de l'air.

En Provence, les irrigations ont surtout pour but d'éviter une trop grande végétation qui se produirait sans cela après les premières pluies d'automne. En effet, quand les arbres souffrent trop de la sécheresse en été, les pluies de septembre les raniment et les jeunes pousses qui naissent peuvent être détruites par le froid. En outre, des fleurs éclosent qui affaiblissent l'arbre et portent préjudice à la principale récolte, celle de printemps. Chez le Citronnier, il y a production de fruits tardifs (Verdelli, en Italie).

Enfin si les irrigations ne sont pas données dès le début de la période de sécheresse, il en résulte une chute tardive et abondante des jeunes feuilles.

Si l'on veut, au contraire, des fleurs d'automne et d'hiver pour bouquet, dont la vente est en cette saison rémunératrice, il faut déchausser la base de l'arbre au début de l'été pour faire souffrir le végétal; puis, en août, donner quelques bons arrosages.

Dans les orangeraies à fleurs on aménage la surface du sol pour l'arrosage lors du binage après la taille qui suit la cueillette en mai-juin. Les arbres à fruits sont irrigués quand ces derniers commencent à se former, et l'on continue s'il y a lieu.

Dans les régions sèches, les irrigations doivent être alternativement légères et fortes, de manière à agir d'abord sur la couche superficielle, plus vite épuisée par les racines, puis sur la couche plus profonde. On doit se rendre compte périodiquement du degré d'humidité des différentes couches au moyen de la bêche, sans attendre les signes de dépérissement des arbres.

Éviter le séjour prolongé de l'eau au pied de ces derniers, car il faut craindre la pourriture des racines ou la gommose du collet. User donc de l'eau avec mesure dans les sols compacts, surtout à l'automne pour les vieilles plantations.

On ouvre autour de chaque Oranger, et à une certaine distance de la souche, une fosse circulaire de 15 à 20 centimètres de profondeur et 50 de largeur. Ou encore on établit un cône de terre autour de la souche en creusant une large conque limitée à l'aplomb de la partie extérieure du branchage. Enfin on peut tracer sur toute la surface du verger des sillons de 35 centimètres espacés de 1^m,50. On amène l'eau dans un nombre limité de ces rigoles à la fois de manière qu'elle ne mette pas plus de trois à quatre heures pour les parcourir. Au besoin ces sillons sont comblés par deux hersages, d'abord un léger, puis un énergique quand la terre a acquis le degré de siccité convenable.

Cet arrosage par infiltration est plus rationnel que l'arrosage par submersion, au moins dans les régions où ne sévit pas une excessive sécheresse ; mais la submersion est plus commode, plus économique.

En Algérie, avec l'arrosage à la conque on donne 480 mètres cubes d'eau par hectare et par semaine d'avril à septembre (deux fois la semaine, une fois le jour, une fois la nuit). Les conques sont réunies par des rigoles. D'après le Dr Trabut, il faut 6 000 à 8 000 mètres cubes d'eau par hectare pour les douze arrosages d'été.

En Italie on emploie, d'après Inzenga, 564 mètres cubes par hectare pour chaque irrigation pratiquée huit à dix jours. En Calabre, les Bergamotiers reçoivent 250 à 500 litres par pied ; en Sicile, les Cédratiers 200 à 400 litres ; les Limoniers, 150 à 300 litres ; les Citronniers, 27 à 28 mètres cubes par jour et par hectare ; les Orangers, 300 à 600 litres par pied ; les Mandariniers, 100 à 200 litres.

En Portugal on arrose deux fois la semaine à la conque.

A Jaffa, les irrigations des Orangers doux durent de mai à novembre.

Aux arbres souffreteux on donne de temps en temps un peu de sulfate de fer (1 gramme par litre).

Élagage. — Dans le Midi on taille les Orangers doux aussitôt après la récolte des fruits, en février-mars, et les Bigaradiers en mai-juin après la cueillette des fleurs de parfumerie. La fleur pousse sur le bois aoûté de l'année précédente.

La taille est plutôt un élagage, un émondage, un nettoyage, qu'une vraie taille. Elle a pour objet de débarrasser l'arbre des rameaux intérieurs qui n'arrivent pas à la circonférence et qui s'étouffent, des bois morts, des gourmands, des branches inutiles ou qui se nuisent mutuellement, de celles qui sont tordues ; des rameaux qui s'emportent, s'allongent trop ou de ceux qui, débiles, dépérissent. On supprime aussi les piquants des jeunes arbres, qui peuvent blesser les fruits ou les personnes et coupe les chicots.

Le plus souvent on se borne à conserver au sujet la forme sphérique très touffue à l'intérieur. Il en résulte que les fleurs du centre se trouvent mal aérées et elles avortent fréquemment. Il faut, au contraire, aplatir la tête de l'arbre et bien l'évider en gobelet à l'intérieur pour soumettre la plus grande surface possible de la ramure à l'action directe de l'air, de la lumière, de la chaleur, de la pluie, qui nuisent aux cochenilles et à la fumagine (le noir).

Il faut éviter de tailler quand les rameaux sont mouillés et choisir un beau temps. Employer des instruments bien tranchants et bien propres (infections cryptogamiques). Faire des coupes bien nettes, en biseau, et les recouvrir de mastic à greffer (cependant de récentes expériences auraient montré que pour les arbres à fruits à *noyau*, le pêcher en particulier, les enduits protecteurs appliqués sur les plaies sont plus nuisibles qu'utiles). On doit éviter les grosses amputations par les fortes chaleurs.

Si les arbres sont très envahis par les cochenilles, brûler les bois de taille. En temps normal on les vend à la parfumerie (10 à 25 francs les 100 kilogrammes). Ces brouts feuillus portent quelques petits fruits produits par les fleurs fécondées avant la récolte. Un Bigaradier adulte donne 3 à 15 kilogrammes de brouts, suivant ses dimensions et la taille appliquée. Cette vente paie la main-d'œuvre de la taille ; quelquefois, suivant les cours, elle couvre aussi les frais du binage qui suit et, même, une partie de la fumure. Dans les Alpes-Maritimes un homme peut « nettoyer » une dizaine de Bigaradiers dans la journée.

En Italie méridionale on élague le plus souvent tous les

trois à quatre ans seulement. On emploie dix à vingt jours par an. Dans la région centrale (Rodi, Sorrente, Amalfi) l'émondage annuel est de règle ; il exige vingt à trente jours. En Sicile un tailleur à la journée gagne 2 francs à 2 fr. 25 et il traite 10 à 12 arbres en dix heures ; ou bien il reçoit 10 à 15 centimes par pied et il garde le bois de taille.

Quand on a affaire à de *vieux sujets*, à des arbres *languissants*, il peut être utile de les rajeunir par un couronnement très sévère qui a pour but de faire naître des branches destinées à former une nouvelle charpente, car l'Oranger repousse très bien sur vieux bois. On donne un peu de nitrate de soude que l'on renouvelle de temps en temps, on arrose en été, et on n'oublie pas, en temps normal, d'appliquer la fumure de fond avec superphosphate et sulfate de potassium. Après trois à quatre ans la floraison recommence. Il est préférable de ne pas traiter ainsi à la fois tous les arbres la même année, mais de diviser l'orangeraie en trois ou quatre lots de façon à n'appliquer le traitement qu'au tiers ou au quart des arbres, pour avoir une production de fleurs moins interrompue.

On pratique le ravalement au printemps, en mars-avril.

Aux arbres qui ont les feuilles jaunâtres, un peu de sulfate de fer peut être favorable, cette couleur provient aussi d'un excès d'humidité, du pourridié des racines, etc.

On a conseillé pour l'*Oranger à fruits* une taille plus rationnelle que le simple élagage. Elle consiste dans le pincement des bourgeons latéraux et la taille combinée des rameaux et des branches fruitières. Comme les fleurs se montrent sur les rameaux de l'année précédente, on arrête par le pincement les bourgeons latéraux de la partie haute des rameaux se prolongeant au-dessous de la septième ou de la huitième feuille. En février-mars on coupe les rameaux à 4 ou 5 boutons à fleurs. L'année suivante, après la récolte des fruits, on retranche les parties devenues improductives, qui seront remplacées par de nouvelles brindilles nées à la base des branches fruitières. On répète ces opérations tous les ans. Quand quelques bourgeons semblent s'emporter en gourmands, on les arrête en les pinçant au-dessous de la cinquième feuille.

Comme les Citronniers donnent des fruits qui se succèdent

toute l'année, on taille les branches fruitières dès qu'elles sont débarrassées des citrons.

Quand il s'agit d'un arbre à former, dès qu'il a atteint toute la hauteur voulue on soumet le bourgeon supérieur de prolongement aux mêmes façons que les autres bourgeons et rameaux latéraux : pincement, cassement, taille en vert et taille d'hiver. Comme cette branche fruitière est par sa position toujours très vigoureuse, on lui laisse un plus grand nombre de fruits.

C'est après la taille que l'on applique le traitement d'été contre les cochenilles (Voy. plus loin).

Frais culturaux annuels. — M. Louis Savastano les établit ainsi en Italie pour un champ irrigué en pleine production (fruits) : Dans la zone méridionale : 2 labours à bras, 80 journées à 1 fr. 50, 120 francs; 2 labours superficiels, 50 journées à 1 fr. 50, 75 francs ; 40 kilogrammes de fumier par arbre pour 400 à 1 franc les 100 kilogrammes, 160 francs ; transport et enfouissement, 60 journées à 1 fr. 50, 90 francs ; émondage triennal (quinze jours par an à 1 fr. 50), 30 francs ; irrigation, 100 francs ; intérêt des appareils d'irrigation et de culture, 25 francs ; frais imprévus, 50 francs. Total : 650 francs.

Dans la zone centrale, pour un champ où l'on place au-dessus des arbres de novembre à avril des abris horizontaux : labour à bras en avril, cinquante jours ; en août, trente-six jours ; en octobre, vingt jours ; soit cent six jours à 1 fr. 70, 180 francs ; fumier, 50 kilogrammes par arbre à 625 arbres, à 1 franc les 100 kilogrammes, 375 francs ; émondage, vingt-cinq jours à 2 francs, 50 francs ; couverture, 836 francs ; dépenses annuelles de montage et de démontage de la couverture, 174 francs ; dépenses imprévues, 50 francs. Total : 1 665 francs.

Fumure. — L'oranger est un arbre gourmand. Bien peu de producteurs sont cependant disposés à le satisfaire. En matière d'introduction et comme pour jeter un peu de poésie sur un sujet bien prosaïque, nous citerons ce joli passage d'un de nos écrivains méridionaux les plus estimés.

Dans un chapitre du *Canot des six capitaines* intitulé « Parfums et fleurs », Paul Arène nous raconte, dans son style chaud et coloré comme un rayon du soleil de Provence, que saint Aygous, pour fortune, possédait à Antibes, au quartier de la Badine, un tout petit enclos précédé d'un tout petit pavillon, où 110 Orangers épanouissaient leurs fleurs au soleil et mûrissaient leurs fruits à la brise marine. Chaque jour une vieille femme, armée d'une courge creuse taillée en longue cuiller, versait au pied de chaque Oranger, avec une religion toute chinoise, l'humble mais féconde offrande laissée au pavillon par les passants de la veille.

« Et voyez les mystères du circulus ! Le parfum des fleurs ne semblait que plus doux, la saveur des fruits que plus exquise ! Les 110 Orangers, à 10 francs par pied et par an, rendaient, tant en fleurs qu'en fruits, 1 100 francs, la vieille femme une fois payée.

« Et tandis que dans le Nord avec des lieues de forêts un homme peut se trouver pauvre, saint Aygous, avec ses 110 Orangers et son pavillon, portait des souliers de toile en tout temps, des pantalons blancs, des vestes courtes et se promenait de la ville au Bigorneau un parasol sous le bras, coiffé d'un manille baissé sur les yeux et relevé sur la nuque, ce qui dans Antibes et tout le long du littoral est l'apanage de la richesse ».

C'est la vidange, en effet, — car ce qui précède n'est pas une pure conception de l'imagination du poète (1), — qui avec le fumier de ferme constitue la fumure à peu près exclusivement employée pour les orangers. Ce mode de fertilisation n'est pas parfait, car on donne ainsi surtout de l'*azote*. C'est l'élément dont l'arbre a le plus besoin, il est vrai, et que réclame avant tout son feuillage abondant. L'azote stimule la vitalité, il pousse à la feuille et au bois ; les fruits sont parfois plus gros, mais un excès est nuisible ; leur écorce est plus épaisse ; ils manquent de saveur ; leur maturité est retardée. Une fumure excessive passe pour favoriser la gommose.

Comme tous les arbres fruitiers, l'Oranger réclame aussi des doses suffisantes d'acide phosphorique et de potasse.

____

(1) Toutefois, un Oranger à fleurs est loin de rapporter toujours 10 francs par an, comme on le verra plus loin.

L'*acide phosphorique* régularise la fructification et semble avancer la maturation. Quant à la *potasse*, elle rend les tissus de l'arbre plus résistants au froid et aux attaques des champignons microscopiques ; elle augmente la production des fruits ; elle favorise leur arome et leur coloris ; elle accentue le parfum des fleurs ; elle favorise aussi l'absorption des nitrates, des phosphates et la décomposition de l'humus du sol. Avec la *chaux* elle concourt au développement des fruits et accroît leur richesse en sucre.

On doit remarquer encore que l'arbre fournit non seulement des fleurs et des fruits, mais aussi des brouts de taille ; c'est une exportation qu'il faut compenser.

M. Bornuft, ingénieur à Catarroja, près Valence (Espagne), obtint une récolte correspondant à 9 117 kilogrammes d'oranges par hectare en ne donnant aux arbres que de l'azote et de l'acide phosphorique, mais 13 455 avec de l'azote, de l'acide phosphorique et de la potasse.

C'est en apportant par hectare 22 kilogrammes d'azote, 56 d'acide phosphorique et 84 de potasse que dans une expérience en Californie on obtint le plus de sucre dans les fruits, 14,52 p. 100 du jus, ce qui représente une augmentation de 37 p. 100 par rapport aux arbres témoins non fumés. Vient ensuite la fumure composée de 56 kilogrammes d'acide phosphorique et 84 kilogrammes de potasse, mais avec une faible différence dans le quantum de sucre, qui tombe à 11,38 p. 100. Ces deux modes de fumure donnent la même proportion de matière sèche pour 100 de jus (9,33) que le maximum, comparativement aux autres formules qu'il est possible de combiner. Enfin la fumure complète donna les fruits renfermant le moins d'écorce. En somme, c'est celle qui convient le mieux.

Ainsi donc, si pendant les premières années qui suivent la plantation les Orangers peuvent se contenter du fumier et de la vidange, il faudra apporter un complément d'acide phosphorique et de potasse quand ils produiront soit des fleurs, soit des fruits. D'ailleurs, les engrais chimiques, plus rapidement assimilables que le fumier d'écurie ou d'étable, permettent d'alimenter la plante pour ainsi dire au moment voulu.

Parmi les *engrais organiques*, outre le fumier de ferme et la vidange nous citerons encore les gadoues, les tourteaux, les résidus de la distillation des fleurs et des brouts d'Oranger, le marc de raisin, l'engrais de basse-cour, les déchets d'abattoir, le sang, les chiffons de laine, les crins, les rognures de corne, les vieux cuirs, les os concassés, etc. Ces dernières matières sont à décomposition lente et elles peuvent produire leur effet pendant quatre à cinq ans. Elles constituent une bonne fumure de fond qui soutient la végétation à toute époque de l'année. Mais il faudra mettre ces produits, fumier, gadoues, corne, cuir, chiffons, etc., en automne avant les pluies, de façon qu'au moment où l'on attend le plus d'eux, c'est-à-dire au printemps, ils soient décomposés en partie.

A la reprise plus active de la végétation, au printemps, à la veille de la floraison, l'arbre doit trouver en effet dans le sol le plus possible d'aliments facilement assimilables. C'est pour cette époque que nous réserverons la vidange, le sang, les déchets d'abattoir, les tourteaux et les engrais chimiques.

Rappelons qu'il résulte d'expériences suivies en Californie que la pénurie d'humus dans le sol (ingrédient qui est formé par les matières organiques) peut entraîner la décoloration des feuilles ou *pommelure* (mottle-leaf). L'apport de chaux dans un sol riche en humus produit un effet bienfaisant sur les *Citronniers*.

En ce qui concerne les *engrais chimiques*, le cultivateur a à sa disposition, pour l'azote, le nitrate de soude et le sulfate d'ammoniaque ; pour l'acide phosphorique, les superphosphates et les scories ; pour la potasse, le sulfate et le chlorure de potassium. Le chlorure doit être mis dans les sols calcaires en automne. Le sulfate convient à tous les terrains.

Le sulfate d'ammoniaque semble préférable au nitrate de soude surtout dans les terres fortes argilo-calcaires ; d'une façon générale, il convient mieux en année humide que le nitrate ; mais il est un peu plus cher. Ne pas l'appliquer trop tard au printemps, car il doit nitrifier. Son acide sulfurique mobilise la potasse du sol. On réserve d'habitude le nitrate pour les terres calcaires sèches. Un demi-kilogramme de nitrate ou un peu moins de sulfate d'ammoniaque peuvent remplacer 1 kilogramme de tourteau ou 1 kilogramme de sang desséché. Enfin, pour la production des fleurs le sulfate est préférable au nitrate.

Les scories de déphosphoration demandent à être appliquées un peu à l'avance, en automne. Elles apportent de la chaux utile dans beaucoup de sols. Les préférer au superphosphate dans les terres riches en matières organiques, tandis que ce dernier sera employé dans les terres calcaires.

En résumé, mettre en automne une fumure de fond constituée par les engrais à décomposition lente que nous avons cités et une partie du nitrate de soude (ou du sulfate d'ammoniaque), du sulfate de potasse, les scories, le chlorure de potassium. En février-mars on apportera la fumure de production des Orangers à fleurs choisie dans les produits suivants : tourteau, vidange, débris d'abattoir, sang, et le reste des engrais chimiques (nitrate, sulfate d'ammoniaque, sulfate de potasse, superphosphate). S'il ne pleut pas dans les huit jours qui suivent l'enfouissement des engrais chimiques, on arrosera, sinon ils risqueraient de ne pas produire leur effet.

Après la récolte des fleurs et la taille, et si l'on peut arroser, donner un engrais actif poussant à la formation du bois nouveau. Dans ce cas on partagera en trois la dose totale d'engrais chimiques à appliquer.

On les répand à la volée sur toute la surface et on les enterre par un coup de bêche à 15 centimètres. Quant aux matières massives organiques, fumiers et analogues, creuser autour de l'arbre une fosse profonde de 20 à 30 centimètres et distante du pied de 50 centimètres à 2 mètres suivant l'âge, la force, le développement de celui-ci. Mais généralement on se contente de creuser deux trous opposés. Enfin on fume aussi en plein.

Quelques formules. — Les doses varient avec l'âge de l'arbre, sa taille, la nature du sol, le mode de production (fleurs ou fruits). D'après de Gasparin, l'engrais doit apporter 1kg,200 d'azote par 1 000 fruits récoltés. On sait que 1 000 kilogrammes de fumier de ferme moyennement décomposé renferment à 6 kilogrammes d'azote. On a calculé aussi que 1 000 kilogrammes de fleurs récoltées renferment $3^{gr},250$ d'azote, $1^{gr},500$ d'acide phosphorique, $2^{gr},250$ de potasse. Un arbre adulte donne des poids très variables de fleurs, comme il sera dit au chapitre de la « récolte », mais la moyenne annuelle pour tout un verger d'arbres adultes ne dépasse guère 6 à 8 kilogrammes par Bigaradier, sur la Côte d'Azur. Il y a lieu de tenir compte aussi du bois de taille. En définitive, on a calculé, toujours pour la région des Alpes-Maritimes, qu'un Bigaradier perd par an $0^{gr},548$ d'azote, $0^{gr},179$ d'acide phosphorique, $0^{gr},425$ de potasse. Mais tous ces chiffres, pour des raisons qu'il serait trop long de développer ici, n'ont qu'une importance secondaire et nous estimons qu'il n'y a souvent qu'un lointain rapport entre la composition d'une plante, quelle qu'elle soit, et les fumures que reçoit le sol. Il faut donc observer l'effet produit par les engrais et ne pas se fier au pied de la lettre aux formules que nous citons plus loin, qui ne sont données qu'à titre d'indication. Si l'arbre pousse trop à bois et à feuilles, on diminue la proportion d'engrais azoté. S'il y a peu de fleurs et de fruits, on force les doses d'acide phosphorique et de potasse, tout en diminuant l'engrais azoté. Si l'arbre est peu vigoureux, souffreteux, on augmente, au contraire, ce dernier, sous une forme facilement assimilable, par exemple un kilogramme de nitrate de soude ou de sulfate d'ammoniaque. Si la floraison a été abondante, forcer l'acide phosphorique et la potasse en hiver et l'azote au printemps. Quand on vise l'obtention des fruits, se rappeler que les deux premiers ingrédients contribuent à les rendre moins sujets à être détachés par les vents.

On donne généralement en moyenne par an une trentaine de kilogrammes de *fumier* ou de gadoue bien décomposés (fumier de cheval dans les sols argileux, froids). La chaux ou le plâtre peuvent être nécessaires. Le fumier frais s'échauffe et favorise le pourridié des racines. Appliquer cet engrais en automne avant les premières pluies. Au printemps on apporte en outre 60 à 100 litres de vidange.

Dans l'Italie méridionale, d'après Louis Savastano, on fume tous les trois ans à raison de 30 kilogrammes de fumier. Dans la région centrale, 50 à 60 kilogrammes tous les ans.

Les *engrais verts*, lupin, fève, etc., sont recommandables ; on les emploie en Italie dans les terrains volcaniques de l'Etna et du Vésuve. On les utilise encore en Portugal, aux Açores où l'on sème en automne pour enfouir au printemps.

Les *tourteaux* s'emploient à la dose de 4 à 5 kilogrammes ; on les enterre à 15 à 20 centimètres sans les mettre en contact avec la souche ; 1 kilogramme peut remplacer pour l'azote environ 12 kilogrammes de bon fumier.

Quelques cultivateurs fument une année avec les engrais organiques et l'année suivante avec les engrais *chimiques*. Il semble préférable d'associer les deux ; il se produit une sorte de digestion salutaire. Ainsi la chaux libre des scories favorise la décomposition du fumier. Il ne faut pas mélanger longtemps à l'avance ces deux produits ni le nitrate avec le superphosphate. Il ne faut pas mettre en contact la chaux et les corps qui en renferment avec le sulfate d'ammoniaque.

En Sicile, en terrain volcanique on donne à chaque arbre, en plus du fumier, 500 grammes de sulfate ammoniaque, 250 grammes de superphosphate, 1 kilogramme de chaux. Il semblerait préférable de remplacer le superphosphate et la chaux par des scories. En terre ordinaire on met 250 grammes de sulfate de potasse au lieu de la chaux.

On a conseillé aussi : 20 kilogrammes fumier ou 30 kilogrammes gadoue en automne ou 1^{kg},50 à 2 kilogrammes tourteau ; 1 kilogramme sulfate ammoniaque ou nitrate (moitié en automne, moitié en février-mars), 2 kilogrammes scories en automne ou 2 kilogrammes super (moitié en automne, moitié en février-mars) et demi-kilogramme sulfate potasse (moitié en automne, moitié en février-mars).

Fumure mixte d'automne pour Orangers à fleurs : 20 kilogrammes fumier ; un quart kilogramme nitrate ; 1 kilogramme scories ; un demi-kilogramme superphosphate ; 200 grammes sulfate de potasse.

La fumure exclusive aux engrais chimiques n'est pas à recommander. Si on l'emploie, on met les ingrédients partie en automne, partie au printemps ; parfois, même, on réserve une dose pour juin.

Deux kilogrammes de superphosphate animalisé appliqués

en février sur sol sablonneux en pente, labouré à 35 centimètres, ont fourni de bons résultats. Excellents résultats aussi avec la formule suivante donnée à des Orangers, qui jusque-là avaient été seulement bien fumés au fumier de ferme bien décomposé : 500 grammes sulfate ammoniaque, 5 kilogrammes superphosphate, 1 kilogramme chlorure de potassium. On peut encore, quand on a donné la fumure mixte d'automne indiquée plus haut, apporter au printemps un demi-kilogramme nitrate et 300 grammes sulfate de potasse.

En Italie on a recommandé par pied d'Oranger produisant 1 000 fruits par an, en terre calcaire riche en humus : 0^{kg},700 sulfate d'ammoniaque, 2 kilogrammes superphosphate, 0^{kg},300 sulfate de potasse et 0^{kg},200 plâtre. Dans une terre de consistance moyenne : un demi-kilogramme sulfate d'ammoniaque, un demi nitrate, 1^{kg},250 superphosphate, 0^{kg},500 sulfate de potasse. Dans une terre légère : 0^{kg},900 nitrate, 1 kilogramme superphosphate, 0^{kg},600 sulfate de potasse.

En Sicile, on applique, par arbre et chaque année, un demi-kilogramme sulfate d'ammoniaque, 250 grammes superphosphate, 250 grammes chlorure de potassium.

En Floride, les jeunes *Citronniers* reçoivent chaque année 1^{kg},5 du mélange obtenu avec : 4^{kg},5 sulfate d'ammoniaque, 5 kilogrammes superphosphate ; 4 kilogrammes sulfate de potasse. On applique en trois fois : un tiers en novembre, un tiers en février, un tiers en juin. On augmente progressivement la dose avec l'âge des arbres.

En Corse, toujours aux Citronniers et par pied : 40 kilogrammes balayure de ville, 1 kilogramme nitrate, 2 kilogrammes scories ; ou bien, en terre forte, par hectare : 400 kilogrammes nitrate, 1 000 kilogrammes superphosphate animalisé, 300 sulfate de potasse ; en terrain sablonneux : 500 kilogrammes sulfate d'ammoniaque, 1 000 kilogrammes superphosphate animalisé, 300 kilogrammes chlorure de potassium. Ailleurs on donne encore à de jeunes Orangers : 700 grammes scories, 500 grammes sulfate de potasse ; à des orangers moyens : 0^{kg},750 nitrate, 1 kilogramme scories, 0^{kg},800 sulfate de potasse ; à des orangers âgés : 1 kilogramme nitrate ou sulfate, 2 kilogrammes scories et 1 kilogramme sulfate de potassium.

Sur la Côte d'Azur on met en terre plutôt forte et par hectare de Bigaradiers (625), 350 à 400 kilogrammes nitrate ou 300 à 350 kilogrammes sulfate, 225 à 250 superphosphate et 225 à 250 sulfate potasse.

Quand on veut employer un engrais liquide au printemps, on fait dissoudre par mètre cube : 1^{kg},5 nitrate, 8 à 9 kilogrammes superphosphate, 0^{kg},800 sulfate de potasse. On donne 100 litres de cette eau par arbre.

En Corse, des *Cédratiers* de six ans en sol léger silico-argileux d'origine granitique reçoivent : première année : 30 kilogrammes fumier, un demi-kilogramme nitrate, 1 kilogramme scories ; deuxième et troisième années : 1 kilogramme nitrate, 2 kilogrammes scories ; puis on revient à la formule de la première année et ainsi de suite.

En Floride, le meilleur résultat obtenu sur des *Pamplemoussiers* a été avec du sang desséché et du superphosphate. Si l'on emploie du sulfate d'ammoniaque et du superphosphate, il faut ajouter de la chaux ou bien employer les scories.

Aux *arbres* dont les *feuilles jaunissent*, appliquer : 250 à 300 grammes nitrate, 4 à 5 kilogrammes superphosphate, 1 à 2 sulfate de potasse, 500 à 600 grammes sulfate de fer. Mais si le sol est très humide, il faut avant tout le drainer.

En résumé, il faut donner à des Orangers adultes : 1 kilogramme sulfate d'ammoniaque ou nitrate, 1 kilogramme superphosphate ou 1^{kg},5 scories, 0^{kg},750 sulfate de potasse ou chlorure, et en outre, de temps en temps, sinon chaque automne, des engrais organiques. Pour nombre de producteurs le fumier de ferme est le meilleur engrais.

Insectes nuisibles.

Les Cochenilles (1). — Les cochenilles sont les insectes les plus redoutables des Orangers. Les espèces sont très nombreuses. Nous énumérerons seulement ceux de ces Hémiptères

---

(1) De nombreux États ont réglementé d'une façon rigoureuse l'importation des plantes. Les pépiniéristes exportateurs doivent se renseigner au service phytopathologique, rue de Bourgogne, 45 bis, (Ministère de l'Agriculture), à Paris.

que l'on rencontre le plus fréquemment sur le littoral méditerranéen.

Le *Chrysomphalus* ou *Aspidiotus Dictyospermi*, var. Minor (Berlèse), var. Pinnulifera, var. Arecae, var. Jamaicensis, var. Mangiferae, appelé vulgairement pou rouge, pou collant en raison de la carapace rougeâtre d'un millimètre de diamètre environ sous laquelle il s'abrite, est une des cochenilles les plus résistantes sous sa cuirasse. Cependant elle n'occasionnerait pas la fumagine. Ses dégâts n'en sont pas moins considérables. Ainsi un propriétaire qui récoltait 2 000 kilogrammes de fleurs de Bigaradier a vu ce poids réduit à 500 à 600 kilogrammes à la suite des attaques du Chrysomphalus. Importé dans le Var en 1899, venant des Baléares, puis dans les Alpes-Maritimes, on le prit d'abord pour le Pou de San José (Aspidiotus Perniciosus) ; il n'en fut heureusement rien.

Le *Chrysomphalus* ou *Aspidiotus Adonidum* ou ficus, qui ressemble au Red Scale des Américains, a fait parler de lui en Algérie, mais il ne paraît pas avoir été signalé chez nous. Ces deux Chrysomphalus ont, d'ailleurs, de tels points de ressemblance que quelques entomologistes ne sont pas éloignés de croire qu'il s'agit de la même cochenille.

Le *Dactylopius* ou *Pseudococcus Citri*, appelé vulgairement cochenille blanche, cochenille farineuse, rogne cotonneuse cotonnet, est assez commun sur la Côte d'Azur. Elle est facilement reconnaissable à la matière cotonneuse blanche qu'elle sécrète en traînée régulière.

Le *Mytilaspis Citricola* ou Mytilaspis Coquille ou Pou à virgule, a été signalé dans les

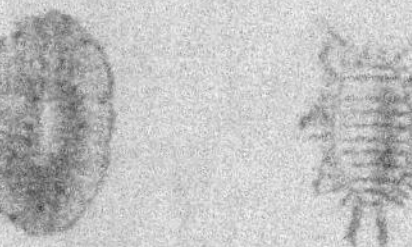

Fig. 18. — Lecanium des Hespérides.

Fig. 19. — *Dactylopius citri.* Cochenille blanche des orangers.

Alpes-Maritimes. De même le *Lecanium* ou *Coccus Hesperidum* que l'on accuse de provoquer facilement la fumagine.

On a également vu à Nice sur des Mandariniers le *Ceroplaste Sinensis*.

En Algérie, outre les types que nous venons de citer, le *Parlatoria Zizyphi* ou petite cochenille noire est très redoutable. On l'accuse aussi de faciliter particulièrement le développement de la fumagine.

Nous ne mentionnerons que pour mémoire le terrible *Icerya Purchasi* (Mask.) ou cochenille flûtée, cochenille à sillage,

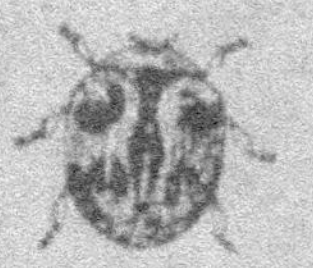
Fig. 20. — *Novius cardinalis*, ennemi de l'Icerya.

dont les premiers représentants sur la Côte d'Azur ont jeté il y a quelques années un certain émoi. Ils ont été anéantis *ab ovo*, si l'on peut dire, dès leur apparition en France. Cette cochenille est considérée comme la plus funeste aux Orangers.

Le *Diaspis Pentagona* a préoccupé aussi quelque temps nos agronomes ; mais en Italie il attaque surtout le Mûrier.

Dans ce pays, d'après L. Savastano, la cochenille la plus répandue c'est le *Mytilaspis fulva* (Targ. Tozz.) ; puis viennent : Dactylopius Citri (Signoret), *Aspidiotus Limonii* (Signoret) (surtout dans la zone méridionale) ; Parlatoria Zizyphi (Signoret) ; *Lecanium Hesperidum* (Lin.).

Les difficultés de la lutte. — C'est le *Chrysomphalus Minor* qui préoccupe le plus nos cultivateurs. Mais la lutte est difficile en raison même de l'abri protecteur qui le recouvre comme beaucoup de ses congénères. Peut-être, comme l'a dit le savant entomologiste Dr P. Marchal, les Orangers finiront-ils par mieux s'adapter à leurs hôtes, à vivre en bonne intelligence avec eux, à acquérir une résistance relative. Il faut espérer, aussi, que des ennemis naturels viendront au secours du cultivateur pour établir un juste équilibre dans l'armée des envahisseurs.

Pour engager la lutte avec quelque chance de succès, il faut agir surtout dans la période d'éclosion des jeunes, au printemps et en été, et à plusieurs reprises, car la chose se complique du fait qu'il y a plusieurs générations. Les jeunes quittant le toit maternel courent sur les feuilles à la recherche d'une place favorable pour y enfoncer leur bec et pomper la sève sans merci. Ainsi à découvert, l'ennemi est plus facile à atteindre par les insecticides (1).

On peut se rendre compte avec quelque précision des éclosions, en tenant une branchette dans un grand verre, et l'on examine de temps en temps pour constater, avec une loupe au besoin, si rien ne trottine sur le limbe.

Mais il vaut encore mieux prévenir que guérir. Les cochenilles n'aiment ni l'excès d'aération, ni la vive lumière, ni le froid, ni la pluie. Cela explique que l'on ait surtout à traiter les orangeraies abritées dans les vallées encaissées, les plantations trop serrées, les arbres touffus, etc. De même, les arbres les plus atteints sont ceux qui sont les moins vigoureux, qui souffrent dans leurs fonctions générales par défaut de soins culturaux ou autre cause.

On sait que le champignon appelé fumagine se développe dans les sécrétions sucrées des cochenilles,

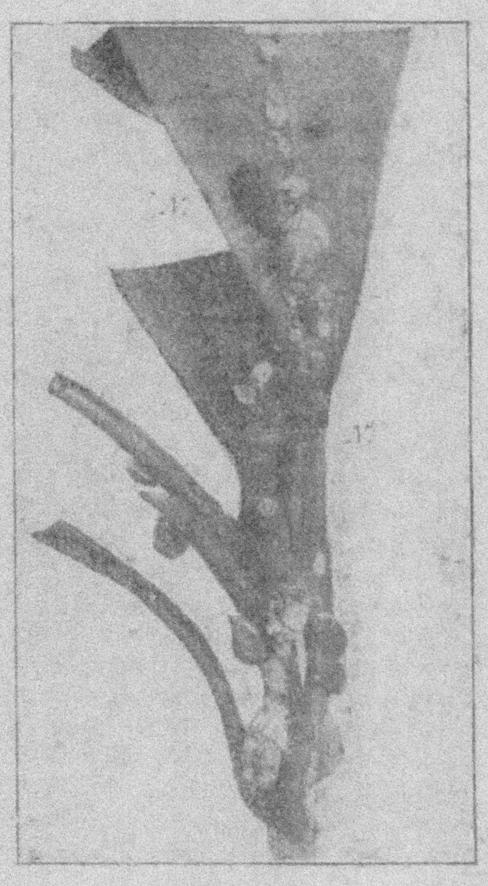

Fig. 21. — Rameau de *Pittosporum* avec *Icerya purchasi* et larves de son ennemi le *Novius cardinalis*.

(1) Voy. Guénaux, *Entomologie et parasitologie agricoles* (*Encyclopédie agricole Wery*).

A. Rolet. — *Plantes à parfums.*   5

et lutter contre ces dernières c'est prévenir le noir. Les pluies, qui nuisent à l'insecte, entraînent aussi le miellat et les germes du champignon, le gros soleil dessèche ce dernier, fendille le revêtement qu'il forme et provoque sa chute.

Aux arbres fortement attaqués, appliquer une taille énergique, aérer la ramure, favoriser la pénétration des agents atmosphériques ; brûler sur place les bois de taille. S'il s'agit d'un ennemi encore inconnu dans le pays et que l'on a des raisons de redouter, appliquer le traitement d'extinction aux quelques sujets atteints, les rabattre et les brûler après avoir arrosé de pétrole.

Après la taille plus ou moins énergique, on apporte les soins culturaux indiqués, fumure, etc., et l'on applique aux moments propices les pulvérisations de liquide insecticide. Mais il faudrait rendre les traitements obligatoires, sinon il y a à craindre une réinvasion par les insectes des vergers non traités. Les préfets ont à ce sujet tout pouvoir.

Le succès dans la lutte réside dans l'observation d'un certain nombre de faits : choix et préparation d'une bonne formule insecticide, choix d'un appareil permettant de mouiller parfaitement toutes les feuilles ; nombre des traitements ; époques d'application. Il faut tenir compte aussi de l'espèce d'arbre : Oranger, Citronnier, Mandarinier, etc., au feuillage plus ou moins touffu et aux feuilles plus ou moins résistantes ; nature de la récolte, fleurs, fruits, que l'on ne saurait altérer (exclure les périodes de floraison et de bourgeons tendres ; laisser se terminer l'élongation de ces derniers et se former complètement les feuilles) ; il est toujours prudent de faire un essai préalable ; si quelques feuilles tombent, ce ne doit être que celles qui sont fortement envahies et par conséquent affaiblies.

Dans les cas de fortes attaques, pour ne pas être obligé de traiter à des *époques* critiques, faire les applications de bonne heure. En automne et en hiver, quand les insectes sont abrités, on doit employer des produits plus concentrés qu'au printemps et en été, puisqu'il faut attaquer la carapace. D'ailleurs, en projetant le liquide en *jet violent* on déplace les matières sécrétées par les cochenilles.

Les solutions très concentrées ne peuvent naturellement être appliquées que sur le tronc et les grosses branches (par exemple, une solution de 500 grammes de savon noir par litre

Phot. Roict

Fig. 22. — Chaulage des orangers.

d'eau bouillante; de la ½ bouillie sulfo-calcique; contre les lichens, une solution concentrée de sulfate de fer). Le simple lait de chaux agit plutôt mécaniquement; quand il s'écaille, il détache les carapaces.

L'*époque* la plus favorable pour le *traitement* du feuillage va d'avril à septembre. Comme on agit alors sur les larves qui viennent d'éclore et qui courent sur les feuilles, les solutions sont moins concentrées ; elles coûtent moins aussi et l'on ne risque pas de nuire à la végétation. L'agent actif est d'ailleurs favorisé par la température plus élevée. Il est prudent, alors, d'opérer le soir ou par ciel couvert.

On peut constater le résultat quatre à cinq jours après. Par exemple, quand il s'agit du *Chrysomphalus Minor*, on détache une feuille, la saisit entre l'index et le pouce replié, et avec le bord de l'ongle de ce dernier racle le limbe et regarde l'intérieur des carapaces ainsi retournées, qui doit être noir au lieu de rouge.

Pour essayer un produit, on y plonge quelques feuilles infestées.

Comment on applique les liquides. — On pulvérise la mixture insecticide de l'extérieur à l'intérieur de l'arbre. On commence par les branches du sommet et descend progressivement sur les branches inférieures et opère ainsi trois ou quatre fois pour bien mouiller le tout. Éviter que le liquide coulant le long du tronc n'atteigne les racines. Éviter aussi les éclaboussures sur les mains et le visage ; mettre de vieux habits.

On ne peut guère contrôler le travail au point de vue de la répartition de l'ingrédient que lorsque celui-ci est en partie sec. Avec les bouillies sulfo-calciques, par exemple, les feuilles sont blanchâtres. S'il y a lieu, on fait alors une application complémentaire sur les parties oubliées.

On a recommandé de laver préalablement abondamment et plusieurs fois à deux ou trois jours d'intervalle avec de l'eau pour entraîner la fumagine.

Les appareils. — Comme on doit arroser surtout la face supérieure des feuilles où sont, en général, les cochenilles, il faut pouvoir lancer le jet d'en haut. La chose est malaisée, très fatigante même, quand on emploie les pulvérisateurs ordinaires. M. Savastano préconise un simple corps de pompe (fait d'un métal autre que le cuivre quand on emploie les polysulfures) puisant dans un récipient en bois. L'appareil est servi par deux hommes ; l'un pompe, l'autre dirige le jet, qui est triple. Comme porte-lance, un bambou le long duquel est attaché le tube. La pompe est placée entre quatre arbres que l'on traite tour à tour sans déplacer l'appareil. La maison Noël, de Paris, possède deux pompes à grand effet qui permettent d'opérer avec de grandes quantités de liquide et que recommande M. le Dr Giacomo del Guercio. La première, qui a un baril de 100 litres, est montée sur une voiture à cheval à deux roues ; la deuxième, pourvue d'un baril de 60 litres, est sur une voiture à bras. La pompe Vermorel est montée également sur deux roues.

Il est assez simple de mettre une rallonge au pulvérisateur ordinaire. On emploie un tube de 3 à 4 mètres terminé par un jet que l'on attache à une perche le soutenant et permettant de le manœuvrer.

Pour les insecticides contenant du pétrole, il faut remplacer le caoutchouc attaqué à la longue par le cuir bouilli.

On fait aussi des réservoirs en verre, malheureusement fragiles, ou en bois, pour les polysulfures qui attaquent vite le cuivre. Sinon bien laver à l'eau après l'emploi ou employer le cuivre étamé.

Le nombre des traitements. — Il dépend non seulement de l'importance de l'invasion, mais surtout du moment plus ou moins bien choisi où on les applique. Si l'on opère à point, quand les larves sont faciles à atteindre, au printemps et en été, trois traitements et même deux à quinze jours d'intervalle peuvent suffire. On surveille, ensuite, s'il y a d'autres éclosions. Mais, en général, il en faut quatre ou cinq. « La cure d'été, dit le Dr P. Marchal, doit être préférée à la cure d'hiver. C'est très probablement en juillet et en août que le traitement présenterait, je crois, son maximum d'efficacité. Il serait bon de répéter plusieurs fois les pulvérisations à une quinzaine de jours d'intervalle ». Il s'agit ici du *Chrysomphalus Minor*. Voici d'ailleurs quelques dates qui ont été fixées : un traitement vers le 15 juillet ; un autre du 8 au 15 août ; un troisième fin août. — Autre : 15 août, 30 août, 15 septembre. — Autre : mars, avril, mai. Aux expériences de Cannes le service phytopathologique a recommandé contre le Chrysomphalus :

mi-mai, fin juin après la récolte des fleurs, et si l'on remarque encore des insectes : juillet, août, septembre.

En Algérie, le Dr Trabut conseille : vers le 15 mai ; deux en juin ; deux en juillet ; deux en août ; deux en septembre.

Ces nombreux traitements répétés chaque année seraient certainement onéreux, mais, bien donnés et surtout appliqués par tous les propriétaires d'une région, il ne sera pas nécessaire d'y revenir souvent.

Les polysulfures alcalins. — Ce sont des combinaisons de soufre avec la chaux, la potasse, la soude, employées séparément ou en mélange. Ils agissent sur les carapaces qu'ils corrodent. Quelques-uns veulent leur reconnaître une action fongicide (action sur les champignons parasites, fumagine, par exemple). Il faut surveiller attentivement leur degré de concentration suivant l'époque d'application. Que les bourgeons soient bien développés, les feuilles résistantes (un mois après la pousse de printemps) et les fleurs absentes.

Les polysulfures dilués ne se conservent pas longtemps ; leur degré de concentration diminue et ils perdent de leur efficacité. En se décomposant, les particules de soufre gênent l'action sur les carapaces. La préparation doit donc se faire au moment de l'emploi. On trouve aussi dans le commerce des produits concentrés qui se conservent dans des flacons bien bouchés. Malheureusement leur composition n'est pas connue ; on risque de nuire au feuillage ou de ne pas agir suffisamment sur l'ennemi. Tel opérateur vous dira qu'une bouillie à 1 1/2 a amené la chute à peu près complète des feuilles, alors que tel autre aura remarqué que pour obtenir un résultat satisfaisant il a dû employer 6 à 8 p. 100.

Pour la bouillie sulfo-calcique, le soufre en poudre pour la vigne suffit, ainsi que la bonne chaux vive en pierre, grasse et aussi pure que possible, sortant du four, car elle se carbonate facilement, et de préférence cuite au bois.

Cette composition, qui agit par son hydrogène sulfuré (acide sulfhydrique ou sulfure d'hydrogène), coûte un peu moins cher que l'émulsion pétrole-savon. Le prix des polysulfures du commerce (maison Hugounenq, par exemple, à

Lodève, Hérault) est d'environ 40 francs les 100 kilogrammes
en bidons de 10, 15, 25 kilogrammes.

Les bouillies à la chaux ont l'avantage de laisser persister
plus longtemps l'enduit protecteur. La couleur blanche dont

Fig. 23. — Appareil pour le traitement des orangers
aux polysulfures.

elles teintent les feuilles facilite le contrôle de la pulvérisation,
mais l'esthétique du feuillage est loin d'y gagner.

En Sicile, des solutions à 2 à 3 p. 100 ont été insuffisantes;
celle à 4 p. 100 (4 parties d'une bouillie faite avec 1 kilogramme chaux, 2 soufre, 10 eau) a produit de bons effets sur
le *Chrysomphalus Minor*, mais elle a été inefficace contre le
Dactylopius Citri. Les bouillies à 5 à 6 p. 100 sont à étudier.

PRÉPARATION. — Mettre la chaux vive dans un récipient en
bois, tonneau défoncé, par exemple, et verser dessus une
dizaine de litres d'eau bouillante, sans agiter. Ajouter le sou-

tre en le tamisant, et encore autant d'eau chaude ; couvrir.
Quand la chaux est complètement délitée, introduire le reste
de l'eau froide en agitant avec un bâton et veillant à ce qu'il
ne se forme pas de grumeaux de soufre.

Ou encore, si l'on dispose d'un récipient en fer ou en terre,
on y met 20 litres d'eau que l'on tiédit sur un feu léger. Ajouter
la chaux sans agiter. Quand elle fuse et est en ébullition, mettre le soufre en agitant constamment. Si la chaux absorbe
toute l'eau, on en rajoute en la mesurant. Quand le soufre ne
surnage plus, on complète au volume d'eau nécessaire et on
porte à l'ébullition que l'on maintient une heure en mesurant le niveau avec un bâton pour compenser au besoin avec
de l'eau l'évaporation.

Voici encore une façon de procéder : chauffer dans un récipient d'une quarantaine de litres, par exemple, 34 à 35 litres
d'eau ; puis ajouter 3 kilogrammes de chaux vive en pierre.
Dans un autre récipient, pétrir 2 kilogrammes de soufre avec
de l'eau en se servant d'une planchette sans faire de grumeaux ; fractionner l'opération, c'est-à-dire agir sur de petites
quantités de soufre et d'eau à la fois, car le soufre resterait
en partie en pelotes et un excès de liquide amènerait la poudre à la surface. Ajouter ensuite ce soufre à la chaux. Bien
mélanger ; faire bouillir une heure environ, puis verser dans
un récipient en bois contenant le reste de l'eau froide.

Le service phytopathologique recommande : déliter 8 kilogrammes chaux ; la verser dans une chaudière de 100 litres,
où bouillent 60 litres d'eau. Quand l'ébullition a repris, ajouter par petite quantité durant 40 à 50 minutes 16 kilogrammes de soufre préalablement mis en pâte avec de l'eau
(maintenir l'ébullition en agitant et évitant les projections et
les brûlures graves). Retirer alors le feu et compléter à
100 litres avec de l'eau. Conserver en bonbonne bouchée. On
emploiera 8 kilogrammes par 100 litres d'eau.

Si l'on emploie le pulvérisateur pour traiter les Orangers,
passer au préalable sur un tamis. Agiter le plus souvent possible dans le pulvérisateur. Pour le tronc et les grosses branches on se sert du pinceau.

Quand on désire préparer un produit concentré, employer

3 kilogrammes chaux, 2 kilogrammes soufre dont on fait d'abord une pâte ; on ajoute 10 litres d'eau et porte à l'ébullition. Il se forme un liquide brun que l'on conserve dans une bonbonne bien bouchée ou des bidons à pétrole. Si les récipients n'étaient pas pleins, on mettrait un peu d'huile à la surface. Il peut être utile de décanter et de filtrer avant de remplir les récipients, par exemple dans le filtre Stewart dans lequel le liquide circule de bas en haut. La plupart du temps, en pratique il suffit de préparer cette bouillie concentrée à laquelle on ajoute, par litre, 9 litres d'eau au moment de l'emploi. En Sicile, d'après M. Savastano, la préparation de 200 litres de produit concentré (une partie de chaux pour 2 de soufre et 10 d'eau) reviendrait à 13 francs (0 fr. 065 le litre) ; journée d'ouvrier : 3 francs ; chaux vive : 20 kilogrammes à 1 franc ; soufre sublimé : 40 kilogrammes à 7 francs ; combustible : 1 franc ; dépenses diverses : 1 franc. Le mélange à 4 p. 100 d'eau ressortirait alors à 0 fr. 26, plus 0 fr. 04 de manipulation, soit 0 fr. 30 par 100 litres de dilution.

En Californie, on emploie la formule : faire bouillir trois heures dans 15 litres d'eau, 5 kilogrammes de chaux, $3^{kg}, 300$ soufre, 1 kilogramme sel marin (que l'on peut supprimer pour les arbres verts). Au moment d'employer, ajouter 85 litres d'eau.

On a conseillé l'addition de *sulfate de cuivre* pour combattre en même temps la fumagine. On fait bouillir $2^{kg}, 50$ de chaux, $2^{kg}, 50$ de soufre avec 15 litres d'eau. Après trois heures d'ébullition on ajoute $0^{kg}, 125$ de sulfate de cuivre dissous dans un peu d'eau. Pour l'emploi on additionne d'une quantité d'eau telle qu'on en aura ajouté en tout 100 litres.

APPLICATION. — Dans le Midi on fait sur les *Orangers à fleurs* un premier traitement en octobre, un deuxième en novembre-décembre, un troisième en juin après la récolte des fleurs. A cette dernière époque le prix de la journée de travail de l'ouvrier qui fournit le pulvérisateur et à qui on donne l'insecticide est de 5 francs.

En Sicile, les *frais* de pulvérisation de 20 hectolitres de liquide se décomposent ainsi, d'après M. Savastano, directeur de la station d'agrumiculture d'Acireale (Sicile) : un pulvérisateur, deux jours à 3 fr. 50, 7 francs ; un aide, deux jours à 2 francs, 4 francs ; un servant, 2 jours à 2 francs, 4 francs ; 20 hectolitres bouillie à 4 p. 100 à 0 fr. 30, 6 francs ; dépenses diverses, 1 franc ; pulvérisation complémentaire, 3 francs ; total : 25 francs.

Une *dose* de polysulfure de 0,2 p. 100 d'eau suffirait si les insectes étaient à nu et bien mouillés, mais le plus souvent on force beaucoup et arrive à 2 à 3 p. 100 et plus pour le *Chrysomphalus Minor*. Ainsi en hiver, de décembre à février, on a recommandé 3 kilogrammes soufre en poudre, 3 à 4 kilogrammes chaux vive, 100 litres eau ; et pour les traitements d'été deux pulvérisations à une douzaine de jours d'intervalle avec : 4 kilogrammes chaux, 2^{kg},50 soufre en poudre, 100 litres eau. Mais il est prudent de faire un essai. Par les chaleurs de juin, 2 p. 100 peuvent occasionner la chute des feuilles. Nous avons constaté également le fait en octobre avec 3 p. 100. Mais tout dépend de la teneur en principes utiles du produit concentré avant sa dilution, de son degré de fraîcheur, etc.

Le service phytopathologique recommande, en avril, contre le chrysomphalus, 8 p. 100 de la bouillie préparée comme il a été dit.

En Algérie, le Dr Trabut a conseillé 3 kilogrammes soufre, 4 kilogrammes chaux, 170 litres eau (soit 100 litres eau, 2^{kg},40 soufre, 1^{kg},75 chaux).

En Sicile, la meilleure époque est juillet et on ne dépasse pas 4 p. 100 de la bouillie déjà indiquée. En hiver on a adopté 6 à 8 p. 100.

Quand on emploie des doses très fortes, on a conseillé de laver ensuite les feuilles, ce qui malheureusement complique la besogne.

On a obtenu de bons résultats avec deux traitements seulement, première quinzaine de mai et deuxième de juin, avec la dose de 0^{kg},5 à 1 kilogramme de polysulfure par 100 litres. Il ne faut pas oublier que l'on doit épargner les fleurs qui se montrent en mai et juin.

Divers. — Enfin, voici quelques préparations un peu plus compliquées. Faire une pâte un peu épaisse avec 5 kilogrammes soufre, 100 grammes colophane et un peu d'eau ; puis ajouter 3ᵏᵍ,350 de *soude caustique* en petits morceaux et un petit fragment de chaux vive. La masse se boursoufle en devenant rouge brun. On ajoute de l'eau pour avoir un volume de 10 litres. Au moment de l'emploi, verser 1 à 2 litres de ce produit dans 100 litres d'eau. Autre, pour le traitement d'hiver du tronc et des grosses branches : avec 10 litres d'eau bouillante, empâter 3ᵏᵍ,800 de soufre en poudre, sans former de grumeaux ; ajouter 2ᵏᵍ,200 de soude caustique pure à 98 p. 100 réduite en petits morceaux. On brasse un quart d'heure, puis on ajoute 3ᵏᵍ,50 de chaux éteinte en pâte et, enfin, 90 litres d'eau.

D'après Del Guercio, il est très efficace d'ajouter aux polysulfures 1 à 2 p. 100 de *colle de pâte* (farine de seigle, blé avarié). Avec les cochenilles protégées par un bouclier celui-ci devient complètement adhérent et les larves et les œufs périssent sous le corps de la mère.

D'après le même expérimentateur le *polysulfure de potassium* est le sulfure le plus actif contre le *Chrysomphalus Dictyospermi* var. Pinnulifera ; il suffit de 1 p. 100 et même moins pour les larves, et 5 à 7 pour les femelles et mâles, appliqués en juillet (Italie).

Les produits à base de pétrole, savon, goudron huiles, etc. — La bouillie *pétrole-savon* est faite d'éléments faciles à se procurer et en somme plus à la portée des cultivateurs. Cependant, on lui reproche d'être d'une préparation un peu délicate, bien que moins compliquée que celle des polysulfures ; d'encrasser aussi les pulvérisateurs ; et parfois de ne pas toujours être efficace contre le *Chrysomphalus Minor*, et même contre le *Dactylopius Citri*. Mais, sur ce dernier point, on sait combien les facteurs qui interviennent accessoirement dans la lutte sont complexes (degré de concentration de l'ingrédient, époque et nombre des traitements, mode d'application, etc.) pour pouvoir généraliser.

En Amérique, on emploie le *kérosène*, ou pétrole lampant, le pétrole brut ou *mazout* et le *distillé* qui serait encore meilleur que le pétrole brut et, surtout, que le kérosène, car il constitue un résidu. Mais on comprend souvent aussi sous le nom de distillé le mazout. En France, nous employons pour émulsionner le pétrole dans l'eau, avec laquelle il n'est pas miscible et que, d'ailleurs, on ne saurait employer pur car il corroderait les végétaux, le *savon mou noir* ou *savon en pâte*, savon *à la potasse*. En Amérique, on préfère le savon à l'huile de poisson ou de baleine qui serait plus efficace, car le savon a, lui aussi, des propriétés insecticides, surtout le noir à base de potasse en excès.

On dissout d'abord le savon dans un peu d'eau bouillante. Quand la solution est descendue à 40°, on ajoute loin du feu le pétrole en le versant lentement et en agitant énergiquement quatre à cinq minutes avec un petit balai de brindilles fines ou de fils de fer. On obtient ainsi une crème couleur café au lait qui reste stable assez longtemps. On l'additionnera d'eau au moment de l'employer. Les formules comportent quelquefois de l'*huile* que l'on ajoute en même temps que le pétrole. Le produit une fois dilué, il ne faut pas tarder de le pulvériser sur les arbres, de même qu'il faut l'agiter toutes les fois que l'on remplit dans ce but le pulvérisateur. Il serait imprudent de ne pas opérer ainsi, surtout après un repos prolongé, car le pétrole, remontant à la surface, brûlerait les feuilles.

Le Dr Trabut a proposé la saponine extraite d'un arbre, le Sapindus, qui permet d'émulsionner le pétrole sans le secours du savon. Il a construit à cet effet un pulvérisateur à deux compartiments, un pour l'eau, l'autre pour le pétrole ; c'est à sa sortie que ce dernier est émulsionné ; le jet est d'ailleurs réglé par un robinet.

On trouve dans les formules pétrole-savon des degrés de concentration très variables, 1, 3, 5 de pétrole pour 100 pour les traitements d'été, 6 à 15 pour ceux d'hiver. Nous ne saurions trop recommander de faire un essai préalable, surtout pour ces dernières doses qui ne sont vraiment pas à conseiller.

L'émulsion Riley type comporte 100 litres d'eau, un litre de pétrole et 500 grammes de savon.

Contre le *Mytilaspis Citricola* ou pou à virgule on a recommandé au printemps et en été : savon noir 400 grammes, eau 1ˡ,50, pétrole 1 litre. Au moment de l'emploi, à 1 litre ajouter 14 litres d'eau (environ 2,50 de pétrole pour 100 d'eau). Cette bouillie a donné également de bons résultats sur la Côte d'Azur contre le *Chrysomphalus Minor*; le prix de revient ne dépasserait pas 4 centimes par arbre, main-d'œuvre comprise. Cela représente 20 francs par hectare avec des arbres plantés à $4^m \times 5^m$, et pour un seul traitement. Le *Dactylopius Citri* aurait résisté à la formule : savon 1 kilogramme ; pétrole 2 litres ; eau 97 litres.

En Algérie, on emploie : savon noir 1 à 2 kilogrammes, pétrole 1ˡ,50 à 3 kilogrammes, eau 1 litre. Au moment d'employer cette émulsion concentrée on en met 100 à 200 grammes dans 10 à 12 litres d'eau.

Voici la formule des stations américaines : pétrole 7 litres, eau de pluie 3 litres, savon mou 250 grammes. On dilue une partie dans 30 d'eau (2,3 p. 100). L'émulsion Triomphe s'emploie à la dose de 3 à 5 p. 100.

Si l'on veut ajouter du sulfate de cuivre, peu efficace, d'ailleurs, contre la fumagine, en mettre un kilogramme dissous dans un peu d'eau dans l'émulsion. Ou bien on peut encore verser la crème dans de la bouillie bordelaise à 1 à 2 p. 100 pour faire le complément à 100 litres.

Voici d'autres formules dans lesquelles entrent des *huiles diverses* ou du *savon à l'huile de baleine* : savon 2 kilogrammes, pétrole 1 litre, huile de lin 1ˡ,50, eau 100 litres (P. Marchal). — Pétrole 6ˡ,50, huile de poisson 350 grammes, eau chaude 4 litres ; émulsionner, puis ajouter 90 litres d'eau. — Savon noir 1 kilogramme, huile de graine 750 grammes, pétrole 500 grammes, eau 3 litres ; au moment de l'emploi, ajouter au mélange son volume d'eau.

Les solutions à la *lessive* trop concentrées sont extrêmement dangereuses pour les arbres. Traitement d'hiver : pétrole 2 kilogrammes, savon mou noir 2 kilogrammes, soude 1 kilogramme, eau 96 litres. Projeter lentement le pétrole sur le savon ; l'émulsion formée, on ajoute peu à peu l'eau dans laquelle on a dissous la soude et brasse fortement. Employer de préférence le soir ou par temps couvert ; éviter les heures chaudes de la journée.

Formule au *distillé* de la Californie : eau chaude 3 litres, distillé 3 litres, savon 100 grammes, soude caustique 20 grammes ; on émulsionne à la pompe, puis on ajoute 90 litres d'eau.

Le *carbonate de soude* entre aussi dans quelques compositions ; il vient corriger l'effet du calcaire de certaines eaux qui donnent un savon de chaux insoluble : savon noir $2^{kg},50$, carbonate de soude $1^{kg},50$, pétrole $2^l,50$, eau 100 litres ; dissoudre à chaud le savon et le carbonate dans 20 litres d'eau, puis ajouter en agitant bien, le pétrole et le restant de l'eau.

L'*alcool* à brûler a tenté quelques expérimentateurs : savon noir 2 kilogrammes, carbonate de soude 1 kilogramme, alcool à brûler 5 litres, pétrole 1 litre, eau 100 litres. Après avoir dissous à chaud le carbonate de soude et le savon dans 20 litres d'eau, on laisse refroidir et l'on ajoute le pétrole et l'alcool, en brassant fortement. Quand l'émulsion est complète, on verse le reste de l'eau en agitant toujours. — Autre : 2 kilogrammes savon dans 3 litres eau bouillante, 1 litre alcool de bois, 3 litres pétrole, 100 litres eau.

La *Pitteleina* a été conseillée par Berlèse, en Italie. On l'a expérimentée en outre avec succès en France, Algérie, Espagne, Grèce, aux États-Unis. Composition : goudron de bois 60 p. 100, goudron de houille 20 p. 100, potasse caustique (solution saturée) 20 p. 100. Durant l'ébullition ajouter 5 à 6 p. 100, de colophane (adhérence aux feuilles). On emploie ce produit à la dose de 1 à 5 p. 100 (2 p. 100 en février, mars, avril). Aux doses de 0,5 à 1 p. 100 les solutions reviendraient à 60, 80 centimes par hectolitre.

Le Dr P. Marchal a recommandé le *Rubina*, mélange par parties égales de goudron de bois et de soude caustique, à la dose de 1 à 3 p. 100 (pour ces ingrédients, faire un essai préalable). Le même savant a encore proposé : huile lourde de goudron de houille 9 parties, savon noir 4, eau bouillante 15 ; on prépare comme la crème pétrole-savon. Prendre 200 à 300 grammes de ce mélange pour 10 à 12 litres d'eau. Ou, encore : huile de goudron 3 litres, colle forte 150 grammes, eau 30 litres.

Formule d'été du Dr Giacomo del Guercio : huile lourde de goudron 1 kilogramme, savon mou 1^kg,20, eau 98 litres. Ajouter lentement le savon sur le goudron en agitant jusqu'à dissolution complète du premier. Quand la masse est bien homogène, verser l'eau, tout en agitant.

A la place de l'huile lourde on met aussi du pétrole ou du sulfure de carbone (ce dernier loin du feu après refroidissement), un kilogramme à 1^kg,5 p. 100 (faire un essai préalable). La formule d'hiver est : huile lourde de goudron 8 à 10 p. 100, savon mou 1,5 à 2 p. 100, eau 90 litres.

En Calabre, les meilleurs résultats contre le *Mytilaspis Citricola* (pou à virgule) ont été obtenus avec une mixture contenant 1,5 p. 100 d'huile de goudron de houille, appliquée à deux ou trois reprises au moment de la sortie des larves, qui peut se produire dès la mi-mars. On répète le traitement en juillet, s'il y a une nouvelle éclosion.

En Algérie, contre le *Parlatoria Zizyphi*, ou pou noir, on emploie le même liquide en mars-avril, et à deux reprises à une semaine d'intervalle, mais la deuxième fois on porte la dose d'huile lourde à 2,5 p. 100.

Le *liquide des Antilles* est fort recommandé : 10 kilogrammes résine commerciale pulvérisée, 2^kg,5 soude caustique pour savonnerie, 1^l,50 huile de poisson. On met les trois substances dans un chaudron avec assez d'eau pour les couvrir. Faire bouillir une à deux heures en ajoutant de l'eau de temps à autre, jusqu'à obtenir une coloration brun rougeâtre. Au moment de l'emploi, compléter à 500 litres avec de l'eau.

Il ne paraît pas que la *nicotine* employée seule contre les cochenilles plus ou moins protégées ait donné de bons résultats. Mieux vaut l'associer à quelques-uns des ingrédients dont nous avons déjà parlé. Voici d'ailleurs quelques formules : savon noir 4 kilogrammes, pétrole du commerce 3 litres, nicotine des manufactures 3^l,50, eau 100 litres. Préparer d'abord la crème savon-pétrole avec 8 litres d'eau chaude comme il a été dit. Après repos de quelques instants, remettre sur le feu en ajoutant de l'eau modérément, de manière que la température soit toujours sensiblement la même. Agiter. Quand on a employé 42 litres d'eau, verser la nicotine après quelques minutes de repos et remuer. On emploie immédiatement après avoir ajouté le restant de l'eau, soit 50 litres, encore tiède si possible. — Autre : savon 1 kilogramme, pétrole 2 à 4 litres, nicotine 1 litre dans le premier cas, et dans le second, jus concentré 0^{kg},50, eau 100 litres.

Le *carbonate de soude* et l'*alcool à brûler* entrent aussi dans quelques préparations pour favoriser l'action de la nicotine : au printemps et en été : savon noir 2 kilogrammes, jus de tabac 1 litre, cristaux de soude du commerce 100 grammes, eau 100 litres. — Autre : savon noir 1 à 2 kilogrammes, jus de tabac riche 1 litre, cristaux de soude 200 grammes, alcool à brûler 1 litre, eau 100 litres. Dissoudre le savon dans l'alcool et les cristaux dans l'eau.

Le *lysol* et le *crésyl* ont leurs partisans. On les emploie à la dose de 1,5 à 3 p. 100 et plus suivant la saison. Il est toujours prudent de faire un essai. Une formule économique qui semble avoir donné de bons résultats chez le prince d'Essling, à Nice, est composée de : permanganate de potassium 300 grammes, savon noir 2 kilogrammes, eau 100 litres. M. de la Hayrie recommande : savon noir dissous dans un litre d'eau chaude, 300 grammes ; après refroidissement, ajouter alcool amylique 600 grammes et teinture d'aloès 100 grammes. Diluer dans un demi-seau et pulvériser en allongeant d'au moins dix volumes d'eau.

M. J. Maisonnat, horticulteur à Nice, a obtenu de bons résultats avec trois traitements (15 août, 30 août, 15 septembre) en employant : bouillie cuprique Schloesing 2 kilogrammes, naphtaline en poudre fine 1 kilogramme, eau 100 litres.

Nous retrouvons le naphtol avec : copeau de Quassia amara 100 grammes dans 1 litre d'eau bouillante ; retirer les copeaux et ajouter : savon blanc 50 grammes et naphtol 10 grammes. Faire bouillir un quart d'heure et compléter le litre avec de l'eau. Au moment de pulvériser, étendre de deux à trois fois d'eau.

Au Golfe-Juan (Alpes-Maritimes) on s'est bien trouvé, pour combattre le Chrysomphalus Minor, d'une composition liquide du commerce vendue en Espagne : l'Insecticida Serrano (Julio Serrano Estreju Jerusalén num. 2 praf. Valencia). La *soucadine*, de la Maison J. Th. Maubert, de Cannes-la-Bocca, s'emploie à la dose de 2 p. 100 et le prix de revient par arbre ne serait que de 7 à 9 centimes ; l'*Insecticide Vincit* au phénate de nicotine à la dose de 3 p. 100.

On le voit, ce ne sont pas les formules qui manquent. Mais nous ajouterons que dans les Alpes-Maritimes tout au moins c'est la composition *savon-pétrole* que l'on emploie ordinairement.

Les insecticides gazeux. — Le *gaz acide cyanhydrique*, appelé vulgairement acide prussique, est un toxique des plus dangereux pour l'homme, ce qui explique que son emploi pour combattre les Cochenilles de l'Oranger ne se soit pas répandu chez nous comme en Amérique, par exemple. Malgré tout, nous verrons que ce n'est pas un insecticide parfait.

La « fumigation » ou « clochage » convient surtout aux arbres élevés, touffus, en plantation serrée, où il est difficile de bien mouiller toutes les parties avec les liquides insecticides. Les produits gazeux sont également appropriés aux serres, à la désinfection des plants de pépinière (à l'expédition ou à la réception) dans des dispositifs analogues. Il y a lieu, toutefois, de porter son attention sur quelques *points importants* et qui concernent soit la vitalité de l'arbre, soit l'efficacité sur l'insecte ou encore l'hygiène de l'opérateur : dose d'agent actif ; durée d'action du gaz ; moment de la journée (opérer la nuit ou le soir quand la lumière est très atténuée, alors que les fonctions végétatives des feuilles sont ralenties ; la lumière, d'ailleurs, décompose le gaz) ; la température (il faut un temps frais, car une température élevée occasionne des brûlures) ; le degré hygrométrique (agir par temps sec et en milieu non arrosé) ; la saison (éviter les jeunes bourgeons et les jeunes fruits).

La dose de cyanure à employer n'est pas la même pour toutes les Cochenilles. Ainsi le *Diaspis Pentagona* peut résister à 8 à 10 grammes de ce produit par mètre cube d'air, le gaz agissant durant une heure, ce qui peut être nuisible à l'arbre lui-même, les feuilles peuvent être brûlées de même que les fruits. Le Dr P. Marchal a constaté en opérant en mars que le *Chrysomphalus Minor* est entièrement tué avec 5 à 6 grammes durant quarante-cinq minutes ; les *Aspidiotus Hederae* le sont presque tous avec 6 grammes et dans ce même temps ; la Cochenille noire, ou *Parlatoria Zizyphi*, avec 6 grammes, toujours dans le même laps de temps ; les poux blancs des serres ou *Dactylopius* ne sont pas tous tués en trente minutes avec 8 grammes. Bien qu'il s'agisse ici des ennemis des Orangers, remarquons que l'on a constaté au Kansas que beaucoup d'insectes qui infestent les moulins résistent longtemps au gaz cyanhydrique dont l'action doit durer deux à trois jours.

R. S. Woglum a remarqué en Australie que les brûlures sur les fruits se produisent principalement sur les arbres affaiblis (gommose), chez les fruits à écorce mince ou blessée, piquée, etc. ; si l'on opère par journée ensoleillée et chaude et même la nuit si la température est élevée ou l'air très humide ; de même que par les nuits trop froides ; par vent violent qui secoue les tentes. L'humidité est le facteur le plus à redouter ; elle occasionne le plus de dégâts, car elle rend la tente qui recouvre l'arbre plus imperméable au gaz et plus lourde, ce qui augmente les lésions sur les tissus.

Les précautions à prendre s'indiquent d'elles-mêmes : le piquet supportant la tente sera assez long pour que celle-ci s'appuie le moins possible sur les branches ; ne pas fumiguer si on a traité à la bouillie bordelaise (on n'a rien remarqué d'anormal après bouillie sulfo-calcique) ; de même si la température est trop élevée ou trop basse (agir entre 4° et 18°) ; opérer quand la lumière est atténuée, ou la nuit.

Le procédé ne peut donc assurer toujours la désinfection absolue des arbres sur pied et il ne dispense pas, pour le Diaspis Pentagona, par exemple, de prendre d'autres mesures de protection.

Il faut remarquer que l'acide cyanhydrique a l'inconvénient de détruire les insectes entomophages, les parasites et autres ennemis naturels des Cochenilles.

M. Sanford Fernando est parvenu, en Californie, à empoisonner sur Pêcher et Oranger l'*Icerya Purchasi* en faisant à l'arbre un petit trou et en y introduisant des cristaux de cyanure de potassium (l'arbre ne fut pas tué et les fruits restèrent sains).

Le procédé de lutte par le gaz dont nous parlons ici exige un matériel coûteux et assez encombrant et beaucoup de précautions de la part des opérateurs. Il devient onéreux quand il doit être appliqué à un nombre d'Orangers relativement restreint, et l'inexpérience entraîne des pertes de temps. Il nécessite un personnel agile, intelligent, expérimenté. Tout cela n'est pas à la portée des petits propriétaires. Il serait à désirer que ces derniers puissent avoir recours à des équipes de spécialistes pour le traitement à forfait, comme il en existe en Amérique, par exemple. Les *Syndicats agricoles* pourraient aussi prendre en main ce traitement et dresser le personnel nécessaire.

Pour ce qui concerne l'*époque d'application*, c'est lorsque l'insecte est à l'état larvaire qu'il peut être le plus facilement tué, c'est-à-dire, en général, au printemps et en été. Nous avons donné quelques indications sur ce point à propos du *nombre des traitements*. MM. Arbost et Piedoye, au Parc-aux-Roses, à Nice, ont constaté l'efficacité sur le *Chrysomphalus Minor* jusqu'à la fin d'octobre. En Californie, on opère contre la *Cochenille noire* fin octobre-novembre, cette Cochenille n'ayant, en général, qu'une seule ponte. En été, le traitement est sans effet, car les vieilles femelles recouvrent leurs œufs non encore éclos. Pour le *Dactylopius Citri* (Cotonnet) quelques expériences seraient nécessaires pour déterminer l'époque d'application la plus favorable.

L'appareil. — L'arbre à traiter est recouvert d'une tente dont la fermeture est telle que le gaz ne puisse sortir tant pour son efficacité que pour la santé de l'opérateur. Elle doit être assez légère, tout en étant solide, pour ne pas endommager les rameaux, surtout pour les grands arbres, de façon, aussi, à rendre la mise en place plus commode. Pour les arbres de petite taille, un appareil rigide facilitera les manipulations et aussi le cubage d'air qu'il est nécessaire de connaître. Il est indispensable d'imperméabiliser le tissu ou d'employer de la toile caoutchoutée. On prend, d'ordinaire, du tissu de coton, de la cretonne que l'on traite avec de l'huile de lin bouillie, ou encore avec la matière gommeuse tirée par décoction des feuilles (raquettes) du Figuier de Barbarie. Si l'on voulait opérer le jour, la tente devrait être pourvue d'un enduit noir.

MM. Arbost et Piedoye ont procédé à deux immersions consécutives d'un quart d'heure chacune, d'abord dans une solution chaude d'alun ordinaire à 10 p. 100, puis dans une dissolution chaude de savon noir à 10 p. 100, également. Toutefois, au dire des expérimentateurs eux-mêmes, l'enveloppe ainsi obtenue n'était pas tout à fait imperméable au gaz cyanhydrique dont on percevait l'odeur particulière, mais elle l'était pour les vapeurs chaudes de nicotine. En résumé, ils conseillent la toile que l'on trouve dans le commerce sous le nom de « Ciré de Cancale » et qui sert à confectionner certains vêtements imperméables pour marins, produit recommandable par son opacité, sa légèreté et son bon marché relatif.

La tente « drap de lit » est la plus pratique. On l'élève au-dessus de l'arbre au moyen de poulies et de perches formant trépied. Une fois en place, on enterre grossièrement les bords qui reposent sur le sol. Toutefois, il vaudrait mieux approprier l'enveloppe à la forme et aux dimensions de l'arbre. Ainsi, pour les tout petits, on la coud sur une carcasse cylindrique en bois ou en gros fil de fer.

MM. Arbois et Piedoye recommandent le mode opératoire suivant : on coud côte à côte plusieurs laizes de coton dans le sens de la longueur de manière à former un cylindre. La partie supérieure des laizes étant coupée en pointe, leur réunion forme un dôme arrondi et fermé, tandis que la partie inférieure est cylindrique et béante. Imperméabilisée à l'alun et au savon noir, cette tente ($4^m,80$ de haut, 11 mètres de circonférence ; 12 mètres cubes ; poids $14^{kg},5$) revenait environ à 80 francs (vers 1903). Pour la mise en place, un homme monte dans la ramure pendant qu'un autre, s'aidant d'une échelle double, lui passe la tente roulée sur elle-même et à l'envers ; celui qui est dans l'arbre tient la tente à bout de bras, tandis que le second fait descendre la toile.

En Californie, on emploie surtout la tente cloche ou tente à cerceau ($2^m,50$ à $4^m,50$ de diamètre) dont l'ouverture est pourvue d'un cerceau fait de tuyau à gaz. Pour la manœuvre, l'appareil est monté sur un chariot. Deux ou trois hommes suffisent. Un jeu de 35 à 40 tentes n'occupe pas plus de

quatre personnes, le quatrième mettant les produits. Quand
on a fini de placer la dernière, on peut enlever la première sous
laquelle le traitement a déjà eu lieu, et on continue ainsi
l'opération.

Pour les tentes souples des grands arbres, on se contente d'un

Fig. 24. — Traitement des orangers aux États-Unis par les fumigations d'acide cyanhydrique. Dressage de la tente.

cubage approximatif basé sur la hauteur et le diamètre de la
couronne de l'arbre. S'il s'agit d'une serre ordinaire à deux
pentes, on multiplie la surface de la base par la hauteur des
murs d'appui et l'on ajoute un autre volume obtenu en multipliant la même surface de base par la moitié de la distance
verticale du faîte au niveau supérieur des murs d'appui. On
a, d'ailleurs, dressé des tables à double entrée, indiquant en

fonction de ces données les doses d'ingrédient à employer pour produire le gaz.

Pour le traitement des arbres de pépinière (au départ et à la réception) on a construit, dit M. le Dʳ P. Marchal, des salles, des cabanes en bois, ou, même, des grandes boîtes. Les salles sont à murs épais avec tout l'aménagement désirable permettant d'aérer très rapidement après le traitement.

Aux États-Unis, un *fumigatorium* en bois est complètement obscur et mesure 3 mètres de long, 2ᵐ,50 de large, 2ᵐ,50 de haut (18 mètres cubes). Parfois toutes les parois sont faites de deux épaisseurs de planches, entre lesquelles est intercalé un fort papier goudronné. Les planches qui regardent l'intérieur sont assemblées à rainure comme les parquets. Le plafond, qui forme toit, est recouvert de papier goudronné. Une porte et une fenêtre sont établies dans deux parois opposées (ventilation). Elles sont également en double épaisseur et s'appliquent hermétiquement contre un cadre garni de feutre. Une épaisse couche de peinture à base de céruse est appliquée dedans comme dehors. Un fumigatorium à deux compartiments permet de gagner du temps. On vide l'un quand l'autre est en fonction. Les exploitations de grande importance ont souvent un fumigatorium en maçonnerie ou en béton, recouvert d'un toit à deux pentes, divisé en quatre pièces, deux grandes pour les plantes de grande dimension et deux petites, dont une pour scions, plants, boutures, plantes de petite taille ; l'autre sert de magasin ou de laboratoire. Toutes ces pièces sont isolées l'une de l'autre et communiquent avec l'extérieur par une porte ; elles ont des fenêtres ou des ventilateurs en cheminée disposés sur le toit avec soupape. Les moyennes dimensions sont préférables, bien que l'on rencontre des pièces où l'on introduit des charrettes chargées.

Pour des petites quantités de plantes de faible dimension on emploie des boîtes construites d'après les mêmes principes en ce qui concerne l'étanchéité. Elles ont, par exemple, 3 mètres de long, 1 mètre de large, 1 mètre de profondeur. Les parois sont agencées de la même façon. Le bord supérieur est garni de feutre sur lequel s'applique le couvercle. Au fond est un faux plancher à claire-voie au-dessous duquel est le récipient à réactif ; une porte latérale permet d'introduire le cyanure.

Mode d'emploi du cyanure. — On se sert d'un récipient en terre vernissée, en verre, en plomb, de 1 à 2 litres, dans tous les cas beaucoup plus grand que le volume des réactifs qu'il doit recevoir. Le cyanure de potassium « du commerce » ou « pour les arts » à *95 à 98 p. 100* (ne pas employer celui à 58 à 60 p. 100) coûte 4 à 5 francs le kilogramme. Il se présente sous forme de débris de plaques blanches et minces à cassure cristalline. Il a l'odeur des amandes amères ou du laurier-cerise. On doit le conserver au sec, dans un flacon bien bouché, l'humidité faisant dégager l'acide sous l'influence du gaz carbonique, et il laisse du carbonate de potassium. Le mettre à l'abri des mains imprudentes. Se garder de le toucher avec les doigts, surtout si l'on a des coupures, écorchures, etc. S'il est nécessaire de le réduire en plus petits morceaux, le plier dans du papier fort et frapper dessus.

On en prépare à l'avance de petits paquets dans du papier solide, qui correspondent au volume d'air à traiter.

Il faut en outre de l'acide sulfurique du commerce ou huile de vitriol (à 66° Baumé) exempt d'acide azotique qui, plus volatil, pourrait, dit-on, occasionner des brûlures sur les feuilles (1). Il vaut environ 35 centimes le kilogramme. C'est aussi là un produit très corrosif qu'il faut manipuler avec les précautions d'usage. On neutralise les brûlures qu'il peut produire avec de l'eau de savon, du lait de chaux, de l'alcali volatil. Quand on doit le mélanger à l'eau, il faut toujours le verser en mince filet dans celle-ci que l'on tient en même temps en agitation, et ne jamais faire le contraire.

De la proportion d'acide sulfurique que l'on emploie dépendra la rapidité de dégagement du gaz cyanhydrique. Il est difficile de citer ici des chiffres précis pour les proportions d'acide et d'eau, aussi bien que pour celles de cyanure. Nous avons indiqué quelques taux au début de ce chapitre. Au printemps, quand les pousses des arbres sont encore tendres, ou quand, au début de l'automne, les oranges sont petites, ou

(1) M. R.-S. Woglum prétend que l'acide azotique est en trop faible quantité pour occasionner des accidents.

s'il s'agit de jeunes sujets, il est prudent d'ajouter un tiers d'eau de plus ou d'employer le cyanure en plus gros morceaux. Le gaz se dégageant plus lentement, on le laissera agir un tiers de temps de plus.

Voici les proportions adoptées aux États-Unis, en rappelant que 1 litre d'acide sulfurique pèse environ 1kg,800 : 3 grammes d'eau, 1 centimètre cube d'acide, 1 gramme de cyanure. Si la température est basse et pour un petit volume d'air (0mc,5 à 1 mètre cube) on peut descendre jusqu'à une partie de cyanure, deux d'acide, quatre d'eau.

MM. Arbost et Piedoye employaient par oranger, à Nice, 100 grammes eau, 20 grammes acide du commerce, 50 grammes cyanure pour un volume de 12 mètres cubes environ, soit 4 grammes de cyanure par mètre cube.

Le Dr Trabut recommande en Algérie : eau 90 grammes, acide 35 centimètres cubes, cyanure 30 grammes. En Amérique on emploie pour 180 pieds cubes : eau 60 grammes, acide 30 grammes, cyanure 30 grammes.

On met d'abord dans le ou les récipients l'eau et l'acide. Comme la combinaison de ces deux liquides produit beaucoup de chaleur, il faut ajouter le cyanure le plus tôt possible. On emploie, même, de l'eau très chaude. Le récipient est suspendu à l'aide de fil de fer à une solide baguette reposant sur deux branches fourchues de l'arbre. Tenant relevé le bord de la tente, on introduit rapidement dans le liquide le cyanure enveloppé de papier. On rabat la toile sur le tronc et un aide, qui se tient prêt, l'attache solidement ; si l'écartement des arbres le permet, on peut simplement étaler les bords de la tente et les charger de terre, ce qui dispense alors de suspendre le récipient dans l'arbre. On peut d'ailleurs imaginer tout autre dispositif. Par exemple, une toute petite armoire avec un long tuyau-cheminée que l'on serre seul avec la toile ramassée autour de la souche. Soulevant alors la petite trappe qui sert de porte à la caisse, on y introduit le récipient, puis les ingrédients. Quand on opère la nuit, on s'éclaire avec une lanterne.

S'il s'agit d'une serre, d'une salle de désinfection, mettre le ou les vases garnis des liquides aussi loin que possible de la porte ou d'une ouverture quelconque, tout en pouvant les atteindre avec une perche légère, portant au bout le paquet de cyanure attaché à une ficelle de longueur suffisante. A défaut, mettre le vase près de la porte, l'entre-bâiller, ajouter le cyanure et fermer vivement. On aura eu la précaution de calfeutrer toutes les ouvertures, de couvrir les châssis vitrés s'il y a lieu, de mettre des paillassons. Enfin, on peut attacher le paquet de cyanure au bout d'une corde verticale mobile, que l'on essaiera d'abord du dehors ; ou bien encore, l'acide sulfurique versé de l'extérieur par un tube de plomb tombe dans le récipient contenant de l'eau, puis on lâche le cyanure attaché à la corde.

On doit se tenir éloigné de la tente ou de la serre pendant la durée d'action.

En Amérique, on estime que pour les Cochenilles de l'Oranger il faut laisser agir le gaz durant quarante minutes. Toutefois il y a lieu de tenir compte des nombreux facteurs dont nous avons parlé, car certains estiment que pour ces insectes il faut une heure au moins ; pour d'autres, il ne faut pas dépasser cette limite, même pour les plantes les plus résistantes.

D'après M. Marchal, 5 à 6 grammes de cyanure par mètre cube agissant quarante-cinq minutes suffisent pour détruire nos Cochenilles sur Palmiers (Phœnix), Camélias et diverses plantes vertes, mais on ne peut rien assurer pour les Cochenilles exotiques dont il faut toujours redouter l'importation.

En Californie, avec 35 à 40 tentes dites « drap ce lit » on peut traiter en onze à douze heures 300 à 500 arbres mesurant $3^{m},50$ de hauteur.

Quand on enlève la tente ou que l'on ouvre la serre, il faut agir avec prudence, rapidement et sans respirer, et même adopter quelque dispositif qui permette d'opérer à distance, ce qui est d'ailleurs plus facile avec des fenêtres, portes, vasistas, etc. Pour activer le départ du gaz, on suspend dans la serre des planches que l'on actionne de loin, en guise de ventilateurs, durant dix minutes. Dans tous les cas, on ne dégage complètement la tente qu'après vingt à trente minutes au moins.

Quant au résidu qui reste dans le récipient, liquide bleu qui peut contenir encore de l'acide sulfurique, de l'acide cyanhydrique et des débris de cyanure, on doit l'enfouir dans un trou, loin des arbres.

A. Bolet. — *Plantes à parfums.* 6

Coût. — Une seule fumigation est rarement suffisante ; il en faut au moins deux. En Californie, on estime qu'une application *coûte* 5 à 7 fois le prix d'une pulvérisation. On compte deux ou trois traitements pour les Cochenilles protégées. D'après M. Joseph Arbost, le prix de revient des matières premières par arbre était, vers 1893, de 25 centimes, main-d'œuvre non comprise. En Espagne, en comprenant l'intérêt et l'amortissement du capital engagé, les dépenses de matériel et de main-d'œuvre, on arrive à 70 centimes pour un arbre de 7 à 8 mètres de haut pouvant donner un millier d'oranges valant 10 à 15 francs et à 1 fr. 40 pour un arbre de 11 à 12 mètres pouvant porter 1 200 à 1 500 oranges. Ajoutons que le Gouvernement espagnol a doté chacune des huit provinces intéressées d'un matériel complet de 24 tentes de 12 mètres de largeur, et quatre d'entre elles de 8 tentes supplémentaires de 18 mètres avec tous les accessoires nécessaires pour le traitement des Orangers et des Citronniers.

Les *fumigations de tabac* (tremper un fer rouge dans le seau contenant du jus de tabac installé sous la tente) n'ont pas donné de bons résultats sur les Cochenilles.

Ennemis naturels des Cochenilles. — Les Cochenilles ont, parmi les insectes mêmes, des ennemis acharnés qui dévorent (prédateurs) œufs, larves, adultes, ou encore qui pondent (endophages) dans le corps des larves. Des recherches ont été faites un peu dans toutes les régions : Italie, Espagne, Australie, États-Unis, dans le but d'importer ces ennemis naturels, qui, s'ils étaient suffisamment nombreux, seraient bien autrement efficaces que les moyens de lutte dont peut disposer le cultivateur (1).

On connaît la chasse que font les *Coccinelles* ou « bêtes à bon Dieu », aux pucerons en général. Ce sont aussi des ennemis des *Cochenilles*, principalement les Coccinelles qui appartiennent aux genres *Chilocorus* et *Exochomus*. Elles se montrent les plus agiles, les plus voraces, au moins en Italie. Citons aussi des Hémérobes (Hemerobius chrysopa), des Spilo-

---

(1) Un *Insectarium* a été créé à Menton, « villa des Pâquerettes », en vue de l'acclimatation, de l'élevage et de la multiplication des parasites naturels des insectes.

...mènes (Spilomena troglodytes), des Syrphes, etc. Mais nous ne pouvons ici entrer dans de longs détails, nous devons nous contenter d'une simple énumération, par ordre alphabétique, parmi les principaux de ces ennemis naturels, vrais auxiliaires nés de l'agriculteur.

Amitus Minervæ, Hyménoptère parasite de l'Aleurodes olivinus en Italie ; *Aphelinus Chrysomphali*, Hyménoptère qui attaque le Chrysomphalus Minor ; Aphelinus Capitis n. sp., attaque Aulacaspis Zaminæ, Chionaspis, Aspidiotus, Pseudaonidia Articulatus ; Aphelinus Mytilaspidis (Le Baron) attaque Kermès Virgule, la plus commune des Cochenilles nuisibles en Angleterre (Lepidosaphes Ulmi L.) ; *Aphycus Hesperidum* n. sp., Hyménoptère chalcidide parasite ectophage, pond sous le bouclier et la larve dévore Chrysomphalus Dictyospermi (Espagne) ; *Aspidiotiphagus Citrinus*, attaque en Italie Chrysomphalus Dictyospermi ; *Azia Trinitatis*, Mshl., et Azia Pontibrianti, Mul., Coccinelles de la Guyane anglaise ; *Blastobasis Laczniella*, Busck, et Bl. Iceryaeella, de la Guyane anglaise ; *Chilocorus Bipustulatus*, Coccinelle tortue à bande rouge de Geoffroy ; la femelle pond sous l'écusson ou carapace des Cochenilles et les larves dévorent les œufs ; Chilocorus Kuwanae attaque Aonidiella ; des Chilocorus attaquent aussi : Ceroplastes Sinensis (Cochenille cérifère des Orangers) et Ceroplastes Rusci du Figuier, Parlatoria Zizyphi (pou noir) ; *Chilonearus Dactylopii*, Microhyménoptère qui attaque Dactylopius ; *Coccophagus Cognatus* et Coc. Lecanii, Microhyménoptères, attaquent Lecanium Hesperidum (Cochenille lisse des Orangers) ; un autre Coccophagus attaque en Italie Lecanium Oleae ; Coccophagus Varicornis attaque Aspidiotus Hederae (Pou ou blanc des Siciliens) ; *Cryptochaetum Curtipenne*, Knab. (famille des Agromyzidae), Diptère endophage, attaque Walkeriana (grande Cochenille qui forme des croûtes sur le tronc et sur les branches, à Ceylan), qui à son tour est parasité par un Hyménoptère formicide (Cremastogaster) ; *Cryptognatha Nodiceps* Mshl., Coccinelle signalée dans la Guyane anglaise ; *Encarsia Elegans*, Masi, Hyménoptère chalcidide, parasite en Italie l'Aleurodes Olivinus ; *Encyrtus Inquisitor*, Microhyménoptère sur Dactylopius ; Encyr.

Flavus, ennemi de Lecanium Hesperidum ; *Erastria Scitula*, Microlépidoptère dont la larve attaque Ceroplastes Sinensis (Cochenille cérifère des Orangers), Cero. Rusci du Figuier, Lecanium Oleae ; *Exhochomus Quadripustulatus*, Coccinelle tortue à 4 points de Geoffroy signalée en Italie ; *Holcocera Iceryaeella*, Riley, au Blastobasis Iceryaeella, Riley, Lépidoptère destructeur d'œufs et de jeunes Cochenilles en Californie ; *Hyperaspis Binotata*, Coccinellide prédateur aux États-Unis, la larve dévore les jeunes et les adultes d'Eulecanium Nigrofasciatum, Pergrande, « terrapin scale » du Pêcher ; *Leptomastix*, Microhyménoptère sur Dactylopius ; des *Leucopis*, Mouches dont les larves dévorent Dactylopius ; en Italie, celle du L. Nigricornis mange les œufs de Pulvinaria Camesiola trouvé sur Oranger ; des larves de *Névroptères* attaquent les Cochenilles en Guyane ; *Novius Cardinalis*, Coccinelle dont la larve attaque les œufs du terrible Icerya Purchasi ; *Prospaltella Launsburgi* et Prospaltella Fasciata n. sp., Hyménoptères chalcidides, parasitent le Chrysomphalus Dictyospermi ; Prospaltella Berlesei attaque dans le Piémont le Diaspis Pentagona ; Prospaltella olivina, Masi, attaque en Italie Aleurodes olivinus ; *Paraleptomastix Abnormis*, Girault, Hyménoptère chalcidide, attaque les Cochenilles en Italie ; *Rhizobius Lophantae*, ennemi de Aonidiella ; *Scutellista Cyanea*, Microhyménoptère ; la larve attaque Lecanium Oleae, Ceroplastes Sinensis, C. Rusci ; *Scymnus Bioculatus*, Coccinelle ; la larve détruit les œufs de Dactylopius ; *Signiphora Merceti*, Chalcidide ennemi de Chrysomphalus Dictyospermi (Espagne) ; *Tomocera Californica*, How., Microhyménoptère, parasite en Amérique Lecanium Oleae ; *Vitula Bodkini*, Dyar, et Vitula Toboga, Dyar, Lépidoptères ; les larves s'attaquent aux Cochenilles dans la Guyane anglaise.

Certaines formes de *Fumago* (champignon de la Fumagine), peuvent infester les Cochenilles. Par exemple l'Apiosporium Oleae parasite le Lecanium Oleae dans les Bouches-du-Rhône, M. G. Motfareale a fait en Calabre cette constatation importante que l'action du Chrysomphalus Dictyospermi, var. Pinnulifera sur Agrumes semble avoir été réduite par le parasitisme d'un Cladosporium (champignon).

En Guyane anglaise, on a signalé aussi deux champignons parasites des Cochenilles : *Sphaerostilbe cocrophila*, Tul., et *Cephalosporium Lecanii*.

Insectes divers. — SUR LES JEUNES POUSSES. — Les *Pucerons* (Aphis) noirs ou verts et les Tétraniques (Acariens, mites) ne sont guère à redouter. S'ils étaient trop nombreux, les asperger avec la bouillie : savon noir 2 kilogrammes, nicotine concentrée en bidon 1 litre, eau 100 litres ; — phénate de nicotine, etc. La « traite » des pucerons par les fourmis les excite à sucer la sève avec plus d'intensité.

Les coupe-bourgeons (Othiorhynchus) s'attaquent aux pousses des plantes en pépinière. Autres Coléoptères signalés comme nuisibles aux jeunes pousses dans l'Afrique du Sud : Rhabdotis Antica, Pachnoda Impressa, Pach. Cincta, Pach. Carmelita, Heterorrhina Flavomaculata, Plaesiorhina Recurva, var. Plana ; Oxythyrea Margarita, Ox. Dysenterica.

Aux E. U., Aramigus fulleri ; Diobrotica soror.

SUR LES FEUILLES. — Le *Rhynchite* ou *Cigarier*, qui s'attaque à la vigne, se rencontre parfois dans les orangeraies. En Floride et en Louisiane, on a signalé la *Mouche blanche* ou Mouche farineuse (Aleyrodes Citri, Riley et How.), Hémiptère qui constitue un vrai fléau. Ressemble, jeune, à une Cochenille ; adulte à 4 ailes blanches. Ses piqûres sur les feuilles amènent leur dessèchement. L'insecte est capable aussi, comme les cochenilles, de sécréter un miellat. En Argentine (province de Mendoza), c'est un des plus redoutables ennemis des Orangers et Citronniers. Employer les polysulfures ou l'émulsion pétrole-savon au printemps avant la floraison.

Le *Phyllocnistis Citrella* Stainton est un très petit papillon dont la larve creuse une galerie à aspect argenté commençant souvent près de la nervure médiane, sous l'épiderme des jeunes feuilles (on peut trouver cinq ou six larves dans la même feuille) qui se recroquevillent. Par la suite ces feuilles peuvent être attaquées par des Cochenilles. On rencontre aussi quelquefois des galeries sous l'épiderme des jeunes branches (Ceylan). On recommande les pulvérisations au jus de tabac en s'y prenant assez tôt. On a trouvé des ennemis naturels chalcidides. Les Pseudococcus, qui attaquent les feuilles à la faveur de cet ennemi, sont à leur tour attaqués par les larves d'un papillon, Spalgis Epius, West (famille des Lycaenidae) et par une Cécydomyie (Diadiplosis Coccidivora, Felt.). Dans la même région, un Coléoptère dévore les feuilles : Apogonia Comosa Kav. ; le Tetranychus Mytilaspidis, Riley, les pique et les fait jaunir.

Sur les fleurs. — *Teigne du Citronnier* (Acrolepia Citri, Mill.) : petit papillon dont la chenille (ver du Citronnier) a occasionné, sous le nom de *maladie des Citronniers*, des ravages dans la région de Menton (Alpes-Maritimes). La floraison d'été est surtout atteinte (débute en juin) ; ovaire et corolle prennent une teinte jaunâtre, se fanent et tombent au vent. La femelle pond 1 à 3 œufs dans l'ovaire : larves blanchâtres qui rongent les tissus ; mesurent au complet développement 8 millimètres ; sont gris verdâtre avec tête brun brillant ; poils à la surface, douze anneaux, trois paires de pattes et quatre paires de fausses pattes ; chrysalide dans le sol ou sur l'arbre, dans une petite coque soyeuse.

Il est difficile d'atteindre la chenille dans l'ovaire ; d'ailleurs elle résiste bien aux insecticides (pétrole-savon-alcool, pétrole pur, même, dit-on) ; elle est cependant assez sensible à la nicotine, au lysol à dose élevée, à la naphtaline. En juillet-août, secouer les branches au-dessus d'une toile et brûler les fleurs tombées. Si l'on n'a qu'un nombre restreint d'arbres, récolter à la main les fleurs attaquées. Le soir, allumer de grands feux d'herbe ou autre au moment de l'éclosion des papillons ou employer des pièges lumineux englués. La lutte doit être générale dans la région.

Cet insecte attaque aussi la fleur de Bigaradier que l'on cueille d'ailleurs dès son épanouissement. Il n'en est pas de même de la fleur du Cédratier qui peut être atteinte également.

A la floraison, les *Cétoines* (sortes de gros hannetons vert brillant ou sombres et pourvus de poils) rongent les étamines, ce qui a peu d'importance quand il s'agit de fleurs pour la parfumerie. Mais on les rencontre surtout sur les Limoniers et les Cédratiers (mouche noire du Cédratier). Parmi ces insectes, citons principalement Cétoine stictique, C. Morio, C. Fastueuse,

C. Quadriponctuée. Secouer le matin au-dessus d'un drap.

Les fleurs sont encore attaquées parfois par les chenilles des papillons *Euphithecia Pumilata* Hb et *Ephestia Gnidiella*, Mill.

Les pucerons, qui attaquent surtout les jeunes pousses, envahissent aussi les fleurs, de même que les Thrips (Thysanoptères).

SUR LES FRUITS. — La *Mouche des oranges* [*Ceratitis Capitata*; Trypter Capitata, Wiedeman; Ceratitis Hispanica; Cerastis Citriperda, Mac Leay; Caratitis ou Tephritis Cattoirei, Guerin-Méneville (certains doutent de l'identité de ces divers types) est un Diptère (famille des Trypétidés) que les Américains appellent « Mediterranean fruit fly ». Principaux caractères : jolie mouche un peu plus petite que la mouche ordinaire : 5 millimètres de long ; tête jaune, yeux très développés, thorax noir rayé de blanc, abdomen jaune avec deux bandes grises ; ailes brunes très écartées au repos (caractéristique), transparentes, traversées par quatre bandes sombres. Larve blanchâtre, 7 à 8 millimètres de long.

Cet ennemi est dangereux en ce sens qu'il s'adapte aisément à des climats différents : Antilles (berceau d'origine), îles Hawaï, Océanie, île Maurice, Nord-Africain, Afrique australe, Madère, Açores, Canaries, îles du Cap Vert, îles Bermudes, Australie, cap de Bonne-Espérance, Malte, Italie, Amérique, etc., et, en outre, qu'il s'attaque successivement à des fruits bien différents des agrumes comme espèce et époque de maturité, ce qui permet des générations multiples. Ainsi, en Algérie sur grenades, kakis, pêches ; en Tunisie, particulièrement sur les mandarines. En Grèce, cette mouche occasionna de grands dégâts en 1915 (régions de l'Attique et de l'Épire), sur oranges, citrons, mandarines. A Madagascar, n'a été signalée que rarement sur oranges, mais surtout sur pêches ; sans doute le Diptère a-t-il achevé son cycle annuel quand les oranges arrivent à maturité (mars-avril). Aux environs de Paris, où elle a été fort probablement importée avec des oranges, elle a commis des dégâts sur des abricots (qui contenaient jusqu'à cinq à six larves), des poires, etc.

Mais on a signalé aussi comme atteints : azeroles, pommes,

coings, brugnons, goyaves, litchis, prunes cafres, plaque-
mines, figues communes, figues d'Inde.

L'insecte est favorisé par un printemps et un été très chauds.
Il hiverne à l'état d'insecte parfait et il ne peut résister dans
le Nord. On a remarqué qu'en Californie et Floride une température de 10° C. à 12° arrête d'une manière notable son développement.

La femelle pond avec sa tarière dans les fruits verts ou
les fruits mûrs ; sur ces derniers la larve ronge la pulpe.
Si le fruit est encore jeune, il se forme une nodosité dans
laquelle parfois a lieu la nymphose. Le point piqué jaunit plus
vite ; sur mandarine la piqûre est souvent confondue avec la
tache noire que produit un champignon (Septoria glaucescens).
Si la ponte a lieu dans les fruits mûrs, ceux-ci peuvent conserver l'aspect de fruits sains ; quelquefois, aussi, il peut y
avoir développement de moisissures de putréfaction aux points
envahis.

En Algérie, on aurait constaté deux attaques. Une au
moment de la floraison ; le fruit intéressé, quoique continuant
à grossir, reste chétif et jaunit, mûrissant au milieu d'autres
encore verts, non attaqués. Les fruits qui tombent vers les
premiers jours d'octobre portent des larves groupées dans
les tranches, près des graines. En Tunisie et en Algérie, on
trouve parfois dans le même fruit, à la fois des larves, des
mouches en voie de formation et d'autres prêtes à sortir.

Le fruit une fois tombé, la larve s'enfonce dans le sol où
elle se transforme en pupe. Quelques jours après, il peut
naître des mouches nouvelles. D'après M. A. Giard, l'insecte
parfait hiverne en France sous les feuilles mortes et autres
détritus pour recommencer à pondre au printemps. Dans le
Nord, le Centre et l'Est, certains individus des générations
automnales passent l'hiver à l'état de nymphe mieux protégée contre le froid, pour éclore aux premières chaleurs du
printemps.

Moyens de lutte. — Cueillir les fruits tous les jours.
On a remarqué en Californie et en Floride que les oranges
et les pamplemousses ne sont pas d'ordinaire attaqués si on
les récolte à peine mûrs. Dans la conservation des fruits

en frigorifique à zéro degré pendant cinq jours, les larves sont tuées. Si elles donnent des nymphes, celles-ci ne peuvent se changer en insectes parfaits.

Ramasser les fruits tombés et même secouer les arbres. Il serait plus prudent de ramasser les premiers véreux, car il y a à craindre la sortie de la larve. On écrase les fruits dans un lait de chaux pour obtenir du citrate de chaux. Ou bien : laisser tremper un certain temps dans l'eau ; donner aux animaux quand ils sont suffisamment mûrs ; enfouir à 25 à 30 centimètres ; bien tasser le sol.

Travailler profondément et souvent le terrain, pour mettre les pupes à découvert.

Accrocher tous les vingt arbres des récipients contenant du sirop additionné de 5 p. 100 d'arséniate de soude (poison violent). Quand les fruits commencent à jaunir, en engluer quelques-uns sur chaque arbre (dissoudre de la colophane dans de l'alcool à brûler et additionner d'un peu d'huile de ricin pour retarder l'évaporation de l'alcool). Après la floraison, entourer l'arbre de gaze. On a demandé de rendre obligatoire le ramassage et la destruction des fruits attaqués.

Ennemis naturels. — En Italie, M. F. Silvestri, professeur à l'École supérieure d'agriculture de Portici, a étudié la possibilité d'introduire un Hyménoptère indien, le *Syntomosphyrum Indicum* n. sp.

On a encore signalé : *Galesus Silvestrii* ; *Dirhinus Giffardii* ; *Opius Humilis*.

Sur les fruits on rencontre aussi quelques autres insectes : chenille des papillons *Ephestia Gnidiella*, Mill Phycide ; *Euphithecia Pumilata* Hb., Mite rouillée de l'oranger et Mite argentée du Citronnier (*Phytoptus* ou Eryophyes *oleivorus*, Ashmead) (en Floride et Californie), se développe sur les feuilles et les fruits, mais la présence sur les premières passe souvent inaperçue. Euthrips et Heliotrips (Tysanoptères) ; Tortrix citrana, Fern. (chenille d'un petit papillon) ; Trypeta Ludens (larve d'une sorte de mouche). En Australie, *Ophideres Fullonica* s'attaquerait directement aux oranges ; il percerait la peau pour en sucer le liquide ; l'écorce se ride et le fruit tombe bientôt.

SUR LES RACINES. — Le Dr Trabut a constaté dans une vieille orangeraie des environs d'Alger que le dépérissement des pieds, attribué généralement à la *gomme* seule, et surtout des sujets non greffés sur Bigaradier, était dû à un Ver nématode, le *Tylanchus semipenetrans* Cobb. La femelle pénètre à moitié dans les tissus des radicelles, tandis que la partie extérieure se gonfle d'œufs. Des dégâts ont été aussi signalés en Californie, Australie, Espagne, Syrie. Employer le sulfure de carbone en injection dans le sol ou arroser avec une solution de sulfocarbonate de potassium. Surveiller les pépinières.

La *Pyrale du Daphné* attaque aussi les Orangers. L'*Apate moine* ne se trouve que sur les citrus dépérissants.

Maladies.

FEUILLES. — *La Fumagine.* — Fumée, noir (lou négré, en provençal) ; suie, charbon, morfée, male di Cinere, en Italie ; Menn et aussi Djaïah, en Algérie. Maladie produite par des champignons qui vivent seulement à la surface des feuilles dans le miellat qui recouvre parfois celles-ci. La croûte noire ainsi formée nuit aux fonctions végétatives. En outre, elle peut provoquer l'avortement des fruits. L'olivier, le figuier, la vigne, le fusain, etc., sont aussi attaqués.

Les Cochenilles intervenant ici dans une certaine mesure, les mêmes conditions qui favorisent l'habitat de ces insectes favorisent du même coup la Fumagine. Nous renvoyons donc à ce qui a été dit au sujet de l'aération, de la taille, etc. Les printemps à pluies tardives, les brouillards, le voisinage de la mer sont à craindre également.

Les champignons (ordre des Pyrénomycètes, famille des Périsporiacées) appartiennent à deux types : *Meliola Penzigi* Sacc. (Apiosporium Citri, Briosi et Passer, Berk. et Dem. ; Capnodium Citri, Mont. Penzig ; Fumago Citri, Pers. ; Morfea Citri, Roze ; Dematium Monophyllum, Risso ; Chætophoma Penzigi, Sacc. ; Limacinia Citri, Br. et Pass., Sacc. ; et une autre espèce du même genre : *Meliola Camelliae* Sacc., synonyme de Fumago Camelliae, Cattamo.

Les sécrétions sucrées dans lesquelles se développent les germes sont produites par les Cochenilles et les Pucerons.

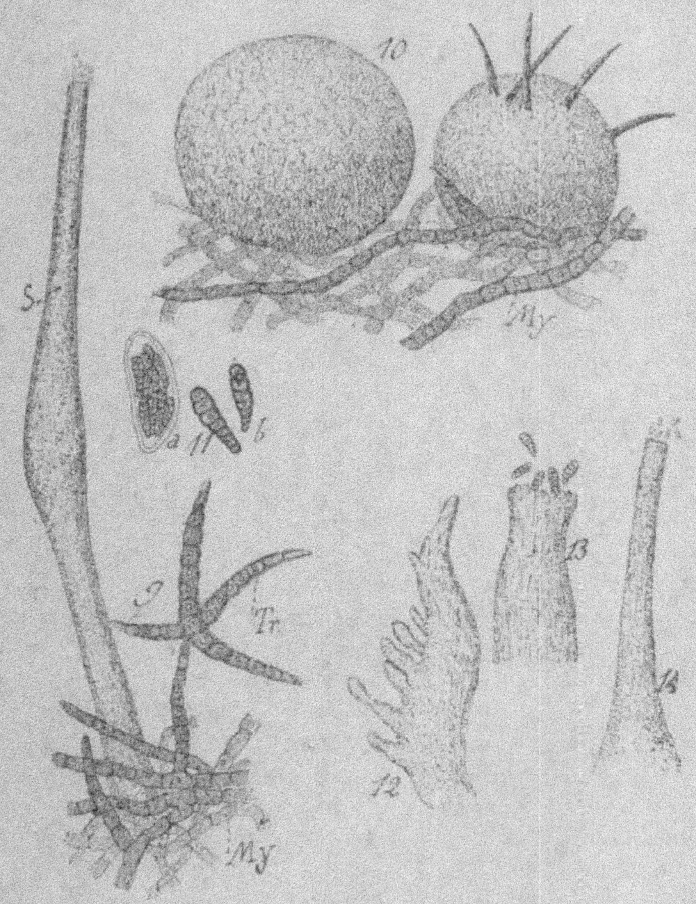

Fig. 25. — Champignon de la fumagine *Limacinia Citri*.

9, *Sq.* spermagonie émettant ses spermaties ; My, mycélium ; Tr, conidie du type *Triposporium* ; 10, périthèces dont l'un est hérissé de soies ; 11, *a*, asque ; *b*, ascospores. (12, 13, 14, Fumagine du chêne) (Delacroix.)

Mais la feuille peut aussi former une exsudation favorable, par exemple pendant les nuits très fraîches intercalées dans une période prolongée de chaleur et de sécheresse ; l'élévation de l'état hygrométrique et l'obscurité sont aussi des circonstances favorables.

Remèdes. — En luttant contre les Cochenilles on défendra du même coup les arbres contre le noir. Mais si ces insectes sont absents, il est bien difficile d'avoir raison de la fumagine. Les bouillies au sulfate de cuivre ont peu d'action sur le champignon, à moins qu'au préalable des lavages abondants à l'eau aient entraîné les plaques qu'il a formées. On ne peut guère alors que prévenir le mal par une meilleure tenue des arbres ; bonne fumure, labours, irrigation, taille appropriée, qui laisse pénétrer librement le soleil (il dessèche l'enduit qui se décolle et est emporté par les pluies et le vent) ; le froid aussi est salutaire. Voici cependant quelques formules qui ont été préconisées. Il est bon de faire d'abord un essai. Après la taille, passer sur les branches seulement une solution de *sulfate de fer* à 20 p. 100 ou de *sulfate de cuivre* à 10 p. 100 (1). A un litre de *formol* du commerce, ajouter 1 kilogramme de carbonate de soude (cristaux) dissous dans de l'eau et compléter à 100 litres avec cette dernière. On pulvérise ensuite sur l'arbre après la taille. Eau *céleste* (2 litres d'ammoniaque ou alcali volatil, 1kg,5 sulfate de cuivre et 100 litres eau). Nous avons donné quelques formules pour combattre à la fois les Cochenilles et le Champignon. Voici encore : 1 kilogramme savon noir, 1 kilogramme carbonate soude, 3 kilogrammes sulfate cuivre, 10 litres pétrole, 80 litres eau. — Bouillie bordelaise à 2 à 3 p. 100 sulfate cuivre, plus 1 litre essence térébenthine. — Sulfate cuivre 1 kilogramme, carbonate soude 1 kilogramme, arséniate soude 0kg,150, eau 100 litres (bien entendu, ne pas employer l'arséniate s'il y a des fruits).

Peut-être les polysulfures agissent-ils par dépôt de soufre (2).

(1) Des expériences conduites en Italie sur les oliviers ont montré que le fer et le cuivre ainsi absorbés par l'écorce produisent un effet très salutaire sur la vitalité générale des arbres dépérissants.

(2) On sait que les polysulfures ont été reconnus efficaces contre divers oïdiums, la cloque du pêcher, le black-rot, la tavelure. L'addition de 150 grammes par hectolitre d'arséniate de plomb renforce l'action fongicide de la préparation.

Les agronomes américains recommandent, pour renforcer
l'action anticryptogamique de la bouillie sulfo-calcique,
d'ajouter 600 grammes de sulfate cuivre par hectolitre, ou
400 grammes de sulfate fer.

Le *Septoria Limonum* forme sur les feuilles des Orangers et

Phot. Rolet.

Fig. 26. — Traitement des orangers contre la fumagine.

des Citronniers des taches desséchées et sur les fruits des
taches noirâtres ; les jeunes fruits verts tombent. Généralement,
dégâts peu importants. Maladies favorisées par : excès d'humidité, aération insuffisante (serres). Remèdes : taille et pulvérisation bouillie cuprique à 1 p. 100.

Colletotrichum Glœosporioides Penz., peut attaquer à la fois
feuilles, rameaux et fruits. En Floride on l'a remarqué :
1° Sur rameaux (Orangers, Citronniers, Pamplemoussiers)
qui se dessèchent vers la pointe (Wither-tip) ; il peut en
résulter un certain dommage ; 2° sur les feuilles où il forme des

taches (leaf-spot) sur divers Citrus ; 3° sur fleurs de Limettiers récemment plantés. La maladie entraîne la chute des feuilles (Oranges et Pamplemousses) des jeunes rameaux et les fait périr. Elle altère les citrons, fait tomber les fleurs des Limettiers ; les arbres atteints ont jusqu'à 80 p. 100 des fruits chancreux.

Remède. — Émonder les rameaux malades et pulvériser une bouillie bordelaise. Sur les taches des citrons, pulvériser avant la cueillette une solution ammoniacale de carbonate de cuivre. Si l'on doit conserver ces fruits en chambre, les saupoudrer de soufre (P. H. Rolfs).

Pestelozzia Guepini Desmaz. ; synonyme ; Prosthemium Guepinianum Mont., Champignon de l'ordre des Mélanconiées ; forme sur les feuilles vertes de grandes taches jaunes à contour livide, puis enfumé ; elles peuvent envahir tout le limbe. Mycélium sous l'épiderme des taches où il forme des amas plus ou moins coniques d'où il sort à travers l'épiderme des spores à saillies noirâtres.

Élaguer et brûler les feuilles atteintes. On a signalé aussi un *Fusarium Guepini* ; même remède. Badigeonner le tronc et les grosses branches avec bouillie bordelaise mélassée à 6 p. 100 et pulvériser sur les feuilles et jeunes rameaux le même produit à 1,5 p. 100 seulement.

Cladosporium Elegans., Champignon Hyphomycète ; sur les feuilles larges plaques décolorées qui prennent la couleur feuille-morte, puis deviennent grisâtres au moment de la fructification du parasite.

Septorium Limonum Pass. (Septoria Hesperidearum Catt.) (Sphéropsidées-Sphéroïdées). Sur feuilles de Citronnier, taches desséchées sur lesquelles apparaissent des périthèces ; sur le fruits ces derniers sont rassemblés en masses noirâtres ; chute prématurée des fruits. Les brûler. Favorisée par la chaleur et l'humidité.

Maladie de la Gale acide (Sour scab, en Floride, sur les côtes chaudes et humides). Feuilles, branches, fruits des Orangers contiennent un liquide très acide. Le limbe se tord, les fruits se développent irrégulièrement. Sur feuilles et fruits, protubérances coniques à sommet brun. Quelques parties du

limbe semblent pousser plus rapidement (torsions caractéristiques). Les portions envahies sont parfois parasitées, s'il fait
chaud et humide, par le *Cladosporium Citri* qui donne de
grandes quantités de spores brunes.

La maladie est favorisée par les temps froids et pluvieux,
l'excès d'engrais azoté. Les arbres greffés sur Bigaradier sont
moins atteints.

Pseudomonas Citri n. sp., bactérie qui en Floride, Texas,
Mississipi, Philippines, occasionne sur les rameaux, feuilles et
fruits du Pamplemoussier (Citrus Decumana) la maladie dite
Chancre des Agrumes ou *Citrus Canker*. Tous les dix jours
appliquer une solution de formol (une partie pour 20 d'eau) ;
tailler largement en supprimant les feuilles et les rameaux
malades.

La *Chlorose* ou décoloration des feuilles est due à des
causes diverses qui affectent les racines, excès d'humidité,
pourridié, insuffisance de fer dans le sol ou manque d'acidité
pour l'absorption, etc. Le Dr Trabut a signalé en Algérie
le mode de transmission d'une chlorose spéciale par le greffon.
Si celui-ci est pris sur un arbre contaminé, dès la deuxième
année il peut produire à son tour un sujet chlorotique, après
une floraison très abondante. Le porte-greffe lui-même est
infecté ; décapité et regreffé, la maladie se transmet encore au
nouveau greffon. Les feuilles commencent à jaunir sur chaque
côté de la nervure principale, puis la décoloration gagne les
nervures latérales et enfin tout le limbe.

Tous les Citrus peuvent être atteints, mais surtout deux
variétés d'Orangers : Washington Navel et Siletta. La maladie
serait due à une toxine sécrétée par un agent microscopique
non encore découvert. Mais on a pu produire artificiellement
l'infection.

Dans la *Pommelure des feuilles*, qui en Californie (Mottle-
leaf) atteint les agrumes cultivés, la chlorophylle disparaît de
quelques portions du limbe à partir des points les plus éloignés
de la nervure centrale et de ses ramifications principales ;
finalement, il n'en reste plus que de minces bandes le long
des nervures. Dans les cas graves on constate une réduction
marquée des dimensions des fruits.

On a observé que le *Tylenchus semipenetrans* Cobb., est largement répandu dans les terrains infestés. Les Citrus greffés sur Citrus Aurantium sont plus atteints que ceux greffés sur Citrus Sinensis. Les orangeraies fumées au fumier de ferme ou aux engrais verts sont moins sujettes à la maladie que celles qui reçoivent des engrais chimiques. Le nitrate de soude seul favoriserait moins la maladie que l'engrais complet. D'après les expérimentateurs Lyman Briggs et Lane, l'origine de l'altération doit être recherchée dans la composition chimique du sol ; 50 p. 100 des cas étaient dus pour l'Oranger à la faible teneur en humus. L'apport de chaux dans les terres riches en cette matière produit un effet bienfaisant sur le Citronnier.

FLEURS. — On n'a guère signalé que le *Colletotrichum Glæosporioides* dont nous avons parlé à propos des feuilles, et le *Sclerotinia Libertiana* (en Californie) sur lequel nous revenons à propos des fruits.

FRUITS. — Sur la peau des oranges et surtout des mandarines on peut remarquer des taches noires produites ou par la piqûre de la Mouche des Oranges ou par un Champignon, le *Septoria Glaucescens* (Septoria Verdissante). Ce Champignon communique aux parties voisines une teinte verdâtre. Quand on enlève la peau, on retrouve à la face interne cette couleur qui s'étend aussi sur le dos des tranches. Ces dernières ont un goût désagréable. A la loupe, on peut voir sur les taches des pycnides noires.

Le fruit perd sa saveur ; le parasite fait fermenter le sucre et l'acide lactique, d'où résulte le goût particulier (Dr Trabut).

La *momification* des citrons et des oranges, observée en Italie, est due au *Botrytis Citricola*. Caractères : taches de rouille enfoncées qui finissent par se réunir et amènent la chute du fruit, ou, s'il est mûr, entraînent sa pourriture après la cueillette. Quelquefois les fruits avant de se décomposer deviennent petits, durs, ridés, comme momifiés, sans apparence extérieure de microrganisme quelconque. M. Brizi a trouvé que ces diverses formes sont dues à un parasite unique ouvrant la voie à d'autres agents d'altération, le Botrytis Citricola. Son fin mycélium envahit principalement les tissus environnants, les glandes oléifères du péricarpe. Sa présence détermine au début de la maladie un parfum assez agréable caractéristique de la maladie. La prolifération du Champignon et les caractères de celle-ci sont accélérés quand on met les citrons dans une atmosphère humide à 18 à 20° ; sinon ils se momifient, se durcissent comme de la corne et sont imputrescibles comme les coings, sous l'influence de la moisissure grise ou Monilia Fructigena. De tels fruits peuvent « revenir » si on les tient à 30° dans de l'eau distillée contenant : 3 p. 100 de sucre, 5 p. 100 suc citron sain, 0,5 p. 100 d'acide citrique ; mis ensuite, après les avoir essuyés, dans une étuve humide à 25°, on voit se développer le Botrytis.

L'infection sur l'arbre peut se faire par les fleurs ou les fruits à peine noués, ou en voie de maturation, s'ils ont reçu quelque lésion (grêle, insecte, etc.). Dans ce dernier cas, les pulvérisations au sulfate de cuivre ne peuvent guère avoir d'efficacité. Détruire les fruits momifiés.

La *Moisissure blanche*, que l'on appelle en Californie *White mold*, ou encore Pourriture Cotonneuse (Cottony rot), est fréquente dans les dépôts où les citrons deviennent mous, surtout de janvier à mars. Le champignon, *Sclerotinia Libertiana*, Fuckel, attaque aussi les menues branches de l'arbre (Oranger et Citronnier) où il entraîne la Gommose, et plus rarement les fleurs.

L'*Exobasidium Citri* Siemaszko a été remarqué en Russie (district de Souchoum) sur le *Mandarinier*. Sur les fruits verts il se forme une croûte sclérotique dure, blanchâtre. Cette maladie rappelle la « Incalcinatura del limone » de Savastano, et la « Ruggine bianca dei limoni » décrite par Briosi et Farneti, due à Ovularia Citri, en même temps qu'à d'autres champignons.

Quelques autres affections signalées sur les feuilles peuvent se rencontrer également sur les fruits : Fumagine, Gale acide, Pseudomonas Citri, Septoria Limonum, Cladosporium Elegans, etc.

Tronc et branches. — *Gomme*. — Gommose, Colle, Male della gomma en Italie, Collar Rot en Amérique, Lagrima ou Résine en Portugal. Maladie caractérisée par l'écoulement de gomme, comme le nom l'indique ; l'écorce éclate et se soulève par places. Commence généralement par le tronc et gagne les branches ; les feuilles jaunissent, les branches peuvent se dessécher et mourir ; la maturité des fruits est plus précoce, mais ils sont plus petits.

Ravages à Hyères en 1851, en Corse en 1870, en Italie de 1864 à 1874, en Portugal.

Le Bigaradier résiste mieux que les autres variétés de Citrus, aussi tend-on de plus en plus à l'adopter comme porte-greffe. Les Cédratiers et les Limoniers sont très atteints. Chez les premiers, l'exsudation de gomme se présente surtout sur les fruits et non sur les branches.

Les *causes de la maladie* sont mal connues ; « la Gomme est un symptôme », a-t-on dit, la conséquence, le résultat. Voici quelques hypothèses qui mettent en jeu des facteurs d'origine diverse, physique, chimique, physiologique, cryptogamique : sol trop compact, insuffisamment aéré, très humide ou irrigations excessives ; taille trop sévère, blessures, déchirures, plaies contuses (sécateurs qui mâchent) ; lésions produites par les insectes ou les champignons ; destruction des bourgeons à feuilles ; froid survenant brusquement après une période de chaleur, coups de soleil ; alimentation trop abondante, ou, au contraire, défaut de nutrition, d'assimilation (vieux arbres épuisés ou en mauvais état de végétation). Le *Pourridié des racines* ne doit donc pas toujours être accusé ; mais il est à peu près certain qu'une affection quelconque de l'appareil souterrain entraînant des troubles dans la nutrition du végétal est capable de faire naître la Gommose. En Californie, on a reconnu que si la Gommose du collet chez l'Oranger est bien distincte du Pourridié, qui, d'ailleurs, existe peu, il n'en est pas de même de la Gommose du Citronnier qui atteint l'arbre du collet au sommet.

On a encore incriminé parmi les agents chimiques l'action d'un ferment soluble (gommase ; diastase de Wiesner) qui transformerait aussi la cellulose en gomme et changerait l'amidon en dextrine.

Les champignons que l'on remarque parfois dans les plaies ne sont pas toujours la cause efficiente du mal. Toutefois, en

Sicile, où le Citronnier subit en 1864 (province de Messine et environs) une crise analogue à celle de la vigne attaquée par le phylloxéra, on attribua la maladie au *Bacterium Gummis*, de Comes.

On a accusé encore un *Pseudocommis*. On a dit aussi que la Gomme serait une conséquence de l'attaque du *Fusarium Limonis* (Briosi). En Floride septentrionale, où elle a occasionné de graves dommages, M. H. E. Stevens a pu infecter la maladie à des pieds sains, avec des matières malades et des cultures pures de *Diplodia natalensis* et de *Phomopsis Citri*. Il a remarqué trois phases dans le développement : 1° petites lésions de l'écorce et quelques crevasses qui laissent couler un peu de gomme ; 2° la sécrétion augmente, l'écorce durcit et se fendille ; 3° le cambium forme au-dessous un nouveau parenchyme et les parties malades finissent par être complètement éliminées.

En Californie, on a constaté que la Gommose des Citronniers peut se déclarer à la suite de l'attaque de l'un des deux champignons connus dans les maisons d'emballage sous les noms de Brown Rot, Fungus ou Champignon de la pourriture brune, Pythiacystis Citrophthora, et Grey Fungus ou Champignon Gris, Botrytis Vulgaris. Mais on n'a jamais pu reproduire la maladie par inoculation. Le Pythiacystis donne la forme de gommose la plus commune. L'écorce reste dure et est tuée lentement jusqu'au bois, sans présence évidente d'un champignon.

Comme le cryptogame vit dans le sol, il convient de ne pas enterrer, le cas échéant, le point de soudure du greffon, qui serait voué à l'humidité lors des arrosages. Les jeunes arbres résistent mieux que les vieux. Le Citronnier est le plus susceptible des Agrumes.

Dans le même pays, on a encore constaté que les attaques de la moisissure blanche (*Sclerotinia Libertiana* Fuckel) sur les jeunes rameaux peut entraîner la Gommose.

On sait que sur le cerisier on a accusé le Coryneum Beyjerinckii.

Enfin, on attribue encore la gomme à l'attaque des racines par les *Nématodes*.

Remèdes. — Emploi du Bigaradier comme porte-greffe ; éviter l'excès d'eau, ne pas faire de cuvette dans les terres fortes ; drainer, etc. ; mélanger de la chaux à la terre au pied des arbres ; ne pas planter trop profondément ; mettre des pierrailles au fond du trou ; pas de fumier trop frais ; éviter l'excès d'azote, etc.

A propos de la Gommose du Citronnier, M. Savastano, professeur à l'École de Portici, expose le mode opératoire suivant, employé avec succès dans la région de Messine : Entretenir sur le tronc du Bigaradier un ou deux surgeons, suivant la grosseur, que l'on empêche de devenir trop forts en les coupant après deux à trois ans de façon qu'ils soient immédiatement remplacés par de nouveaux. S'il ne sortait pas de surgeon sur l'arbre, on en provoquerait l'émission par une entaille du tronc. On prétend que ces bourgeons gourmands de Bigaradier indemne de Gommose élaborent une sève réfractaire qui, passant en partie dans le Citronnier, permet à celui-ci de résister à la maladie.

L'excès de vigueur du végétal peut entraîner quelquefois un accroissement plus rapide du bois. L'écorce se fend alors, se dessèche, se déchire et la gomme se montre au-dessous. Quand on voit ainsi l'enveloppe prête à éclater, faire plusieurs incisions longitudinales jusqu'à l'aubier, de préférence sur la face nord.

Sur les *Cédratiers* où ce sont surtout les fruits qui sont attaqués, compléter les fumures avec du superphosphate ; couper les piquants pouvant blesser les cédrats ; traiter les fruits gommeux par l'eau bouillante ; pulvériser sur les fleurs parasitées par des larves du jus de tabac, ces bestioles pouvant disséminer les bactéries. Élaguer les branches et badigeonner avec un lait de chaux.

Voici encore quelques remèdes ; il ne faut pas s'étonner de leur multiplicité, connaissant les diverses causes du mal : Nettoyer les plaies jusqu'au vif et y appliquer une pâte faite par parties égales de sulfate de cuivre et de chaux. M. Stevens a ainsi obtenu la guérison de 64 arbres sur 100 malades. Ou bien 0kg,5 sulfate de cuivre, 1 kilogramme chaux, 6 litres eau. Ou encore, mettre du carbonileum dilué dans de l'eau de savon (guérison, 60 p. 100). — Appliquer de l'asphalte dissous dans de l'essence de térébenthine ou de la benzine. — Raviver la plaie ; laisser couler la gomme, nettoyer et frotter à plusieurs reprises avec de l'oseille, une solution de sulfate de cuivre, du vinaigre, une solution d'acide acétique à 50 p. 100, d'acide chlorhydrique, de 1 kilogramme de sulfate de fer dans 10 litres d'eau additionnée d'une légère quantité d'acide sulfurique ; laisser sécher, puis couvrir de mastic à greffer, poix, goudron, huile de lin cuite et épaissie avec de la suie ou du noir de fumée. — A certains, le lavage des plaies au sulfate de fer n'a pas donné de résultat. Tous ces traitements d'excision, réduction, occlusion des plaies ne doivent pas être faits en hiver, car les arbres sont très sensibles, mais plutôt à la fin de l'été sitôt les fortes chaleurs passées.

Quand la plaie forme anneau autour du tronc et que toute l'écorce du bas est entièrement morte, on l'enlève et on peut essayer le système suivant : étêter l'arbre un peu au-dessus de la blessure, de manière qu'il reste un anneau d'écorce saine de 10 centimètres ; badigeonner la plaie avec du coaltar ; fumer abondamment et, surtout, butter pour ne laisser sortir qu'un ou deux centimètres de bois. Entretenir la terre humide par les chaleurs estivales, pour favoriser la formation de la couche corticale (J. Patrimonio).

Si la maladie se présente sur les petites branches, on les raccourcit en les taillant sur un œil inférieur ou sur une autre branche saine. Souvent la gomme est difficile à deviner et ce n'est qu'en examinant immédiatement au-dessous de la branche malade, aux feuilles jaunes, que l'on trouve une tache brunâtre. Si l'on enlève un peu d'écorce avec un instrument bien tranchant, on peut mieux l'examiner et voir, souvent, des ramifications. La raviver, mettre du goudron et en même temps enlever quelques branches anémiées pour équilibrer la végétation. L'expérimentateur que nous venons de citer dit avoir remarqué que si la Gommose se trouve sur une branche, l'arbre vit cinq ans environ ; sur le tronc, il périra au bout de trois ans ; si elle est près des racines, en deux ans il est mort.

D'après Brzenski, le chancre de la gomme pouvant se transmettre au greffon par une bactérie, bien choisir le porte-greffe.

Aux Philippines, la *Pourriture de l'écorce*, ou exsudation de sève (Barkrot), atteint surtout les *Mandariniers*. Cette maladie se rapproche beaucoup de la Gommose. Elle en diffère en ce qu'il s'écoule de la sève et non de la gomme, par la plaie de l'écorce ramollie du tronc et quelquefois des grosses branches. La plaie peut former anneau.

De nombreux insectes et des larves sont attirés par le liquide extravasé.

Le mal est d'origine interne. Quand on enlève l'écorce et le cambium, on voit sur le bois une tache foncée plus ou moins profonde ; la sève se réunit entre le cœur et l'aubier, l'écorce se soulève, se fendille, et le liquide suinte.

On n'a trouvé aucun organe agent de la maladie. Celle-ci paraît être de nature physiologique, due à des conditions défavorables de culture, de sol, à des irrégularités dans la distribution de l'eau.

Comme avec la Gommose, la maturité des fruits est quelquefois avancée, mais ils restent petits.

Il peut arriver que le mal finisse par disparaître. La plaie se sèche en commençant par les bords ; l'écorce se recroqueville, s'exfolie et du bois nouveau se forme sur le pourtour.

Remèdes. — Ne pas négliger les travaux du sol, labours, etc. Semer des légumineuses pendant la saison des pluies. Faucher et laisser sur le sol pendant la saison sèche. Remuer la terre autour du collet de l'arbre.

Extraire la partie malade jusqu'au bois sain et mastiquer la plaie.

Le *Fusarium* ou *Selenosporium Sarcochroum*, Desm., a été constaté dans la région de Nice sur l'écorce des branches des Bigaradiers, Orangers et Citronniers (il attaque aussi Laurier-Rose, Lilas, Pêcher, Érable, Genêt, Cytise, Maclura, Pistachier térébinthe, Platane). Les rameaux perdent leurs feuilles de bonne heure en été. Le bois tué est jaune intense ; l'écorce desséchée s'exfolie ; le cambium produit un bourrelet cicatriciel, d'où formation d'une cavité allongée dans le sens de la branche. Sur les parties desséchées de l'écorce, on voit des lenticelles donnant passage à des petits coussinets rouge-chair clair, allongés dans le sens de la lenticelle (stroma du parasite).

Voici quelques autres champignons ou affections déjà signalés sur les feuilles : *Pseudomonas Citri*, *Colletotrichum Glœosporioides*, *Gale acide*. Le *Sclerotinia Libertiana* a été cité à propos des fruits.

RACINES. — Le *Pourridié des racines*, dit « le blanc », favorisé par les sols humides, est occasionné chez les arbres, en général par un des deux champignons : *Dematophora* ou *Rosellinia Necatrix* (Sphœriacées) et *Armillaria Mellea* ou *Agaricus Melleus* (Agaricinées). Ces cryptogames entraînent la décomposition plus ou moins rapide des racines qui exhalent une odeur forte spéciale. Les feuilles jaunissent, quelques branches se dessèchent à l'extrémité. Si l'attaque est rapide, la plante succombe, en été, comme frappée d'apoplexie par une transpiration abondante. Souvent la pourriture des racines entraîne à sa suite, comme nous l'avons dit, la Gommose et le chancre gommeux du collet.

Remèdes. — Réduire les irrigations. Quand on plante sur débroussaillement, sur défrichement de bois, sur oliveraie, etc., enlever tous les débris et les brûler. Ne jamais replanter dans le trou où un arbre est mort, à moins de bien l'assainir (brûler du soufre) et de changer la terre. A l'automne, badigeonner les pieds avec une dissolution de sulfate de fer. Circonscrire les taches par un fossé.

Nous avons parlé ailleurs des Nématodes ou vers filiformes, quasi microscopiques.

Action du froid.

Voici l'ordre décroissant de sensibilité de divers Citrus : Cédratier, Citronnier, Bergamotier, Limettier, Oranger à fruits doux, Bigaradier, Mandarinier, Chinois (variété de Bigaradier), Oranger du Japon.

C'est quand le froid se maintient quelques jours à — 4° à — 5° que l'on peut craindre des dégâts sérieux. A — 7 à — 8° ils succombent. Leur degré de sensibilité est d'ailleurs variable suivant l'état de végétation, l'âge, l'exposition. Les Orangers sont d'autant plus sensibles qu'ils sont plus chétifs, attaqués par les insectes, les maladies. Les arbres chargés de fruits gèlent plus facilement que ceux qui en sont dépouillés les premiers étant plus riches en eau, parce que les fruits exercent un appel de sève. Il y a plus de risque, également, après une pluie.

La gelée peut ne détruire que les rameaux non encore lignifiés. Par exemple, si, après une sécheresse prolongée de l'été les pluies de septembre ou les arrosages ont réveillé la végétation qui a produit des pousses tendres. C'est le cas dans lequel se sont produits les ravages du 2 janvier 1905 sur la Côte d'Azur. Mais on a vu aussi dans cette contrée des Orangers supporter sans trop souffrir des froids secs assez vifs, avec, seulement, quelques jeunes pousses brûlées, quelques feuilles tombées. D'autres fois ils se sont complètement dépouillés à — 2° et — 3°.

Dans les régions exposées aux atteintes du froid, on établit des haies autour des plantations, on met des claies au-dessus des arbres (nous avons signalé déjà le fait), on allume des foyers dans les vergers, on butte les pieds, on paille le tronc et les grosses branches.

Après la gelée. — Avant de ravaler, de tailler, de supprimer les parties lésées, on attend, pour la plupart des arbres fruitiers que l'apparition de nouveaux bourgeons montre bien la partie du bois qui est restée saine. Il ne faut donc pas trop se presser. Toutefois, ici, avec des arbres toujours verts, avec des jeunes rameaux, le mal apparaît plus facilement, les feuilles atteintes noircissent, ne tardent pas à tomber et au premier mouvement de sève on voit bourgeonner.

Les pieds reconnus entièrement gelés sont recépés en avril-mai. On recouvre la souche de terre. Au printemps suivant, on ne laisse que quatre ou cinq pousses les plus vigoureuses. Un mois après on en supprime encore deux ou trois. Finalement on ne laisse qu'une tige.

Chez ceux qui ne sont atteints que partiellement dans les branches et les rameaux, on supprime les parties mortes (mastiquer les grosses plaies de taille); on laisse en état si l'extrémité seule des brindilles est intéressée.

Traiter les arbres atteints comme des malades ou plutôt comme des convalescents. Leur donner aussitôt une bonne fumure ; en particulier, ranimer la végétation par des doses plusieurs fois répétées de nitrate de soude, 30 grammes par exemple. Mais ne pas négliger non plus le superphosphate et le sulfate de potassium. Un peu de sulfate de fer est également à conseiller. Quand le moment sera venu, on multipliera les arrosages, les binages ; on veillera aux maladies et aux insectes qui sont d'autant plus à craindre que le végétal est affaibli.

On cite, sur la Côte d'Azur, comme hivers particulièrement rudes où les Orangers ont eu beaucoup à souffrir, ceux de 1799, 1811, 1820, 1830, 1837. (à Solliès-Pont, dans le Var, il fallut les recéper au ras du sol), 1883, etc.

Les arbres qui ont été endommagés par la *grêle* doivent être traités de la même façon (1).

Récolte des fleurs.

Dans les Alpes-Maritimes, elle a lieu de la deuxième quinzaine d'avril à la fin mai, parfois jusqu'en juin (pour le Bigaradier). Nous ne parlerons que pour mémoire de la cueillette d'automne.

Nous avons déjà cité à plusieurs reprises cette floraison plutôt anormale ; la fleur se vend d'ailleurs moins au parfumeur que celle de printemps.

Vers fin avril, à la veille de la récolte, on ratisse le sol, l'aplanit, pour faciliter l'épandage des draps sur lesquels tombera la blanche moisson.

On cueille les fleurs le matin après la disparition de la rosée et revient environ tous les deux jours au même arbre, au fur et à mesure du plein épanouissement des corolles. Un homme monte au centre, tandis que les cueilleuses se tiennent sur des chevalets autour de la ramure. Quelquefois, les ramasseurs mettent la fleur dans un petit sachet pendu à la ceinture, si le sol est mouillé et le drap trop taché de boue.

La récolte faite, on trie feuilles et brindilles.

(1) Pour plus de détails voir nos deux brochures : *Les Gelées* et *La Grêle.*

Ce travail est fait par des femmes et des enfants descendus des hautes vallées du département et venus d'Italie, qui jusque-là ont été occupés à ramasser les olives.

Une femme peut cueillir par jour 8 à 10 kilogrammes de fleurs, suivant son habileté et l'abondance de la floraison

Elle gagne 1 fr. 50 à 2 fr. 50. Un homme en ramasse 15 à 18 kilogrammes ; un enfant, 4 à 6 kilogrammes. Les frais de cueillette sont de 0 fr. 10 à 0 fr. 25 le kilogramme suivant les années.

À raison de 10 kilogrammes par cueilleuse et par jour les 2 500 000 kilogrammes produits par le département des Alpes-Maritimes exigent 250 000 journées de travail. Cela correspond à 8 000 ouvrières et ouvriers.

Les fleurs ne doivent pas rester exposées au soleil. Une fois triées, on les étale en couche peu épaisse sur les dalles d'un local frais. Au besoin, on les remue au râteau pour les empêcher de s'échauffer. Le soir venu, on les ramasse à la pelle, les met en sac et les fait porter chez le commissionnaire qui les emmènera chez le distillateur-parfumeur.

Autrefois, dit-on, les fleurs de Sicile arrivaient aux industriels de la Côte d'Azur conservées dans du sel marin.

Dans la région de Marrakech, au Maroc, la récolte se termine en avril, alors que dans celle de Rabat la floraison atteint sa plus grande intensité à cette époque, et qu'à Mekinès elle prend fin plus tard. A Fez, la cueillette dure une vingtaine de jours en avril-mai. Le service des domaines et celui des Habous possèdent des propriétés complantées d'Aurantiacées dont la récolte des fleurs est vendue sur pied aux enchères publiques.

Prix de vente. — Le nombre des orangeraies dans les Alpes-Maritimes s'est grandement accru depuis la crise phylloxérique. C'est la cause de la mévente des fleurs, disent les parfumeurs. La vraie raison, disent les producteurs de fleurs, c'est l'emploi croissant de l'essence de feuilles (petit-grain), de l'essence de bergamote, de l'essence Portugal.

Le prix de vente du kilogramme de fleurs aux industriels a atteint jadis jusqu'à 3 francs (1883); on l'a vu, hélas ! à 20 centimes. De 1897 à 1903, la moyenne a été de 0 fr. 41 ; de

1904 (date de la fondation de la coopérative du Golfe-Juan) (1)
à 1910 1 fr. 10 : on estime que devant les frais d'établissement
des orangeraies, de culture, de récolte, de transport, au-dessous
de 0 fr. 60, il y a perte sèche pour le producteur ; raisonnable-

Phot. Bobot.

Fig. 27. — Cueillette de la fleur d'oranger dans les Alpes-
Maritimes.

ment, en année normale 1 franc est un chiffre maximum. On
sait que dans les Alpes-Maritimes il y a des producteurs qui
passent une convention pour un certain nombre d'années avec
les industriels parfumeurs qui leur garantissent, pendant cette
période, un prix convenu pour un rendement fixé par arbre.

(1) Voir notre article « Syndicats et coopératives de production et
de vente des plantes à parfums », dans le *Cultivateur français*
(21 juin 1908).

Le surplus est payé au cours du jour : c'est la fleur libre.

On estime les frais culturaux à 0 fr. 25 par kilogramme de fleurs et le port à 0 fr. 05. On s'est plaint des frais prélevés par les intermédiaires.

Quand les fleurs de Bigaradier sont payées 0 fr. 85, celles de l'Oranger doux valent 0 fr. 50.

Au Maroc, on estime que la fleur d'Oranger fraîche revient en moyenne à 0 fr. 80. En avril 1895, à Fez, elle a atteint à la vente 1 franc. En Tunisie, le prix est de 25 à 35 centimes. A Blida, en 1911, par récolte abondante, on l'a payée 25 à 50 centimes le kilogramme.

Rendements et pays de production. — Le rendement par arbre est très différent suivant l'âge, la variété, les soins culturaux et aussi les conditions atmosphériques, les maladies, les attaques des insectes. Le Bigaradier commence à produire un peu trois à quatre ans après la plantation. Il donne une demi-récolte vers dix ans ; il est en pleine production à l'âge adulte, à vingt à trente ans. On en a vu alors porter 25 à 30 kilogrammes. On a même cité un Citrus Bigaradia Asperma Risso qui aurait donné jusqu'à 100 kilogrammes de fleurs. Mais si l'on considère une orangeraie où il peut y avoir des arbres d'âge, de taille, de variété différents ; si, en outre, on tient compte des accidents atmosphériques, des dégâts des insectes, la moyenne comptée sur plusieurs années n'est guère comprise qu'entre 6 à 10 kilogrammes et même plus souvent entre 6 et 8.

Dans une exploitation de 300 arbres bien soignés que nous avons suivie pendant plusieurs années, dont la moitié des pieds ont une quarantaine d'années, les autres vingt-deux, le poids total des fleurs n'a jamais dépassé 2 800 kilogrammes, soit par arbre pas même 10 kilogrammes. Mais nous avons noté aussi 1 600 kilogrammes, 1 200, 700 kilogrammes et même moins. Prenons les quatre premiers rendements, cela fait à peine par arbre et par an une moyenne de 5^{kg},250.

Avec des variations aussi larges on s'explique que l'on ait pu dire que dans les Alpes-Maritimes la production annuelle est de 1 800 000 à 3 millions de kilogrammes. En moyenne, 2 500 000 kilogrammes. Dans ce département on rencontre

Fig. 28. — Cueillette de la fleur d'oranger en Algérie.

surtout le Bigaradier à fleurs à Golfe-Juan, Antibes, Cagnes,
Saint-Laurent-du-Var, sur les terrasses de Vallauris, du Cannet, de Cannes, sur les côteaux du Bar, de Gattières, de Saint-
Jeannet, Nice. Voici, d'ailleurs, quelques chiffres se rappor-
tant aux principaux centres de récolte : Golfe-Juan-Val-
lauris, 850 000 kilogrammes ; le Cannet, 250 000 kilogrammes ;
le Bar, 200 000 kilogrammes ; Nice, 180 000 kilogrammes ;
Saint-Laurent-du-Var, 130 000 kilogrammes ; Antibes, 100 000
kilogrammes ; Biot, 90 000 kilogrammes ; Saint-Jeannet,
80 000 kilogrammes ; Mougins, 80 000 kilogrammes ; Gattières, 70 000 kilogrammes ; Cagnes, 50 000 kilogrammes ;
Cannes, 45 000 kilogrammes ; La Gaude, 35 000 kilogrammes ;
Vence, 30 000 kilogrammes ; Saint-Paul, 20 000 kilogrammes ;
La Colle, 15 000 kilogrammes. La Coopérative de Golfe-Juan
réunit environ 1 200 producteurs qui récoltent dans les
1 500 000 kilogrammes. Cette association n'a pas peu contribué
au relèvement des cours de la fleur. Ses usines au matériel
perfectionné du Golfe et du Bar sont à même de distiller
la récolte quand les prix offerts par les industriels parfumeurs ne sont pas jugés suffisants.

En Algérie, on récolte la fleur de Bigaradier surtout dans
la région de Blida. En Tunisie, celle de Nabeul produirait
90 000 kilogrammes.

Compte de culture. — On estime dans les Alpes-Maritimes
que les frais d'établissement et d'entretien d'un hectare d'Orangers à fleurs (600 arbres) jusqu'à la production est de 4 000 francs ;
les frais d'entretien annuels (labours, fumure, binages, arrosage, lutte contre les ennemis), y compris l'intérêt du capital
engagé, de 1 800 à 2 000 francs ; ajouter à cela les frais de cueillette, soit 0 fr. 20, et 0 fr. 05 de port. On est arrivé encore à
ceci pour un rendement de 12 kilogrammes de fleurs et
625 arbres à l'hectare, les frais de culture et de cueillette s'élèvent à 0 fr. 40 par kilogramme.

Avec 600 Bigaradiers, 6 à 8 kilogrammes de fleurs (soit
3 600 à 4 800 kilogrammes), un prix de vente de 0 fr. 60 à
0 fr. 65, on couvre à peine les frais. Outre la fleur, il y a bien la
vente des brouts de taille et celle des quelques fruits d'automne
et d'hiver ; mais ces sous-produits ne paient guère que la main-

d'œuvre. Ils sont plutôt imposés par la bonne tenue de l'arbre.

MM. Rivière et Lecq donnent pour l'Algérie : labours d'ameublissement, 150 francs ; 300 trous à 0 fr. 50, 150 francs ; 300 Orangers formés, rendus sur place, 1 200 francs ; plantation, arrosage, labours, fumure, binages pendant quatre ans, 1 000 francs. De M. R. de Noter pour la même région : achat du terrain, 200 francs ; intérêt à 5 p. 100, 10 francs ; un labour croisé et un hersage, 50 francs ; 256 trous à 0 fr. 75, 192 francs ; 256 arbres à 3 francs , 768 francs ; plantation à 0 fr. 40 l'unité 102 fr. 40 ; 20 tombereaux d'engrais à 10 francs, 200 francs ; rigoles d'arrosage, 6 journées à 3 francs, 18 francs ; labour deux mois après la plantation, 30 francs ; frais généraux d'exploitation, 50 francs ; intérêt des frais à 5 p. 100, 80 francs ; total, 1 700 francs. Il faut ajouter, en outre, les frais d'installation du puits et de la noria pour l'arrosage.

De M. de Mazières, encore en Algérie : création, comprenant achat du terrain, des arbres, défoncement, travaux divers : 3 500 à 4 500 francs l'hectare. Les frais annuels peuvent s'élever à 300 à 500 francs.

Cité par M. J. Engelhardt pour la province de Syracuse (Sicile) : frais de plantation d'un hectare d'Orangers à fruits : défoncement du sol à 75 centimètres et extraction des roches volcaniques, 643 fr. 20 ; 525 trous, 105 francs ; 525 plants de trois ans 525 francs ; transport des plants, 60 francs ; mise en place, 46 francs ; pieux pour soutenir les arbres, 35 francs ; engrais (suffisants pour cinq ans), 270 francs ; total 1 684 francs. Pendant les cinq premières années il n'y a pas de frais culturaux, le terrain étant cédé à des agriculteurs pour cultiver des légumes. Frais annuels à partir de la sixième année : premier labour, quarante-cinq jours, 56 fr. 25 ; deuxième labour avec tracé des rigoles, trente-six jours, 45 francs ; troisième labour, trente-six jours, 45 francs ; sarclage, vingt-huit jours, 35 fr. 40 ; fumure, 105 francs ; émondage, vingt-huit jours, 42 francs ; irrigation (eau gratuite), 36 fr. 50 ; amortissement des frais des cinq premières années (1684 fr. 20), 98 fr. 25 ; assurance, 26 francs ; gardien, 5 francs ; impôts, 12 francs ; total, 526 fr. 50.

Enfin, on a donné encore 1 500 francs pour les frais de plantation et de culture d'un hectare de Citronniers.

Traitement des produits (1). — DISTILLATION DES FLEURS.
— Chez les industriels-parfumeurs, la plus grande partie des fleurs
est distillée en présence de la vapeur d'eau dans des alambics,
parfois immenses. Dans les Alpes-Maritimes, Grasse traite les
trois quarts de la récolte, soit 1 500 000 kilogrammes (le restant est travaillé à Cannes, au Bar, à Vallauris, à Nice, à Menton) ; telle de ses usines absorbe par jour 30 000 à 35 000 kilogrammes. On fait aussi macérer la fleur dans la graisse (pommade).

La distillation des fleurs donne une essence dite *Néroli bigarade*, néroli amer (nero-olio en Italie), dont la destination principale est d'entrer dans la préparation de l'eau de Cologne, les
savons, etc. On y trouve comme composants : linalol, anthrani-
late de méthyle, limonène.

Le rendement est sous la dépendance de la température, de
l'exposition des arbres, etc. Les périodes brumeuses, humides,
sont moins favorables que les beaux temps secs, ensoleillés. Les
arbres en côteau, au midi, à l'abri des vents froids, sont placés
dans des conditions privilégiées. Au début de la récolte ou par
temps couvert, humide, un kilogramme de fleurs donne
$0^{gr},7$ d'essence ; à la fin et par beau temps chaud, par sécheresse,
$1^{gr},75$ à 2 grammes. En résumé, la moyenne est de 1 gramme à
$1^{gr},1$.

Les fleurs de l'Oranger doux rendent moitié seulement ;
l'essence s'appelle *Néroli doux*, Néroli Portugal.

L'huile essentielle qui a été ainsi soumise dans l'alambic
à l'action d'une température élevée en présence de la vapeur
d'eau ne rappelle en rien, par son odeur, celle de la fleur. De
même, son odeur, ses propriétés et sa composition sont différentes de l'essence des pommades ou obtenue par les *dissolvants volatils*, qui sert de base à toutes les préparations de
luxe, et même de celle tirée de l'eau distillée par l'éther.

L'eau qui reste dans l'appareil après la distillation, ou eau de
fleur d'Oranger, est quelquefois remise dans la chaudière avec
de nouvelles corolles, pour l'obtenir plus parfumée. On con-

(1) Pour les procédés d'extraction des essences, voir notre petit
livre : *Les essences et les parfums*.

naît ainsi dans le commerce l'eau simple, l'eau double, l'eau triple, l'eau quadruple. L'eau de fleur de Bigaradier se vend en moyenne en gros 0 fr. 60 le litre, quelquefois 0 fr. 25, et 1 franc à 2 francs au détail (1). Cette eau entre dans la composition des fards, etc.

Le département des Alpes-Maritimes produirait 2 000 à 2 500 kilogrammes d'essence, dont les 30 p. 100 sont employés par la parfumerie française ; le reste est exporté. Prix du kilogramme, 800 à 1 000 francs, ordinairement 500 à 600 francs. Le Néroli doux se vend moitié moins.

Le Néroli produit à l'étranger : Espagne, Italie, Bulgarie, Syrie (200 kilogrammes disent les industriels, 2 000 kilogrammes d'après les producteurs de fleurs) vaut à peine la moitié, environ 275 francs.

On distille également en Algérie, en Tunisie. Au Maroc, Marrakech et Fez sont les deux centres de distillation les plus importants. Mais l'industrie indigène, mal outillée, ne produit pas de Néroli. Le couscous est généralement arrosé d'eau de fleur ; quelques gouttes sont versées dans le café.

Feuilles. — On peut voir les gouttelettes d'essence dans les feuilles en regardant le limbe en face du soleil. D'après Charabot et Laloue, les feuilles d'Oranger et celles de Mandarinier (2) sont constamment plus riches que la tige, mais la différence s'atténue légèrement au fur et à mesure de la végétation.

Les brouts de taille sont vendus aux distillateurs 8 à 25 francs les 100 kilogrammes. Un Bigaradier adulte en donne annuellement 3 à 4 kilogrammes. 1 000 kilogrammes rendent à la distillation 1kg,5 à 3 kilogrammes d'essence dite *petit-grain*. Le petit-grain bigarade vaut 8 à 10 fois moins que le Néroli bigarade, 30 à 70 francs le kilogramme ; celui de l'étranger 15 à 30 francs. On obtient aussi le petit-grain Citronnier, le petit-grain Mandarinier.

Cette essence des feuilles est quelquefois remise dans l'alam-

(1) Pour plus de détails, voir notre article « La fleur d'oranger », dans *le Génie civil*.

(2) L'essence de feuille de Mandarinier est employée pour obtenir le méthylanthranilate de méthyle.

bic sur les fleurs de Bigaradier ; elle se mélange ainsi intimement au Néroli. On y trouve comme composants : linalol et géraniol, citral et citronnellal, acétate de linalyle et acétate de géranyle, limonène, etc.

L'eau de brouts est le plus souvent ajoutée à l'eau de fleurs (1).

Le poids de brouts distillé dans les Alpes-Maritimes varie avec la situation sur le marché du Néroli et de la fleur d'Oranger. Dans tous les cas, il est difficile d'évaluer la quantité de « petit-grain » obtenue, 2 000 kilogrammes à 12 000 kilogrammes, suivant les personnes consultées, quantité souvent insuffisante pour subvenir aux besoins des fabricants de savon qui le mettent dans les articles bon marché. Le Paraguay, qui produit 25 000 kilogrammes d'essence « petit-grain », nous en envoie 15 000 kilogrammes ; mais, pour certains, 70 p. 100 de ce chiffre seraient réexportés.

La Syrie est aussi un pays producteur de cette essence.

Fruits. — Quand on presse la peau d'une orange devant la flamme d'une bougie, par exemple, les flammèches qui se produisent sont dues aux jets d'essence qui sortent du zeste. On voit d'ailleurs sur ce dernier, ou partie colorée, les vésicules qui tranchent par leur couleur.

On cueille les *fruits* du Bigaradier encore *verts* d'août à décembre. Quand on les laisse trop grossir, c'est au détriment de la récolte des fleurs de printemps. Dans les Alpes-Maritimes cette récolte bat son plein en octobre. On peut en obtenir 15 kilogrammes par arbre. A ce moment on vend 3 francs les 100 kilogrammes, les petites, 5 à 8 francs les autres. En août 1913 on a payé 20 francs les belles, rares, d'ailleurs.

L'écorce est enlevée sous forme de lanière en spirale ou coulane. On la vend aux fabricants de liqueurs (amer, bitter) qui la distillent pour recueillir l'*essence d'orange amère*. Le kilogramme de coulanes séchées au soleil vaut 0 fr. 80 à 1 franc ; 100 kilogrammes d'oranges donnent 15 kilogrammes ; une femme pèle dans une journée 60 à 100 kilogrammes.

____

(1) Voir notre article : « Les altérations colorées des eaux parfumées », dans *la Parfumerie moderne*, septembre 1916.

La pharmacie fabrique aussi du sirop d'écorce d'orange amère.

Les lanières sèches s'expédient en Hollande, Allemagne, pour

Fig. 29. — Découpage en « coulanes » de l'écorce des orangers amères.

la préparation des liqueurs, et en Angleterre pour la confection des poudings.

On utilise également le *zeste des oranges douces* mûres. On le râpe ou l'écrase (quelquefois la peau a macéré un certain temps dans l'eau) et presse ; ou encore on pique les fruits avec l'« écuelle à piquer ». On sépare ensuite par décantation *l'essence au zeste* ou *essence Portugal*, qui entre dans la composition de l'eau de Lisbonne ou eau de Portugal employée dans les lampes à parfum, etc.

Le département de l'Agriculture des E. U. a fait breveter une « *machine à peler les agrumes* », qui peut, avec un homme, râper le zeste de l'écorce de 1 800 kilos d'oranges dans une heure. On en trouvera la description à la page 654, n° d'Avril 1917, du Bulletin des Renseignements agricoles de l'Institut d'Agriculture de Rome, 1, villa Umberto.

Le résidu qui reste après pressurage de la pulpe donne encore par distillation, à la vapeur sous pression réduite, une certaine quantité d'essence ou *essence distillée*, mais qui est moins suave. Enfin, on emploie aussi les dissolvants volatils. En Algérie on avait fait en 1913 quelques essais de traitement du zeste râpé par ce dernier procédé (éther de pétrole), bien préférable comme rendement et qualité du parfum.

Dans les Alpes-Maritimes on utilise annuellement en moyenne 2 500 000 fruits, dont 500 000 oranges douces qui représentent 120 000 kilogrammes d'écorces.

On traite encore ainsi les bergamotes et en moindre quantité les mandarines, cédrats, limettes, limons, citrons.

Cette industrie se pratique principalement en Calabre, dans la presqu'île de Sorrente et en Sicile : région de l'Etna (de Catane à Giardini), de Messine, Palerme, Syracuse, Barcellona. La fabrication a lieu de décembre à fin mars, quelquefois jusqu'en mai. Dans la région de Palerme, on commence plus tard et finit souvent fin juin ; à Syracuse, de la mi-octobre à la mi-avril. Les essences obtenues sont connues dans le commerce sous le nom d'essences de Messine.

Pour ce qui concerne plus particulièrement les citrons, on en a récolté en 1907, en Calabre et en Sicile, environ 6 900 000, dont un peu plus du tiers (fruits impropres à l'exportation) ont été employés à l'extraction de l'essence et des citrates. Les Citronniers commencent à produire la cinquième ou la sixième année de plantation.

En 1914, l'Italie a exporté 471 330 kilogrammes d'essences d'agrumes, valant 15 095 500 francs presque exclusivement de Sicile et de Calabre.

En Sicile, on cote en moyenne : écorce d'orange douce, les 100 kilogrammes, 38 francs ; essence de citron, 46 francs le kilogramme ; essence d'orange, 38 fr. 50 ; de mandarine, 47 francs ; d'orange amère, 38 fr. 50 ; de bergamote, 59 fr. 50 ; citrate de chaux à 64 p. 100 d'acidité, les 100 kilogrammes, 170 francs.

L'industrie de l'extraction des essences au zeste commence à s'implanter en Californie, dans les Indes orientales et occidentales. Il serait possible, pour nous affranchir, tout au moins en partie, de l'étranger, de développer cette industrie en Algérie, Tunisie, Maroc, Corse, où les Aurantiacées croissent parfaitement.

Ces essences au zeste, principalement celle de citron, sont très altérables ; il faut les décanter souvent pour les séparer de l'eau de végétation qui les accompagne, et les traiter comme nous l'avons dit pour le Néroli. Mais celles qui sont obtenues par expression sont rarement rectifiées car le chauffage nuit à la finesse. L'essence de bergamote est surtout employée dans l'eau de Cologne. L'essence déterpénée est 2 fois et demie plus concentrée. Ajoutée aux autres parfums, elle leur communique une douceur que ne leur donne aucune autre substance et beaucoup de fraîcheur. Ces mélanges sont employés dans les savons. Avec l'alcool, l'essence donne l'extrait de bergamote pour le mouchoir. L'essence de bergamote entre aussi dans la composition des coquilles parfumées. On la fraude avec de l'acétate de linalyle fabriqué avec le linalol.

L'essence au zeste de cédrat sert surtout aussi pour la fabrication des parfums ou extraits pour le mouchoir ; elle contient du citral et du citronnellal, aldéhydes que l'on retrouve d'ailleurs dans les essences de citron de mandarine, d'orange, etc.

L'essence de l'écorce d'orange amère est supérieure à celle d'orange douce. Les émanations du citron conviennent mieux, prétend-on, aux natures mélancoliques.

Deux parfums *artificiels* ont l'odeur du Néroli, l'éther éthylique de β naphtol et l'éther méthylique de l'acide ortho-amidobenzoïque en acide anthranilique (ce dernier est dans l'essence naturelle). A Leipzig, on préparait de la néroline, masse cristalline blanche qui se rapproche beaucoup de la stéaroptène de Néroli, véhicule du parfum.

Les essences d'Orangers, en particulier le Néroli et la bergamote, entrent dans la composition des esprits, alcoolats, eaux et vinaigres de toilette, lotions et teintures pour cheveux, eaux dentifrices, cosmétiques, fards, poudres, savons, etc.

LE ROSIER

Le Rosier occupe le deuxième rang en parfumerie, l'Oranger étant en tête et le Jasmin en troisième ligne (1).

Variétés. — Elles demandent à être sélectionnées en vue de la floribondité, de l'abondance des pétales, du rendement en essence et de sa qualité, de la rusticité, de la résistance au froid, etc.

Principaux types *Rosier Cent-feuilles, Rosier de Provins, Rosier de mai, Rosier de Damas, Rosier musqué.*

Fig. 30. — Rose Cent-feuilles.

Hérodote trouvait que la rose Soixante-feuilles (Rosa Centifolia) était la plus parfumée. D'après Théophraste, on la trouvait sur le mont Pangée.

Le *Rosier Cent-feuilles* (Rosa Centifolia, Rosa Muscosa Ait., Rosa Pomponia Dec., Rosa Burgundiaca Pers.), est originaire du Caucase oriental. Il est connu en France depuis 1596.

On le cultive à Mitcham, Branley (Angleterre), aux Indes (appelé Goul), en Tunisie, Égypte, Perse, Turquie, un peu en Bulgarie au pied du Rhodope, à Kritchim.

(1) Voyez : Bal., *La rose, culture, variétés*, 1 vol. in-18.

C'est un arbrisseau rustique de 1 à 2 mètres, à fleurs roses très pleines, à parfum délicieux ; il buissonne et drageonne facilement du pied.

Le Rosier de Provins, le R. Mousseux, le R. Pompon seraient des sous-variétés du Centifolia.

Rosier de Provins : Rosier français, Rose rouge, Rose de France (Rosa Gallica L. Rosa Provincialis Ait.) ; originaire d'Orient ; aurait été importé de Damas (Syrie) à Provins par un comte de Brie, Thibaut IV, à son retour des Croisades. Fleur rouge pourpre, simple ou semi-double ; parfum très suave ; non remontant.

Pour certains, le Rosier de Provins et le Rosier Cent-feuilles dériveraient du type Rosa Gallica que l'on rencontre à l'état spontané sur nos montagnes des Vosges, de Savoie, du Dauphiné, d'Auvergne. Sa culture aux environs de Provins est à peu près abandonnée.

Rosier de Mai, Rosier de Provence : hybride de R. de Provins (R. Gallica) et de R. Cent-feuilles (R. Centifolia). Il donne une essence d'une finesse incomparable. On en cultive deux types dans la région de Grasse : l'un à épines rares, dit « sans épines », qui convient surtout aux terrains arrosables ; l'autre plus pourvu de piquants, réservé aux terrains non arrosables. Il vit plus longtemps et son rendement est plus élevé. Le Rosier lunier est bien plus rare. C'est un sujet peu développé et peu vigoureux.

On reproche au Rosier de mai, comme au Rosier Cent-feuilles, d'être peu florifère et de demander beaucoup de soins.

En outre, il drageonne trop ; il craint trop les gelées tardives et les chaleurs qui font tomber les boutons. Les cultivateurs voudraient des types améliorés remontants.

Les tentatives faites pour l'hybrider avec quelque variété horticole n'ont pas donné de résultat.

Rosier de Damas (Rosa Damascena Miller, Rosa Kalendarum Borkh, Rosa Semperflorens Desv., Rosa Bifera Pers.), Rosier des Quatre saisons, Rosier de tout l'an ; originaire de Damas ; fleurs rosées ou rouges, simples ou semi-doubles, remarquablement odorantes. Surtout cultivé en Asie. Aux environs de Grasse on trouve une variété dite Muscadine.

Les Rosiers cultivés en Bulgarie sont des variétés de Rosa Damascena que l'on multiplie par bouturage. Ce Rosier est également cultivé à Leipzig (Allemagne) après les mauvais résultats donnés par le R. Cent-feuilles.

Rosier Musqué (Rosa Moschata Ait.) ; grimpant, à fleurs blanches simples ou doubles ; ses pétales desséchés servent à faire à Manille (où cette variété est appelée San Paquila), à Damas, en Égypte, la poudre de rose. En Tunisie et en Algérie, les Arabes l'appellent Neceri, Nessri, Nasrin musqué, mais sa culture et la distillation des roses ont été abandonnées. Répandu dans l'Inde, la Turquie, l'Égypte.

Rosier toujours vert (Rosa Sempervirens L.) ; fleurs rosées ; en Tunisie produirait la fameuse essence de Tunis.

Rosa Rugosa : a donné les meilleurs résultats dans la culture en plein champ en Hongrie, à Kolozsvàr.

Rosier de l'Haij : obtenu par M. Gravereaux ; rose rouge ; produit du croisement du R. Damascena et de l'Hybride remontant Général Jacqueminot, type fécondé à son tour par le Rosa Rugosa Thumberg, ou Rosier du Japon et du Kamschatka. Rosier vigoureux résistant au froid ; convient aux régions du Nord ; vient bien aussi dans le Midi, en Algérie, à la Réunion (1). Dans la région de Grasse, on lui reproche sa floraison trop échelonnée, pour la vente aux industriels parfumeurs. On sait que ces derniers combinent l'agencement de leur outillage, la distribution de la main-d'œuvre, la marche du travail par saison correspondant à une plante donnée, pour passer ensuite à une autre. Or, la rose de l'Haij, qui est dans le pays en quantité insignifiante, fleurit encore longtemps après la Rose de Mai, alors qu'il faut faire face à une nouvelle plante. En outre, les cultivateurs voudraient voir la variété en question greffée sur Indica et non sur Eglantier qui drageonne beaucoup et oblige à des travaux fréquents de nettoyage du pied envahissant.

M. Cochet-Cochet, de Coubert (Seine-et-Marne), a obtenu également le Rosier *Roseraie de l'Haij* (près Villejuif, Seine).

(1) Lire le rapport de M. Gravereaux dans le *Bulletin de l'office de renseignements agricoles*, année 1906, p. 275, publié par le Ministère de l'Agriculture.

En Bulgarie on cultive deux variétés principales : une rouge, Rosa Damascœna, et une blanche, Rosa Alba L. Cette dernière est plus haute, plus vigoureuse ; elle fleurit quinze jours plus tard que la rouge ; les pétales s'échaufferaient moins dans le transport ; malgré tout, elle est de plus en plus

Fig. 31. — Une roseraie en Provence.

délaissée ; mais on la rencontre encore dans certaines plantations dans la proportion de 7/10es. Son essence est en moindre quantité (moitié) et qualité ; elle se paie aussi moitié moins. Comme elle est plus riche en stéaroptène, elle supporte à la fraude plus d'essence de géranium. En résumé, on ne se sert guère de ce type que pour limiter les plantations. Dans les Balkans, le Rosa Moschata donne une essence appelée « attar ». Au pied du Rhodope, à Kritchim, on cultive un peu le Centifolia ; on trouve un peu aussi dans cette région balkanique le Sempervirens.

8.

Les variétés ornementales à parfum. — Dans les Alpes-Maritimes, quand les conditions atmosphériques ont réduit la récolte des Roses de Mai cultivées spécialement pour la parfumerie, les industriels achètent les Roses dites à bouquet, Roses des jardins, Roses d'hiver que l'on cultive en serre pendant cette saison pour la vente des fleurs coupées d'expédition et qui, en fin de printemps ou début de l'été, sont pour ainsi dire délaissées. Mais comme elles coûtent beaucoup moins que les Roses de Mai, les parfumeurs cherchent de plus en plus à les employer sur une vaste échelle. La technique perfectionnée de la distillation permet d'en tirer une huile essentielle qui a presque tous les caractères de l'essence de Bulgarie. Les dissolvants volatils donnent aussi de très bons résultats pour l'obtention de l'essence concrète. M. R.-M. Gattefossé, parfumeur à Lyon, Golfe-Juan (Alpes-Maritimes), etc., s'est fait ainsi le promoteur de cette essence des « Roses de France ». Dans son excellent journal *la Parfumerie moderne*, il nous dit que la nouvelle technique a permis d'extraire, en 1916, 500 kilogrammes d'essence cristallisable et environ 1000 kilogrammes d'essence concrète.

Les besoins de la parfumerie sont tels que, certaines années, ces pétales de Roses des jardins arrivent chaque jour à Grasse par centaines de sacs venant d'Italie (Vintimille, San-Remo, etc.).

La variété *Ulrich Brünner* (rouge) est la plus appréciée. Son parfum est très voisin de celui des Roses de Mai, mais il est moins puissant. Elle donne par la distillation 1 kilogramme d'essence par 18 000 kilogrammes à 20 000 kilogrammes. Les pétales se paient jusqu'à 75 centimes le kilogramme. Mais généralement le prix est bien plus bas : 0 fr. 30 en mai-juin 1916 ; 0 fr. 25 en 1914 ; 0 fr. 55 en fin mai 1913 ; 0 fr. 40 en 1911.

On emploie encore : *Drusky* (blanche) ; en 1916, 0 fr. 12 (quand la Brünner valait 0 fr. 30) ; *Nabonnand*, 0 fr. 15 en 1916. La *Van Houtte* est très appréciée. Elle donnerait à la distillation un rendement plus élevé que la Rose de Mai. On a encore cité comme pouvant être utilisées : Safrano, Paul Neyron, Madame Gabriel Luizet, Madame Caroline

Testout, Baronne de Rothschild, Mrs John Laig, Madame Maurice de Luze, François Juranville, Gerbe rose, Gloire d'un enfant d'Hiram.

Devant l'intérêt qu'il y aurait à produire chez nous l'essence de rose que nous demandons à l'étranger, en particulier à la Bulgarie, on comprend qu'il serait important de faire un large emprunt dans les roseraies des jardins. C'est ainsi que l'on a encore proposé parmi les types à floraison estivale : Rose d'Écosse perpétuelle Stanwell, Nitida, Altiaca, Alpina, Indica Semperflorens. Un jury anglais a choisi les douze variétés suivantes, comme ayant le parfum le plus agréable : Françoise Michelon, La France, Earl of Dufferin, Augustine Guinoisseau, Marie Pavié, Robin Lyth, Zéphirine Drouhin, Prince Arthur, Vicomtesse Folkestone, Gladys Harkness, Baronne de Rothschild, Mrs John Laig.

D'après M. Blondel, la véritable odeur de rose ne se retrouve, en dehors des Cent-feuilles (Provins) et Damas, que chez les hybrides de Mousseux, de Thé du type Maréchal Niel, des Hybrides remontants du type Général Jacqueminot.

Voici quelques variétés recommandées : Marie Baumann, Charles Lefebvre, Étienne Levet, Commandant Félix-Faure, Dupuy Jamain, Prince Arthur, Sénateur Vaisse, A.-K. Williams, Général Jacqueminot, Madame Gabriel Luizet, Hugh Dickson, Horace Vernet, Catherine Mermet, Muriel Grahame, Innocence, Madame Cusin, Augustine Guinoisseau, Richmond, Vicomtesse Folkestone, Château de Clos-Vougeot, Général Mac Arthur Betty, John Ruskin, Pady Alice Stanley, Général Lamarque, L'Idéal, Madame Alfred Carrière, Madame Isaac Péreire, Zéphirine Drouhin, Anna Maria de Montravel, Léonie Lamesch.

Régions. — On pourrait donner une plus grande extension à la culture des roses de parfumerie dans la *région parisienne* (Fontenay-aux-Roses, etc.) et aussi adopter cette production dans le *centre de la France*. Il en est de même au *Maroc*, dans le Fahs. Le Rosier indigène (Ouard-el-hour ou Ouard siguelmassi) et le Rosier de Turquie (Ouard Stambouli) donnent des fleurs odorantes, de petite dimension pour le premier, grandes et très ouvertes pour le second. Quelques riches propriétaires de jardins fabriquent pour leur usage particulier, dit-on, de l'eau de rose, principalement du côté de Tétouan. D'autres achètent des roses venant de l'intérieur et les distillent. Mais la grande majorité achète l'eau de rose toute préparée, dont l'usage est très répandu dans les intérieurs marocains. C'est la variété Ouard Stambouli qui est principalement employée dans la distillation.

Le département des *Alpes-Maritimes* produit, quand les circonstances atmosphériques sont favorables, près de 3 millions de kilogrammes de roses récoltées sur environ 700 hectares : La Colle, 200 hectares ; Grasse et hameaux, 120 hectares ; Mouans-Sartoux, 100 hectares ; Saint-Paul, 80 ; Vence, 40 ; Valbonne, 35 ; Mougins, 25 ; Peymeinade, 25 ; Auribeau, 15 ; Le Cannet, 10 ; Pégomas, 8 ; Roquefort, 8 ; Villeneuve-Loubet, 8 ; Opio, 7 ; Biot, 5 ; Châteauneuf, 5 ; Rouret, 5 ; La Roquette, 5 ; Tourette-Levens, 5. La Colle, « capitale des Roses », en récolte près de 400 000 kilogrammes. Elle a une distillerie coopérative qui distille jusqu'à 500 000 kilogrammes. Montauroux, dans le *Var*, mais non loin de Grasse, donne 20 000 kilogrammes.

La *Bulgarie* produit 5 à 6 fois plus de roses que les Alpes-Maritimes, et tandis que dans notre département on prépare surtout de l'eau de rose et très peu d'essence, c'est le contraire en Bulgarie.

Dans cette dernière région, la culture est localisée au pied des Balkans et de l'un des contreforts dit « Sredna Gora ». L'étendue des roseraies atteint près de 7 800 hectares (200 communes). Elle n'a fait que croître depuis vingt-cinq ans. D'ailleurs, cette production était déjà célèbre avant la conquête de Constantinople par Amurat Ier.

En 1913, ce pays a récolté 14 millions de kilogrammes de roses et 6 000 kilogrammes d'essence. En 1905, 5 316 kilogrammes d'essence, d'une valeur de 3 713 388 francs, soit 698 francs le kilogramme. Ce dernier se vendait à Paris 1 200 à 1 500 francs. Nous ajouterons, toutefois, que l'évaluation des douanes du pays accuse plus que ne donne réellement la production estimée d'après les plantations (3 500 à 4 000 kilogrammes). Malgré tout, la Bulgarie obtient les neuf dixièmes

de la production mondiale d'essence de rose et la France à
elle seule absorbe le tiers de ce qu'elle exporte.

On rencontre les champs de Roses dans le pays connu
autrefois sous le nom de Roumélie orientale et principalement
dans 150 villages de la vallée de la Toundja et de la Strema
(deux affluents de la Maritza) ; dans la région inférieure des
Balkans, entre Selimno et Carlova au sud des montagnes de
Sredna Gora, dans la plaine de Philippopoli, et particulièrement à Brezovo et plus au sud au pied du Rhodope qui
est à 130 kilomètres de la Vallée des Roses, dont Kazanlick
est la ville principale. Dans ces régions l'altitude varie de 300
à 800 mètres.

La meilleure essence est donnée par la zone montagneuse
qui entoure Kézanlik (ou Kazanlik ou Kerzoulik) à 400 mètres
d'altitude. Les Rosiers des Sakis sont au pied des Balkans
dans les parties abritées des vents du nord et exposées au
sud. Là, outre la bonne exposition et des qualités spéciales du
terrain (sablonneux, humide, où les sécheresses estivales sont
peu à craindre), il y a en abondance eau et bois qui permettent de conduire la distillation dans de bonnes conditions. La
température moyenne est celle de la France, mais avec des
extrêmes plus écartés, — 20° en hiver et + 40° en été. La
propriété est très divisée (1 hectare au plus).

La *Turquie*, elle, produit 2 000 kilogrammes d'essence,
car on cultive aussi le Rosier dans la région d'Andrinople ;
en Turquie d'Asie (Anatolie : Brousse, Sparte, Uslack ; Syrie :
Damas) ; sur le versant sud du Caucase, en Perse ; au bord de
la mer de Marmara (Elsenhere).

Autres régions : Égypte (Médinet-Fayoum) ; Inde (Cachemire, Ghazepore, Lahore, Bengale). On pourrait tirer parti
du Rosier de parfumerie dans notre colonie de l'Annam, où
on l'appelle « Cay huong si » ; Angleterre (Mitcham, Branley,
Dinbury) ; Espagne (Malaga) ; Italie (Riviera de Gênes) ;
Allemagne), dans les champs de Miltitz, près de Leipzig (Saxe),
on récolte 250 000 kilogrammes de roses).

Multiplication. — Dans les Alpes-Maritimes, le *Rosier
de Mai* est cultivé franc de pied. On le multiplie par les *drageons* qu'il donne facilement. On les arrache avec quelques

racines en février-mars, quand on donne le premier labour, et les met directement en place. Il serait préférable de les laisser bien s'enraciner en pépinière en terrain frais, où ils resteraient un an. Sélectionner ces rejets sur les pieds les moins épineux, sur ceux qui produisent le plus de fleurs et que l'on aura marqués d'un signe apparent à la récolte.

Le Rosier de Mai prend également de bouture, mais les plantes ainsi obtenues fleurissent moins bien.

Le *Damascœna*, le *Moschata*, le *Sempervirens* se propagent de boutures faites en automne ou au printemps dans un sol ombragé, ou par marcottes en février-mars, que l'on sèvre l'année suivante en février-mars également. Le Damascœna rejette assez et peut se multiplier aussi par drageons. Dans la région de Grasse les plants enracinés sélectionnés de *Rosier de Mai* premier choix coûtent de 7 à 10 francs le 100 ; les sujets ordinaires, 5 fr. 50.

On cherche à *greffer* cette variété sur Indica Major. On obtient ainsi de plus belles plantes fournissant jusqu'à 600 grammes de roses. D'autre part, l'Indica donne beaucoup moins de rejets. Dans tous les cas, on demande un pied pouvant donner des sujets trapus, forts, capables d'alimenter les boutons au moment des chaleurs. Malheureusement la greffe prend assez difficilement. Enfin cette opération entraîne des frais supplémentaires. On met en août les boutures d'Indica très rapprochées en jauge en terrain frais à l'ombre. En février on repique après enracinement en donnant l'écartement suffisant pour le greffage. On en profite pour faire la toilette du plant, raccourcir les racines, nettoyer la partie inférieure de la tige, etc. On greffe à œil poussant en juin et l'on peut planter dès janvier. On pourrait aussi greffer à œil dormant en août sur gourmands d'Indica. On coupe ces gourmands ainsi écussonnés fin octobre, les met en pépinière pour l'enracinement, et plante en janvier.

Peut-être, aussi, y a-t-il des porte-greffes qui conviendraient mieux encore. On sait combien cette question de l'influence du sujet sur le greffon est complexe en tant que rusticité, abondance de la floraison, teneur en essence des pétales, etc. Toutefois certains conseillent de conserver le Rosier de Mai franc de pied dans les terrains neufs, riches, et de ne planter les sujets greffés sur Indica que dans les terrains fatigués, pauvres.

Création d'une roseraie. — Sol, exposition, préparation. — Terre argilo-siliceuse ou argilo-calcaire, profonde, fertile, ne conservant pas trop d'humidité. Dans la région de Grasse, les cultures ne sont généralement pas irriguées. On peut dire, toutefois, que le Rosier s'accommode de tous les sols et un terrain argilo-calcaire un peu graveleux, même sec en été, peut convenir. On rencontre de belles plantations aussi bien dans les sols légers sableux d'origine siliceuse, comme dans les environs de Cannes (Californie, Croix-des-Gardes), de l'Estérel, ou encore au pied des Balkans en Bulgarie, que dans les terres fortes, où, d'ailleurs, la plante est moins exposée à la sécheresse.

L'emplacement doit être bien ensoleillé : l'ombre des arbres ou autre nuit à la floraison. Le fond des vallées est exposé aux gelées tardives du printemps. Il faut préférer le flanc des côteaux.

Dans la région de Grasse, le défoncement à bras à 75 centimètres et le nivellement reviennent à 0 fr. 20 le mètre carré, soit 2 000 francs par hectare ; à 65 centimètres, 0 fr. 15.

Plantation. — Sauf indication, il s'agit ici du mode de culture suivi dans la région que nous venons de signaler. On plante les sujets enracinés en automne et jusqu'à la fin de l'hiver. Ordinairement la plantation s'effectue de décembre à la fin de février. En Bulgarie on opère généralement en octobre-novembre.

Quand on met les pieds à 0^m,60 sur la ligne et 1^m,25 entre les lignes, il en faut 13 333 par hectare, et les frais de plantation reviennent à 100 francs. Quand on doit irriguer, on espace les lignes de 1^m,50. On va jusqu'à 2^m,50, et même 3 mètres si l'on fait des cultures intercalaires (vigne, etc.). Autrefois les plants étaient plus serrés : 0^m,35 × 1^m (30 000 à l'hectare). La variété Roseraie de l'Haij demande à être plantée à 1 mètre au carré (8 000 à l'hectare).

En Bulgarie les plantations ne ressemblent en rien à celles des Alpes-Maritimes. Les rangées d'arbustes se présentent sous la forme de massifs dont la hauteur égale celle d'un homme (1^m,65 à 1^m,75) et qui sont distants de 2^m,50, pour le passage de la charrue. En somme, les plantes sont très serrées sur la ligne, de sorte que la plantation paraît formée de buissons de 100 à 200 mètres de long. On compte 7 000 pieds par 40 ares, soit environ 17 500 par hectare.

Après avoir tracé les lignes et marqué l'emplacement des pieds, on creuse les trous au fond desquels on jette une poignée de fumier, un peu de terre, puis y met le plant que l'on a rabattu à 0^m,40 et laisse deux yeux hors de terre en tassant bien au pied. Quand on plante à la cheville, mode plus expéditif, on fume plus tard dans une cuvette creusée au pied. Mais, avec ce procédé, il faut bien « habiller » les racines.

La première année, pour réduire les dépenses on fait quelquefois du Geranium Rosat.

En Égypte, dans le Fayoum, les Rosiers sont plantés à 75 à 80 centimètres au carré.

En Bulgarie, pour mettre les plants en place, on creuse une fosse de 40 centimètres de large, 20 centimètres de profondeur et 40 centimètres de long. On y met un peu de fumier et y couche horizontalement des branches de Rosier provenant de vieux pieds en les rangeant côte à côte par quatre ou cinq. Après cette plantation, qui a lieu en octobre-novembre, on cultive des légumes. D'ailleurs, les soins que l'on donnera à la roseraie sont sommaires ; on ne greffe pas et taille grossièrement ; on pratique seulement quelques binages et sarclages et fume légèrement.

En Provence, les plantations durent de dix à quinze ans. Après une dizaine d'années, les vieux pieds sont quelquefois recépés ras du sol. De même, en Bulgarie, on rajeunit les pieds après six à huit ans, et certaines plantations durent ainsi une vingtaine d'années.

Soins culturaux. — A la fin de la première année de végétation, en décembre, on remplace les manquants par des racinés ; il y en au moins 10 à 15 p. 100.

Chaque année les soins culturaux comprennent : taille, entortillage, labours et binages, fumure et, s'il y a lieu, irrigations.

Taille. — Les fleurs naissent sur les pousses de l'année même : conserver les jeunes rameaux garnis d'yeux et tailler long. La première taille a lieu en février, mars. D'ailleurs, dès la première année on conserve des longs bois que l'on réunira ensemble sous forme d'arceaux dans le sens de la ligne

Phot. Rolet.

Fig. 32. — Entortillage des branches du Rosier de mai.

de plantation. Ensuite l'opération se bornera, en décembre ou début de février, à maintenir cette disposition en enlevant les pousses épuisées ou celles qui sont de trop, à rabattre celles qui ont fleuri. De temps en temps on rajeunit les arceaux à l'aide de gourmands que l'on aura conservés à la base du pied. Plusieurs cultivateurs taillent à la fin juin, après la récolte, pour obtenir des jets qui produisent l'année suivante un plus grand nombre de roses.

Un ouvrier taille de 500 à 600 pieds par jour ; il lui faut donc vingt à vingt-cinq jours pour traiter un hectare.

A. ROLET. — *Plantes à parfums.* 9

Entortillage. — Il remplace le palissage sur fil de fer. On l'appelle aussi arçonnage, arcure, liage. On y procède au moment de la taille, en février-mars ; plus tard, les branches sont déjà en sève et elles cassent plus facilement. On courbe les rameaux vigoureux poussés l'année précédente pour favoriser le développement des pousses florifères. On opère de même avec les gourmands quand ils doivent fournir des branches de remplacement. On les enlace les uns dans les autres, les entrelace avec les rameaux des pieds voisins, de façon à constituer une sorte de cordon. Pour ce travail pénible, les ouvrières qui suivent les tailleurs (deux ouvrières pour un) ont des gants en cuir épais qui laissent le pouce libre. Cette besogne demande quarante à cinquante journées de femme par hectare.

Labours et binages. — En mars, après la taille on donne un premier labour en même temps que l'on fume. Un deuxième est fait en automne. Il est assez profond pour que la terre absorbe bien les eaux pluviales. Avec la houe un homme fait 300 Rosiers par jour.

En été on donne autant de binages qu'il est nécessaire. Généralement un avant la récolte en fin avril, un autre après la récolte en juin. Ces travaux à bras grèvent beaucoup les frais généraux : quarante-deux à quarante-cinq journées d'homme pour le premier labour, quarante pour le deuxième, vingt-cinq pour les binages représentent 300 à 400 francs. Il serait, d'ailleurs, désirable de voir employer les appareils à traction mécanique dans toutes les cultures de plantes à parfums quand la chose est possible. Avec le prix de vente souvent faible des produits récoltés, il y a lieu de rechercher tout ce qui peut augmenter les rendements et diminuer les prix de revient. Malheureusement, dans les régions où l'on se livre à ce genre de production, la propriété est très morcelée et les animaux de trait font défaut.

Fumure. — La première année la fumure est donnée en décembre. Dans la suite on enfouit les engrais quand on donne le premier labour en mars. On emploie généralement 150 grammes de tourteau par pied, soit 2 000 kilogrammes par hectare, et une dépense de 240 à 250 francs. On apporte ainsi

120 kilogrammes d'azote, 40 d'acide phosphorique et 20 de potasse. Or, on estime que les 13.330 pieds exportent par an 80 kilogrammes d'azote, 30 d'acide phosphorique et 50 de potasse. Bien qu'il n'y ait parfois qu'un rapport très éloigné entre la composition des plantes et les produits alimentaires qui doivent passer dans le sol, on voit qu'il est nécessaire de compléter le tourteau par du superphosphate, 100 kilogrammes par exemple, et 100 kilogrammes de sulfate de potasse. On connaît l'action bienfaisante de l'acide phosphorique et de la potasse sur la floraison.

M. Honoré Michel, habile spécialiste de Plascassier, près Grasse, a employé avec succès les trois formules suivantes : 80 grammes chrysalides de vers à soie ; 100 grammes super-phosphate 14/16 ; 25 grammes chlorure de potassium. — 100 grammes tourteau sulfuré à 6/7 p. 100 azote ; 100 grammes scories ; 25 chlorure ou sulfate de potassium. — 50 grammes nitrate de soude ; 100 grammes scories ; 25 grammes chlorure ou sulfate de potassium.

Nous rappellerons que la chaux et la magnésie sont favorables à la végétation du Rosier.

Enfin, quand on dispose des résidus que laisse la distillation des roses, il est naturel qu'ils fassent retour au Rosier.

Irrigations. — La sécheresse trop prolongée diminue la production des roses. Mais si les plantes arrosées rendent plus elles sont aussi plus délicates.

Insectes. — Au point de vue insectes et maladies, les Rosiers de parfumerie préoccupent moins les producteurs que les Rosiers d'ornement, surtout ceux qui sont cultivés en serre. C'est que les premiers vivant continuellement au grand air sont beaucoup moins exposés que les derniers tenus en hiver dans une atmosphère confinée chaude et humide.

Les insectes qui attaquent les Rosiers sont innombrables. On pourrait écrire un livre sur la matière. Nous devons nous limiter, d'autant que les producteurs de roses à parfum se sont rarement plaints de dégâts un peu importants.

La larve du Bupreste vert (Coléoptère) a fait cependant sérieusement parler d'elle. Il s'agit de l'*Agrilus Viridis* ou *Pyri*, ou *Sinnatus* ou *Agrile du Poirier*. Description : allongé (10 milli-

mètres) ; vert bronzé en dessus, noir métallique en dessous ;
tête assez fortement déprimée entre les yeux ; ces derniers
grands et écartés ; antennes assez courtes fortement dentées
en scie ; corselet carré ; écusson bien marqué, large à la base.

Cet insecte qui attaque aussi un grand nombre d'arbres
forestiers, apparaît généralement en juin. La femelle pond
sur l'écorce. L'éclosion a lieu bientôt après. Les larves sont
blanches, sans pattes et élargies en avant. Elles creusent
des galeries en spirale sous l'écorce en partant du collet,
point où se forme un renflement. Dans l'été de leur deuxième
année, elles atteignent environ 2 centimètres et se changent
alors en nymphe dans le haut de la galerie.

L'arbuste se rompt facilement au niveau du sol. Mais les
plantes de plus d'un an résistent mieux.

Remèdes. — Des dégâts ont été signalés par M. Raybaud
dans les cultures de la région de Grasse.

L'ennemi attaque les jeunes plantations, surtout celles de
l'année, et principalement dans les terres légères. Les Rosiers
atteints ont les feuilles des jeunes pousses légèrement repliées
sur elles-mêmes et comme flétries. Choisir pour planter des
sujets indemnes. Dans les roseraies atteintes, ramasser les
insectes. M. Laurent Raybaud a essayé plusieurs procédés de
lutte. La chaux répandue autour des pieds est d'une efficacité
douteuse ; un anneau de goudron de 5 à 6 centimètres donne
de bons résultats en ce qui concerne l'insecte, mais la plante est
tuée aussi. Le meilleur produit est formé de saindoux additionné de 50 p. 100 de nicotine ; on déchausse la plante et
avec un pinceau on fait sur le pied un anneau de 5 à 6 centimètres. Mais il faut opérer très tôt, dès que la bouture est enra-
cinée, et renouveler l'opération chaque année au début du
printemps. Quand le point de pénétration de la larve laisse
quelque marge au-dessus du sol, sectionner au-dessous de ce
point.

En Allemagne, on a conseillé d'enduire les arbustes au
printemps avec une épaisse bouillie : 2 parties de terre argi-
leuse, 1 de chaux, 1 de bouse de vache. Ce revêtement protecteur doit rester adhérent jusqu'en juillet (empêche la ponte
et la sortie).

La larve du *Vesperus Strepens*, autre Coléoptère qui ressemble beaucoup au Vespère de Xatart et qui attaque les boutures de vigne (manjo maïoou, en provençal) dans le Var et les Alpes-Maritimes, ronge circulairement l'écorce des jeunes Rosiers au-dessous du collet. On appelle cette larve Castagnola sur la Riviera italienne.

A Tchervey, en Bulgarie, on s'est plaint également

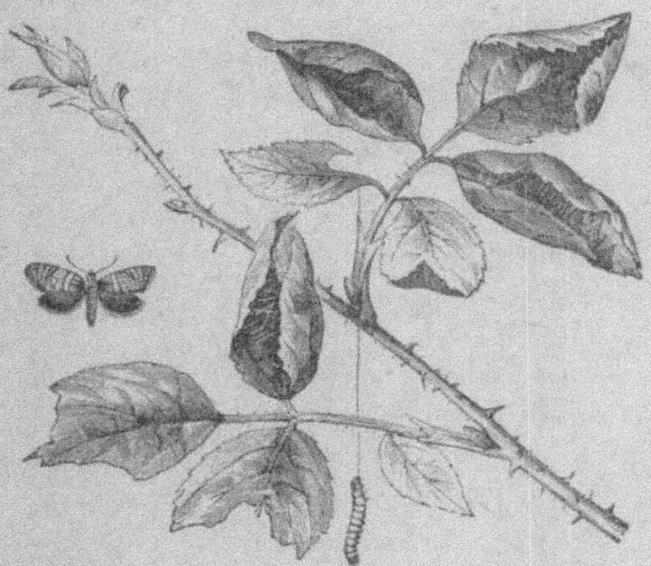

Fig. 33. — Pyrale ou Tortrix de Bergmann.

d'une larve qui creuse la tige circulairement sous l'écorce.

Contre les larves du *Hanneton*, du *Phyllopertha horticola*, essayer les injections de sulfure de carbone dans le sol pendant le repos de la végétation. Les rosiéristes de Seine-et-Marne ont cru remarquer que les femelles du Hanneton ne viennent pas déposer leurs œufs dans les terres où l'on a répandu du sulfate de fer. Voici maintenant quelques insectes dont on ne s'est jamais plaint beaucoup.

SUR LES BOUTONS ET LES FLEURS. — La chenille roussâtre à tête noire de la *Pyrale Ocellée* (papillon) ronge l'intérieur du bouton (tordeuse) ; la chenille verte d'une autre Pyrale, la *Tordeuse de Bergmann*, réunit les jeunes feuilles des pousses autour des boutons et ronge ces derniers ; une mouche à scie (Tenthrède), l'*Hylotome de la Rose*, dépose ses œufs dans les jeunes pousses et les larves provoquent la chute des boutons floraux ; les *Pucerons* (Aphis Rosarum, jaune verdâtre, à la face inférieure des feuilles ; Aphis Rosae, un peu plus petit,

Fig. 34. — Cétoine dorée.

vert, quelquefois rose ou rougeâtre, sur les tiges ; Aphis Amygdale, noirâtre), quand ils sont en trop grand nombre à l'extrémité des bourgeons, peuvent compromettre la floraison ; sur les greffes, ils se logent parfois dans les incisions de l'écorce ; des *Cétoines* diverses (Hannetons verts, Hannetons dorés, Hannetons poilus, Hannetons mouchetés, pointillés), des *Trichies*, très semblables aux précédentes, rongent les étamines, mais sans grand dommage ; un Charançon, l'*Anthonomus Rubi* (Coléoptère), pique le bouton à la base du calice (point noir) pour déposer un œuf d'où sortira une larve.

Sur les feuilles. — Chenille de la *Pyrale du Rosier* ou Argyrotoze de Bergmann, ou Tordeuse de Bergmann, ou *Tortrix Bergmanniana* : la plus redoutable de toutes ; chenille vert pâle, puis jaune clair, avec quelques taches vertes sur le dos ; tête et pattes noires ; en avril, réunit les feuilles des jeunes pousses et les ronge, ainsi que les boutons à fleur. Ecraser les paquets où se tient la chenille ; a un ennemi naturel dans la Mouche champêtre (Exorista Arvensis). — *Tortrix Rosana* et *T. Rosetana* (cette dernière surtout en Allemagne et en Italie). Même genre de vie. — *Tortrix* ou *Aspidia* ou *Grapholitha Cynosbana*, Pyrale des Églantiers ou Pyrale des buissons ; chenille gris brun salé avec une ligne sombre le long du dos et un écusson noir sur le premier anneau ; en avril, roule les feuilles en paquet et les ronge. — *Tortrix Forskaelana*, Pyrale de Forskael. — *Tortrix Hoffmanseggana*, Pyrale de Hoffmansegg ; petite chenille vert clair ; écusson du premier anneau, noir ; en avril-mai, opère comme celle de Bergmann. — *Tortrix Gentianeana*, *T. Lœvigana* ; *T. Udmanniana* ; *T. ou Grapholita Rose ticolana*; *Olethreutes Variegana* ; *Ol.*

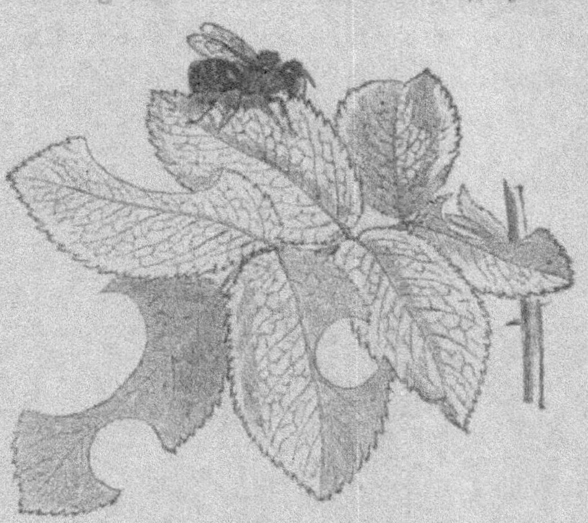

Fig. 35. — Mégachile du rosier.

Ochroleucana sont polyphages et se jettent éventuellement sur les Rosiers. Contre les Pyrales, détruire les « paquets » de feuilles ; bêcher fréquemment le sol et le tasser ensuite pour détruire les chrysalides. Lampes-pièges (une par 4 à 5 ares) que l'on change de place tous les soirs. La *Mégachile du Rosier* ou *Abeille cou*

Fig. 36. — Hylotome de la rose.

peuse du Rosier (Mégachile Centuncularis), fin mai-juin, découpe des portions de feuille qu'elle emporte pour faire son nid ; — Mégachile Circumcincta ; M. Serratulae ; M. Lago-

poda ; M. Apicalis ; M. Argentata. — Autres Hyménoptères :
des Tenthrèdes ou Mouches à scie dont les larves pourvues
de pattes (fausses chenilles) rongent les feuilles et les jeunes

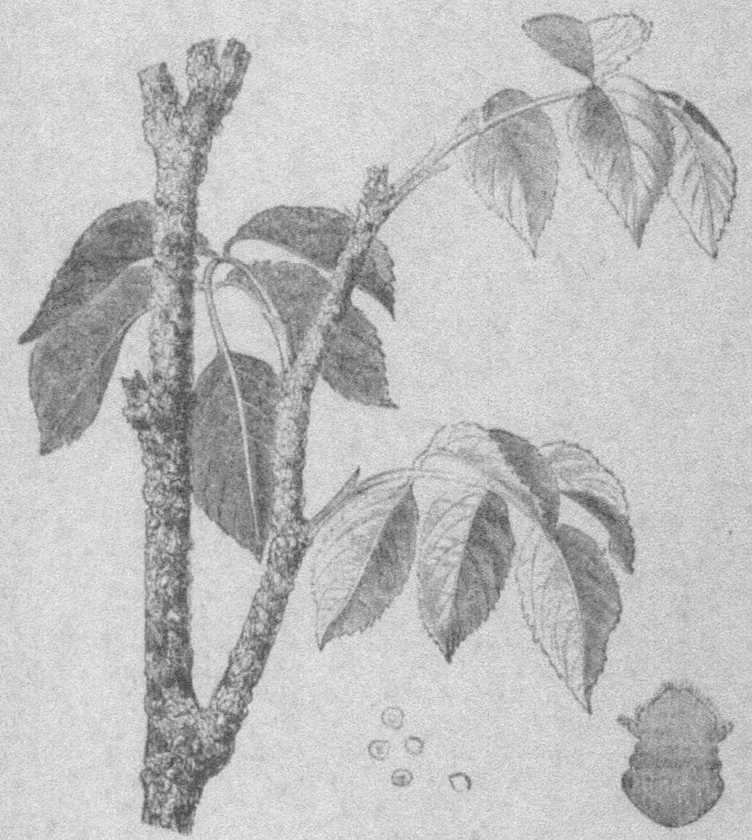

Fig. 37. — Kermès ou Pou du rosier (*Diaspis rosæ*).

pousses. Exemple : l'*Hylotome de la Rose* ; ses larves sont
parasitées par des Chalcidites : Pteromalus Hylotoma (2 millimètres de long, vert bronzé, antennes noires) ; Eulophus
Incubitor ; Eulophus Hylotomarum ; E. Migrator (1).

(1) Les Tenthrèdes sont attaquées par le Triphon Elegantulum
(un Ichneumonien), le Paniscus Opheletes Glaucopterus (id.).

L'*Araignée rouge* (Acarien) occasionne la « grise ». La *Cigale des charmilles*, ou Typhlocibe du Rosier perce les feuilles de petits trous. L'*Aphrophore Écumeuse* (Hémiptère) ou Cicadelle des roses vit dans une sorte d'écume blanche. L'Étoilée, ou *Orgye Antique* (Orgya Antiqua, Bombycien) a une chenille grisâtre avec des tubercules rouges et des pinceaux de poils ; elle ronge les feuilles. L'Aphis Rosarum est un *Puceron* jaune verdâtre qui attaque les feuilles en dessous ; il est un peu plus gros que le Puceron vert (Aphis Rosae) qui attaque la tige.

SUR LES RAMEAUX. — La larve d'une Mouche à scie, une Tenthrède (Hyménoptère), la *Blennocampe chétive*, creuse des galeries à l'intérieur des pousses qui se dessèchent brusquement ; celle de la *Tenthrède à ceinture* fait de même. La larve d'une *Osmie* (Hyménoptère) vit dans les rameaux mais généralement morts. Le *Tripoxylon Figulus* (Hyménoptère) creuse aussi les branches mortes. *Clinodiplosis Oculiperda* (Diptère) est une *Cécidomyie*, sorte de

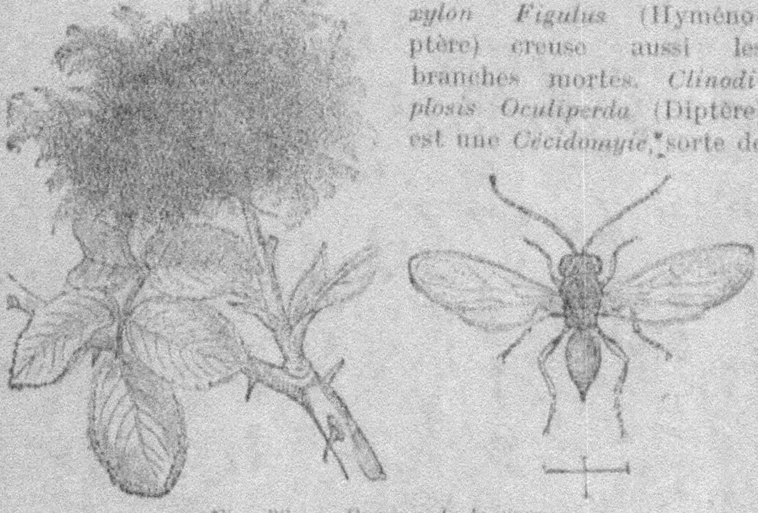

Fig. 38. — Cynips de la rose.

petite mouche dont la larve rouge vif ronge l'écusson après le greffage (Ver de l'écusson). Celle de la Cécidomyie noire vit dans les jeunes tiges. *Monophadnus Elongatus* est une mouche d'un noir assez brillant ; sa larve perce la tige à la base d'une feuille et creuse une galerie ascendante (perceuse ascendante), contrairement à l'Ardis Bipunctata qui creuse en descendant. Le *Valgue Hémiptère* est un Coléoptère dont la larve, très analogue au Ver blanc, mais beaucoup plus petite, ronge l'intérieur des tiges. La femelle, sorte de Cétoine noire, est très reconnaissable à la tarière qui prolonge son abdomen. Le *Kermès du Rosier* ou *Cochenille* (Diaspis ou Aspidiotus Rosae) est un Hémiptère qui forme un revêtement crayeux à la surface des rameaux. On trouve aussi le Pou blanc des serres (Dactylopius Adonidum) ; le Lecanium Capreae. L'Icerya Purchasi est une Cochenille autrement redoutable, de même que le Pou de San José, heureusement inconnus chez nous.

Le *Cynips de la Rose* (Hyménoptère) fait naître par ses piqûres pour déposer ses œufs sur les diverses parties du Rosier, des galles chevelues caractéristiques ou bédéguars qui contiennent une larve blanche dans chaque loge.

Enfin, voici encore quelques Papillons pouvant s'attaquer aux Rosiers : Hybernia Progemmario ; Liparis Chysorrhea ; Alucita Pentadactyla ; Platyptilia Rododactyla ; Cidaria Fulvata ; Selania Lunaria ; Orthosia Litura ; Syggera Bucephala ; Acromycta Tridens ; Saturnia Carpini ; Orgya Gonostigma, etc.

Maladies. — Les deux plus fréquentes, qui peuvent, d'ailleurs, se trouver réunies sur le même pied, sont la *Rouille* ou « mal jaune » et le « Blanc ». La Rouille est plus commune et bien plus à redouter. Elle forme, surtout à la face inférieure des feuilles (elle peut attaquer tous les organes), des taches couleur jaune orange qui, lorsque la saison avance, sont remplacées par des pustules noires. Les feuilles tombent prématurément ; le Rosier dénudé en été laisse sécher ses boutons et l'aoûtement du bois est imparfait, ce qui rend la taille malaisée.

Cette maladie est occasionnée par des champignons du genre Phragmidium, principalement le *Phragmidium subcorticium* Schr (Basidiomycètes-Urédinées). Les plantations en terrain humide sont surtout atteintes et le mal est très difficile à combattre. A plusieurs reprises au printemps, après la taille, pulvériser de la bouillie bordelaise à 2 p. 100 de sulfate de cuivre, neutre au papier de tournesol. Poudrer à différentes reprises du soufre cuprique sur les feuilles. Faire un essai préalable (brûlures).

Brûler les bois de taille et les feuilles, et l'hiver, avant tout labour, répandre par are sur le sol 2 kilos de sulfate de fer (4 kilos si la terre est calcaire). Mais peut-être le champignon a-t-il une forme de conservation mal connue, à l'exemple du *Puccinia graminis* (Rouille du blé). — Donner une bonne fumure aux Rosiers qui ont souffert. Surveiller les porte-greffes aussi bien que les greffons qu'il ne faut pas choisir sur des pieds contaminés.

Le *Blanc* ou Meunier ou *Oidium* est produit par le Sphærotheca Pannosa (Ascomycètes-Périsporiacées-Erysiphées). Les feuilles, jeunes rameaux, boutons à fleur, semblent d'abord saupoudrés de farine. Le champignon forme un duvet blanc cotonneux. Les jeunes feuilles se crispent surtout avec un printemps chaud et humide à l'exposition de l'ouest et sur les variétés à basse tige. La floraison est souvent compromise.

Remèdes. —Soufrages préventifs et répétés au début de la saison. Mais ce n'est pas toujours suffisant ; si le revêtement blanc est épais le soufre n'agit que sur les conidies de surface. — Sulfure de potassium (260 grammes dans 100 litres eau). — Permanganate de potassium (150 grammes par hectolitre). — Sulfatages à la bouillie bordelaise neutre (1 p. 100) deux ou trois à huit jours d'intervalle.

Le *Mildiou* (Peronospora Sparsa) est rare en France.

Pourriture des Boutons (Botrytis Cinerea) : entraîne la chute de ces derniers. Elaguer la plante (air) ; poudrer préventivement et à plusieurs reprises le mélange; 1 partie chaux, 3 soufre ; ou encore : talc 92, sulfate d'alumine 3, plâtre 4, sulfate de fer 1. — Brûler les parties malades.

Anthracnose (Marsonia Rosae) caractérisée par des taches d'un brun rougeâtre sur les feuilles ; on y voit de petits points noirs à la face supérieure. Après la taille, pulvériser de la bouillie bordelaise sur les branches et sur le sol.

Cercospora Rosicola : petites taches d'un brun violacé et jaune orange sur la face supérieure des feuilles.

Coniothyrium Fuchelii: forme une sorte de chancre sur le bois d'un an. — Rabattre au-dessous de la partie malade.

On traitera le *Pourridié des Racines* comme nous l'avons indiqué pour l'Oranger.

Arroser les *pieds chlorotiques* avec une dissolution de sulfate de fer (10 grammes par litre).

Les *gelées* tardives du printemps détruisent parfois les jeunes pousses et anéantissent la récolte des roses de parfumerie (Voir *Oranger*).

Récolte et rendement.

Le Rosier commence à donner une petite récolte la deuxième année. Il est en plein rapport vers quatre ans. Dans les Alpes-Maritimes, d'après les « Conventions » passées entre les producteurs et les industriels-parfumeurs, qui achètent à un prix convenu fixé pour une période de six ou neuf ans, la récolte doit commencer le 14 mai et finir le 7 juin. Aux environs de Paris on cueille de fin mai au début de juillet ; en Algérie et Tunisie (Rosier Sempervirens), de février à mai ; en Asie Mineure, début mars à début mai ; de même en Egypte ; dans l'Inde, février à fin avril.

Dans la région de Grasse les contrats exigent qu'il faut cueillir à la rosée les fleurs à peine entr'ouvertes. On commence avant l'aurore, 2 heures et demie à 3 heures, et s'arrête à 8 heures dès que le soleil fait évaporer l'humidité. En cas de besoin on reprend à la tombée du jour et laisse alors les fleurs passer la nuit dehors pour qu'elles prennent l'humidité. Le plus souvent on cueille toute la journée et asperge ensuite les roses avec de l'eau. Quand on opère par la pluie, les industriels enlèvent 10 p. 100 du poids.

Les cueilleuses mettent la récolte dans un tablier spécial ou un sac suspendu au cou qu'elles vident ensuite sur des draps. On compte 3 à 5 femmes par hectare. Chacune amasse par jour 5 à 30 kilogrammes suivant le nombre d'heures consacrées et l'abondance de la floraison, et gagne 10 à 20 centimes par kilogramme.

En général les fleurs cueillies dans la matinée sont prises

Fig. 39. — Cueillette des roses aux environs de Grasse.

aussitôt par les commissionnaires, qui demandent 0 fr. 05 par kilogramme pour le transport aux usines. Si l'on devait attendre quelque temps, on étalerait la récolte sur le parquet d'une salle fraîche. Quand on distille soi-même, on peut conserver en tassant dans un tonneau et ajoutant 1 kilogramme de sel par 6 de roses.

Les *prix* subissent de nombreuses fluctuations (0 fr. 20 à 2 fr. 50). La moyenne calculée de 1907 à 1911 sur les cours d'une importante maison de Grasse est de 0 fr. 83. La Distillerie coopérative de roses de La Colle et Saint-Paul, créée en 1909, a contribué au relèvement des prix. Les conventions passées entre producteurs et industriels se font à des taux variant de 45 à 70 centimes, généralement 50 centimes. Elles englobent environ les huit dixièmes de la production. La « fleur libre », celle qui n'est pas comprise dans les contrats, est payée au cours du jour et généralement à la fin de la campagne, sans que le producteur intervienne dans l'établissement du prix. C'est d'ailleurs là le système de vente qui régit les fleurs de parfumerie et même une bonne proportion de la fleur pour bouquets payée seulement à la fin du marché, quand la marchandise a été enlevée.

Avec un prix de vente des roses de 50 centimes, on couvre à peine les frais de culture et de cueillette, soit 1 300 francs par hectare pour une production moyenne de 2 600 kilogrammes. Avec 55 centimes le bénéfice serait, théoriquement, d'environ 130 francs ; 60 centimes, 260 francs ; 70 centimes, 520 francs ; 80 centimes, 780 francs ; 90 centimes, 1 040 francs ; 1 franc, 1 300 francs. Mais quand les prix de vente sont élevés, le poids de la récolte est loin d'atteindre 2 600 kilogrammes. Pour certains, même, si l'on admet 13 000 pieds à l'hectare et 300 grammes par pied (3 900 kilogrammes), un prix de vente de 0 fr. 65 arrive à peine à couvrir les frais annuels de culture.

Les 10 000 à 13 000 Rosiers de mai en plein rapport avec 200 à 300 grammes de roses donnent un total de 2 000 à 3 900 kilogrammes. Des sujets bien sélectionnés fournissent jusqu'à 500 et même 750 grammes. Mais des rendements de 4 000 kilogrammes à l'hectare sont exceptionnels ; ils supposent, en outre, des conditions atmosphériques particulièrement favorables. En année normale et en culture ordinaire, on table sur 200 à 250 grammes, soit 2 600 à 3 300 kilogrammes pour les 13 300 pieds. Les conventions sont basées sur une récolte moyenne de 200 grammes par pied.

On compte environ 1 000 roses au kilogramme.

D'après M. Gravereaux, un pied de « Roseraie de l'Haÿ » peut donner la troisième année de la plantation 200 fleurs de 4 grammes, soit 800 grammes, et avec 8 000 Rosiers à l'hectare, 6 400 kilogrammes.

5 000 pieds à l'hectare de Rosiers Damascena fourniraient 2 600 kilogrammes.

Dans les Alpes-Maritimes, où les roseraies occupent 700 hectares, avec 2 500 kilogrammes cela fait 1 750 000 kilogrammes. Le rendement peut atteindre 3 millions de kilogrammes quand les conditions atmosphériques sont favorables ; mais les gelées tardives de printemps sont souvent funestes.

Grasse et sa banlieue traitent à peu près la moitié de la production du département. Telle parfumerie de la ville (il y en a 70) reçoit par jour 50 000 kilogrammes de roses, comme elle reçoit aussi 30 000 kilogrammes de fleurs d'oranger.

Comptes de culture. — Voici un certain nombre de bilans établis dans le département des Alpes-Maritimes ; on verra combien ils diffèrent parfois entre eux.

Dépense totale de création et d'entretien jusqu'à la fin de la deuxième année : 3 000 francs. — Frais annuels : 1 460 fr. (amortissement 300 francs ; intérêt, 150 francs ; taille, vingt à vingt-cinq jours, 70 francs ; entortillage, quarante à quarante-cinq jours, 70 francs ; fumure, tourteau sésame à 15 francs, 250 francs ; premier labour à bras, quarante-cinq jours, 130 francs ; binages, vingt-cinq jours, 75 francs ; deuxième labour, quarante jours, 120 francs ; récolte, 3 000 kilogrammes fleurs à 10 centimes, 300 francs).

Création, 1 850 francs (défoncement à bras 1 000 francs ; 10 000 plants, 500 francs ; plantation, 50 francs ; soins la première année, 300 francs). — Frais de culture annuels, avec amortissement en dix ans, 1 390 francs (façons culturales, 400 francs ; engrais, 250 francs ; taille, 60 francs ; entortillage, 45 francs ; amortissement, 180 francs; intérêt, 92 francs ;

cueillette de 4 000 kilogrammes à 7 centimes et demi par kilogramme, 300 francs). Si la culture est faite à la charrue, on a : Création, 900 francs (défoncement, 250 francs seulement, et façons culturales de la première année, 100 francs). Annuellement, 830 francs (1 labour profond, trois jours, 24 francs ; 1 labour superficiel, deux jours, 16 francs ; 3 binages à la houe, trois jours, 24 francs ; engrais, 250 francs ; taille, 40 francs ; liage 40 francs ; amortissement, 90 francs ; intérêt, 45 francs ; cueillette des 4 000 kilogrammes, 300 francs).

Création, 3 570 francs (défoncement à bras à 0^m,70 et façon superficielle avant la plantation, 2 000 francs ; achat de 13 000 pieds, 900 francs ; plantation, 100 francs ; soins en cours, 400 francs ; 2 000 pieds manquants, 140 francs, et leur plantation, 20 francs). — Frais annuels 2 230 francs (premier labour à bras, cinquante-deux jours, 190 francs ; fumure, 450 francs ; taille, trente jours, 100 francs ; entortillage, trente-cinq jours, 50 francs ; binage avant la récolte, trente jours, 100 francs ; binage après la récolte, trente-quatre jours, 120 francs ; soins d'été divers, 100 francs ; cueillette de 3 900 kilogrammes à 0 fr. 10 le kilogramme, 390 francs ; transport à 5 centimes, 200 francs ; amortissement, 357 francs ; intérêt, 178 francs). — Recettes : vente, 3 900 kilogrammes à 0 fr. 65, 2 530 francs.

Création, 1 050 francs (défoncement, 400 francs ; achat de 12 000 pieds, 650 francs). — Frais annuels de culture, 880 francs (labours et binages, 100 francs ; taille et liage, 60 francs ; fumure, 200 francs ; cueillette de 3 600 kilogrammes à 0 fr. 10, 360 francs ; intérêt, 52 francs ; amortissement, 105 francs) (à ajouter : impôts, assurance, location du terrain, frais de plantation). — Recettes : 3 600 kilogrammes de fleurs à 0 fr. 60, 2 160 francs.

Création, 4 000 francs (défoncement et binage de préparation, 2 000 francs ; achat de 13 000 plants, 1 300 francs ; plantation, 100 francs ; soins culturaux, 400 francs ; 2 000 pieds manquants, 200 francs ; plantation, 20 francs). — Frais annuels, 2 500 francs (taille, trente journées, 130 francs ; arçonnage, trente-cinq jours, 70 francs ; labour à bras, cinquante-deux jours, 230 francs ; fumure, 500 francs ; premier binage, trente jours, 130 francs ; deuxième binage, trente-

Fig. 40. — Extraction par macération dans la graisse fondue.

quatre jours, 150 francs ; soins d'été, 100 francs ; amortissement,

400 francs ; intérêt, 200 francs ; cueillette de 4 000 kilogrammes à 0 fr. 10, 400 francs ; port à la distillerie, 200 francs). — Recettes : 4 000 kilogrammes à 0 fr. 65, 2 600 francs.

Création, 2 200 francs (défoncement à 60 centimètres, 1 500 francs ; achat de 14 000 pieds, 700 francs). — Frais annuels, 1 300 fr. (amortissement 220 francs ; intérêts 110 francs ; taille, vingt-cinq jours, 70 francs ; liage, quarante-cinq jours, 70 francs ; fumure, sésame à 15 francs les 100 kilogrammes, 250 francs ; premier labour, quarante-cinq jours 130 francs) ; binage, vingt-cinq jours, 75 francs ; deuxième labour, quarante jours, 120 francs ; récolte de 2 600 kilogrammes à 0 fr. 10, 260 francs). — Recettes : 2 600 kilogrammes à 0 fr. 60, 1 560 francs.

5 000 pieds de Rosiers Damascœna ; 2 600 kilogrammes de roses à 50 centimes, 1 300 francs. — Frais annuels de culture : 600 francs.

Dans la région de Grasse, dans le cas de métayage les frais culturaux et de cueillette sont supportés par le métayer ; le propriétaire prend à sa charge les frais d'établissement et les engrais. Le produit de la récolte est partagé par moitié.

Traitement des roses. — Dans la rose l'essence est localisée surtout dans une rangée de cellules épidermiques sur les deux faces des pétales. On l'extrait par les méthodes habituelles : macération à chaud dans la graisse ; enfleurage ; distillation ; épuisement par les dissolvants volatils. Ce dernier procédé délicat donne l'essence pure employée en parfumerie fine. D'après, M. Gravereaux 1 hectare de Rosiers âgés de trois ans, comptant 8 000 pieds de « Roseraie de l'Haÿ » donnant 6 400 kilogrammes de fleurs, peut fournir avec l'éther de pétrole 5kg,120 d'essence pure vendue 1 000 francs le kilogramme. La Brunner donne le kilo d'essence concrète par 1 000 kilogrammes en année normale.

La macération à chaud et l'enfleurage de la graisse sur châssis, pour la préparation des pommades, absorbent une grande partie de la production. Le reste est distillé.

La distillation ne vise guère en Provence que l'eau de rose, contrairement à ce qui se fait en Bulgarie (on redistille lentement l'eau de rose pour obtenir l'essence).

En 1900, d'après M. Chappelle, la Côte d'Azur produisait 50 kilogrammes d'essence. Aujourd'hui on estime le chiffre à 300 kilogrammes (en Bulgarie, 4 000 à 5 000 kilogrammes).

Durant la *distillation*, il se perd dans l'eau une partie d'un

Fig. 44. — Préparation des pétales de Rose dans une parfumerie.

constituant important de l'huile essentielle, l'alcool phényl-éthylique, et aussi du géraniol.

On distille quelquefois à la vapeur dans le vide partiel. On ne prend que les pétales (déchet, 40 à 50 p. 100) qui donnent une essence plus fine. Parfois on traite à part calice, ovaire et étamines qui fournissent une essence peu agréable ; mêlée à l'essence des pétales, elle lui ajoute un mordant légèrement térébenthiné.

On distille la rose en Tunisie et en Algérie. On fait de l'eau de rose aux environs de Tétouan (Maroc).

Le *rendement* en essence dépend de la rapidité avec laquelle on opère. Les fleurs « échauffées », contrairement à celles d'Oranger, perdent de leur essence. En outre, les alambics à col de cygne font une rectification favorable pour le Néroli et pour le géranium, mais non pour la distillation de la rose.

A Grasse il faut environ 10 000 kilogrammes de fleurs pour 1 kilogramme d'essence et 5 000 litres d'eau de rose, alors qu'à la Coopérative de La Colle et Saint-Paul placée au centre même des cultures, où le produit est par conséquent distillé aussitôt cueilli, il ne faut (eau comprise) que 4 800 à 5 000 kilogrammes. Que l'on ne s'étonne pas, après cela, de l'écart considérable qui existe entre les poids nécessaires pour obtenir 1 kilogramme d'essence, sans compter les différences qui tiennent à la variété, au climat, aux soins culturaux, etc. Voici les chiffres cités : en Provence, outre les deux que nous venons de donner, 6 000 à 7 000 ; 8 300 ; en Algérie, 8 000 à 10 000. La variété Rôseraie de l'Haÿ donnerait, d'après M. Cochet-Cochet, 1ᵍʳ,8 à 2 grammes d'essence par 10 kilogrammes de fleurs, soit en moyenne 5 000 kilogrammes de fleurs pour le kilogramme. La Brünner 8 000 à 12 000. En Bulgarie, 3 500 à 5 000 kilogrammes pour la variété Damascœna.

L'essence de rose est utilisée en parfumerie (esprits, alcoolats, lait virginal, eau de toilette, teintures pour cheveux, cosmétiques, fards, poudres, savons) et en pâtisserie ; l'eau de rose entre dans les eaux de toilette et les fards (1) ; elle est employée aussi comme collyre (pour fortifier les yeux).

La qualité et la valeur de l'essence diffèrent suivant la variété de Rosier, le climat, le terrain, le procédé d'extraction. Ses caractères dépendent de la proportion de stéaroptène, sorte de résine solide inodore et d'oléoptène parfumé et liquide, ainsi que de l'inégale répartition des composants de celle-ci : géraniol, citronnellol, alcool phényléthylique, citral, linalol, aldéhyde monylique. En outre, la distillation provoque sans doute de nouveaux groupements des constituants, détruisant ainsi l'équilibre spécial qui existe dans la fleur. Aussi

(1) « Aucun cosmétique n'approche de l'émulsion de rose ; elle rend à la peau sa fraîcheur, la purifie, l'adoucit, et cependant elle est aussi inoffensive qu'une rosée d'avril sur la verdure de printemps. »

l'essence pure et même quelquefois diluée ne rappelle-t-elle
que de loin la suavité de la fleur.

L'essence de Provence est d'une grande finesse ; elle est
plus pâle que l'essence bulgare, mais d'une odeur plus délicate.

Fig. 42. — Distillation des Roses à la coopérative
de la Colle (Alpes-Maritimes).

On la recherche pour les compositions de choix. Elle est riche
en stéaroptène. Elle a également des constantes assez variables
qui tiennent à la forme des alambics et aussi à la quantité d'eau
employée pour la distillation ; celle-ci dissout, comme nous
l'avons dit, une portion des composants.

D'après Jeancard et Satie, l'essence de rose de Provence
dose 25 à 75 p. 100 de géraniol, 20 à 23 p. 100 de citronnellol (1) ;
l'essence d'Orient 44 à 59 p. 100 et 30 à 40 p. 100. L'essence

(1) On extrait ces deux corps de nombreuses essences pour faire
des essences de rose artificielles.

bulgare et celle d'Orient sont en général fraudées avec du
Géranium Rosat, ou de l'Andropogon de l'Inde (essences que
l'on verse dans l'alambic au moment de la distillation), de
l'essence de Perse, de l'essence de bois de rose santal, du blanc
de baleine. Ce dernier leur communique la propriété de mieux
se figer et par conséquent de mieux supporter l'addition
d'essence étrangère. L'essence de bois de gayac joue
le même rôle. Alors que le point de fusion est de 27 à 32°
on trouve à l'essence bulgare, par suite de ces additions fraudu-
leuses, 19 à 21°, et pour les roses turques 23°. Voici, d'ailleurs,
ce que dit M. N.-P. Antonoff sur l'emploi de l'essence de géranium ou terché (*La Parfumerie moderne*) : « On en importe en
contrebande environ 1 500 kilogrammes par an. Les producteurs en ajoutent 5 à 10 p. 100 dans l'essence de rose. Les marchands, qui en ajoutent 20 à 30 p. 100, achètent aux producteurs l'essence de rose riche en stéaroptène au prix de 800 à
1 500 francs le kilogramme et la vendent à l'étranger, malgré
les frais d'emballage, de douane, d'assurance, de commission
et de transport, 500 à 900 francs. Ils exportent plusieurs qualités. La première, ou extra, contient 10 à 20 p. 100 de terché ;
la deuxième, 20 à 25 p. 100. L'entrée du géranium a été inter-
dite en Bulgarie par le Gouvernement ».

Le *prix de l'essence* est très variable. En 1910, la Coopérative
de la Colle et Saint-Paul (Alpes-Maritimes) a vendu 2 200 fr.
le kilogramme ; en 1908, 1 800 à 2 000 francs. Chez les
industriels-parfumeurs, les 10 grammes valent en moyenne
30 fr. ; l'hectogramme, 250 francs. L'essence bulgare est
payée de 800 à 3 500 francs (en 1912, 3 000 à 3 500 francs).
En général l'essence d'Orient se vend à Constantinople 1 000 à
1 200 francs, parfois 1 600 à 1 800 francs ; à Paris, elle vaut
1 600 à 1 700 fr.

Nous avons reçu de l'étranger, en 1905, 4 468 kilogrammes
d'essence de rose (3 574 000 francs), dont 1 433 kilogrammes
venaient de Bulgarie. En entrant en France, ce produit paie
30 francs par kilogramme au tarif général, 29 francs au tari-
minimum.

L'*eau de rose* vaut chez les distillateurs 0 fr. 60 à 0 fr. 75
le litre (elle peut descendre à 0 fr. 40 et monter à 1 fr. 50 et

plus). Au détail, on la paie 1 franc. Ces chiffres varient d'ailleurs avec le degré de concentration et l'origine.

En Bulgarie. — La deuxième année de plantation, les Rosiers Damascena donnent une demi-récolte ; ils sont en plein rapport la troisième année, et le rendement maximum est atteint la cinquième. La récolte a lieu à peu près à la même époque

Fig. 43. — Appareil à distiller la rose en Bulgarie.

qu'en Provence ; elle commence du 20 au 25 mai et dure de deux à quatre semaines. On cueille parfois toute la journée et la fleur arrive échauffée (jusqu'à 50° dans les sacs) à la distillerie, ce qui nuit à la qualité. Les cueilleuses reçoivent 0 fr. 50 par jour ; les ouvriers, 1 fr. 50. Le prix de vente est de 20 à 25 centimes le kilogramme. Le rendement peut s'élever, a-t-on dit, à 3 000 kilogrammes de roses par 40 ares, soit 7 500 kilogrammes par hectare. Or, si l'on rapporte la production moyenne totale à la superficie cultivée, soit 7 200 hectares, on arrive seulement à 2 500 kilogrammes. Mais le prix de revient est bien inférieur à celui des Alpes-Maritimes, en raison de la valeur des terrains, de la main-d'œuvre, des soins culturaux limités.

En 1905 on comptait dans le pays environ 13 000 alambics

en activité dans 2 500 distilleries ; et on tirait le kilogramme d'essence de 3 500 kilogrammes. En 1903, la production de cette dernière s'est élevée à 6 000 kilogrammes. En 1905, on en a exporté 5 315 kilogrammes, d'une valeur de 3 712 380 francs dont 1 530 kilogrammes pour la France. En 1909 les exportations avaient atteint 6 050 kilogrammes (5 327 700 francs). Ces chiffres, hors de proportion avec les surfaces cultivées, ont fait supposer que l'on additionne l'essence de matières étrangères. A ce sujet, rappelons que l'essence des roses blanches, d'ailleurs de moindre qualité, se solidifiant à une température plus élevée favorise cette falsification (géranium rosat, palma rosa (1), bois de santal).

Karlova et surtout Késanlik sont les centres principaux du commerce de l'essence. Sofia est le grand marché de Turquie.

Le prix courant pour une bonne essence pure est de 1 200 à 1 500 francs le kilogramme ; il peut s'élever jusqu'à 2 000 francs et plus. L'unité de poids pour la vente, c'est le moscal (4^{gr},80). En 1903, l'essence bulgare valait 650 francs ; en 1906, 800 à 1 000 francs ; en 1908, 3 000 à 3 500 francs.

L'industrie bulgare n'était pas trop à craindre, malgré sa grande production, car elle ne se livrait qu'à la distillation. Il n'en aurait pas été de même si elle avait fabriqué des pommades ou employé les dissolvants volatils.

L'essence d'Andrinople est réputée.

Un peu d'historique. — Apollonius, qui vivait avant l'ère chrétienne, écrivait, dit-on, que la meilleure essence de rose se faisait à Phasales et à Capoue. Mais certains auteurs prétendent que cette essence fut ignorée dans l'antiquité, aussi bien en Egypte qu'en Grèce et qu'à Rome, que selon toute probabilité elle fut découverte en Perse vers 1612 et en Europe vers 1570 ou 1574, date à laquelle Wecker, à Colmar, et Géromini Rossi, à Ravenne, en font mention.

Manucci, médecin vénitien, expose, dans son ouvrage sur l'Empire des Indes, comment, d'après la traduction du P. Catron, fut découverte l'essence en question (athr, en Orient) dans l'empire du Moghol, vers 1612. Langlès en a fourni

(1) Géranium indien ou Andropogon Schoenantus.

en 1804 la version suivante. Dans une fête donnée par Noùr Djihân Begum au prince Djihânguyr, son amant, la princesse poussa le luxe jusqu'à faire circuler dans les jardins un ruisseau d'eau de rose coulant dans un petit canal. Tandis que l'empereur se promenait avec elle, ils aperçurent une espèce de mousse qui nageait à la surface. On reconnut que c'était une substance des roses « que le soleil avait recuite et pour ainsi dire rassemblée en masse ». Tout le sérail s'accorda à reconnaître cette substance huileuse pour le parfum le plus délicat que l'on connût dans l'Inde. Dans la suite l'art tâcha d'imiter ce qui avait été d'abord le produit du hasard et de la nature. D'aucuns ajoutent que la princesse Noùr Djihân reçut à cette occasion un collier de perles valant 30 000 roupies. D'autres concluent d'une façon tragique. La princesse, croyant voir quelque souillure dans les traces huileuses, fit trancher la tête de l'esclave qui par sa négligence avait laissé ainsi polluer l'eau parfumée.

Quoi qu'il en soit, il est certain que la rose et son parfum étaient appréciés dès la plus haute antiquité. Les Juifs cultivaient cette fleur à l'époque où vivait Salomon. Les Grecs avaient la coutume de se couronner de roses dans les festins, et les vins les plus estimés des Athéniens étaient parfumés avec des roses, des violettes et divers aromates. Homère raconte que Vénus répandit l'huile de rose sur le cadavre d'Hector pour en éloigner la corruption. Les dieux qui descendaient sur la terre se révélaient par le parfum qu'ils laissaient après eux. Quand Vénus, dans l'*Iliade*, visite Achille, le fils de Pélée devine sa présence à l'odeur de rose qui se répand sous sa tente.

Cléopâtre, reine d'Egypte, dont la beauté célèbre charma tour à tour César et Antoine, dépensa un jour pour 2 500 francs de roses et en mit dans la salle du festin un lit épais d'une coudée.

Athénée, puis Horace et Latinus Pacatus ont longuement chanté les mérites des roses. Ils attribuaient à leur odeur la propriété de dissiper l'ivresse et recommandaient de s'en parfumer abondamment les cheveux au moment des repas.

Chez les Romains, la rose entrait dans l'ars ornatrix (cosmétique). Ils estimaient surtout la rose de Pœstum. Dans

les réjouissances publiques, on jonchait quelquefois les rues de
pétales. Cicéron a reproché à Verrès d'avoir inspecté la Sicile
couché dans une litière jonchée de roses. Héliogabale, empereur célèbre par ses folies, ses cruautés et ses débauches,
dormait dans un lit de roses, buvait du vin de rose et se bai-
gnait aussi dans ce liquide. Quand il était malade, son médecin lui administrait une potion de roses.

Dans une fête qu'il donna à Baïes, près de Naples, Néron
dépensa 4 millions de sesterces, soit 500 000 francs, pour
l'achat de roses. Il arrosait d'eau de rose tous ses appartements. Dans ses festins, on voyait le liquide parfumé jaillir
des fontaines. Le sol, les coussins étaient jonchés de pétales.
Les convives eux-mêmes avaient des couronnes et des guir-
landes de roses. Au repas, on servait des gâteaux de roses.

Aujourd'hui encore, en Orient, « on considère comme une
preuve d'amitié et un acte d'hospitalité d'asperger les visiteurs
d'essence de Rose. »

Le comte de Forbin et Regnault prétendent que lorsque
Saladin prit Jérusalem sur les Croisés, en 1187, il fit laver les
murs et le parvis de la mosquée d'Omar avec de l'eau de
rose venue de Damas. Voltaire rapporte que le sultan
Ahmed Ier fit, en 1511, laver le parvis et la surface extérieure
des murs de la nouvelle Kaabah avec des flots d'eau de rose.

Mathieu de Coucy raconte que dans un banquet donné par
Philippe le Bon, duc de Bourgogne, on voyait une statue
d'enfant qui « pissait de l'eau de rose ».

A l'époque de Marie-Antoinette, on préférait, comme de nos
jours, les senteurs de la violette et de la rose.

Autrefois, on additionnait le tabac en fermentation d'eau de
rose et autres parfums.

L'odeur de la rose passe pour être énervante. On rappelle
que le compositeur français Grétry s'évanouissait à l'odeur
de cette fleur ; qu'une certaine dame, plus sensible encore,
perdait connaissance à la simple vue d'une rose... artificielle !

Le parfum a encore la réputation de rendre effronté, avare,
et de pousser à la débauche. Que de défauts pour la reine des
fleurs, l'emblème de la beauté !

LE JASMIN

Variétés. — Il existe plusieurs variétés de Jasmin à
fleurs blanches ou jaunes qui servent à l'ornementation des
jardins, pour faire des berceaux de verdure, masquer des
treillages, garnir des murs, parer des rocailles. En voici quelques-unes: Jasmin à fleur nue (Jasminum Nudiflorum),
rapporté de Chine (environs de Nankin); assez analogue à notre
Jasmin jaune (J. Fruticans); un peu sarmenteux ou buissonnant; petites feuilles trifoliées, caduques; fleurs (printemps)
jaune vif, inodores, sessiles, apparaissant un peu avant les
feuilles; très rustique; résistant à la sécheresse; ornementation des rocailles où s'enchevêtrent ses longs rameaux sarmenteux. — Jasmin à fleurs précoces (Jasminum Primulinum);
découvert dans le Yunan; a beaucoup d'analogie avec le
précédent; peut vivre en plein air dans le Midi; fleurs précoces, jaune vif, un peu plus grandes que celles du Nudiflorum; corolle divisée en 6 ou 7 lobes, ce qui fait paraître la
fleur double. — Jasmin triomphant (J. Triumphans ou
J. Revolutum), du Népaul; arbrisseau de 2 à 4 mètres, peu
sarmenteux, rustique; feuilles persistantes; fleurs (février à
juin) jaunes, inodores. — Jasmin odorant (J. Odoratissimum) ou J. Jonquille; originaire de Madère; non sarmen-
teux, toujours vert, 1 mètre à 1^m 50; feuilles à 3 à 5 folioles,
vert foncé très luisant; fleurs jaune vif, blanchissant en vieillissant, très odorantes. — Jasmin d'Arabie (Yasmin ou Djasmyn), J. Sambac, Mogori Sambac (Mongorium Sambac);
originaire de l'Inde (Tore ou Chamelée) (très répandu
dans les jardins de Lucknow); arbrisseau sarmenteux de 3 à
4 mètres; feuilles ovales; fleurs blanc pur, odeur suave et
pénétrante surtout le soir; moins rustique que le Jasmin
commun; plante d'ornement dans les jardins; en Algérie
et Espagne méridionale est cultivé pour la parfumerie;

dans l'Inde le produit parfumé est coloré avec le sang-dragon.

Pour la *parfumerie* on cultive surtout deux variétés à fleurs blanches : Jasmin à grande fleur presque exclusivement employé sur la Côte d'Azur, et Jasmin commun à petite fleur moins odorante, moins apprécié mais cultivé en Algérie et Tunisie.

La fleur du Jasmin est une des plus estimées dans l'industrie des parfums. Elle occupe le troisième rang sur la Côte d'Azur, après l'Oranger et la Rose. Son odeur très agréable, très délicate, très fine et douce, rappelant la vanille, est si particulière qu'il est difficile de l'imiter. On ne peut la reproduire en mélangeant diverses autres fleurs en proportion déterminée, comme on obtient le parfum de presque toutes les fleurs. Dickens disait à ce sujet : « Le Jasmin est-il donc le Meru mystique, le centre, le Delphes, l'Omphale du monde des fleurs ? Est-il le point de départ de tout parfum, l'unité indivisible insaisissable ? Le Jasmin est-il l'Isis des fleurs à la tête voilée, aux pieds cachés, qui se fait aimer de tous et ne se révèle à personne ? Charmant Jasmin ! s'il en est ainsi, il faut que la Rose descende de son trône et

Fig. 44. — Jasmin à grande fleur.

cède la couronne de reine à ta beauté sans pareille. Les révolutions, les abdications sont des jeux émouvants. Si nous allions susciter une guerre civile dans les jardins et proclamer le Jasmin empereur et roi des parterres ! »

Il est pour chaque caractère une odeur qui semble lui appartenir particulièrement. La femme spirituelle préfère, dit-on, le Jasmin. La Pompadour fleurait la Rose et le Jasmin.

Jasmin à grande fleur (*Jasminum Grandiflorum*), encore appelé J. d'Europe, J. d'Arabie, J. d'Espagne, J. de Catalogne, J. de Barcelone, J. de Barbarie, J. Royal, J. d'Italie ; originaire du Népaul (Indoustan) ; introduit en Europe en 1629. Arbrisseau sarmenteux, buissonnant ; 1 mètre à $1^m,50$ en culture (palissé et taillé annuelle) mais pouvant atteindre 3 mètres ; feuilles composées vert foncé (sèches elles possèdent les mêmes propriétés que celles du frêne et ont été préconisées dans la goutte et le rhumatisme) ; fleurs assez grandes d'un blanc gras luisant, légèrement lavé de rose à l'extérieur ; odeur très agréable, très suave, mais très fugace.

Jasmin Commun (*Jasminum Vulgare*, *J. Officinale*), petit Jasmin, J. ordinaire, Jasmin blanc, Jasmin sauvage, J. Turc ; fleurs blanches, plus petites, moins odorantes. Plus rustique que le précédent, auquel il sert de porte-greffe. Se rencontre à l'état sauvage dans les bois de la basse Provence et de la Ligurie italienne (Jasmine). En Algérie est cultivé pour la parfumerie. En Turquie, en Egypte (Djasmyn), sur les côtes de Barbarie, est cultivé aussi pour faire des tuyaux de pipe ou de chibouk de plusieurs mètres de long ; on ne laisse qu'une seule tige droite sur chaque pied.

L'huile essentielle des fleurs serait localisée dans une rangée de cellules épidermiques qui recouvrent la face supérieure ou interne des pétales ; pour certains la fleur ne conservant pas son parfum primitif, celui-ci se produirait pendant la vie des cellules végétales et ne serait pas accumulé dans les pétales, comme cela a lieu pour la plupart des fleurs. « L'abus des odeurs du Jasmin jette l'esprit et le corps dans une sorte d'alanguissement. » Il n'est donc pas prudent de séjourner dans les pièces où l'on tient des fleurs de Jasmin.

Régions et climat. — Particulièrement sensible aux gelées qui détruisent ses parties aériennes à — 4° à — 5°, le *Jasmin à grande fleur* ne peut être cultivé en pleine terre que dans des régions privilégiées au point de vue climat et encore sur notre Côte d'Azur, sous le ciel bleu de l'Oranger, faut-il butter les pieds à l'approche de l'hiver. On le cultive aussi en Algérie (Blidah, Bouffarik, Chéragas), Tunisie, Egypte, Bulgarie, Turquie, Italie, Espagne, Chine, Açores etc. On pourrait l'utiliser en parfumerie dans l'Annam où il est cultivé comme plante d'agrément sous le nom de « Hoa lai ». On peut en rapprocher le « Hoa ly », liane robuste à fleurs nombreuses dont l'odeur rappelle celle du Jasmin. Il y a lieu de remarquer toutefois que cette culture réclame de l'eau.

En France les Alpes Maritimes ont le monopole de cette production (600 000 kilos à 1 million de kilos). Les plantations sont localisées surtout dans les environs de Grasse où elles datent de plus d'un siècle. D'après un spécialiste du pays, M. Courrin, de toutes les plantes à parfums c'est le Jasmin qui a pris le plus grand développement et qui donne lieu au plus gros chiffre d'affaires. « Il n'y a pas, il ne pourra pas y avoir de surproduction, à cause de la demande constante. De plus, les cultures de Jasmin dépérissent relativement vite. C'est sur elles que doit se porter l'effort principal des producteurs ». C'est ainsi que l'on a arraché beaucoup d'Oliviers pour planter cet arbrisseau, encouragé par des prix de vente de 3 à 5 francs le kilo de fleurs. Toutefois des esprits moins optimistes ont écrit sur les risques d'une surproduction possible. Il est prudent dans les créations nouvelles de s'assurer des prix par convention.

Il y a une quinzaine d'années la commune de Grasse comptait 8 790 000 pieds de Jasmin sur 185 hectares et demi produisant 300 000 à 400 000 kilos de fleurs. Cette surface s'est accrue depuis. La région a produit 200 000 kilos en 1900 ; 550 000 en 1905 ; en 1907 les plantations ont augmenté de plus d'un million de pieds ; en 1910 on récoltait 600 000 kilos, et en 1911 plus d'un million dont les trois quarts sont traités par les usines de Grasse.

Mouans-Sartoux est le véritable centre de la culture. Ce village est situé au pied de Grasse dans une plaine qui s'étend jusqu'à la mer, limitée d'un côté par les collines sur lesquelles se trouve Plascassier et de l'autre par la chaîne de l'Estérel. La Rose et le Jasmin constituent les produits les plus importants du terroir, dont 35 à 40 hectares sont consacrés à ce dernier. En 1911 on y a récolté 120 000 kilos, vendus 300 000 à 350 000 francs. Le Plan-de-Grasse, Plascassier, Mougins, Magagnosc, Pégomas, La Roquette, Peymeinade sont aussi des centres importants. On rencontre également quelques plantations au Bar, au Cannet, à Cannes, à Vallauris, à Antibes, à Nice.

Culture

La culture (nous prendrons comme type celle qui est pratiquée dans la région de Grasse) exige beaucoup de soins, un terrain léger, irrigable, bien exposé en côteau au midi à l'abri des vents froids du nord. Les pousses qui se développent chaque année sont palissées et l'hiver les pieds sont buttés. Dans ces conditions le *Jasmin à grande fleur* se comporte bien jusqu'à une altitude de 300 à 400 mètres.

Comme nous l'avons dit, cette variété est greffée sur Jasmin commun, plus rustique, que l'on trouve à l'état sauvage dans quelques localités des Alpes-Maritimes à Saint-Martin-Vésubie, par exemple, et surtout sur la Rivière de Gênes, notamment à Nervi. Les horticulteurs en importent au prix de 20 à 30 francs les mille enracinés. L'Italie fournit annuellement à la région de Grasse 70 000 pieds. Sur ce nombre il n'y a qu'une petite proportion de plantes greffées que l'on vend 100 francs le mille.

D'aucuns prétendent que le Jasmin à grande fleur cultivé franc de pied a une plus belle végétation et que ses fleurs se conservent fraîches plus longtemps.

Dans tous les cas on peut se demander s'il ne serait pas intéressant de faire des essais de greffage sur d'autres porte-greffes que le Jasmin sauvage, comme : J. Odorant, J. à Fleur nue, J. Indigène (J. Fruticans), J. triomphant, espèces rustiques venant un peu dans tous les sols. Le Mogori Sambac, cultivé pour la parfumerie en Algérie, Espagne méridionale, est moins rustique que le J. commun.

Préparation du sol. — Choisir un terrain meuble, léger, exempt de pierres, substantiel, profond, pouvant être arrosé, se ressuyant bien l'hiver (pourridié des racines) ; on le drainera le cas échéant ; la plante craint les sécheresses excessives de l'été.

Défoncer à 75 à 80 centimètres en enlevant les débris de racines pourries. Désinfecter au besoin avec une forte dose de sulfure de carbone (300 grammes par mètre carré). Donner une pente régulière pour l'arrosage et enfin pratiquer un léger binage. On ne fume guère que la troisième année, surtout si l'on plante des boutures non enracinées. Il serait utile, cependant, de mettre au défoncement une bonne dose de fumier de ferme qui aura tout le temps pour se décomposer. D'une façon générale être prudent avec les engrais azotés qui nuiraient à la maturation du bois de greffage.

Plantation. — De septembre à novembre, suivant les régions. On peut mettre directement des boutures de Jasmin commun non enracinées (10 francs le mille) que l'on greffera après enracinement suffisant. Choisir du bois dur bien aoûté de l'automne précédent. On coupe des morceaux de 30 à 35 centimètres ayant au moins quatre yeux ; on en laisse deux hors de terre ; on butte, fait une rigole et arrose ensuite modérément. On met plus rarement les boutures à l'enracinement dans des terrines ou dans une planche de bonne terre bien ameublie au pied d'un mur bien exposé au midi, pour planter à l'automne suivant.

Pour le marcottage en septembre, octobre ou au printemps, on couche les branches dans le sol après les avoir incisées à moitié bois au-dessous d'un nœud ou enlevé un anneau d'écorce de 2 à 3 millimètres. L'automne suivant on détache complètement les pieds enracinés du pied mère pour les mettre en place.

En Algérie on bouture à demeure le plus souvent dans des fosses parallèles comme pour la vigne, et remplies de fin terreau.

Il est entendu que les procédés ci-dessus s'appliquent aussi bien au J. à grande fleur qu'au J. sauvage. On plante directement les enracinés greffés dans des trous garnis de fumier et de bonne terre. On ménage également une rigole pour les arrosages ; on en donne un immédiatement après la plantation.

On oriente les lignes de plants du nord au sud, la direction est-ouest étant à redouter lors des gelées printanières.

Toutefois dans les terrains en pente on trace perpendiculaire-
ment à celle-ci. On espace un peu plus les plants enracinés
que les simples boutures ; ces dernières sont à 5 à 6 centimètres
sur la ligne et les lignes à 0^m,80 à 1 mètre, car on compte sur
les manquants que l'on supprimera en automne ; au besoin
même, on enlève un pied sur deux. D'ailleurs les distances
adoptées sont très variables ; il semble avantageux d'espacer
plus qu'on ne le fait ; mais la chose se complique alors d'une
taille mieux conduite et plus délicate pour faire occuper à
l'arbrisseau l'espace libre dont sa légère ramure peut disposer. Or cette taille se pratique actuellement d'une façon
très simple en rabattant les ramifications à deux yeux près
de la greffe. 25.000 pieds à l'hectare correspondent à 1^m × 0^m,40 ;
c'est une moyenne que certains spécialistes semblent pré-
préférer (1). Les anciennes plantations étaient très denses,
150 000 à 200 000 pieds (0^m,90 ou 0^m,80 sur 0^m,06 ou 0^m,07) ;
de plus récentes sont à 1 mètre ou 0^m,80 sur 0^m,10, soit
100 000 à 125 000 pieds. Enfin dans certains pays on trouve
10 000 plantes (1^m × 1^m).

Greffage. — On pense généralement qu'en plantant des
sujets enracinés et greffés on risque moins d'avoir des greffes
à refaire. Certains spécialistes prétendent, cependant, ici, que
le greffage sur place donne de bien meilleurs résultats, que la
plante a pris entièrement possession du sol et n'a plus à souffrir
de la déplantation.

Le greffage est un travail pénible, long et délicat, pour lequel
on a généralement recours aux spécialistes, qui le plus souvent
fournissent eux-mêmes les greffons. On pratique la greffe
en écusson, à 5 à 6 centimètres du sol, à œil poussant en juin
ou à œil dormant en août. Ce mode de greffage, bien que préférable au point de vue de la constitution du futur sujet, est
plus long et moins commode pour la grande quantité de pieds
à greffer que la greffe en fente généralement adoptée. On
opère au printemps sur des pieds ayant au moins une année

(1) Nous lisons sur une statistique de la région de Grasse que l'on
compte 8 700 000 pieds sur 185 hectares et demi, soit environ 46 900 à
l'hectare ; et sur une autre concernant Mouans-Sartoux, 2 500 000
sur 37 hectares, soit 67 500 par hectare.

de végétation. On choisit des greffons de *Jasmin à grande fleur bien aoûtés* sur pieds bien florifères d'un certain âge, exempts de maladie et non atteints par le froid.

Un premier ouvrier étête le sujet *en biseau* au ras du sol après avoir déchaussé la plante et enlevé les racines superficielles ; puis il fend le sujet. Un deuxième ouvrier, assis sur un petit siège, tire sur la pointe pour ouvrir facilement la fente (d'où l'utilité du biseau pour éviter les tâtonnements, la perte de temps) et met le greffon en place. Une femme qui suit lie avec un brin de raphia ou de laine. Le quatrième ouvrier muni d'une houe recouvre complétement la greffe avec de la terre légère, au besoin avec du sable. On voit ici l'utilité d'établir la culture dans un sol suffisamment meuble. Avec ce mode de travail quatre opérateurs peuvent greffer 2000 pieds par jour.

Quelque temps après le greffage on arrose modérément, mais souvent, trois à quatre fois par semaine. On veille à ce que le petit monticule de terre qui recouvre la greffe ne forme pas croûte.

Une vingtaine de jours après le greffage quand la jeune pousse commence à pointer on lui donne de l'air en enlevant de la terre sur le côté de la butte, mais progressivement, de façon que la greffe ne soit tout à fait dégagée que lorsque la pousse a 10 à 15 centimètres de long et encore ne faut-il l'amener au jour que par temps couvert ou le soir afin d'éviter sa dessiccation.

Les soins consistent ensuite en binages, sarclages, arrosages (tous les quinze jours de mai à septembre). On enlève les rejets des porte-greffes, sauf pour ceux où la greffe n'a pas pris et que l'on greffera l'année suivante sur un de ces rejets.

Dans la première quinzaine de juillet, quand les pousses ont une vingtaine de centimètres, on les fixe avec du raphia sur un fil de fer, supporté par des piquets que l'on a plantés à cet effet le long des rangées de Jasmin.

En automne à l'approche de l'hiver on butte les pieds, mais le plus tard possible et en opérant par temps sec.

En mars-avril, l'année suivante, après débuttage on regreffe les manquants ou les pieds dont la gelée a tué le greffon. Ou bien en septembre on remplace par des plants enracinés d'un an que l'on a eu soin d'élever en pépinnière, les quelques boutures manquantes.

Soins culturaux. — **Fumure**. — Le fumier de ferme (40 mètres cubes à l'hectare) ou encore celui de mouton, et, là où ces produits font défaut, le tourteau de sésame (4000 kilos) sont à peu près les seuls ingrédients employés. On additionne aussi les eaux d'arrosage, en été, de vidange ou de fumier. Nous répéterons ce que nous avons déjà dit pour la production des fleurs en général, c'est-à-dire l'importance des engrais phosphatés et des engrais potassiques. La meilleure combinaison semble être celle qui apporte une demi-fumure au fumier de ferme et une demi-fumure aux engrais chimiques. Le fumier de ferme, les scories, le chlorure de potassium sont mis en en automne au milieu des lignes au moment du buttage ; en mars-avril, après la taille on applique le nitrate, le sulfate d'ammoniaque, le superphosphate, le tourteau (voir la fumure des Orangers), dans une petite rigole tracée près des plantes de l'autre côté du ruisseau d'arrosage.

On a constaté dans des expériences faites dans les Alpes-Maritimes, qu'avec 4000 kilos de tourteau de sésame à l'hectare et 2000 kilos de scories on obtint 4 315 kilos de fleurs, au lieu de 4 135 kilos (différence, 180 kilos) avec le tourteau seul. — Autre cas : 700 kilos nitrate de soude, 1 000 kilos superphosphate, 300 kilos chlorure potassium : 5 480 kilos de fleurs ; la suppression d'un des éléments : azote, acide phosphorique, potasse, entraîna une diminution de la récolte. — Autre : 500 kilos sulfate ammoniaque, 1 000 kilos superphosphate, 400 kilos chlorure : récolte 7 928 kilos ; avec suppression du chlorure potassium, 7 636 kilos (différence, 292 kilos). Les doses d'engrais varient, d'ailleurs, avec les sols, la densité et l'âge des plantations. Voici quelques formules qui ont été recommandées : 8 000 kilos fumier ; 50 kilos nitrate soude ; 500 kilos superphosphate ; 150 kilos sulfate potassium ; et dans les terrains calcaires, 500 à 600 kilos sulfate fer. — 2 000 kilos tourteau ; 400 kilos nitrate ; 600 kilos superphosphate ; 200 kilos chlorure potassium. — 1 500 à 2 000 kilos tourteau (ou 800 à 1 000 kilos nitrate, ou une demi-fumure au fumier de ferme, soit 20 mètres cubes, complétée par 500 kilos nitrate); 1 000 à 1 500 kilos scories ou superphosphate; 300 kilos chlorure potassium.

Débuttage. — Quand les froids tardifs ne sont plus à craindre on déchausse les pieds en février-mars, d'abord du côté du Midi, puis en mars-avril on fait le reste. Il n'est pas prudent, sous prétexte d'avancer les façons culturales, de s'y mettre trop tôt, par crainte des gelées tardives de mars.

Taille. — On taille après le débuttage. La première année qui suit le greffage on rabat à un ou deux yeux au-dessus de la greffe. Ensuite chaque année on coupe tous les rameaux de l'année précédente sur leur empattement ou à un œil (taille en tête de saule). Si les plantes étaient à un certain écartement on s'inspirerait de la taille appliquée à la vigne ou au Rosier, par exemple, de façon à garnir les vides.

Palissage. — On doit installer des pieux de 1 mètre de hauteur environ, que l'on relie par deux ou trois rangs de fil de fer distants de 20 à 25 centimètres. On se contente le plus souvent d'un seul étage fixé sur la tête des pieux. Les roseaux ont l'inconvénient de servir de refuge aux insectes. On réunit donc par groupes les jeunes pousses quand elles ont une ongueur suffisante et les attache avec du raphia au fil de fer ou au piquet.

Arrosage. — Une rigole tracée le long de chaque rangée de Jasmins permet de leur donner de l'eau dès que les rameaux commencent à pousser, alors trois ou quatre fois par semaine l'année du greffage. Dans les cultures établies on arrose d'habitude dès fin mai et tous les huit à quinze jours jusqu'en septembre, pour soutenir la floraison. Rappelons que si elle est ainsi favorisée il n'en est pas de même du parfum. On profite parfois de ces arrosages pour additionner l'eau de purin, vidange ou lui faire laver du fumier dans un bassin.

Binages et sarclages. — Ils sont aussi fréquents que possible (trois ou quatre en général) pour ne voir ni herbes ni mottes.

Buttage. — En octobre, novembre à l'approche des froids on donne un labour pour ameublir le sol piétiné par la cueillette, on enfouit en même temps le fumier et enfin on butte

les pieds à 30 centimètres pour les garantir des gelées, en
choisissant un temps sec. Pour faciliter l'opération on peut
enlever les piquets et les fils de fer.

Une *jasmineraie dure* en moyenne de *douze à quinze ans*.
Bien soignée et dans un terrain approprié on en voit qui à

Phot. Rolet.

Fig. 45. — Cueillette du Jasmin sur les côteaux de Grasse.

vingt, trente et même cinquante ans, donnent encore des
récoltes suffisamment rémunératrices. Mais parfois le Pourridié
(Mouffe) anéantit les plantations encore jeunes établies dans
des terrains trop humides en hiver.

Insectes et maladies. — Contre le *Pourridié* des racines
(Morphée, Mouffe, Blanc des racines), voir ce qui en a été dit
à l'Oranger. Drainer ; cesser la culture pendant huit à dix ans.
Avant d'établir la plantation, bien nettoyer le terrain, le
désinfecter au sulfure de carbone à la dose de 200 à 300 grammes
par mètre carré. Si l'on voit des plantes dépérir essayer le

A. ROLET. — *Plantes à parfums.*   11

traitement pendant le repos de la végétation. La dose de liquide doit être arrêtée après essai préalable sur quelques pieds.

Un autre champignon a été signalé : *Chromosporium Pactolinum*.

Les *Cochenilles* peuvent compromettre la récolte ; mais la taille annuelle facilite la lutte quand on brûle les rameaux coupés, de même que le buttage d'hiver. En Algérie on a eu à se plaindre de ces Hémiptères en 1899 où ils ont compromis la récolte.

On a signalé l'*Aspidiotus Nerii*. En Guyane Anglaise on a parlé de *Coccus Mangiferae* et de *Howardia Biclavis*.

Outre les Cochenilles les *Pucerons* sont aussi à citer (Aphis Evonymi, A. Rumicis, A. Papaveris.) Signalons encore la chenille de la *Phalène du Lilas* (Ennomos Syringaria) qui ronge les feuilles : brunâtre, 20 à 25 millimètres de long ; il y a une deuxième génération de chenilles en août qui se chrysalident en septembre et passent ainsi l'hiver. Le papillon a les ailes dentelées, de couleur jaunâtre, avec des bigarrures vertes, roses et grises. Vole en mai et la femelle pond en juin.

La chenille d'un autre petit papillon, *Margarodes Unionalis*. La grosse chenille jaune avec bandes brunes d'un gros papillon, le *Sphinx à tête de mort* (Acherontia Atropos); et même les Termites (Etats-Unis).

Récolte des fleurs. — La jasmineraie peut donner une petite récolte la première année de greffe et payer les frais d'entretien ; la deuxième année, 200 à 300 kilos de fleurs. La pleine production arrive vers la quatrième année.

La cueillette, travail agréable et fatigant à la fois, a lieu dès la fin juillet et se poursuit quand le temps est sec et chaud jusqu'en octobre. En Algérie elle débute en juin et se termine en novembre. Les cueillettes les plus fortes sont celles que l'on fait du 10 août au 10 septembre. On estime que vers le 25 août les parfumeurs ont reçu la moitié de la quantité totale des fleurs à recevoir. Celles de juillet-août sont les plus estimées. En fin septembre elles n'ont souvent plus guère de valeur parce qu'il ne fait plus assez chaud.

On récolte le matin, dès la disparition de la rosée, jusqu'à 10 heures à 11 heures au début de la saison et même 3 à

4 heures quand la floraison est abondante ; ou bien on la
reprend entre 5 et 7 heures. Les producteurs sont aidés par
des Piémontaises qui gagnent 50 ou 55 centimes par kilogramme, ce dernier comptant en moyenne 700 fleurs. Une
cueilleuse ramasse d'ordinaire 2^{kg},5 à 3 kilogrammes par

Fig. 46. — La pesée du Jasmin à son arrivée à l'usine.

matinée de six heures. Les femmes habiles, et avec une
floraison abondante, arrivent à un chiffre bien supérieur.

Les fleurs sont mises dans des petits paniers, plus rarement
dans les tabliers retroussés des cueilleuses où elles se froissent
et prennent sous l'influence de la chaleur du corps une teinte
brune qui les déprécie.

Quand elles sont mouillées de rosée on les étend sur un drap.
Les fleurs imprégnées par la pluie n'ont pas grande valeur.
Autrefois les industriels stipulaient dans les marchés qu'ils
les refuseraient. Aujourd'hui ils en tirent un certain parti.

Quoi qu'il en soit ces fleurs mouillées et brunies sont détachées des rameaux pour faciliter la venue des autres. Les fleurs oubliées la veille n'ont pas grande valeur non plus.

La récolte est portée chez le commissionnaire dans de larges corbeilles peu profondes, recouvertes d'une toile, pouvant contenir 18 kilogrammes environ.

Quand le froid n'est pas suffisant en hiver, le repos de la végétation ne se faisant pas normalement, les plantes restent languissantes et au printemps elles débourrent plus ou moins bien. Si, alors, la chaleur est insuffisante, la floraison est maigre. Il faut donc souhaiter un froid salutaire en hiver, puis une température chaude et sèche.

Rendement et vente. — Le rendement annuel est très variable. Nous avons dit combien le nombre des pieds diffère sur cette superficie, 10 000 à 200 000. Moins les plantes sont nombreuses, plus grand est leur développement. Que l'on ne s'étonne pas des chiffres suivants cités par différents auteurs ou que nous avons recueillis de la bouche même de quelques producteurs : par pied : 30, 40, 50, 100, 180, 200, 250, 500 grammes ; 1^{kg},300 ; 2 kilogrammes ; par hectare : 2 000, 2 400, 3 000, 4 500, 5 480, 7 900 kilogrammes.

Le *prix de vente* du kilogramme varie de 1 à 5 francs. Les années d'abondance ne sont pas toujours celles où la fleur se vend le moins (besoins de l'industrie, stocks de parfum restant en magasin, conventions entre producteurs et acheteurs, etc.). On estimait qu'à 2 fr. 25, prix moyen des engagements, la culture était avantageuse.

Un spécialiste a écrit cependant que le prix de vente devrait être de 4 francs au minimum ; les frais de culture, d'engrais, de cueillette augmentent ; le rendement en travail des ouvriers diminue et le prix de leur journée est plus élevé. Les frais généraux, dit-il, ont augmenté de 50 p. 100 par rapport à ce qu'ils étaient il y a quarante ans, alors que l'on payait la fleur 2 francs. D'autre part, le parfum du Jasmin servant à une foule de préparations, le prix de la pommade obtenue par les parfumeurs augmente régulièrement. En 1907, elle valait 15 p. 100 de plus qu'en 1906, bien que les fleurs fussent payées 40 p. 100 meilleur marché. Enfin, pour l'auteur, le Jasmin ne craint pas la concurrence des parfums synthétiques.

Comme on le pense, le chiffre des recettes brutes et partant celui des bénéfices nets sont très variables, après ce que nous venons de dire et sur les rendements et sur les prix. Voici le compte d'un spécialiste, M. H. Michel : jasmineraie d'un

Fig. 47. — Traitement du Jasmin par les dissolvants volatils
à la coopérative de Grasse.

hectare comptant 25 000 pieds rendant 30 à 35 kilogrammes par mille ; frais d'établissement et d'entretien (défoncement, nivellement, achat des plants, plantation, tuteurs, fil de fer, greffage au printemps suivant, soins d'été, buttage d'automne), 2 000 francs pour la première et la deuxième année ; il faut tenir compte aussi de l'amortissement et de l'intérêt des constructions (réservoir d'eau, rigoles, etc.). La troisième année, c'est-à-dire la deuxième année de greffe, les frais culturaux sont de 300 francs, plus 120 francs de fumure,

60 francs d'eau, 10 francs d'impôts ; total, 490 francs, sans compter l'intérêt et l'amortissement. Les frais de cueillette s'élevant à 0 fr. 55 et les 750 à 875 kilogrammes de fleurs se vendant 2 francs le kilogramme, il reste net, de 575 à 750 francs.

De M. L. Robert : dépense des deux premières années : achat de 100 000 boutures à 10 francs le mille, 1 000 francs ; défoncement à la main, 1 250 francs ; greffage, 600 francs ; entretien, 500 francs ; fil de fer et piquets, 400 francs ; total, 3 750 francs. L'ensemble des frais annuels s'établit de la façon suivante : amortissement, 375 francs ; cueillette de 4 000 kilogrammes à 0 fr. 50, 2 000 francs ; engrais, 350 francs ; entretien, 300 francs ; total, 3 025 francs. Rendement : 4 000 kilogrammes à 2 fr. 50, 10 000 francs ; reste net 7 000 francs environ.

On a cité aussi des rendements de plus de 19 000 francs et des bénéfices nets de 12 000 à 13 000 francs à l'hectare réalisés en 1911 !

Traitement des fleurs. — Les fleurs sont rarement traitées par la *distillation*; on dit en terme de métier que le Jasmin n'a pas d'essence. Le produit obtenu a toujours une odeur forte et légèrement empyreumatique qui ne rappelle que vaguement celle de la fleur. Voici le décompte fourni par Si Amor Kaddour, distillateur en Tunisie : 100 kilogrammes de fleurs, 80 francs ; cueillette, 20 francs ; 20 fioles, 5 francs ; bois de chauffage, 12 francs ; salaire du distillateur, 10 francs. Recettes : 10 fioles d'eau de Jasmin 1re qualité à 10 francs, 100 francs ; 10 fioles deuxième qualité à 3 francs, 30 francs ; 2 metkal (le metkal, 4 gr.), 42 francs, total : 172 francs. En Tunisie, l'eau de Jasmin vaut 4 à 6 francs le flacon de 2l,5. On estime que les 100 kilos de fleurs fraîches rendent 8 à 10 grammes.

Tunis, Andrinople fournissent une certaine quantité d'essence à 500 à 550 francs l'once de 31 grammes, soit 16 000 à 17 000 francs le kilogramme. Le décompte ci-dessus fait ressortir le gramme à 11 francs, soit 11 000 francs le kilogramme. On a cité encore 5 000 francs.

Mais les fleurs sont surtout employées pour la préparation des *pommades* et de l'huile de Jasmin, dont on tire des extraits,

L'enfleurage à froid donne des rendements plus normaux que la macération dans la graisse. On explique la chose en disant que la fleur « meurt » dans le dissolvant et ne donne que le parfum qu'elle possède au moment du traitement, tandis que la fleur vivante qui repose sur la graisse ou le molleton imbibé d'huile, l'air circulant autour, continue à émettre des effluves parfumés. Certaines grandes usines de Grasse possèdent jusqu'à 200 000 châssis pour traiter ainsi le Jasmin et la Tubéreuse. Telle d'entre elles manipule par jour, dans les années d'abondante récolte, 20 000 kilogrammes de Jasmin.

L'emploi des dissolvants volatils (1) a le même inconvénient que la macération. Quand l'été est sans pluie, de juillet à septembre, on tire une essence plus liquide, plus parfumée; quand la saison est humide, de même qu'en octobre et novembre, elle est plus concrète, moins parfumée. On mélange généralement ces deux produits ( ).

L'essence renferme de la jasmone (cétone), de l'acétate de benzyle, du linalol, de l'acétate de linalyle, de l'alcool benzylique, de l'indol.

L'odeur du Jasmin entre dans la composition de la plupart des parfums les plus recherchés pour le mouchoir et dans la bandoline. Habilement associée à d'autres parfums convenablement choisis, elle plaît infailliblement à l'acheteur le plus difficile.

(1) Il y a à Grasse (Le Plan de Grasse) une usine coopérative formée par les producteurs de Jasmin.

(2) Pour plus de détails voir notre article « Jasmin » dans le Journal « La Parfumerie Moderne », n° de novembre 1916.

LE GÉRANIUM

Variétés. — On utilise en parfumerie plusieurs variétés ou espèces de Géranium (famille des Géraniacées, genre Pelargonium), que l'on désigne sous le nom commun de Géranium rose (Geranium Rosat, Pelargonium Capitatum, Pelargonium Roseum, P. Odoratissimum).

Divers Géraniums avaient déjà été importés du cap de Bonne-Espérance en 1690.

En 1819, Recluz, de Lyon, obtint l'essence par distillation. Mais ce ne fut que vers 1847 que l'on commença à cultiver la plante dans un but industriel. Le *Géranium Rosat*, appelé communément Mauve Rose, dériverait par hybridation du *Pelargonium Graveolens*, Hit. Cette dernière espèce, désignée aussi sous les noms de Pelargonium Terebenthinaceum, serait la plante cultivée couramment en Algérie.

D'après Jumelle le Géranium adopté par la parfumerie en Provence, Corse, Algérie, la Réunion, ne ressemble en rien au Pelargonium Capitatum qui a des feuilles arrondies et seulement très légèrement lobées, mais plutôt au Pelargonium Graveolens (feuilles très découpées). Mieux encore, d'après Buysmann, le Géranium Rosat est une variété à larges segments du Pelargonium Radula, le Pelargonium Radula *varia* Rosodora.

Quoi qu'il en soit le Géranium Rosat est une plante vivace à souche ligneuse dans les pays méridionaux, formant, quand on la laisse croître à son gré, de grosses touffes arrondies d'un mètre de haut. Tiges diffuses assez fortes qui, coupées à leur base, donnent de nouvelles ramifications au printemps, ce qui permet, comme en Algérie, d'exploiter les mêmes plantes pendant plusieurs années.

Feuilles alternes à la partie inférieure des tiges (elles paraissent parfois opposées), crépues, cordiformes; 5 à 7 lobes principaux ; froissées, elles dégagent une très forte odeur de rose.

Fig. 48. — Géranium rosat.

Feuilles et tiges sont couvertes de poils de deux sortes, les uns très fins, longs, effilés, parfois appliqués contre l'épiderme, les autres, ou poils sécréteurs, très courts, peu visibles, épais à leur base et renflés en boule à leur sommet. D'après G. Bonnier et L. du Sablon l'essence est produite par des cellules sécrétrices isolées au sommet de ces poils formés par une seule file de cellules.

Fleurs disposées en ombelles capitulées ; pétales inférieurs roses ou purpurins, les deux supérieurs striés de lignes rouge sanguin ; apparaissent d'avril à octobre dans les pays très tempérés, dès mars en Algérie. Les tiges d'automne fleurissent peu.

En Italie on cultive le *Pelargonium Roseum*, particulièrement étudié par le Dr Blandini, de l'École de Portici.

Le *Pelargonium Odoratissimum* Ait. ou Pelargonium très odorant, n'est pas très répandu, car sa production herbacée est faible. Il donne une essence très agréable ; ses fleurs sont rose foncé ; ses feuilles cordiformes, arrondies.

Le *Pelargonium Fragrans* Wid. (P. odorant), ou Géranium Odoratissimum erectum Andr., a des feuilles à trois lobes dentés à odeur de muscade, des fleurs blanches. Il est peu cultivé en raison de la faiblesse de son rendement herbacé.

Le *Pelargonium Crispum* a l'odeur de Citron.

Citons encore le Pelargonium Inquinans Ait. ou Pelargonium Fétide.

Régions. — C'est vers le milieu du xixe siècle que la culture aurait été introduite dans les Alpes-Maritimes dans le terroir de Pégomas. Aujourd'hui encore la plante prospère le mieux dans les riches terrains d'alluvion de la Siagne (plaine de Laval). Les principales cultures se rencontrent aussi un peu plus à l'est du département, à Vallauris, et surtout dans le terroir de Villeneuve-Loubet, dans les alluvions du Loup, et à Cagnes. Dans le Var il y a aussi quelques plantations à Vidauban, à Hyères.

En Provence la culture sur le même terrain ne dure qu'une année.

En Algérie le Géranium de parfumerie couvre plus de 850 hectares, surtout dans la région du Sahel d'Alger et dans la plaine de la Mitidja, près de Dellys, un peu moins dans celle de Bône et Philippeville (Rovigo, 250 hectares ; Chebli, 210 ; Bouffarik, 200 ; Bouinan, 160 ; Mouzaïaville, 45) ; Cheragas (premiers essais en 1847 par des colons venus de Grasse) ; Staoueli, Castiglione. On cultive un peu aussi en Oranie et au Maroc.

Dans ces régions les plantations durent jusqu'à 10 années et reviennent sur le même terrain trois ou quatre ans après.

D'après le Bulletin du Comice agricole de Bouffarik, ce sont MM. Simonnet et Mercurin de Chéragas, près Alger, qui introduisirent des plantes odoriférantes des environs de Grasse. Des essences algériennes furent exposées en 1849 à Paris, en 1851 à Londres et en 1852 les comptes rendus mentionnent les succès obtenus par Payen à Blida ; Requier et Martin à Alger ; Ferraud à Birmandreis ; Haloche à El-Biar ; Jeanbet à Jemmapes. Pendant une dizaine d'années la nouvelle industrie resta stationnaire lorsque, en 1857, M. Antoine Chiris, industriel-parfumeur à Grasse, vint fonder sous la direction de M. Gros, son grand établissement de Bouffarik où de très grandes surfaces furent plantées en Cassie, Oranger bouquetier et surtout Géranium.

En Tunisie la plante est exploitée dans la presqu'île du Cap Bon, principalement à Hammamet et à Nabeul. En Corse des Grassois l'introduisirent il y a une quarantaine d'années dans la région de Bastia (Erbalunga, Sesco) et d'Ajaccio (Castelluccio, Chiavari).

A l'étranger citons : la Réunion, l'Espagne (particulièrement les régions de Valence et d'Alméria), la Turquie, l'Italie, l'Autriche centrale et l'Allemagne du Sud.

A ceux qui ont l'intention d'introduire la culture dans des régions où elle est encore inconnue, nous dirons que la qualité de l'essence étant fortement influencée par les conditions de sol et de climat, il faut faire d'abord de petits essais, et ne la continuer que dans les endroits où l'on obtient des résultats parfaits.

Culture.

Sol : nature, exposition, préparation. — *L'exposition*, l'altitude, la lumière, ont comme nous venons de le dire, une action marquée sur la qualité et sur la quantité de l'essence. La température ne doit pas descendre au-dessous de 5 à 3 degrés car la plante craint les plus faibles gelées et d'autant plus qu'elle est plus jeune. Choisir l'exposition au midi, la chaleur ayant une influence considérable sur le développement des feuilles et leur arome. La plantation en côteau ou en vallée exposés au sud doit être garantie des grands vents de l'ouest et du nord. Mais souvent sur les côteaux la terre manque de profondeur.

En Algérie les cultures s'étendent sur les côteaux du Sahel et dans les plaines basses du littoral où les abaissements de température ne sont pas accentués pour détruire les plantes. Certaines années, cependant, dans les parties basses de la Mitidja les jeunes plantations sont parfois éprouvées.

Le Géranium redoute aussi l'humidité de l'hiver.

Les *terres* qui conviennent le mieux sont légères ou moyennes, un peu calcaires, riches en humus, profondes, saines, un peu fraîches en été ou à l'arrosage, la sécheresse nuisant au développement des feuilles. S'écarter des routes poudreuses dont la poussière est nuisible aussi.

A Rovigo, en Algérie, les plantes sont en sol silico-argileux ou siliceux ; à Bouffarik en alluvions silico-argileuses. C'est aussi principalement dans les alluvions de la Siagne et du Loup que les cultures sont établies dans les Alpes-Maritimes. D'ailleurs en raison des façons culturales la terre doit être facile à travailler en toute saison. Les champs substantiels ou fortement fumés donnent plus de feuilles mais proportionnellement moins riches en essence que celles venues en sol léger, sablonneux où la quantité de matière verte est moindre.

Si l'on a à redouter les mauvaises herbes il faut donner le premier *labour de préparation* en été. Mais c'est en général en automne ou en hiver que l'on donne cette façon. On descend d'autant plus profondément que le climat est plus sec, à moins que l'on n'arrose. A Rovigo (Algérie), dans les terres sablonneuses ou graveleuses on creuse jusqu'à 50 centimètres (150 francs par hectare, par entreprise de défoncement à vapeur, Rivière et Lecq). Ailleurs on se contente bien souvent de 30 à

40 centimètres et même de 15, suivant la nature du terrain.

Quand on doit *irriguer*, à l'approche de la plantation on nivelle la surface pour éviter le séjour prolongé de l'eau qui nuirait à la végétation. Si on pratique l'arrosage par submersion on dispose le terrain en planches. Dans tous les cas quelques jours avant de planter on donne un coup de herse pour ameublir la surface ; on passe ensuite le rouleau s'il y a des grosses mottes.

Fumure. — D'après M. Dugast, directeur de la Station agronomique d'Alger, 100 kilogrammes de feuilles vertes de Géranium contiennent $0^{kg},26$ d'azote, $0^{kg},12$ d'acide phosphorique et $0^{kg},33$ de potasse. Mais il faut tenir compte aussi des tiges. Enfin, comme nous l'avons remarqué à propos de l'Oranger, plusieurs autres facteurs entrent aussi en jeu en ce qui concerne les doses d'engrais à apporter : nature du sol, fumures antérieures, arrosages qui lavent le sol, etc. Voici une indication : 600 kilogrammes nitrate soude ou 450 kilogrammes sulfate ammoniaque, 800 à 1 000 kilogrammes superphosphate ou scories et 400 à 500 kilogrammes sulfate ou chlorure potassium. Les engrais phosphatés et potassiques sont appliqués au labour de préparation ; un tiers du nitrate ou du sulfate ammonium un peu avant la plantation et le reste en deux fois dans les premières périodes de la végétation. Dans la plaine de Mandelieu (Alpes-Maritimes) la formule suivante a donné une récolte de 71 428 kilogrammes : 600 kilogrammes nitrate, 1 000 kilogrammes super, 500 kilogrammes chlorure de potassium ; sans nitrate on a récolté 16 071 kilogrammes en moins. Après une expérience faite à Biot (Alpes-Maritimes), on a conseillé : 600 kilogrammes nitrate, 800 kilogrammes super, 400 kilogrammes chlorure potassium qui ont produit 52 390 kilogrammes.

Mais à moins que le sol ne soit très riche en humus il est préférable d'associer les engrais organiques aux engrais chimiques : fumier de ferme, compost, résidus de la distillation du Géranium, tourteau. Les produits à décomposition lente sont mis au labour de préparation. A défaut, on les place dans les trous de plantation, ou encore on les enfouit en automne dans une raie tracée entre les lignes. Dans ce cas on n'emploie plus comme engrais chimiques que : 200 à 300 kilogrammes nitrate ou 150 à 200 kilogrammes sulfate ammoniaque ; 300 à 400 kilogrammes super ou scories ; 150 à 200 sulfate potassium. Dans les Alpes-Maritimes, on emploie parfois plus de 3.000 kilogrammes de tourteau ; mais c'est là un engrais surtout azoté, ainsi que la vidange ou le nitrate que l'on applique au moment de la végétation. Certains producteurs dépensent ainsi 500 francs d'engrais par hectare.

En Algérie où les cultures restent en place plusieurs années on donne la première année au labour de préparation 30.000 kilogrammes fumier de ferme, et les années suivantes on répand en couverture 300 kilogrammes sang desséché ou tourteau, 400 kilogrammes superphosphate, 150 kilogrammes sulfate potasse.

Le Dr Blandini de l'École de Portici (Italie) a mis en évidence ce fait, que tandis que le Géranium Rose fumé exclusivement au fumier de ferme donnait 30⁰,15 de fleurs par hectare à 1,9 p. 100 d'essence, il fournissait avec du fumier de ferme et du superphosphate 40⁰,15 à 3,17 p. 100. Le fumier était enfoui à la dose de 150 quintaux et le superphosphate de 4 quintaux, répandus tous deux la première année. Les rendements notés ci-dessus étaient ceux de la deuxième année de culture.

A la Réunion M. Boutilly conseille après constatation de l'efficacité du superphosphate, d'en mettre 4.000 kilogrammes dans les sols suffisamment riches en humus. Comme la chaux augmente un peu la production de l'essence peut-être aurait-on avantage à employer les scories.

Bouturage. — On plante généralement des boutures enracinées en pépinière. On a ainsi une culture plus homogène. Cependant dans quelques pays, Italie, Algérie, etc., parfois on met directement en place des boutures simples. Cela dépend aussi du temps dont on dispose.

Dans les Alpes-Maritimes certains producteurs préparent eux-mêmes les jeunes plantes. Ce n'est qu'en cas d'insuccès qu'au printemps ils les achètent (8 à 12 francs le mille, suivant état, quantité, conditions, port, etc.). Il est en Corse des

spécialistes qui font cette vente, à Lesca, Brando sur la côte
orientale. Erbalunga, à 9 kilomètres au nord de Bastia livre
au minimum 500 000 boutures par an à 8 à 10 francs le mille.
On s'adresse aussi à l'Italie.

On bouture d'août à octobre suivant les pays. Dans les
Alpes-Maritimes la première quinzaine d'octobre. On met en
coffre ou sous abri de bruyère des boutures de 8 à 10 centimètres. Dans les climats un peu chauds on opère d'octobre à
février.

On pratique généralement le bouturage simple. Il est plus
difficile de se procurer des boutures à talon ou à crossette sur
des plantes de deux ans. Les boutures de deux ans donnent
ordinairement de très belles touffes.

On prend les jeunes branches les plus belles sur les meilleurs
pieds, bien sains, bien développés, avant la récolte d'automne.
En employant des boutures aussi semblables que possible
on aura naturellement plus d'uniformité dans les touffes d'où
augmentation de la production. Il est bon de rejeter les tiges
qui n'ont que 5 millimètres d'épaisseur et moins à la base.

En Corse on prélève les boutures en octobre, novembre, sur
des pieds déjà exploités ; elles portent quelques bourgeons à
leur extrémité après effeuillage. On les met en pleine terre très
rapprochées sur les lignes. On arrose plusieurs fois au cours de
l'hiver.

En Algérie la préparation est faite à la tâche par des indigènes (femmes ou enfants) à raison de 0 fr. 60 le mille. La tige
est débarrassée des feuilles mortes puis on coupe au ras de
la bouture les autres feuilles et les ramifications en laissant
4 ou 5 bourgeons à l'extrémité supérieure et 2 ou 3 feuilles ou
moitiés de feuilles, en tenant compte des conditions atmosphériques, car l'évaporation par ces organes ne doit pas être trop
grande.

On donne à la bouture 15 à 30 centimètres suivant sa nature
(simple ou à talon) et suivant la région. La section de la base
est faite tout près d'un nœud ; elle doit être très nette. Employer une lame bien tranchante mais non un sécateur qui
écrase les tissus et les expose ainsi à être envahis par la pourriture. Les résidus sont distillés.

On pique les boutures dans un terrain approprié, bien préparé, bien ameubli, sain, en côtière ou dans un endroit abrité du froid (abri en bruyère ou châssis, au besoin, sans trop de chaleur, cependant). On les place à 2 à 3 centimètres de distance sur des lignes espacées de 15 à 20 centimètres. On plante à la bêche ou au plantoir. On a soin de comprimer suffisamment la terre au pied. Enfin on arrose quand besoin est.

L'enracinement demande environ un mois.

Plantation. — Dans la région de Portici (Italie) on met directement en place des boutures de deux ans à talon prises sur des plantes mères de quatre ans. Distances : 80 centimètres sur la ligne et 30 à 40 entre les lignes, ou 50 centimètres en tous sens. En Algérie on procède aussi parfois de cette façon avec des boutures de 25 centimètres que l'on pique avec la cheville en les enterrant de 15 centimètres. On opère dès les premières pluies de septembre, octobre jusqu'en décembre. Les plantations hâtives donnent les récoltes les plus abondantes.

Les distances à observer entre les plantes varient avec la durée de la culture, le développement que peuvent prendre les touffes d'après la richesse du sol, les engrais, arrosages, soins, climat, région, etc. Dans tous les cas avec des plantes trop rapprochées les feuilles de la base jaunissent et tombent ; les maladies sont plus à craindre dans les sols humides. Il ne faut pas exagérer non plus l'écartement, car les jeunes Géraniums ne peuvent pas alors garantir promptement le sol contre le soleil ; en outre, les pieds ont tendance à donner plutôt de la matière ligneuse que des feuilles. Les touffes doivent arriver à couvrir le sol pour le préserver du soleil.

On s'aide d'un cordeau portant des points de repère. On emploie le plantoir et l'on enfouit la bouture de 15 à 20 centimètres en ayant soin de comprimer la terre à la base. On met souvent deux moitiés de roseau de Provence autour pour protéger contre les courtilières. Laisser entre les lignes un sillon pour l'arrosage, s'il y a lieu.

Dans les Alpes-Maritimes, on plante après les gelées d'avril à la mi-mai avec une distance de $0^m,80$ au carré ou $0^m,70 \times 0^m,90$ pour les terres arrosables (15 000 à 16 000 pieds à l'hectare). Dans les sols non irrigables mais profonds et frais on adopte 60 à 70 centimètres au carré. Avec 60 centimètres on a 25 000 pieds. On trouve aussi des plantations à $1^m \times 1^m$ soit 10 000 pieds, qui à 12 francs les 1 000 représentent 120 francs.

En Algérie on met en place les plantes de pépinière dès que les jeunes racines commencent à se montrer, soit parfois après quinze à vingt jours. Mais le plus souvent on n'opère qu'en fin novembre, décembre. Les pieds sont à 30 à 35 centimètres sur les lignes et celles-ci sont distantes de 70 à 80 centimètres. A Bouffarik on voit des plantations à $0^m,90$ à 1 mètre au carré ; à Chéragas et à Hydra à $0^m,50 \times 0^m,50$; ailleurs $0^m,60$ à 1 mètre entre les lignes et 25 à 50 centimètres sur la ligne.

En Corse les boutures faites en octobre, novembre sont plantées en mars, avril. Aux environs de Bastia l'espacement serait de 30 à 35 centimètres au carré, près d'Ajaccio $0^m,60 \times 0^m,60$.

Soins culturaux. — Les plantes se développent rapidement. Après un mois environ on remplace les manquants mais par des sujets de même force que les autres. Ensuite les soins consistent à tenir le sol propre par des binages et des sarclages répétés, car le Géranium craint beaucoup les mauvaises herbes. C'est surtout autour du pied qu'elles se développent. L'*arrosage* est le seul moyen d'avoir une récolte abondante assurée. On y procède tous les quinze jours à partir de juillet. Il faut ici moins d'eau que pour la menthe. On trace à la charrue une rigole toutes les deux rangées de plantes.

Après chaque arrosage on bine. Dans le cas où l'on fait plusieurs coupes il est utile, aussi, de pratiquer un binage après chacune d'elles.

Quand la plantation dure plusieurs années, chaque automne on laboure à la houe et en même temps on enfouit les engrais organiques. Si l'on a à redouter un hiver froid on ramène la terre sur les lignes, surtout avec les jeunes plantes. Au printemps au départ de la végétation nouveau binage où on met les engrais facilement assimilables. Enfin dernier binage au moment où la plante va recouvrir complètement le sol de ses ramifications.

En Algérie après chacune des 3 coupes on passe la charrue sans versoir et trace trois raies entre les rangées de plantes puis complète à bras l'espace entre les pieds. S'il y a lieu on herse. Cela ne dispense pas des sarclages si les mauvaises herbes sont trop nombreuses.

Frais. — Voici d'après M. Schilling ce que coûte dans cette région la culture d'un hectare : labour de préparation, 20 francs ; 45 000 boutures à 5 francs le 1 000, 225 francs ; plantation, 30 francs ; 2 piochages, 40 francs ; 2 labours légers, 20 francs ; frais de récolte et de distillation, 120 francs ; loyer du sol, 60 francs récolte et distillation 120 francs.

D'après M. Jolivet : frais de culture et de distillation, 300 francs ; frais de création, 350 francs ; amortissement en six ans, 60 francs ; loyer du sol, 75 francs.

Enfin, d'après M. Ducellier (1), à qui nous empruntons ces chiffres, les frais de culture annuels d'un hectare dans la plaine de la Mitidja peuvent atteindre 500 francs.

Maladies et insectes. — Ces ennemis ne sont pas très importants et n'occasionnent généralement pas de grands dégâts. Des *maladies cryptogamiques* ont été parfois signalées sur les Géraniums d'ornement, plus rarement en grande culture. Choisir les boutures sur des pieds sains. Les stériliser au besoin avant de les mettre en terre en les plongeant dans une solution de sublimé corrosif, ou bichlorure de mercure à 2 grammes par litre avec un peu de sel marin. Ce produit est un poison violent pour l'homme ; prendre les précautions d'usage. Ensuite bien laver les boutures et les recouvrir de charbon de bois en poudre. Malheureusement le sublimé coûte cher. On peut essayer une solution de sulfate de cuivre à 1 p. 100. — Saupoudrer de soufre les plants en pépinière après les avoir pulvérisés avec une bouillie au sulfate de cuivre. Il peut être utile de changer le terreau ou la terre de bouturage. Si l'on emploie des coffres, les badigeonner avec un lait de chaux.

En grande culture désinfecter le sol quelques jours avant la plantation avec 250 à 300 grammes de sulfure de carbone par

(1) Ducellier. *Le Géranium rosat*, sa culture en Algérie.

mètre carré. En plein champ sur les plantes en végétation la lutte est difficile car il ne faut pas altérer l'odeur des feuilles destinées à la parfumerie.

La *Pourriture de la tige* ou noir des jardiniers est due au *Bacillus Caulicorus* qui attaque la plante au niveau du sol (gangrène). Pulvériser les boutures une fois plantées avec de la bouillie bordelaise. Arracher les pieds dès l'apparition de la maladie et les détruire par le feu. Modérer les arrosages, assainir les sols trop humides. Ne pas faire revenir sur le champ infecté la culture du Géranium avant deux ans au moins ; ne pas y mettre, non plus, des pommes de terre, des carottes, des choux, du tabac. Les engrais potassiques et surtout phosphatés seraient de nature à augmenter la résistance du végétal. On aura avantage à diminuer la dose des engrais azotés.

Le *Fusarium Pelargonii* produit des effets analogues. Il attaque la base des tiges et y développe des petits points gélatineux rosés caractéristiques. La végétation s'arrête, la tige noircit et pourrit.

Le *Rhizoctonia Violacea* occasionne le Pourridié des racines. Il attaque aussi l'asperge, la carotte, la betterave, la pomme de terre, le safran, la luzerne, le trèfle, le sainfoin (Voir l'Oranger).

Le *Botrytis Cinerea*, forme conidienne du Sclerotinia Fuckeliana, entraîne le brunissement et la dessiccation des feuilles et des rameaux. Assainir le sol ; diminuer les engrais azotés. Ce champignon produit dans les coffres de bouturage la maladie de la « toile ». Employer du terreau sain ou le stériliser par la chaleur. Aérer les boutures, éviter une température trop élevée ; arroser le sol avec une solution de 2^{gr},50 de sulfate de cuivre et 2^{gr},50 d'ammoniaque par litre d'eau.

Le *Blanc* est une sorte de moisissure blanche, d'Oïdium. On combat ce genre de maladie chez les autres plantes avec le soufre, le permanganate de potassium (1^{gr},50 par litre d'eau), les polysulfures, etc.

Citons encore : *Glœosporium Pelargonii* ou Anthracnose ; forme sur les feuilles des taches claires auréolées de lignes brun rougeâtre et parsemées de points noirs.

Coniothyrium Trabuti : sur les feuilles taches mal définies de couleur jaunâtre portant principalement à la face inférieure des feuilles un grand nombre de ponctuations (pycnides). Pulvérisations cupriques.

Parmi les *Insectes* et analogues les *Courtilières* sont très à craindre. Nous avons dit qu'au moment de la plantation on entoure quelquefois la jeune tige d'un tuyau en roseau de Provence (1). La chenille de la *Noctuelle de l'Épinard* (Hadena Chenopodii) a été aussi incriminée. De même, le Perce-Oreille, les Pucerons, les Thrips (Heliothrips Hœmorrhoïdalis). La lutte contre les Pucerons et les Thrips est difficile car ils se tiennent surtout à la face inférieure des feuilles.

En Algérie on s'est plaint de la *Cuscute*. Nous indiquons les moyens de lutte à la Lavande. L'*Orobanche* à petites fleurs et l'*Orobanche spécieuse* doivent être détruites avant la maturité des graines.

La *fasciation* bifurquée est un accident physiologique qui résulte de la soudure de deux rameaux ou plus.

Récolte et distillation.

Récolte. — L'*époque* de la récolte varie avec les pays et les modes de culture. En Provence elle a lieu en août, septembre. On fait rarement une seconde coupe en octobre-novembre. La culture ne dure qu'un an à cause du froid de l'hiver. D'ailleurs la deuxième année le rendement diminue. On fauche dès que les feuilles perdent de leur éclat. On choisit un temps sec, une série de beaux jours en opérant le soir pour éviter la dessiccation des feuilles. En Corse, 2 coupes, mai et août, rarement une troisième en septembre-octobre, où l'on se contente de prélever les boutures.

En Algérie et en sol irrigué la récolte commence dès le printemps, ordinairement en avril quand les tiges portent 3 ou 4 fleurs, mais un peu plus tard la première année ; la deuxième coupe a lieu en juin, juillet, la troisième en octobre, novembre, on la supprime si le champ a subi trois récoltes l'année précé-

(1) Pour la lutte contre les Courtilières voir notre article dans *le Réveil agricole*, numéro du 4 juin 1916.

dente. Si l'on n'arrose pas on fait 5 récoltes en deux ans. C'est la première, en mai, qui est la plus abondante. La première année on n'obtient que peu de produit. Avec 2 coupes, la première a lieu en avril ou mai, la deuxième en septembre ou octobre. En bonne terre, comme à Bouffarik, à la première coupe les tiges ont 50 à 70 centimètres, aux autres 25 à 30 centimètres.

En Italie, où l'on exploite la plantation pendant quatre à huit ans, on fauche en mai, août et octobre, novembre. La première année on ne fait qu'une coupe en août, septembre. Quand on vise la production des fleurs dont l'essence, d'après le Dr Blondini est plus fine, on les récolte en plusieurs fois. Dans une expérience à Portici l'auteur commença le 18 avril et finit, après 8 récoltes, le 14 juin.

A la Réunion les coupes s'échelonnent sur toute l'année.

En général quand la plante reste sur place plusieurs années on fauche plus bas que si on renouvelle la culture chaque année. Dans le premier cas la première année on emploie le sécateur pour ne pas déraciner les pieds ; ensuite on se sert ordinairement de la faucille.

On porte la matière au distilloir aussitôt coupée. Abandonnée en tas elle s'échauffe, fermente, et perd de sa valeur. Éviter d'ébranler les tiges à l'excès dans les manipulations pour ne pas perdre les feuilles. Quand en particulier les branches sont longues il est préférable de faire des petites bottes sur le champ au lieu de les charger à la fourche.

Quelquefois on détache les feuilles en secouant après dessiccation des tiges à l'air et au soleil ; mais ces feuilles qui ont pris une couleur noirâtre sont peu appréciées par les distillateurs.

Rendement et prix de revient. — Le rendement est très variable suivant le mode de culture, la richesse du sol, les engrais, l'irrigation, la densité de la plantation, le nombre des coupes, la durée de la culture, etc., suivant aussi que l'on tranche les tiges plus ou moins bas, et encore si l'on ne compte que les feuilles. Dans les Alpes-Maritimes on a constaté des poids à l'hectare depuis 25 000 kilogrammes jusqu'à 60 000, 70 000, 80 000 kilogrammes dans les terres irriguées avec une culture bien conduite aux engrais chimiques associés au fumier de ferme. On compte en général 40 000 kilogrammes. Dans le Var d'après M. Louis Robert on obtient 3 à 4 kilogrammes par pied, soit 75 000 à 100 000 kilogrammes (25 000 pieds à l'hectare). En Algérie on estime la production à environ 1 kilogramme de matière verte par plante. D'après M. Schilling la première coupe en avril au moment où le Géranium va fleurir donne 16 000 kilogrammes de tiges et feuilles; la deuxième en juillet, 2 600 à 3 200; la troisième en septembre, 6 000 à 8 000 kilogrammes, soit en tout 25 000 à 27 000 kilogrammes; mais souvent la sécheresse réduit la dernière à peu de chose.

En Italie le Dr Blandini obtint à Portici avec le Pelargonium Roseum dans 8 récoltes successives du 18 avril au 14 juin 39^q,45 de fleurs par hectare. En ce qui concerne la matière verte elle donna 160 quintaux à la première coupe en mai, 32 quintaux en août, et 60 à 80 en novembre.

Le prix de vente aux distillateurs est en moyenne de 5 à 6 francs les 100 kilogrammes (tiges et feuilles). Les cours peuvent s'abaisser à 3 fr. 50 et s'élever à 10 francs.

Frais culturaux; bénéfices. — Au pays de Pégomas on estime que la culture du Géranium est plus économique que celle de la Menthe; elle exige moins d'engrais et de façons culturales. Un propriétaire nous a fait le compte suivant: récolte, 60 000 kilogrammes à 5 francs, soit, 3 000 francs; frais 500 francs. D'autres citent 1 200 francs de bénéfice seulement M. Louis Robert (Var) donne: achat de 25 000 plants à 10 francs le 1 000, 250 francs; fumure, 350 francs; travail, plantation, binage, 250 francs; total des frais, 850 fr.; récolte, 80 000 kilogrammes à 4 fr. 50 les 100 kilogrammes, 3 600 francs; bénéfice, 2 750 francs.

En Algérie les 3 récoltes entraîneraient ensemble 90 francs de frais.

Voici maintenant des calculs qui se rapportent à des cultures où l'on distille la plante. D'après M. Schilling en 1901, en Algérie pour un hectare donnant 30 kilogrammes d'essence à 35 francs le kilogramme (1 050 francs): loyer du sol, 60 fr.; 45 000 boutures, 90 francs; durée de la plantation huit ans, soit pour un an, 11 fr. 25 ; labour, 20 francs ; plantation, 30 francs ; 2 piochages, 40 francs ; 2 labours légers, 20 francs ; récolte et transport à la distillerie, 120 francs ; distillation et combustible, 182 fr. 50 ; emballage, 13 fr. 50 ; total, 497 fr. 25. Bénéfice, environ 500 francs.

D'après Ducellier, au cours de 60 francs le kilogramme d'essence, les produits ont une valeur variant de 600 francs à 2 400 francs en considérant les rendements extrêmes de 10 kilogrammes à 40 kilogrammes d'essence à l'hectare. Mais avec des cours de 18 à 24 francs les bénéfices sont très aléatoires et l'on s'explique que la culture après avoir été très prospère dans quelques centres du Sahel, à Chéragas, notamment, soit presque abandonnée.

MM. Rivière et Lecq estiment qu'au cours moyen de 40 francs le rendement moyen est de 800 francs ; frais culturaux, de récolte et de distillation, 200 francs ; le reste représente le loyer, l'amortissement du capital et le bénéfice.

Nous lisons encore qu'en Algérie 40 000 touffes par hectare donnent par coupe 17 à 18 kilogrammes d'essence, qui à 38 francs le kilogramme, rendent 650 francs pour 500 francs de capital engagé.

A la Trappe de Staouéli le prix de revient (production et distillation) du kilogramme d'essence serait de 35 francs.

Distillation. — On distille les branches feuillées et fleuries, mais les tiges ligneuses nuisent plutôt à la bonne marche de la distillation. D'après les expériences de Charabot et Laloue effectuées sur le Géranium Rosat, seules les feuilles renferment de l'essence. Le Dr Blandini en trouve plus dans les fleurs que dans les feuilles avec le Pelargonium Roseum.

On distille la matière fraîche, non fermentée. A la ferme on opère souvent dans l'alambic rustique à feu nu. Introduire le produit dans la chaudière quand l'eau est en ébullition. On utilise comme combustible les racines des vieilles plantations ; en Algérie, le palmier nain des défrichements.

A la Trappe de Staouéli on charge l'appareil de 120 kilogrammes de feuilles et tiges fraîches ; on tasse légèrement puis ajoute 60 litres d'eau environ. On chauffe une heure et recueille à peu près un quart de l'eau ajoutée. Celle qui reste est utilisée pour une charge nouvelle car on amène le liquide au niveau primitif.

En Corse on emploie des alambics à feu direct, nu, contenant 250 kilogrammes (région de Bastia) ou 1 000 kilogrammes (Ajaccio).

Dans les distilloirs des usines on opère à la vapeur dans très peu d'eau. Les alambics de 1 400 litres reçoivent 450 kilogrammes de matière (moins pour la première coupe) reposant sur la grille mobile du fond ; on ajoute 10 centimètres d'eau et amène la vapeur d'un générateur. La durée de la chauffe est d'une heure et demie, en moyenne.

Nous avons dit que les résidus de la distillation constituent un excellent engrais. On les enfouit à la charrue entre les lignes de Géraniums au premier labour d'automne.

L'essence recueillie dans les vases florentins est lavée plusieurs fois à l'eau distillée, filtrée sur papier à l'abri de la lumière (décoloration) et tenue dans des flacons pleins (épaississement par oxydation) bien bouchés dans un endroit frais et obscur où elle « mûrit ». On la livre au commerce dans des estagnons contenant 5 kilogrammes, que l'on emballe par 2 ou par 4.

On traite aussi le Géranium par l'enfleurage à froid.

Rendement. — Il varie avec le climat, l'âge des plantations, l'époque de la récolte, etc. Les vieilles plantes rendent moins que les jeunes qui donnent le maximum quand elles sont bien constituées et en bon terrain. La récolte de printemps est plus aqueuse et fournit proportionnellement moins d'essence. Les cultures arrosées sont un peu moins riches, mais le poids de matière verte à l'hectare est plus élevé. Même remarque après les pluies comparativement aux journées ensoleillées. Les feuilles sèches donnent moins d'essence mais de meilleure qualité.

MM. Charabot et Laloue ont constaté dans 209 kilogrammes de tiges et feuilles 79 kilogrammes environ de feuilles ; le reste était constitué par les tiges et les pétioles. Par la distillation à la vapeur les 79 kilogrammes fournirent 130 grammes d'essence et 130 litres d'eau parfumée, qui agitée avec de l'éther de pétrole céda encore 25 grammes d'essence, soit

155 grammes, ce qui représente 0,196 p. 100. Les tiges et les pétioles ne donnèrent pas trace d'huile essentielle, même en épuisant l'eau au pétrole. D'après ces auteurs « les fleurs de Géranium Rosat sont dénuées de parfum ; la matière odorante élaborée par la feuille ne peut arriver jusqu'à elles puisqu'elle ne traverse ni le pétiole, ni la tige. Le Dr Blandini, de Portici, Italie, a trouvé dans une plantation de deux ans de Pelargonium Roseum 0,75 p. 100 d'essence dans les feuilles et 1,50 p. 100 dans les fleurs.

Il faut un peu plus de 1 000 kilogrammes de plantes (rameaux et feuilles) pour obtenir en moyenne 1 kilogramme d'essence (Roure et Bertrand). 100 kilogrammes de feuilles vertes peuvent donner 80 à 120 grammes, 164 sans les pétioles.

En Algérie l'hectare fournit 10 à 40 kilogrammes (20 en moyenne, 28 à Rovigo) ; coupe d'avril, 1 kilogramme à 1^{kg},250 par 1 000 kilogrammes de feuilles et tiges ; fin juillet, août, 1^{kg},875 à 2 kilogrammes ; avec la coupe d'octobre le taux est plus ou moins rapproché des deux précédents suivant les conditions atmosphériques. On a encore cité : coupe d'avril, 1 kilogramme pour 1 500 kilogrammes, soit 0,666 p. 1000 ; en juillet 1 kilogramme pour 600 à 700 kilogrammes (1,42 à 1,66 p. 1000) ; en octobre, comme en avril. D'après M. Schilling : première coupe 16 000 kilogrammes de matière herbacée, 20 kilogrammes d'essence (1,25 p. 1 000) ; deuxième coupe 2 600 à 3 200 kilogrammes avec 5 à 6 kilogrammes (1,92 p. 1 000 et 1,875 p. 1 000) ; troisième coupe 6 000 kilogrammes (4 kilogrammes) à 8 000 kilogrammes (5 kilogrammes) soit 0,625 p. 1 000 et 0,66 p. 1 000.

A la Trappe de Staouéli, dit Heuzé, chaque hectare produit en 3 coupes 30 à 35 kilogrammes.

En Corse (durée des plantations sept à huit ans et même plus) le rendement est de 30 à 40 kilogrammes. A Bastia on a obtenu à la première coupe 1 kilogramme par 1 000 kilogrammes et à la deuxième en août 1 kilogramme par 600 kilogrammes.

L'essence ; qualité, commerce, fraude. — Les propriétés de l'essence varient avec la provenance (sol et climat). Les essences de France (celle de Corse semble avoir la même valeur que celle de Grasse) et d'Espagne en raison de leur finesse sont utilisées pour les préparations de luxe. L'Algérie, la Tunisie, la Réunion produisent des essences ordinaires. Celle de Constantine passe pour être plus fine que celle d'Alger ; celle du Sahel est supérieure à celle de la Mitidja. L'essence d'Algérie aurait une composition chimique différente des autres.

D'après Piesse la puissance de volatilité du Géranium français est 0,0074 et celui d'Espagne 0,0106.

« Nulle autre essence que celle de Grasse, disent MM. Roure et Bertrand fils, ne peut donner une odeur plus suave et plus forte, plus voisine, en un mot, de celle de l'essence de Rose. Malheureusement son prix élevé en limite l'emploi à la préparation des produits les plus fins. Le climat de Grasse, plus froid que celui de l'Algérie, est une des causes de cette excellente qualité. »

L'essence des fleurs est fine au point de se confondre avec celle de Rose (Dr Blandini).

Les essences de Grasse, de Corse et d'Espagne se vendent plus cher que celles d'Algérie, de Tunisie (essence d'Afrique) et de la Réunion (essence Bourbon). Au cours moyen de 40 francs, l'essence de Grasse vaut 55 à 60 francs de plus. D'après Heuzé quand celle de France vaut chez nous 120 à 130 francs, celle d'Alger 50 à 70 francs, celle de Turquie 40 à 50 francs.

En Algérie le prix était de 250 francs en 1852 ; il s'est abaissé ces dernières années jusqu'à 18 francs. En septembre 1912 on cotait 33 à 35 francs, et 70 francs à la fin de l'année. Celle de la Réunion à la même époque 55 francs et l'essence de Palma Rosat 24 francs.

L'essence déterpénée est 2 fois plus concentrée. En Tunisie l'eau de Géranium Rosat vaut 0 fr. 70 à 0 fr. 80 le flasque de 2l,5.

L'Algérie ne produisait guère en 1878 que 6 000 kilogrammes d'essence. Actuellement ce commerce représente 1 à 2 millions de francs. Les expéditions (la plus grande partie en France, le reste en Allemagne, Belgique, Suède, États-Unis, Italie) s'élevèrent à 285 quintaux en 1911, représentant 997 000 francs, et à 636 quintaux en 1904 valant 2 161 000 francs (Ducellier). Dans le Sahel et la plaine de la Mitidja les 48 distilleries four-

nissent 3 000 kilogrammes par an. M. Chiris en obtient à Bouffarik 2 000 kilogrammes.

La production de la Réunion a plus que quintuplé depuis
1900 ; 44 620 kilogrammes et 1 278 738 francs en 1911 ;
61 792 kilogrammes et 1 386 532 francs en 1910. En 1902 la
France a importé 77 000 kilogrammes d'essence (10 francs de
droit par kilogramme au tarif général, 5 francs au tarif minimum).

Le *constituant* principal de l'essence de Géranium Rosat
c'est le Géraniol. Cet alcool est en partie libre, en partie à l'état
d'éthers. On trouve aussi du Citronnellol, du Rhodinol, etc. (1).

On *fraude* ce produit principalement avec les essences de
divers Andropogons, graminées des Indes orientales, Ceylan,
Malaisie, etc. L'Andropogon Schœnanthus croît aux Moluques,
aux Indes anglaises ; il comprend 2 variétés, la Motia, qui
donne l'essence de Palma Rosat ou de Géranium indien, et la
Sofia qui produit l'essence de Ginger Grass ou de Géranium
dur.

L'Andropogon Citratus des Indes fournit l'essence de
Lemon Grass, ou essence de Verveine des Indes.

On tire de l'Andropogon Nardus l'essence de Citronnelle.
On en connaît 2 qualités, l'une originaire de Ceylan donnée par
la plante Lana Batu, l'autre originaire de Java extraite de la
Maha Pangiri.

Enfin on emploie encore comme addition frauduleuse :
huile, essence de térébenthine, essence de Gurjum, géraniol
synthétique, alcool phényléthylique, etc.

L'essence de Géranium Rosat exposée à l'air perd assez facilement son odeur spéciale de Géranium et elle rappelle le parfum de la Rose ; aussi sert-elle de succédanée à celle-ci. Elle
entre en parfumerie dans la composition des extraits, huiles,
pommades, eaux de toilette parfumées, eaux antiseptiques, etc.
Le parfum passe pour rendre ardent et aventureux. L'essence
a des propriétés antiseptiques.

---

(1) Pour plus de détails sur l'essence de Géranium rosat voir notre
article dans le journal *la Parfumerie moderne*, Lyon.

LA MENTHE

Variétés. — Il existe un grand nombre de variétés ou espèces de *Menthe* (famille des Labiées) qui poussent spontanément un peu dans toutes les situations : montagnes, vallons, plaines, maiss urtout au bord des cours d'eau, des ruisseaux, dans les lieux humides, etc. Il est parfois difficile de les caractériser spécifiquement parce qu'elles se prêtent aisément à l'hybridation et par suite dégénèrent facilement. Elles donnent à la distillation des produits odorants bien différents dans le détail. Rien que dans les types de *Mentha Piperita*, qui sont généralement cultivés en vue de l'extraction de l'essence, on constate dans celle-ci des différences remarquables qui peut-être pourraient être prévues par l'examen attentif des organes botaniques : feuilles, fleurs, poils. Toutes ces essences renferment du menthol, mais en proportion variable et différemment combiné.

Parmi les Menthes qui vivent à l'état sauvage citons : Mentha Sylvestris (Menthe Sauvage) ; M. Viridis (Menthe Verte) ; M. Rotundifolia (M. à feuilles rondes) ; M. Aquatica (M. aquatique) ; M. Arvensis (M. des champs) ; M. Pulegium (M. Pouliot), etc. Nous pourrions allonger cette liste jusqu'à la soixantaine en nous servant d'une flore.

La *Mentha Arvensis* (Menthe commune, M. des champs) var. Piperascens, ou glabre, qui donne un meilleur rendement en menthol que la M. Piperita (M. Poivrée cultivée), est aussi appelée M. du Japon. Nous y reviendrons.

La *M. Pulegium* (M. Pouliot, M. des Marais, Herbe aux Puces, Herbe de Saint-Laurent) est un peu cultivée aux États-Unis, au Japon. L'Algérie produit 4 000 à 5 000 kilogrammes d'essence ; les cultures se rencontrent principalement à Bouffarik. Les Anglais qui la cultivent aussi l'appellent « Penny Royal ». En France les distillateurs ambulants de Lavande, Romarin, etc.

la mettent souvent à contribution. L'essence carminative a
une odeur vive et pénétrante, une saveur camphrée. Elle renferme surtout de la pulégone et peu de menthol. Elle est utilisée par la pharmacie. Mais son odeur peu agréable la fait rejeter par la parfumerie.

En Italie on cultive avantageusement dans les environs de
Florence la *M. Viridis* (M. Verte, M. Romaine). Elle se distingue
de la Piperita par des tiges moins hautes, des feuilles sessiles,
sauf les inférieures qui sont brièvement pétiolées. Les fleurs,
d'un rose pâle, sont un peu plus petites avec un calice
velu.

La Menthe Verte est considérée parfois comme une simple
variété obtenue par la culture de la M. sauvage.

La *M. Sylvestris* ou *M. Spicata* (M. Sauvage, M. de Cheval)
croît dans les lieux frais incultes ;
elle est reconnaissable à ses longs
épis, ses feuilles en partie velues,
et blanchâtres en dessous.

La *Menthe Crépue* serait une variété créée en Hongrie par Joseph
Agnelli. Dans ce pays elle se
montre très stable dans la culture,
tant par ses caractères extérieurs
que par sa composition. On a conclu
que la Menthe Crépue hongroise
n'est pas un hybride, mais une
variation de Mentha Spicata Huds.
améliorée par la culture.

Mais revenons à la *Menthe
Poivrée* (M. Piperita), la plus appréciée par la parfumerie. Elle
possède à un très haut degré les
qualités et les propriétés des

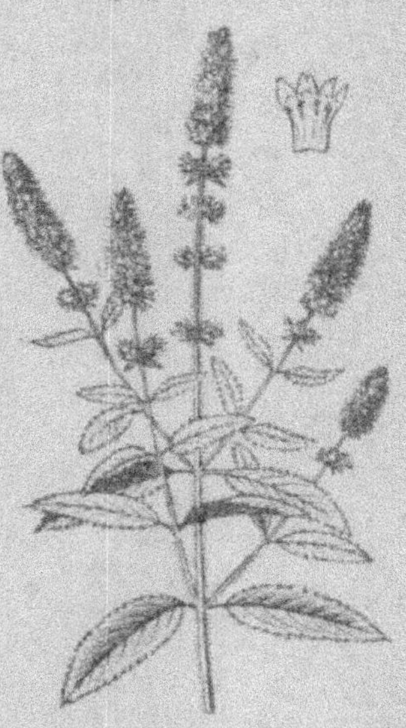

Fig. 49. — Menthe poivrée.

autres Menthes sans avoir, comme quelques-unes d'entre
elles, l'inconvénient d'une odeur désagréable. Elle est connue
depuis fort longtemps. Ovide, Dioscoride, Théophraste ont
vanté ses propriétés. En Angleterre, d'où on la dit originaire,
on l'appelle Peppermint, d'où son nom de Menthe anglaise

12.

ou encore Menthe de Mitcham ; en Allemagne, Pfeffermuenze, en Italie Menta Pepata.

D'après les expériences poursuivies en Hongrie elle semble appartenir à l'espèce Mentha Verticillata. Cependant sur des plantes dégénérées on a observé les formes de Mentha Aquatica. On en conclut que cette Menthe est un hybride.

Caractères : Vivace, tige carrée un peu rampante, elle drageonne (stolons) facilement ; racines fibreuses, longues, traçantes. La plante croît en touffes. Fleurs en épis courts, lâches, cylindriques, terminaux ; purpurines, s'épanouissant de juillet à septembre. Feuilles lancéolées aiguës, brièvement pétiolées, dentées en scie, opposées, d'un beau vert sombre en dessus ; remarquables par leur odeur forte, pénétrante, leur saveur chaude, piquante laissant dans la bouche une sensation de froid caractéristique.

En Angleterre on en connaît 2 types, la noire et la blanche. La Menthe Noire

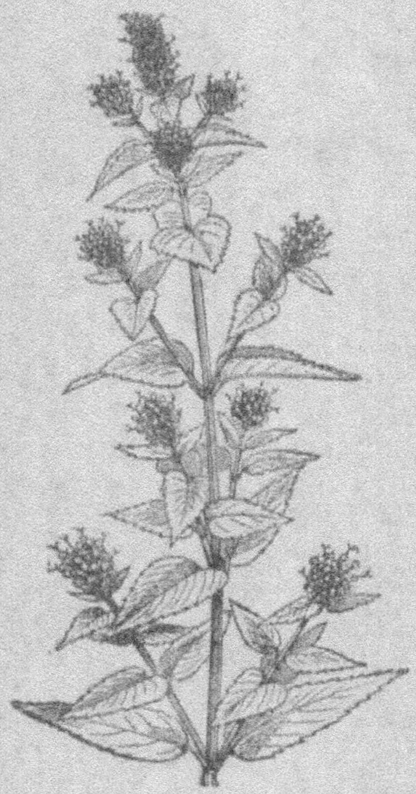

Fig. 59. — Menthe noire.

(Black Mint), la plus cultivée, a dans son ensemble des couleurs plus foncées : tiges rougeâtre violacé ; feuilles un peu pourpre, fleurs violacé foncé ; elle est plus rustique et moins sujette à la rouille que la blanche ; elle donne plus d'essence mais de moins bonne qualité, moins fine, elle contient moins d'éthers et une proportion plus faible de menthone.

La Menthe Blanche (White Mint) a les feuilles vertes, moins dentelées, les fleurs blanchâtres s'épanouissant mieux ; l'essence est plus délicate mais en moindre quantité.

Dans les environs de Grasse la Menthe Blanche, dite « du pays », ou Menthe française, est plus appréciée par les parfumeurs que la Menthe Rouge dite Menthe anglaise. Quand celle-ci se paie 12 francs les 100 kilogrammes la Menthe du pays vaut 14 à 15 francs.

En Hongrie, Joseph Agnelli de Csari, a créé la variété Mentha Piperita Agnelliana. Mais elle est facilement sujette à la dégénéres-

Fig. 51. — Menthe blanche.

cence. Elle montre des formes intermédiaires de M. Aquatica, M. Viridis et M. Verticillata. On suppose qu'elle est un hybride de ces espèces.

On lui devrait aussi la Menthe Crépue (Mentha Crispa).

La Menthe Poivrée présente parfois une variation spontanée dans les rameaux qui portent à leur extrémité des formes semblables aux sommités du Basilic après la chute des pétales, au lieu de porter des fleurs rouges en verticilles formant des épis obtus. L'essence que donnent ces rameaux, au lieu d'être lévogyre et d'odeur agréable est dextrogyre et d'une odeur tout à fait différente.

Régions. — Les *Alpes-Maritimes* produisent un million et demi à 2 millions de kilogrammes de Menthe, pour la plus grande partie traitée à Grasse et donnant 3 400 à 4 000 kilogrammes d'essence. Les techniciens du pays estiment que cette dernière est incomparablement plus fine que les produits d'autres origines.

Les principaux centres de culture sont dans les vallées du Loup et de la Siagne : Villeneuve-Loubet, 600 000 kilogrammes ; Cagnes, 400 000 ; Grasse, 200 000 ; Pégomas, 150 000 ; Auribeau, 100 000. On en rencontre aussi dans la Vallée du Var, à Malaucène et jusqu'à Entrevaux (Basses-Alpes). Le département du *Var* en montre à Vidauban, Fréjus, Caïllan, Montauroux, la vallée de l'Argens ; celui des *Basses-Alpes* à Annot, Castellane, Entrevaux, jadis dans la commune des Mées.

Voici d'autres régions : *Vaucluse* : Althen-les-Paluds, Entraigues, Pernes, Valayans. A Althen-les-Paluds il y a une « Union des Producteurs d'essences du Vaucluse » ; *Yonne* : environs de Sens, surtout à Ancy-le-Libre sur les terres appelées courtils arrosées par la Vanne ; *Cher* : canton de Saint-Amand, à Dun-sur-Auron ; *Environs de Paris* : Gennevilliers, Romainville, Aubervilliers, Nanterre ; *Seine-et-Oise* ; *Environs de Lyon* ; *Picardie* ; *Loire* ; *Gard* : Sommières ; *Haute-Garonne*, la Montagne noire, à Revel ; *Hautes-Pyrénées* ; *Algérie* : la Menthe Pouliot est cultivée à Bouffarik ; *Tunisie* : Pancalieri près Tunis.

En *Angleterre* la Menthe serait cultivée depuis le xv1e siècle. Le climat est, prétend-on, le plus apte à donner à certaines plantes à parfums le summum de leurs précieuses propriétés. L'essence de Menthe anglaise est très réputée, réputation qui paraît plutôt tenir aux procédés de fabrication et peut-être aussi à la nature du terrain. Principaux centres de culture : environs d'Hitchin (comté d'Hereford), de Mitcham et Tooting (comté de Surrey) ; à Wisbeach (comté de Cambridge) ; à Market Deeping (comté de Lincoln). On cultive aussi un peu la Menthe Pouliot près de Londres. La Menthe Poivrée des îles anglaises, dit Schübler, n'atteint pas la moitié du développement de celle qui croît en Norvège et son rendement en essence est moitié de celui de la Menthe des districts septentrionaux de la Scandinavie.

Aux *États-Unis* on cultive la *Mentha Piperita* (M. Poivrée) et un peu aussi la M. Arvensis (M. des champs) var. Piperascens et la M. Sylvestris (M. sauvage). Les cultures sont principalement dans les États de New-York (comtés occidentaux), Michigan, Indiana. Dans le Michigan la superficie est d'environ 4 856 hectares. La production annuelle d'essence est d'environ 70 000 livres, dont 30 000 sont exportées ; les deux tiers sont fournis par l'État de New-York et l'autre tiers par les comtés méridionaux du Michigan, où cette culture introduite en 1855 s'étendait déjà en 1858 sur 2 100 acres (l'acre 40 ares 46) tandis que 100 alambics produisaient annuellement 15 000 livres d'essence. En 1870 les producteurs de l'État de New-York en ont fourni 57 365 livres. En 1876 les États-Unis en expédièrent 25 894 livres sur la place de Hambourg contre 14 890 seulement envoyées par l'Angleterre.

Au *Japon* la plupart des Menthes sont cultivées sur les côteaux. Celles qui poussent dans les parties basses alternées avec le riz sont les plus riches en menthol. La meilleure essence japonaise est produite par les districts de Okoyama et de Giroschima où l'on fait 3 récoltes par an (mai, juin et août). La première coupe donne de l'essence contenant 47 p. 100 de menthol ; la deuxième 53 p. 100, la troisième 60 p. 100. Dans le district de Yamagata on fait 2 coupes et dans celui de Hokkaido, une seule. Cependant cette dernière région produit environ la moitié de la récolte totale du Japon. A Okujota, Bingo et dans quelques autres villes il s'est formé des syndicats de producteurs qui font analyser l'essence et vérifient sa pureté. Dans d'autres cantons le raffineur achète sans garantie. On procède au raffinage dans les usines de Yokohama et de Kobe d'où les produits sont exportés.

Voici encore quelques provinces où l'on pratique la culture : Uzen, Binga, Bitchiu, Bizen, Shinano, Yameto, Yamashiro, Sanuki, Iyo.

La Menthe la plus exploitée est la *Mentha Arvensis* D. C. var. *Piperascens* dont l'essence est employée pour l'extraction du menthol, à cause du bas prix de revient.

En 1913 le Japon a obtenu 169 270 kilogrammes d'essence de Menthe et 139 747 kilogrammes de menthol.

En Allemagne on cultive la Menthe en Thuringe (Erzge-birge) et dans les contrées du Sud. Dans la région de Leipzig la petite ville de Coellada aux environs de Klein-Miltitz pro-duit jusqu'à 1 800 tonnes.

En *Hongrie* des essais d'acclimatation de la Menthe japonaise (M. Arv. Piperascens) ont donné un taux total de menthol de 81 p. 100, et cette essence égalait l'essence japonaise dite « torioroshi ». On cultive la Menthe Poivrée (M. Piperita) pour la pharmacie dans la grande plaine hongroise (Alföld) ainsi qu'en Hongrie septentrionale, en Transylvanie. On l'exporte en grande quantité en Autriche et en Allemagne.

En *Italie* on rencontre des cultures de Menthe Romaine ou M. Verte (M. Viridis) aux environs de Florence.

En 1913, l'exportation s'est élevée à 1 092 455 francs d'essence de M. Poivrée, produite surtout dans le Piémont.

Culture.

Climat ; sol ; exposition. — La *Menthe* réussit aussi bien dans les pays brumeux comme l'Angleterre, que l'on croyait autrefois indispensables, que dans les régions chaudes et sèches comme le midi de la France. Aux États-Unis on lui reconnaît l'avantage de ne pas épuiser le sol comme le font les céréales et de pouvoir être cultivée sur des terrains humides qui ne pourraient être employés pour d'autres productions agricoles. Elle permet d'utiliser les bords ou les talus des fossés, les digues, qu'elle sert à consolider par ses drageons.

Cependant une culture un peu importante et bien conduite demande de la main-d'œuvre. En outre la Menthe pour fournir le maximum de rendement en matière verte et en essence exige des fumures copieuses et rationnellement combinées au point de vue éléments nutritifs.

Elle réclame une *terre* légère, meuble, profonde, substan-tielle, toujours fraîche ou arrosable mais se ressuyant bien, car l'excès d'humidité favorise la rouille. A ce dernier point de vue un sol légèrement pierreux active le drainage. La terre de jardin ou les alluvions riches des vallées comme on en rencontre par exemple dans les Alpes-Maritimes sur les bords du Loup, de la Cagne, de la Siagne et du Var sont recherchées. Aux Etats-Unis, M. Rabat Frank a constaté que les sols légers, sablonneux, ou sablo-argileux semblent être les plus favorables à la production d'une essence de bonne qualité.

On a signalé des insuccès culturaux dus à la mauvaise *exposition*. La chaleur est indispensable à la production des essences en général. Toutefois ici on aurait remarqué que la plante paraît redouter les trop fortes insolations. La présence des arbres tamisant les rayons trop ardents a été favorable aux rendements. Tout cela semble accorder quelque avantage aux climats brumeux. Mais un juste milieu est nécessaire puisque, d'après Frank Rabat, l'ombre fait diminuer l'éthérification et la formation de menthol, probablement parce que la plante élimine moins facilement l'eau. La gelée, au contraire, augmenterait notablement l'éthérification et la formation du menthol.

Place dans l'assolement. — Comme en sol frais on a toujours à craindre l'envahissement des herbes adventices, qui non seulement nuisent à la culture mais aussi à la qualité de l'essence lors de la distillation, on comprend les inconvénients que présentent les défrichements de vieilles prairies et, au contraire, les cultures sarclées, maïs, pomme de terre, etc. En Angleterre on combine l'assolement avec l'avoine et cette dernière. A Villeneuve-Loubet, qui est le centre de la culture dans les Alpes-Maritimes, on fait succéder la Menthe Poivrée au Géranium ou mieux au Tabac. En outre, comme la plantation ne dure qu'une année et que le terrain est libre de bonne heure on a largement le temps de faire une culture dérobée de légumes. En renouvelant la plantation tous les ans on a des Menthes vigoureuses. Mais le rendement baisse si elle revient trop souvent sur le même emplacement. En Angleterre on aurait obtenu de bons résultats en sol fertile et n'ayant jamais porté de Menthe en cultivant sur le même champ pendant trois années consécutives. Dans le centre de la France, dans le Cher et dans l'Yonne, la plantation dure jusqu'à quatre ans. En hiver on couvre le sol de fumier ou de gadoue. En Angleterre, où la plante est gardée trois à cinq ans, on estime que le maximum de rendement se produit la troisième année. Mais c'est la première récolte qui est la moins chargée en mauvaises herbes, quand elle n'est pas, aussi, la plus abondante. Après la récolte de la première année on laisse les drageons durcir, devenir ligneux. On procède alors au labourage du terrain après l'avoir recouvert de fumier. Les touffes sont ainsi divisées en petits morceaux et recouvertes de terre avant l'arrivée des gelées. Si l'automne est pluvieux, les drageons peuvent pourrir par suite de l'excès d'humidité et la récolte sera compromise. Au printemps on fume avec du guano.

Préparation du sol. — En automne ou en décembre on laboure à 30 à 40 centimètres. Par un deuxième labour léger on enfouira le fumier bien décomposé ou les autres engrais organiques à décomposition lente, gadoues, etc., et aussi les sels potassiques et les scories. Les tourteaux, au moins en partie, le sang desséché, la poudrette, le nitrate, le sulfate d'ammoniaque, le superphosphate se mettent au printemps à la plantation. A ce moment, aussi, on herse pour bien émietter le sol puis on le nivelle et le prépare pour l'irrigation. Dans la plaine de Pégomas (Alpes-Maritimes) on partage le terrain en planches de longueur variable et de 5 à 10 mètres de largeur en moyenne selon le débit d'eau dont on dispose. Ces planches, qui sont séparées par des rigoles de distribution, sont bien plus étroites dans le centre et dans le nord de la France, 1^m,75 à 2^m,5o, pour l'irrigation par infiltration.

Enfin pour la plantation on ouvre des sillons écartés de 35 à 60 centimètres. Parfois on y met le fumier de ferme ou le tourteau.

Engrais. — La Menthe est une plante avide d'engrais et ceux-ci ont une grande influence sur la qualité de la récolte. Les différences que l'on constate parfois entre les prix qui se pratiquent dans deux communes voisines n'ont souvent pas d'autre cause.

Les sels minéraux favorisent l'éthérification du principe actif de l'essence par le développement foliacé et l'activité chlorophyllienne.

MM. Charabot et A. Hébert sont arrivés à modifier la composition de l'essence et à obtenir des produits dans lesquels domine tel ou tel élément, en cultivant dans des parcelles de terre de composition chimique identique connue mais ayant reçu en dehors du témoin les corps suivants : chlorures de potassium, de sodium, d'ammonium, sulfates de sodium, de potassium, d'ammonium, de fer, de manganèse ; nitrates de sodium, de potassium, d'ammonium ; phosphate de sodium.

Pour certains les sels minéraux entravent la production du menthone ; il n'en est pas de même du fumier. Les expérimentateurs que nous venons de citer ont constaté que l'addition au sol de chlorure de sodium, ou sel marin, a pour effet d'accentuer l'augmentation de la proportion centésimale de matières organiques dans la plante et la perte relative d'eau. En même temps il favorise l'éthérification et entrave, au contraire, la transformation du menthol en menthone. Mais un autre savant a contesté que le sel marin pût entraîner une diminution de la proportion d'eau.

Le Dr Mazzaron conclut de ses essais avec la Menthe Romaine que les engrais chimiques déterminent soit un développement plus régulier de la plante, et par suite une plus grande quantité de matière première, soit une essence plus riche en principe actif que celle des plantes qui reçoivent seulement des engrais organiques. Avec le chlorure de sodium si le rendement en essence fut abaissé dans les plantes en pleine floraison il augmenta à la complète maturation, et diminua encore quand la plante fut partiellement desséchée. En définitive, la Menthe cultivée normalement donne un excédent supérieur à celle qui est cultivée au sel marin. Le nitrate de sodium augmenta la proportion d'essence à l'hectare en donnant non seulement un excédent de récolte mais un pourcentage plus élevé de la première. Le chlorure d'ammonium n'a pas accru la proportion d'essence d'une façon sensible.

Dans les Alpes-Maritimes, on emploie presque exclusivement comme engrais azotés la vidange (150 kilogrammes à l'are dans la région de Grasse) et le tourteau de sésame, qui convient surtout aux sols légers et calcaires. On répand ce produit avant la plantation et l'enfouit par un léger binage, ou on le met directement dans les lignes creusées pour les plantes. Il est préférable d'en réserver le tiers pour le moment où l'on procède à la confection des bourrelets d'arrosage. A Villeneuve-Loubet, on applique jusqu'à 6 000 kilogrammes à l'hectare, qui peuvent donner 25 000 à 30 000 kilogrammes de Menthe.

Le fumier de ferme ne nitrifie pas complètement avant la récolte et on doit forcer la dose.

Ne pas négliger de redonner au sol les résidus de la distillation.

Ces engrais azotés sont insuffisants au point de vue acide phosphorique et potasse, que la plante prélève d'autant plus sur les réserves du sol qu'elle a plus d'azote à sa disposition. Mais à ce jeu on remarque un jour que la terre est « fatiguée ». L'absence d'un élément fertilisant se traduit par une diminution notable du rendement.

Les engrais chimiques seuls ont aussi leurs défauts dans les sols pauvres en matières organiques. La culture étant très irriguée, ils sont entraînés en partie ; il faut en mettre beaucoup, ce qui est onéreux, sans compter l'action nocive sur les racines. Mais ils donnent de bons résultats quand la plantation vient après une culture sarclée qui a reçu une bonne fumure organique. La formule : 600 kilogrammes nitrate (300 kilogrammes à la plantation, 200 le 1er juin, 100 en juillet), 500 super ou 600 scories, 500 sulfate potassium, a donné un supplément de 72 francs de bénéfice par rapport au tourteau seul.

Dans la plupart des cas, la fumure mixte est à conseiller. Nous avons constaté à Pégomas qu'une planche qui avait reçu du fumier additionné de plâtre et en outre par 1 000 kilogrammes : 50 kilogrammes sulfate ammoniaque, 100 super et 50 sulfate potassium donna près d'un tiers en plus de Menthe fraîche que le témoin voisin, qui n'avait reçu que du fumier et du tourteau.

D'après les chiffres donnés par divers expérimentateurs nous calculons qu'une récolte de 20 000 kilogrammes de matière verte à l'hectare enlève au sol en moyenne 84 kilogrammes d'azote, 37 d'acide phosphorique, 139 de potasse. Or 5 000 kilogrammes de tourteau (à 6 p. 100 azote, 2 p. 100 d'acide phosphorique, 1 p. 100 potasse) apportent 300 kilogrammes d'azote, 100 d'acide phosphorique et 50 de potasse.

Dans des essais conduits en Hongrie sur la Menthe Poivrée anglaise « Mitcham » l'engrais complet a augmenté le plus la récolte. Avec la Menthe Crépue (Mentha Crispa) l'engrais potassique (à 40 p. 100) appliqué seul a accru d'une façon considérable tant la récolte verte que le rendement en essence. En outre, cette dernière était beaucoup plus claire et abondante que celle des plantes fumées aux engrais azotés et phosphatés appliqués séparément ou en mélange.

Dans une expérience faite dans les Alpes-Maritimes, on constata qu'une dépense d'acide phosphorique de 50 francs donna un excédent de récolte de 561 francs. La potasse produisit moins d'effet.

D'après les expériences du Dr Mazzaron, la proportion la plus élevée d'essence est donnée par le chlorure d'ammonium. Les résultats, quoique favorables, sont un peu moindres avec le sulfate d'ammonium, le sulfate de potassium et le sulfate de manganèse, le phosphate de sodium. Le chlorure de potassium n'a pas d'influence sensible.

Pour MM. E. Charabot et Alex. Hébert le nitrate de soude est très favorable, non pas tant pour le poids de matière verte que pour la composition de l'essence. L'engrais humain appliqué à la dose de 150 kilogrammes à l'are en mars donna 420^{kg},5 de plante fraîche sur cette surface, soit 42 000 kilogrammes à l'hectare, et une solution de nitrate de soude à 2 p. 100 à raison de 5 kilogrammes à l'are fournit 410^{kg},2. Mais dans le premier cas on obtint 735 grammes d'essence et dans le second 780 grammes, soit 5^{kg},5 par hectare, ce qui représente 440 francs, à 80 francs le kilo d'essence.

Les époques d'application du nitrate de soude diffèrent un peu suivant les régions : moitié un mois après la plantation, moitié un mois avant la récolte. Ailleurs, moitié à la plantation, les deux tiers du reste en juin, l'autre tiers en juillet. A cette dernière époque la Menthe ne paraît pas beaucoup en profiter, l'épandage n'est, d'ailleurs, pas aisé car les plantes sont trop développées. En général, le sulfate d'ammoniaque s'applique à la veille de la plantation.

On réserve les superphosphates pour les sols calcaires et

les scories pour ceux qui manquent de chaux. Toutefois il y a lieu de faire une étude à ce sujet. On a remarqué par exemple que sauf dans les sols de tourbière et de lande les superphosphates dans les sols non calcaires ne nuisent pas par leur acidité comme on le croyait. Nous avons vu un terrain d'alluvion meuble profond silico-argileux où ces engrais ont paru supérieurs aux scories pour le développement des plantes, mais inférieurs pour la proportion d'essence ; le kilogramme fut donné par 423 kilogrammes de matière avec les scories et 465 avec les super, mais au total la quantité d'essence fut la même.

Les scories doivent être appliquées au labour ; on peut mettre les super plus tard. Les engrais potassiques se mettent à l'avance également. Le chlorure de potassium ne convient qu'aux sols calcaires. Le sulfate de potassium à tous les sols.

A titre d'indication, car on ne saurait donner une formule unique pour tous les cas, voici quelques exemples de fumures appliquées dans le Midi et par hectare : sol silico-argileux profond, 20 000 kilogrammes fumier ou 1 500 tourteau, 300 kilogrammes nitrate ou 225 sulfate ammoniaque, 400 super, 300 sulfate potassium ou 500 si l'on emploie le tourteau au lieu du fumier (le nitrate en deux fois, 200 à la plantation, 100 au 15 mai ; le sulfate d'ammonium à la plantation). Autre : nitrate 500 kilogrammes ou 1 000 tourteau, super 1 000 kilogrammes, chlorure potassium 250 kilogrammes ; répandre sur le terrain avant la plantation ; au binage de mai, mettre les 500 kilogrammes nitrate. — Autre : sol argilo-calcaire perméable en coteau sur défrichement d'ancienne prairie : 300 nitrate, 1 000 super, 300 sulfate potassium ; cette formule donna 20 500 kilogrammes de Menthe à 12 francs les 100 kilogrammes. — Autre : fumier 30 000 kilogrammes ou 2 500 tourteau, 300 nitrate, 400 super, 100 sulfate potassium, le tout mis avant la plantation sauf le nitrate. A appliquer en avril et à enfouir par un binage. — Autre : en terre franche calcaire de richesse moyenne : 3 000 kilogrammes tourteau, 120 kilogrammes sulfate potassium. — Autre : en sol non calcaire 1 250 kilogrammes

sang desséché, 250 scories, 130 sulfate potassium. — Autre :
fumier 18 000 kilogrammes ou 950 kilogrammes tourteau,
ou 400 nitrate, 300 super ou scories ; 290 sulfate potassium.
— Autre : au labour : fumier, super 400 kilogrammes, sulfate
potassium 300, plâtre 300 ; en avril 300 nitrate additionné de
300 plâtre.

Le professeur Ch. Gamacchio expérimentant sur la Menthe
Poivrée a trouvé qu'une fumure ainsi composée (par hectare) :
200 kilogrammes nitrate, 200 super, 200 chlorure potassium,
200 plâtre augmentait la production de matière verte et
d'essence.

Plantation. — On procède à la plantation de la Menthe
Poivrée dans les Alpes-Maritimes de fin février à mai suivant
les situations et les conditions atmosphériques. On divise les
vieilles touffes soit en automne soit au printemps ; ou bien
on enlève à la fin de mars ou dans la première quinzaine d'avril
les rejetons qui se sont développés l'année précédente sur les
pieds âgés, sains et vigoureux. Le plus souvent quand on rompt
le sol en automne ou en hiver on réserve les racines nécessaires
et les laisse en terre en les recouvrant contre les gelées. Ou bien
après arrachage on les réunit dans un coin du champ et les
conserve sous un tas de terre.

Il faut veiller à l'âge des plantes car dans quelques cas on
a des mécomptes et n'employer que les parties qui donnent
signe de vitalité.

On peut acheter des drageons à raison de 0 fr. 50 à 1 franc le
mètre carré suivant qualité. 25 à 30 mètres carrés sont suffisants pour la plantation d'un hectare.

Un moyen expéditif consiste à placer une certaine quantité
de racines dans un sac que l'on tient sur l'épaule gauche ;
l'ouvrier y puise par poignée qu'il distribue dans un large
sillon comme il ferait avec du fumier, puis il recouvre de
quelques centimètres de terre qu'il pousse avec le pied au fur
et à mesure qu'il avance le long de la raie. On plante ainsi
un demi-hectare dans une journée. La distance entre les
lignes varie de 25 à 60 centimètres suivant le développement
que prennent les plantes, c'est-à-dire les terrains, les engrais,
les arrosages et suivant, aussi, que l'on veut pratiquer les

binages et sarclages avec les instruments à traction animale.

A Villeneuve-Loubet (Alpes-Maritimes), les lignes sont espacées de 30 centimètres. On fait à la houe (magaou) une tranchée large de 20 centimètres mais très peu profonde. Après l'avoir garnie de drageons on la recouvre avec la terre qu'enlève la houe en traçant le sillon suivant.

Immédiatement après la plantation, on arrose.

Soins culturaux. — Dans le Midi, on donne de l'eau dès le 15 mai puis tous les huit à dix jours. Quand les pieds ont atteint leur développement normal on arrose au moins trois fois par semaine. Mais tout cela est subordonné aux conditions atmosphériques. L'important est de tenir le sol constamment humide car il faut favoriser la production d'une grande quantité de matière verte ; l'absorption de l'eau rend en outre les tiges plus tendres, ce qui facilite le fauchage, qui a lieu dans les Alpes-Maritimes de fin juillet à la mi-août un peu avant la floraison. Généralement on arrose encore quinze jours avant la coupe pour augmenter le poids, ce à quoi ne tiennent pas, bien entendu, les acheteurs.

En cours de végétation, surtout au début quand les Menthes ne sont pas encore trop développées pour recouvrir le sol, on donne de nombreux sarclages, car les mauvaises herbes à la faveur de l'humidité ne tardent pas à se montrer. Le premier est fait dès que les pousses ont 10 à 15 centimètres, fin mai. Ce travail est ordinairement confié aux femmes. On emploie plus rarement le cultivateur étroit à dents minces traîné par un cheval, et alors l'écartement des lignes doit être suffisant. Dans tous les cas, on a soin de ne pas rechausser les plantes plus qu'il ne faut.

Nous avons déjà dit qu'après la récolte, pour utiliser les engrais restants, on fait une culture dérobée de navets, haricots, épinards, etc. Puis viendront successivement Géranium, blé, légumes d'hiver, etc.

Maladies et insectes. — La *Rouille* est la maladie la plus fréquente. Elle est occasionnée par un champignon microscopique, le *Puccinia Menthae* (Urédinées. — Groupe *Puccinia Porri*). Sous l'influence du mycélium qui se développe dans les tissus, les tiges se renflent, se tordent, se

contournent au point de constituer des anneaux presque
complets, les feuilles se déforment. Les œcidies apparaissent
en mai, juin ; quelques taches se montrent à nouveau à
l'automne sur les « repousses » des tiges coupées. Les stolons
présentent une boursouflure bien marquée ; les feuilles se
couvrent de pustules gris brun, isolées ou confluentes le long
des nervures ou sur le limbe ; après septembre-octobre, on
remarque des pustules d'un brun noirâtre. Les feuilles tombent
prématurément. Les dernières préparent une nouvelle invasion au printemps suivant. Cette maladie est favorisée par la
chaleur et l'humidité. En Angleterre, on recommande de
secouer les plantes chargées d'eau en passant sur leur tête
une corde tendue. En coupant les tiges en juin avant l'apparition des urédospores, on peut les utiliser, car le champignon
n'a pas multiplié ses pustules sur la plupart des tiges ni sur les
feuilles elles-mêmes. On retarde ainsi la marche de la maladie
mais ne l'anéantit pas. Pour détruire les organes de perpétuation ou téleutospores, en octobre, rateler les feuilles tombées et les brûler. Quelques jours après, on pulvérise une
solution de 2 p. 100 de sulfate de cuivre. On renouvelle ce
traitement au printemps, au départ de la végétation. Il faut,
en outre, détruire les Menthes sauvages qui peuvent se trouver
dans le voisinage, de même que les Calaments et les Clino-
podes.

La Menthe anglaise ou Menthe noire est moins sensible à
la Rouille que la Menthe blanche.

En Hongrie, on a constaté cette maladie non seulement sur
Mentha Arvensis, Mentha Crispa, Mentha Piperita, mais aussi
sur Mentha Canadensis var. Piperascens cultivée. Sur cette
dernière l'œcidium se développe à la fin d'avril attaquant la
tige des rejetons de 10 à 12 centimètres. Il se forme entre le
premier nœud et le second une excroissance qui oblige le
végétal à se courber. Parfois le renflement est uniforme sur la
surface de celle-ci, qui se tord. Les plantes infectées ne portent
des feuilles vertes qu'au sommet, les inférieures se desséchant.
Les urédospores se montrent en juillet et les téleutospores fin
septembre. Non seulement la récolte est compromise mais
la qualité de l'essence est dépréciée.

On a signalé un autre champignon, le *Phyllosticta Menthae*, Bres. n. sp. (Sphœropsidées) sur les feuilles de Mentha Arvensis.

MM. Foëx et P. Berthault ont constaté que des pieds provenant de la région de Pégomas (A.-M.) étaient atteints par un *Fusarium* analogue au Fusarium Dianthi de Pr. et Delac. et au F. Roseum de Mangin. Le collet et la base de la plante prennent une coloration noirâtre ou brune. Le champignon garnit de son mycélium blanc cylindrique très fin les cavités cellulaires et les espaces intercellulaires de l'écorce et du bois. Ce mycélium traverse les membranes cellulaires et chemine notamment dans les vaisseaux du bois en profitant des défauts d'épaisseur de leur membrane pour s'introduire dans les éléments cellulaires voisins. En boîte de Pétri sur buvard humide, les expérimentateurs ont observé des conidies blanches soit unicellulaires, soit cloisonnées. Il en est de courtes, cylindriques, unicellulaires plus petites (micronidies, forme cylindrophora de Prillieux et Delacroix) que d'autres (macronidies) de la forme fusarium.

Arracher les premiers pieds atteints et les brûler. Si l'on observe une tache l'isoler par un fossé plus profond que les plus longues racines en rejetant la terre en dedans ; ce fossé embrassera 2 ou 3 rangs de plantes saines. On arrachera les Menthes et les brûlera à l'intérieur puis laissera la place inculte au moins trois ans. En outre, arracher régulièrement et fréquemment les mauvaises herbes qui pourraient apparaître et donner asile au parasite. On détruira ainsi les chlamydospores, considérées comme les agents de perpétuation. Mais comme il en reste dans le sol, injecter dans celui-ci avec un pal injecteur au moins 50 grammes de solution de formol du commerce par mètre carré. On fait 4 trous et dans chacun d'eux met 13 grammes. On bouche aussitôt avec un coup de talon. Ce traitement coûterait 10 à 11 centimes par mètre carré, main-d'œuvre non comprise.

On pourrait essayer aussi le sulfure de carbone à haute dose, par exemple 100 grammes par mètre carré.

En ce qui concerne les *Insectes*, un petit *Acarien* du groupe des Phytoptides et du genre Eriophyes pique parfois la plante ce qui occasionne l'atrophie des fonctions de reproduction. Les sommités ainsi modifiées ne portent pas de fleurs mais une agglomération volumineuse de feuilles avortées qui rappelle celle du basilic (Ocimum Basilicum), d'où le nom de Menthe basiliquée. Cette disposition entraîne un plus grand développement des parties vertes, une sensible diminution de menthone dans l'essence, mais une plus grande formation d'éthers. En somme, elle constitue une castration avantageuse.

Des *Chrysomèles* (Coléoptères) rongent parfois les feuilles en juin, juillet, mais sans grand dommage : Chrysomèle de la Menthe (Chrysomela Menthastri) ; vert doré d'un très bel effet, avec ailes membraneuses rouges ; Chrysomela Violacea, d'un bleu d'acier ; Chrysomela Fastuosa. — Au moment de la reprise de la végétation quand les bourgeons sortent de terre, ils sont quelquefois coupés par le *Negril* (Colaspidema Atra) que l'on rencontre surtout sur les luzernes. La *Cassida Equestris* a le dessus vert et le dessous noir et plat ; les ailes débordent et donnent l'apparence d'un bouclier qui cache entièrement le corps ; la bestiole ressemble ainsi à une petite tortue. La larve est aplatie, large, grisâtre ; l'appendice anal fourchu est couvert d'excréments. Ces larves filent leur coque contre la tige. Autre Casside : Cassida Murrœa.

On a conseillé contre ces Chrysomélides de saupoudrer les plantes de chaux, au besoin additionnée d'un dixième de poudre de pyrèthre si ce produit n'est pas cher. Nous ignorons toutefois si ces ingrédients ne sont pas de nature à nuire à l'essence au moment de la distillation.

Récolte. — Elle a lieu dans les Alpes-Maritimes de fin Juillet à fin août, suivant l'état de la végétation plus ou moins avancé dû aux conditions atmosphériques, aux accidents météorologiques, aux maladies. On fait quelquefois une deuxième coupe en septembre quand la Menthe a été bien fumée et bien irriguée.

On fauche un peu avant la floraison. D'après les expériences de MM. Charabot et Hébert et celles du Dr Mazzaron, la suppression des fleurs entraîne l'accumulation des composés terpénés de l'essence dans les feuilles dont le développement s'accroît. L'éthérification du menthol a lieu dans les feuilles et la plus grande partie du menthone est dans les fleurs. Nous avons signalé plus haut le cas des Menthes basiliquées.

D'après les recherches de Frank Rabat, aux États-Unis, c'est dans les feuilles et dans les fleurs que l'on trouve la plus grande quantité d'essence. La formation des éthers et du menthol a lieu le plus facilement et le plus promptement dans les feuilles et au sommet de la plante et les processus métaboliques accusent de plus en plus d'activité à mesure que la plante mûrit. Le rendement en essence distillée des plantes fraîches semble diminuer à l'approche de cet état physiologique : plantes en bourgeons, 0,14 p. 100 ; en fleurs, 0,132 ; portant des fruits 0,114. Les feuilles seules, distillées fraîches, donnèrent 0,203 p. 100 quand la plante était en bourgeons ; 0,303 quand elle portait des fleurs ; 0,126 quand elle avait des graines. Les sommets de la plante fournirent pour ces trois états : 0,173 ; 0,233 ; 0,153. Et enfin la plante entière : 0,116 ; 0,113 ; 0,133. Le pourcentage d'éther acétate de menthyle dans l'essence augmente à mesure que le végétal approche de la maturité ; il varia chez la Menthe bourgeonnante de 6,72 p. 100 à 16,62 ; chez la Menthe en fleurs de 7,07 à 14,5 et chez la Menthe en état de fructification de 12,37 à 20,86.

On choisit pour faire la récolte une belle journée ensoleillée et de préférence après 4 heures du soir. Un homme peut faucher 1 000 kilogrammes en trois heures. En Angleterre, la première année, on emploie la faucille pour ne pas trop ébranler et endommager les plantes, mais la deuxième et la troisième année on se sert de la faux. S'il est possible pendant le travail on écarte les mauvaises herbes, ou bien on procédera au triage. La récolte à la main touffe par touffe et la distillation des feuilles et fleurs seulement est une besogne que l'on ne peut entreprendre pour une grande quantité de matière. En Angleterre, à Mitcham, notamment, les ouvriers reçoivent un supplément pour séparer la Menthe commune et autres herbes aromatiques qui altéreraient à la distillation l'essence de la Menthe Poivrée. Dans ce pays la récolte est disposée en petits tas et laissée ainsi quelque temps avant de la traiter pour qu'elle se fane un peu.

Dans les Alpes-Maritimes, on met la Menthe fauchée dans

des grands filets, « bériots » ou « bérillons », qui contiennent
environ 100 kilogrammes. Si l'on devait attendre trop longtemps de la porter au distilloir, on l'étendrait en couche
mince pour éviter les fermentations nuisibles. Le plus souvent
les commissionnaires prennent les balles la nuit après avoir

Fig. 52. — Séchoir pour plantes.

pesé sur place. Le prix des 100 kilos varie de 8 à 17 francs,
en moyenne 12 francs. La deuxième coupe vaut 6 francs
quand la première est payée 12 francs. La Menthe anglaise
vaut un peu moins.

Rendement. — Il varie avec les sols, les fumures, les irrigations, les soins culturaux, l'âge de la plantation. Nous avons
vu à Villeneuve-Loubet (Alpes-Maritimes) 30 000 kilogrammes pour les 2 coupes, qui à 12 francs les 100 kilogrammes
représentent 3 600 francs. On comptait 1 000 francs d'engrais
et 500 francs de location. On a cité à Annot (Basses-Alpes),
20 500 kilogrammes à 12 francs avec 250 kilogrammes d'engrais. Dans d'autres départements on considère 14 000 à

15 000 kilogrammes comme une bonne moyenne ; en Angleterre, 7 348 kilogrammes par acre (4 047 mètres carrés), soit un peu plus de 18 000 kilogrammes à l'hectare. En Italie, la Menthe Romaine bien cultivée aux environs de Florence a donné sur cette surface 20 000 kilogrammes vendus 15 francs le quintal à la pharmacie.

En Amérique, on estime que les frais culturaux sont à peu près ceux qu'exige le maïs.

La Menthe que l'on destine à la droguerie et à la pharmacie est séchée rapidement en couche mince à l'ombre dans un local aéré, pour conserver la teinte verte. Parfois et pour de petites quantités on met les tiges en bottillons disposés en guirlande dans un grenier ou une chambre-étuve. Cent kilogrammes de tiges et feuilles fraîches donnent 12 à 15 kilogrammes des mêmes produits secs, que l'on vend 80 centimes à 1 franc le kilogramme ; les feuilles seules 1 fr. 60 à 1 fr. 80.

En Hongrie, la Menthe Poivrée cultivée pour la pharmacie donne à l'hectare 8,69 à 12,16 quintaux de matière sèche à 84 à 105 francs le quintal, soit 730 francs à 1 277 francs. La Menthe Crépue fournit dans les mêmes conditions au moins 14 quintaux et jusqu'à 23 à 24 quintaux qui à 52 fr. 50 représentent 792 à 2 520 francs.

Distillation. — En Angleterre, où l'on produit une essence réputée, avant de distiller l'herbe on la trie et la laisse se faner un peu sur le terrain. On charge ordinairement l'alambic chauffé à feu direct et contenant de l'eau sous la grille du fond, de 225 kilogrammes de matière. On conduit la distillation durant quatre heures et demie.

Au Japon, la Menthe est traitée demi-séchée.

La matière fraîche rendrait autant par le chauffage à feu nu que par le chauffage à la vapeur. Sèche c'est le contraire. Mais l'essence à la vapeur est plus légère et plus transparente. Ce dernier résultat est aussi obtenu quand on rectifie par la vapeur l'essence à feu nu.

La plante fraîche donne une essence plus fine et plus délicate.

D'après Frank Rabat, si l'on fait sécher la plante il en résulte une perte considérable d'essence. Ainsi la Menthe

sèche, mais récoltée en bourgeons, ne donne que 0,066 p. 100
de plante fraîche, tandis que distillée dans ce dernier état elle
en fournit 0,134 ; en fleurs, 0,050 au lieu de 0,132, et portant
des fruits 0,046 au lieu de 0,114. L'acidité libre et la teneur
en éthers de l'essence distillée des plantes sèches sont considérablement plus élevées que dans l'essence tirée des plantes
fraîches. La dessiccation détermine des changements favorables à l'éthérification, tandis que le pourcentage de menthol
ibre et de menthol total dans les essences distillées des plantes
sèches est aussi uniformément élevé.

Quand on vise plus particulièrement l'eau de Menthe on
charge l'alambic avec de l'eau qui a déjà servi. Il est préférable de ne mettre l'herbe que lorsque le liquide est en complète
ébullition. Si la matière séjourne trop longtemps dans l'alambic
l'essence peut brunir. Elle est verte si on opère avec trop
d'eau. En rectifiant à la vapeur d'une température de 160 à
180° on a une essence incolore dont le parfum est beaucoup
plus agréable.

Rendement. — Il varie suivant l'état des plantes, le terrain,
le climat, la méthode d'extraction. En année froide et plu-
vieuse on n'atteint pas la moitié du chiffre que fournit une
saison chaude et sèche.

En moyenne 100 kilogrammes de Menthe Poivrée fraîche
rendent 200 grammes d'essence et 6 à 8 litres d'eau de Menthe.
Mais on connaît aussi des rendements de 500 et 800 grammes
et, dans l'autre sens, de 100 grammes. En Algérie, la Menthe
Pouliot donne 500 à 800 grammes. En Italie, la Menthe
Romaine 100 à 200 grammes.

En Angleterre, le rendement d'une charge de l'alambic,
soit 225 kilogrammes, varie de 0^kg,794 (1 livr e 12 onces) à
2^kg,168 (5 livres), ou 350 grammes à 960 grammes par 100 kilogrammes. On compte que l'hectare donne 14 à 25 kilogrammes
d'essence. Aux États-Unis en année chaude et sèche 100 kilogrammes de Menthe verte produisent 1^kg,250, mais en année
froide et humide on n'obtient pas la moitié de ce chiffre ; un
acre (40 ares 467) 4^kg,5 à 13^kg,5.

Au Japon, 80 livres de Menthe desséchée rendent après
quatre heures de distillation 390 grammes pour la première

coupe, 570 pour la deuxième et 580 grammes pour la troisième. Mais la production de matière première varie pour une même surface suivant la coupe : tel champ donne, par exemple, 300 livres à la première récolte, 800 à la deuxième et 600 à la troisième. Un terrain qui produit 5 000 livres de Menthe séchée donne environ 80 litres d'essence.

L'essence. — Le prix de vente dépend de la provenance, de la qualité, de la rectification, de la situation des marchés. C'est ainsi que les chiffres que nous avons pu obtenir et ceux que l'on a cités varient de 30 à 120 francs et même 250 francs pour le kilogramme. Les essences du Midi de la France et de l'Angleterre sont les meilleures. Puis vient celle des États-Unis beaucoup moins fine. L'essence du Japon a une saveur désagréable et elle sert surtout à l'extraction du menthol.

Il est probable que par une sélection sérieuse et la destruction complète des mauvaises herbes on arrivera à produire chez nous des essences qui pourront lutter avantageusement sur les marchés avec celles de l'Angleterre. A Grasse l'essence rectifiée vaut en moyenne 80 à 90 francs le kilogramme, et non rectifiée 70 à 75 francs. L'Usine Coopérative de la Colle (Alpes-Maritimes) a vendu en 1910 45 à 65 francs. En Algérie l'essence de Menthe Pouliot vaut 5 à 12 francs. Commercialement l'essence anglaise de Mitcham est considérée comme la plus fine ; elle est cotée à un prix trois fois supérieur à la meilleure essence américaine. Aux Etats-Unis le produit est vendu en pots d'étain d'une contenance de 20 livres ($9^{kg},07$), à raison de 2 dol. 25 à 2 dol. 35 la livre de 453 grammes, soit en moyenne 27 francs le kilogramme. On reproche aux essences américaines une petite quantité de produits sulfurés non définis, qui leur donnent un goût désagréable. On l'atténue en rectifiant à la vapeur. On les accuse aussi de contenir parfois, frauduleusement, de l'essence de térébenthine.

L'essence de Menthe Poivrée et le Menthol, ce dernier extrait surtout de la variété M. Arvensis Piperascens, sont employés en parfumerie (dentifrices, savons) confiserie ; dans la préparation des liqueurs ; en hygiène et en thérapeutique.

La valeur de l'essence dépend beaucoup de sa composition. Le principal constituant éthéré c'est l'acétate de menthyle.

Lui, surtout, donne l'arome agréable. Le menthol, constituant alcoolique, communique à l'essence la sensation caractéristique de fraîcheur qu'elle produit dans la bouche. En somme, les propriétés aromatiques sont dues principalement à ces deux principes à la fois, tandis que la valeur médicinale n'est attribuée qu'au menthol.

D'après Frank Rabat, dans l'essence de Menthe Poivrée le taux de ce dernier est strictement en rapport avec celui de l'acétate de menthyle. Dans bien des cas quand le taux de ce produit est élevé celui du menthol libre est bas et *vice versa*. Ce rapport est d'ailleurs naturel, et le pourcentage du menthol en combinaison sous la forme éthérée est d'autant plus élevé que celui du menthol libre est plus bas. Les essences qui ont la plus forte teneur en menthol total sont celles qui ont le taux le plus élevé de menthol libre, et aussi de menthol combiné ou d'éthers.

L'analyse de l'essence porte : sur le dosage des éthers du menthol ; sur le dosage du menthol (alcool cyclique saturé correspondant à l'hexahydrocymène ou menthène) ; sur le dosage du menthone (cétone provenant de l'oxydation du menthol) et de ses éthers résultant de sa combinaison partielle avec les acides acétique et isovalérianique.

L'essence de *Menthe Poivrée* pure est presque incolore ou légèrement paille. Sa saveur varie suivant les provenances. Parfois on peut percevoir une différence entre les produits d'une même localité. On sait que les sols insuffisamment drainés donnent des résultats défavorables tant pour la quantité d'essence que pour la qualité de celle-ci.

La saveur des essences japonaise et chinoise diffère de la Menthe anglaise. Celle des États-Unis est sujette à des altérations dues aux mauvaises herbes qui infestent les cultures comme Erigerum Canadense, Erechthites Hieracifolia.

L'odeur empyreumatique dite coup de feu, goût de vert tient ordinairement à l'imperfection des appareils de distillation. L'essence perd en vieillissant son odeur herbacée. Elle est bien plus suave, plus fragrante après un an de préparation. Elle peut se conserver de longues années, mais elle rougit en vieillissant.

L'essence de Menthe Romaine diffère quelque peu de l'essence de Menthe Poivrée par ses caractères physiques et chimiques. Elle contient moins de menthol ; celle de Menthe sauvage renferme beaucoup de thymol et celle de Menthe Pouliot 80 p. 100 de pulégone (cétone).

Ces diverses essences sont parfois ajoutées frauduleusement à celle de Menthe Poivrée. On emploie aussi les essences de Lavande, de Romarin, de Térébenthine rectifiée, l'alcool. Enfin on peut priver le produit d'une partie de son menthol.

On obtient l'*esprit de Menthe* en dissolvant l'essence dans de l'alcool. Ou bien on distille la Menthe en présence de ce liquide.

Dans la Grèce antique chaque partie du corps avait son parfum particulier ; la menthe était recommandée pour les bras. Charlemagne a vanté les mérites de la plante dans ses Capitulaires. L'odeur passe pour pousser à la débauche et, dans un autre ordre d'idée, il rend politique.

LA TUBÉREUSE

La Tubéreuse (Polyanthes Tuberosa ; famille des Liliacées-Amaryllidées) est une plante originaire de l'Inde ou du Mexique. Dans tous les cas elle est très sensible au froid. Elle aurait été importée de Perse dans la Basse-Provence vers 1632.

La fleur, au parfum suave et très pénétrant, mais qui passe pour « casser la voix », est très appréciée par les industriels. On a pu dire que « la Tubéreuse est en quelque sorte un bouquet à elle seule ; elle rappelle ces senteurs délicieuses que l'on respire vers le soir dans un parterre émaillé de fleurs ».

En France, on la cultive surtout dans l'arrondissement de

Fig. 53. — Tubéreuse à fleurs simples.

Grasse : Pégomas (12 hectares) ; Auribeau (11) ; Grasse (10) ; Mouans-Sartoux (8) ; Peymeinade (6) ; Mougins (5). Grasse reçoit par an 150 000 à 200 000 kilogrammes de Tubéreuse. On rencontre aussi quelques cultures dans les environs d'Hyères (Var) ; en Algérie (Blida, Bouffarik, Chéragas) ; en Tunisie (presqu'île du Cap Bon, principalement à Hammamet et à Nabeul).

La hampe florale mesure jusqu'à 1^{m},20. Le bel effet des fleurs blanches en grappe lâche, parfois teintées de rose à l'extérieur (périanthe épanoui en étoile, à pièces épaisses, d'où le nom de « fleur grasse »), longues de 5 à 6 centimètres, ressemblant, mais très grossies, à la fleur de Jacinthe, font rechercher la Tubéreuse par les fleuristes, comme fleur coupée. Mais dans ce cas on préfère la sous-variété à fleur double dite « La Perle », la parfumerie réclamant les simples. L'odeur de la fleur entête et il n'est pas prudent de séjourner dans une chambre où se trouve de la Tubéreuse.

Culture. — Elle est une de celles qui réclament le plus de soins. Elle exige une assez grande mise de fonds pour l'achat des bulbes (jusqu'à 50 francs le 1 000). Les frais d'entretien et de fumure se rapprochent de ceux que nécessite le Jasmin.

La plante réclame une terre de consistance moyenne (terre d'alluvion), très perméable, fraîche ou arrosable et d'excellente qualité. La plantation doit être exposée au midi. Dans les sols humides qui se ressuient mal les bulbes sont sujets à la pourriture. Les terres fortes passent pour « manger » ces derniers.

Dans le courant de l'hiver, *labourer* à 50 centimètres, environ. On enterre ensuite le fumier. La veille de la plantation on nivelle le sol et établit des petites planches dans lesquelles les bulbes seront alignés dans le sens de la largeur.

On plante de mars à mai, en général en avril, en lignes distantes de 50 centimètres, avec un espacement de 10 à 20 centimètres sur la ligne. On ménage une rigole entre les lignes, pour les arrosages et on relève les bords.

Quand on ne veut obtenir la floraison que l'année suivante on plante fin juin-juillet et on n'arrose que très peu. Les plantes ne fleurissent alors que très tard et elles sont vite arrêtées par le froid. En général, plus on plante tard plus la récolte se fait attendre. Mais dans les régions favorisées, dès qu'arrivent les beaux jours les bulbes non encore en terre germent et leur floraison n'est guère plus tardive (en août) que lorsqu'on plante en mai-juin.

Parfois on établit des planches de 4 ou 5 lignes distantes de 30 à 40 centimètres. Ou bien les vaseaux ont 10 mètres de long et 1 mètre de large avec 2 rangées de plantes ; ils sont séparés par un petit sentier servant à la cueillette. Il arrive aussi que l'on plante des lignes doubles placées de chaque côté d'un bourrelet de terre, les deux doubles lignes étant séparées par 50 centimètres. On met ainsi 40 bulbes par mètre carré.

Dans la région de Pégomas il y a par planche 3 raies de tubéreuses, la première étant séparée de 40 centimètres de la deuxième et celle-ci de 60 de la troisième, soit 1 mètre entre les 2 raies extrêmes. Le grand espace sert de passage pour la cueillette, on y fait aussi le ruisseau pour l'arrosage. En réalité chaque raie est constituée par 2 lignes de bulbes. Les planches sont séparées par des bourrelets.

Les *bulbes* sont bruns, allongés ou piriformes. Ceux qui sont prêts à fleurir dans l'année sont gros et allongés ; les praticiens les reconnaissent facilement ; un bulbe qui a fleuri ne refleurira plus. Mais autour de ce bulbe-mère ou « montante » se forment de nombreux bulbilles, caïeux ou filleules qui au bout de trois ans peuvent fleurir à leur tour.

On peut planter les mottes c'est-à-dire sans séparer bulbes-mères et bulbilles ; on laissera les tubéreuses en place trois ans ; puis quand on arrachera on jettera le tout au fumier. On ne fait ainsi pas de plaie pouvant entraîner la pourriture. Les bulbilles restés attachés à la mère se développent mieux, mais c'est au détriment de cette dernière, qui donne alors une moins bonne floraison. Les tiges se trouvent aussi trop serrées. En somme on n'obtient pas le maximum de rendement ; il n'y a parfois que 3, 2 et même 1 bulbe fleurissant.

Ou bien au moment de la plantation on détache les caïeux qui entourent le bulbe principal et ne plante que ce dernier. Les caïeux, eux, sont cultivés en pépinière. On les arrache à la fin de la deuxième année ; ils sont prêts à être employés au printemps suivant. Dans tous les cas il est prudent de faire un nettoyage des bulbes avec un couteau tranchant pour enlever les vieux chicots, les vieilles racines et débris de feuilles, les parties malades, pourries ; toutefois pour ces dernières il vaut mieux frotter avec un linge.

Le prix des bulbes varie avec le cours des fleurs. Ceux qui sont triés et prêts à monter valent 25 à 30 francs le 1 000 quand les fleurs sont au-dessous de 5 francs le kilogramme, et 50 fr. quand ces dernières sont payées 6 à 7 francs. Quant aux « filleules » elles coûtent 4 à 5 francs le double décalitre.

Dans la région de Pégomas on achète les bulbes « Aux Fours à Chaux » près de Mougins, 20 à 40 francs le 1 000 suivant grosseur et année.

La *fumure* est une question importante. Le fumier frais, les gadoues ou balayures des villes, la vidange entraînent souvent la pourriture des bulbes, d'autant que les deux premiers ingrédients sont généralement mis dans la raie à côté de ces derniers. Les tourteaux, d'après quelques horticulteurs que nous avons consultés, ont le même inconvénient. L'azote en excès favorise la partie foliacée au détriment des fleurs. L'acide phosphorique au contraire pousse à la production de ces dernières. Les bulbes trouvent dans cet ingrédient et surtout dans la potasse d'excellents fortifiants. La potasse provoque chez eux une plus grande formation d'amidon ; ils sont plus gros, plus résistants aux maladies. Cet aliment est d'autant plus nécessaire que le sol est plus riche en matières organiques azotées.

On applique trop tard le fumier de ferme ; en mettre 30 000 à 40 000 kilogrammes à l'hectare deux à trois mois avant la plantation. En juillet, quelque temps avant la floraison, répandre 1 000 kilogrammes de tourteau, de bouse de vache, de fumier de bergerie, de poulaille, etc., que l'on enterre par un binage. Voici une formule aux engrais chimiques : 400 kilogrammes nitrate, 500 super, 200 sulfate potasse, 400 plâtre. Enfouir la moitié au dernier labour de préparation et répandre le reste à la surface pour l'enterrer par un coup de râteau seulement. Quand les hampes se montrent et quelque temps avant la floraison enfouir encore par un léger binage 200 kilogrammes nitrate, 250 super, 50 sulfate potasse. Si la végétation était exubérante on supprimerait ou réduirait le nitrate.

Autre : répandre à la volée à la veille de la plantation et enfouir par un binage : 20 kilogrammes tourteau, 8 kilogrammes super et 3 kilogrammes sulfate potassium par are.

Autre : en terre franche : 15 000 à 20 000 kilogrammes fumier de ferme, 350 kilogrammes nitrate, 500 kilogrammes super, 150 kilogrammes sulfate potassium. Si l'on n'emploie pas le fumier doubler la dose des engrais chimiques.

Les *soins culturaux* consistent en arrosages à l'eau claire, au moins tous les dix à quinze jours, et dans la deuxième quinzaine de juillet régulièrement deux fois la semaine et

Fig. 54. — Cueillette des tabarcases à Pégomas.

même tous les jours à la veille de la floraison ; en binages, sarclages.

La *récolte* pour la parfumerie commence fin juillet, août. On coupe avec des ciseaux les fleurs épanouies sur chaque grappe, entre 11 heures et 3 heures. La floraison est capricieuse surtout quand la température n'est pas suffisante.

Les prix de vente sont très variables, 2 à 7 francs ; en moyenne 3 francs le kilogramme. Frais de récolte 0 fr. 20 le kilogramme. Avec 4 000 kilogrammes de fleurs à l'hectare (10 grammes par pied) à 4 francs le kilogramme et frais déduits (culture, fumure, bulbes) il reste 5 000 à 6 000 francs. Le rendement peut s'élever à 5 000 kilogrammes mais descendre aussi à 2 500 kilogrammes. Dans la région de Pégomas on compte comme moyenne 3 000 kilogrammes à 3 francs. Si l'on débute avec des bulbes bien sains on a en peu de temps par la multiplication un capital très important car on peut revendre des bulbes après chaque récolte. Lorsque les parfumeries sont suffisamment pourvues, c'est-à-dire vers la mi-octobre, on vend alors les tiges fleuries pour les bouquets. La cueillette peut ainsi se poursuivre jusqu'en fin novembre. Le prix moyen des 100 tiges est de 7 à 10 francs.

En 1911, nous avons vu au Golfe-Juan 12 planches de 12 mètres sur 4 mètres et 6 autres de 21 mètres sur 4 mètres qui ont rapporté 2 000 francs. A Pégomas on nous a donné le compte suivant : sur 4 000 mètres carrés, 1 500 kilogrammes de fleurs à 6 francs, soit 9 000 francs ; frais 3 000 francs. Soit par hectare 3 750 kilogrammes de fleurs. On estime que le prix de vente à la parfumerie doit être au moins de 3 francs.

Il est préférable, comme nous l'avons dit, de relever les bulbes tous les ans pour créer une nouvelle plantation sur un autre emplacement, que de laisser la culture trois années consécutives. On a une multiplication plus active des bulbes, ce qui est à considérer quand on les destine à la vente. On évite aussi plus facilement les faux départs de végétation, l'irrégularité des plantations. Enfin, et surtout dans les terres un peu fortes, la pourriture est moins à craindre.

Quand la plantation dure plus d'un an on donne un labour à la bêche après la récolte et on fume au besoin. A l'entrée de l'hiver on ramène la terre sur les lignes en les couvrant de litière, feuilles, etc. En mars, on découvre.

L'arrachage des bulbes doit toujours se faire quand les feuilles et la tige sont complètement desséchées et par temps

sec et tiède. Ne pas trop se presser. Les bulbes arrachés prématurément se conservent mal, se rident, et ne mûrissent pas

Fig. 35. — Châssis à graisse pour l'enherbage.

normalement. On les débarrasse de la terre, les met en tas ou
sur des étagères dans une salle sèche très aérée à l'abri des

grands froids. En février, mars, on reprend, trie, et prépare la
future plantation.

Pour lutter contre la *pourriture* on s'inspirera de ce que nous
avons dit au sujet du Pourridié de l'Oranger. Détruire par le
feu les bulbes inutilisables et tous débris de triage. Les piqûres
de vers microscopiques (Nématodes) facilitent souvent la
pénétration d'êtres divers, acariens, larves de diptères,
myriapodes, bacilles (Bacillus Amylobacter), champignons
de pourriture (Dematophora Necatrix). Un peu avant la
plantation, exposer les bulbes malades (nettoyés en les frot-
tant avec un chiffon ou une brosse puis séchés au soleil) aux
vapeurs de sulfure de carbone (produit très inflammable, — précautions d'usage) en les plaçant sur des claies dans une caisse
qu'il faudra fermer bien hermétiquement. Le sulfure de carbone est versé (30 grammes par mètre cube) dans une ou plusieurs soucoupes sur de la sciure de bois et placées à la partie
supérieure. Après on expose les bulbes à l'air. Contre les
germes des champignons laisser les bulbes dans une solution
à 6 p. 100 de sulfate de cuivre au moins une à deux heures.

Désinfecter le sol quelques jours avant la plantation avec
30 grammes de sulfure de carbone par mètre carré.

En cours de végétation on reconnaît les bulbes malades au
début avant l'apparition des hampes à la coloration jaune des
feuilles. On peut essayer d'arroser le sol avec une solution de
60 grammes de sulfocarbonate de potassium par mètre carré
dans 20 litres d'eau.

Traitement des fleurs. — On extrait des fleurs par
enfleurage ou par dissolvants volatils une des plus suaves
odeurs connues. L'enfleurage se pratique à Grasse à peu près
à la même époque que pour le Jasmin. Il faut en moyenne
3 kilogrammes de fleurs pour parfumer 1 kilogramme de
graisse. La pommade de corps durs et l'huile parfumée se
vendent 6 à 16 francs le kilogramme ; l'huile obtenue par
enfleurage sur coton 30 à 35 francs ; des graisses parfumées on
tire des extraits, des esprits. L'extrait vaut 6 à 500 francs le
kilogramme suivant concentration et qualité ; le parfum
concentré de pommade 800 francs. On employait autrefois la
Tubéreuse pour aromatiser le tabac à priser.

LES VIOLETTIERS

Les poètes ont chanté la Violette comme emblème de la modestie, de la pudeur, de l'innocence, de l'amour timide. Quand on parle d'elle qui n'entend le doux murmure des vers de Desmarets de Saint-Sorlin dans la « Guirlande de Julie », réunion de madrigaux de dix-neuf poètes sur vingt-neuf fleurs, offerte à la belle Julie d'Angennes qui régna avec éclat à l'hôtel de Rambouillet, autant par sa beauté que par son esprit, — ne l'appelait-on pas Mlle de Rambouillet, — par l'honnête M. de Montausier à la veille de l'épouser après, dit l'histoire, « quatorze ans de fidélité et de soupirs » !

Franche d'ambition je me cache sous l'herbe,
Modeste en ma couleur, modeste en mon séjour ;
Mais si sur votre front je puis me voir un jour,
La plus humble des fleurs sera la plus superbe.

Nos modernes horticulteurs ont violé la modestie de la mignonne fleurette des bois couleur d'azur. Sous leurs doigts d'artistes, elle est devenue presque une orgueilleuse, une petite reine dans son milieu. De sa corolle largement étoffée elle domine fièrement dans les parterres fleuris la touffe émeraude qui l'a vue naître, et la multitude des pétales fait parmi le feuillage comme une pluie de palmes académiques sur un plantureux pâturage !

Mais, hélas ! la roche tarpéienne est parfois proche du Capitole. Il arrive que ce n'est pas toujours sur le front des sœurs de Julie que l'héroïne de Desmarets va glorifier sa vie éphémère. Elle la termine aussi dans les prosaïques cornues des laboratoires « emmy » la graisse et le pétrole ! Les industriels parfumeurs font subir dans leurs marmites les pires tortures à ses fragiles pétales lavés d'améthyste, qu'ils obligent à

exhaler dans un dernier soupir leur parfum suave, cette âme
des corolles, comme disent les poètes.

Variétés. — Il existe un grand nombre d'espèces de Violettiers vivant à l'état sauvage dans notre pays. Les flores
en mentionnent plus d'une trentaine. Mais la *Violette odorante
commune* des haies et des bois (Viola Odorata, famille des Violacées), la plus parfumée, nous intéresse seule ici par les types
qui en dérivent, uti-
lisés en parfumerie
et en floriculture.
Parmi les pensées
sauvages appréciées
par la médecine (1)
nous citerons : Vio-
lette cornue des Alpes
et des Pyrénées, Vio-
lette à long éperon
(Viola Calcarata) des
hautes montagnes ;
Violette Pédalée
(V. Pedata) des Alpes;

Fig. 56. — Violette de Parme.

Violette à grandes fleurs du Mont Mezin.

En ce qui concerne la parfumerie, c'est la Violette double
de Parme qui tient la tête.

Les régions d'Hyères, de Grasse et de Toulouse sont les
pays par excellence de la culture des Violettes. Mais si sur les
bords de la Garonne la Parme n'est employée que pour la
confection des bouquets, à Grasse, elle alimente en grande
partie les usines. En fin de saison celles-ci utilisent aussi les
Violettes à bouquet : Victoria, Czar, Luxonne, Princesse de
Galles, que les régions d'Hyères, de Solliès et la Riviera italienne leur envoient.

Description. — Plantes basses, vivaces, à rejets traçants,
les pédoncules des feuilles et des fleurs partant du collet ;
feuilles longuement pétiolées cordiformes, finement dentées,

(1) Un spécialiste a remarqué que les variétés les plus parfumées
ont les rhizomes les plus vénéneux.

vertes, glabres ; fruit, capsule à trois valves concaves contenant
un grand nombre de graines arrondies d'un jaune brunâtre.

Violette de Parme (Viola Parmensis) ; issue de la Violette
des quatre sai-
sons (Viola
Odorata sem-
perflorens) ; en
diffère par des
feuilles lui-
santes d'un
vert gris, des
fleurs très odo-
riférantes à
plus long pé-
doncule, à
grande corolle
double d'un
bleu grisâtre ;
elle est plus
délicate et
souffre parfois
du froid sous
le climat de
Paris ; elle
craint aussi la
sécheresse et
le soleil ar-
dent ; elle est
un peu remon-
tante. Il y a
diverses formes

Fig. 57. — Violette Luxonne

qui diffèrent entre elles par la grandeur des corolles, la longueur des pédoncules. Ce sont moins des races que des états
individuels dus aux procédés culturaux, à l'exposition, etc.

Il y a quelque quarante ans on ne connaissait à Hyères que
la Violette des quatre saisons (cultivée aussi aux environs de
Paris), appelée Violette de la Valette, bourg des environs de
Toulon où on commença à l'exploiter vers 1875. Aujourd'hui

c'est la Luxonne qui est la plus cultivée pour la fleur à bouquet, produit du croisement des variétés Wilson et Czar (Violette russe). Mais ce type, sous l'influence de la culture intensive, est en variation désordonnée et l'on trouve des sous-variétés comme Abomen neveu, Parymon, Bonnifay, etc.

Avec la Luxonne nous citerons encore Souvenir de Mme Josse, Mme Fichet Nardy, Mme Schwartz, etc.

A *Vence* (Alpes-Maritimes), la culture de la Parme a amené celle de la Victoria pour bouquet, adoptée aussi à Albenga (Italie) et qui va également, en fin de saison, à la parfumerie.

Régions. — En 1865, *Vence* et ses environs produisaient déjà 80 000 kilogrammes de corolles de Parme pour la parfumerie. Vers 1870, la culture commença à gagner le voisinage de *Grasse*. C'est à la suite de la mévente des plantes à parfums que l'on se mit à faire concurremment la fleur pour bouquet avec la Victoria, la Princesse de Galles, la Czar.

Aujourd'hui les plantations occupent environ 130 hectares. Les centres les plus importants sont : Vence (40 hectares), Grasse (30), Tourette (25), Le Bar (20) ; autres centres : Peimeynade, Nice, Menton ; Vence tire de cette culture un revenu de 125 000 à 150 000 francs. Grasse traite chaque année environ 300 000 kilogrammes. La Coopérative de la Colle a livré en 1913 514 kilogrammes de Parme à 3 fr. 50 le kilogramme, 200 kilogrammes de russe à 1 fr. 25 et 2 840 kilogrammes de feuilles à 8 francs les 100 kilogrammes.

Var : Hyères (1 000 hectares), dans la grande plaine d'alluvions fraîches et fertiles; Solliès-Pont, Solliès-Toucas, Ollioules. Il était question de créer des usines à Hyères et à Ollioules.

Algérie : Jadis importantes plantations à Bouffarik, Blida, Cheragas ; on les a abandonnées, les plantes souffrant trop de la sécheresse et des fortes chaleurs.

Italie : Vallée de Taggia et basse vallée de l'Argentina ; la Violette de parfumerie est cultivée depuis longtemps à Arma di Taggia et San-Remo, qui expédient à Grasse ; à Villanova d'Albenga la culture de la Violette alterne avec celle du Narcisse.

Toulouse produit dans sa banlieue (Lalande, Saint-Alban, Saint-Jory, Aucamville, Castelguiset, Ginestous, Launaguet), la Violette de Parme pour bouquetterie dont la vente s'élève à 1 300 000 francs.

Environs de Paris : Bagneux, Bourg-la-Reine, Chatenay, Clamart et ses environs jusqu'à Bièvres, Fontenay-aux-Roses, Fontenay-sous-Bois, Marcoussin, Romainville, Sceaux, Verrières, etc.

Citons encore la *Saxe*.

Culture.

Climat, exposition, sol. — « La Violette appartient à tous les pays et à toutes les altitudes. » Mais, comme nous l'avons dit, la parfumerie ne constitue le plus souvent pour le producteur qu'un but secondaire et dans le Midi il s'agit avec elle d'une culture hivernale. La sécheresse normale de l'été est indispensable pour que les plantes se reposent et puissent se remettre en végétation aux premières pluies d'automne. Mais il y a lieu de remarquer que les Violettiers craignent les fortes chaleurs et les sécheresses prolongées ; que les Violettes qui poussent sous le couvert léger de certains arbres sont plus odorantes que celles que l'on cultive en plein soleil. Ainsi les cultures de Vence et des environs de Grasse sont protégées par des Oliviers, celles de Nice, Menton, Égypte par des Orangers. Ailleurs il faut les garantir contre le rayonnement nocturne, les vents froids et les rigueurs de l'hiver qui contrarieraient la floraison et même tueraient la plante (le Violettier de Parme à — 6°). Dans la plaine d'Hyères, on emploie la claie de bruyère, à Albenga le paillasson, à Toulouse le châssis vitré.

On choisit un *terrain* incliné au sud, ni trop sec ni trop humide, un peu léger, silico-argileux, profond, frais ou arrosable, les plantes ne résistant pas à une longue sécheresse, bien ameubli. Les sols riches en humus ou fertilisés de longue date par la culture maraîchère et en général les terres neuves ou restées longtemps sans culture, ou riches en oxydes de fer donnent aux plantes et à leurs fleurs une couleur plus foncée.

Préparation. — Quatre à cinq mois à l'avance on défonce à 30 à 40 centimètres puis incorpore les engrais à décomposition lente comme le fumier de ferme. A l'approche de la plantation on donne une dernière façon superficielle. Sur les coteaux de Vence, où les cultures sont établies en terrasses sous les Oliviers, on plante en lignes espacées de $0^m,50$ à 1 mètre, les touffes étant à 10 à 20 centimètres. Ailleurs quand on doit arroser on établit des carrés, des tables, des plates-bandes, bordés de bourrelets ou séparés par des ados, des rigoles, suivant le genre d'irrigation, par submersion ou infiltration.

A Hyères, en octobre-novembre, on prépare des tables plus ou moins longues, 15 à 20 mètres suivant l'eau dont on dispose ; on leur donne la direction nord-sud avec inclinaison au Midi. Si l'on craint l'humidité de l'hiver les lignes de plantes sont des ados et les interlignes constituent des rigoles d'arrosage.

A Toulouse, on cultive en planche de $1^m,50$ sous verre que l'on défonce en février-mars ; en avril à la veille de la plantation on donne une dernière façon et arrose au purin.

Fumure. — Le Violettier est une plante exigeante et épuisante. On a calculé que sur un hectare fleurs et feuilles enlèvent chaque année 109 kilogrammes d'azote, 55 d'acide phosphorique, 146 de potasse, 52 de chaux. Ces chiffres ne sont qu'une indication. On ne sait exactement si tout ce qui entre dans la plante y reste réellement ; quelque principe échappe peut-être à l'analyse qui a une grande importance. Il faut tenir compte des irrigations, de la profondeur du défoncement, des fumures précédentes, du degré d'assimilabilité des ingrédients employés, de la facilité de leur décomposition, de l'époque de leur application, de la constitution du sol, de l'abondance de la floraison, des dégâts causés par les maladies, insectes, intempéries, etc.

Généralement, on n'emploie guère que des engrais organiques riches en azote : tourteau, sang desséché, vidange (engrais humain), poudre de chrysalide de ver à soie. A Albenga, outre les 60 000 kilogrammes de fumier de ferme incorporés par le labour de préparation avant la plantation, on donne deux fumures supplémentaires au tourteau avec, parfois, du superphosphate en mai et en août. La deuxième année en août 22 000 kilogrammes de fumier bien décom-

Fig. 58. — Culture des Violettiers sous les oliviers, sur les coteaux de Vence (A.-M.).

posé que l'on enfouit par un léger bêchage et quelques jours après on met du tourteau.

L'azote est l'élément de vigueur ; en excès, il nuit à la floraison. L'acide phosphorique exerce une plus grande action sur celle-ci ; de même la potasse a un rôle important. Ces deux aliments donnent plus de rigidité aux tiges, plus de fermeté aux feuilles qui se défendent mieux contre les maladies ; ils exaltent le coloris des fleurs.

On a proposé les formules suivantes qui peuvent varier pour ainsi dire à l'infini.

Première année : en décembre au moment du labour, 60 000 kilogrammes fumier, 2 000 kilogrammes scories, 1 000 super, 200 sulfate potassium ; en couverture en janvier, février 200 nitrate ; deuxième année, de septembre à janvier 500 nitrate ; troisième année, même époque, 500 nitrate ; quatrième année 500 nitrate (sur ces 500 kilogrammes nitrate, 250 sont employés dissous dans de l'eau en arrosage ou répandus entre les plantes au moment des irrigations et en deux fois ; et les 250 autres kilogrammes sont mis entre les touffes en fin novembre, décembre) ;

Autre : 1 500 kilogrammes à l'hectare d'un mélange composé par 100 kilogrammes : 60 chrysalides vers à soie, 25 super et 15 sulfate potassium ; ou : 30 kilogrammes nitrate, 50 super, 20 sulfate ; à appliquer en cours de végétation ;

Autre : 30 000 kilogrammes fumier ferme, 600 kilogrammes scories, 300 sulfate potassium ; après la reprise on arrose avec de la vidange ; la deuxième année on apportera 200 à 300 kilogrammes nitrate ;

Autre : à la plantation 600 kilogrammes sang desséché, 400 kilogrammes phosphate précipité ou 800 scories, 400 sulfate de potassium ; après la reprise mettre 400 kilogrammes nitrate en deux fois ou vidange ; après l'enlèvement des feuilles en été 1 000 kilogrammes sang desséché, 400 phosphate précipité, 400 sulfate de potassium ; les années suivantes nitrate de soude comme ci-dessus.

Sachant que les Violettiers aiment les sols riches en humus, ne pas abuser des engrais chimiques seuls dans les terrains pauvres en matière organique.

En règle générale mettre la plus grande partie des engrais phosphatés et potassiques avant la plantation et nitrate ou sulfate ammoniaque à diverses reprises et à faible dose après dissolution dans l'eau d'arrosage ou immédiatement avant d'irriguer.

Les plantations de première année sont moins exigeantes

Fig. 59. — Plantation des Violettiers sur ados à Hyères.

que celles qui sont en pleine production à deux ou trois ans. Après la plantation mettre 15 à 20 grammes de nitrate ou de sulfate d'ammonium par mètre carré ; à l'automne suivant si la végétation est trop faible ou éprouvée par les maladies ou les insectes, mettre encore les mêmes doses. En novembre répandre entre les lignes avant l'arrosage 15 à 20 grammes nitrate, 50 à 60 super, 15 à 20 sulfate potassium.

Dans une expérience effectuée dans les Alpes-Maritimes la formule par hectare: 400 kilogrammes nitrate, 600 super-

300 chlorure potassium a donné le plus grand poids de
Violettes comparativement aux carrés où l'on avait supprimé
l'un de ces ingrédients. Dans la région de Grasse, on a
obtenu de bons résultats avec : 300 kilogrammes nitrate,
900 super, 300 chlorure ; ou encore : 400 nitrate, 300 super,
100 chlorure, etc., etc. On voit combien cette question des
engrais prête à une large interprétation.

Plantation. — On *multiplie* les Violettiers par stolons ou
coulants et surtout par éclats de pied (division des touffes),
munis de quelques racines, généralement pris directement
dans la plantation en cours d'exploitation que l'on vient de
détruire. Rarement on met les stolons en pépinière en septembre-octobre pour les laisser mieux s'enraciner jusqu'au
moment de les planter en mars-avril ; plus rarement encore
on établit une planche-mère pour fournir les jeunes pieds.
Mais ces méthodes permettent une sélection plus rigoureuse.
Elles donnent aussi des plantations plus régulières. Il faut
les adopter surtout quand on plante tard, au printemps,
sous les climats chauds et secs ; la reprise est mieux assurée
avec des stolons bien enracinés.

L'*époque* de la plantation varie avec les régions et les modes
de culture. Sous le climat sec de la Provence, mars-avril est
déjà un peu tard, à moins que le sol ne soit frais et substantiel
et si l'on a des coulants bien enracinés. Mais les simples éclats
prendront plus difficilement. Dans tous les cas quand les
chaleurs sont vives et le temps sec il faut multiplier les soins,
arroser, butter et abriter les Violettiers.

Dans la région d'*Hyères* on plante de novembre à avril mais
la meilleure époque pour la bonne reprise est décembre et
janvier. Quand on opère fin novembre et courant décembre
on associe généralement la culture des pois nains et en mars,
avril, celle des haricots, ou après la récolte des salades.

Dans la région de *Toulouse*, on plante en avril.

Les distances adoptées sont variables : 30 à 40 centimètres
en tous sens, par exemple. A *Vence* sur les coteaux : lignes
espacées de 50 centimètres et 35 à 40 centimètres sur la ligne ;
ou 1^m × 0^m,25. A *Hyères*, on plante sur ados quand on redoute
l'humidité de l'hiver, sinon en planches irrigables ou « cou-

rants ». Les ados sont dressés dans le sens de la largeur du rec-
tangle. Ils sont distants de 60 centimètres d'arête à arête et
larges à leur base de 25 à 30 centimètres ; les plantes sont à
30 à 40 centimètres. S'il n'y a pas d'ados les lignes sont espacées de 50 à 60 centimètres. Quand les Violettiers sont cultivés seuls on les place sur la pente sud. Dans le cas contraire
du côté nord et sur l'autre on sème des pois nains au tiers de
la base de l'ados, dans une ligne où l'on a mis au préalable du
super et du sulfate de potassium. On récoltera les pois fin
avril, mai, puis on arrachera les pieds et donnera un binage
comme il sera dit plus loin. On emploie le plus souvent
des éclats de touffe, munis de quelques racines dont on rogne
les extrémités au couteau de même que les feuilles. On en met
jusqu'à 7 ou 8 dans le même trou ou on les répartit bien régulièrement puis on tasse le sol sur les racines. Si l'on emploie
des sujets préalablement enracinés on n'en met que 3 ou 4,
qu'il est d'ailleurs plus facile de bien établir dans les plantations à plat que sur ados. Si l'on opère à l'arrière-saison il ne
faut pas exagérer le nombre d'éclats mis dans le même trou,
car les racines s'échaufferaient. On se sert du plantoir ou d'une
petite houe (l'échadou, à Hyères) à lame de 3 à 4 centimètres
de large et 25 centimètres de long avec un manche de 40 centimètres qui mesure la distance des plantes sur la ligne.

Dans la banlieue de *Toulouse* on plante des stolons (gaïchous)
enracinés, de la mi-avril à la mi-juin. Les planches ou tables
(taoulo) ont 1^m,50 de largeur. On met dans le sens de la longueur 5 lignes à 20 centimètres de distance la première étant
à 30 centimètres du bord. Les touffes, espacées de 12 à 15 centimètres, comprennent 10 à 15 stolons. Ces planches orientées
de l'est à l'ouest et inclinées au midi sont entourées de petits
murs en briques émergeant de 30 centimètres à l'arrière et
de 15 à l'avant qui supporteront, fin septembre, des châssis
vitrés, couverts la nuit de paillassons (nattes).

Les stolons enracinés sont achetés en petites touffes prêtes
pour la plantation 3 à 6 francs le cent ou encore 1 franc la
botte de 20 sujets. Les producteurs vendent aussi les pieds en
touffe de la planche-mère avec stolons enracinés 6 à 8 francs
le mètre carré. On peut obtenir les plants en mettant en août-

septembre en pépinière, très rapprochés, les coulants légèrement enracinés provenant du nettoyage des planches florifères, et on les plante en avril. Parfois, aussi, on emploie des éclats de pied arrachés dans les planches florifères.

Mais pour les cultures importantes on établit des planches-mères (plantouliés), qui au bout d'un an, après avoir fleuri, fourniront les coulants enracinés. A cet effet on enlève dans une planche ayant produit tout l'hiver de belles fleurs des stolons enracinés. On les plante dans une plate-bande 2 ou 3 par trou tous les 20 centimètres sur des lignes distantes de 30 centimètres. On donne les soins ordinaires : arrosages, binages, sarclages, abri contre les chaleurs ; en septembre, terreautage de 2 centimètres ; à nouveau en novembre et janvier, pour chausser les stolons qui s'enracinent ; en hiver on protège avec des paillassons à une certaine distance du sol, sans employer les châssis vitrés, et en avril on met les stolons en place.

Soins culturaux. — Revenons à la culture en *Provence*. On arrose à la plantation : on abrite si le soleil est trop ardent pour favoriser la reprise, sans négliger les arrosages au cours de l'été ni les binages et sarclages mais seulement après l'enracinement complet.

A *Hyères*, après l'arrachage des pois on bine, rabat le faîte des ados et comble ainsi en partie les interlignes de façon que les Violettiers plantés sur la pente nord soient alors sur la crête. Quelquefois en juin, à intervalle de 4 ou 5 ados, on sème du maïs en ligne, dont les pieds distants de 2 mètres feront ombre aux jeunes plantes. Mais le maïs épuise le sol et les Violettiers voisins s'en ressentent. On l'arrache aussitôt après la récolte des épis en août, septembre. La deuxième année de plantation au printemps en avril, après la récolte des fleurs, on *fauche* les feuilles que l'on vend aux parfumeurs ou que l'on fane comme fourrage pour les vaches, puis on donne un labour en même temps que l'on enlève les coulants. Mais généralement après ce fauchage la végétation repart s'il survient des pluies. Parfois alors on fait paître des moutons pour provoquer l'arrêt de la sève. Cette pratique a l'avantage d'empêcher la propagation de la « grise ». Mais dans les sols trop ensoleillés il faut butter les pieds ainsi dépouillés et les couvrir de débris de broussailles ou autre. Il arrive aussi que l'on ne procède à ce nettoyage de la plantation qu'en août. Dans tous les cas on coupe assez haut pour ne pas endommager le collet de la plante. A ce point de vue la dent du mouton est à craindre.

On n'arrose pas en été pour laisser les Violettiers en repos, à moins d'une sécheresse excessive qui éprouve surtout les cultures en coteau si elles ne sont pas abritées par des arbres.

Fin août-septembre, il faut préparer la reprise de la végétation. On enlève les feuilles malades et arrose si le sol est sec. Quand il s'est ressuyé on applique 2 000 à 3 000 kilogrammes de tourteau (on fait une cuvette autour de la touffe, met 25 à 30 grammes et recouvre) ; ou mieux 1 500 à 2 000 kilogrammes seulement additionnés de 800 de super et de 400 de sulfate de potassium. Ou encore 1 800 à 2 000 kilogrammes de poudre de chrysalide de ver à soie (9 à 10 p. 100 d'azote, 1 à 2 d'acide phosphorique, 1 à 2 de potasse), additionnée par 100 kilogrammes de 35 à 40 kilogrammes de super.

Si l'on emploie les engrais chimiques seuls : 1 500 kilogrammes d'un mélange fait par 100 kilogrammes avec 30 kilogrammes nitrate, 30 super, 20 sulfate potassium.

On utilise aussi le fumier bien décomposé, le terreau, le sang desséché, l'engrais humain additionné de 2 à 3 fois son volume d'eau.

Si l'automne et l'hiver sont secs on donne quelques arrosages. Au cours de la cueillette pour soutenir la floraison on répand des engrais liquides ou 200 à 300 kilogrammes de nitrate, en évitant les feuilles, avant les arrosages.

A *Hyères*, fin novembre on met les abris en place. Ce sont des claies de bruyère de $2^m,25 \times 1^m$ fixées sur des fils de fer à 85 centimètres du sol au nord et $1^m,70$ au sud, fils qui reposent sur la tête de piquets espacés de 2 mètres sur la ligne. L'abri dépasse de 25 centimètres le fil de fer arrière et de $0^m,50$ celui d'avant. Il y a donc entre les deux lignes de piquets que nécessitent les claies environ $1^m,40$. Les rangées protectrices sont espacées de 6, 10, 15 mètres suivant les situations et les abris naturels, arbres, murs, etc. qu'il peut y avoir en tête du champ.

A *Toulouse*, dans les premiers jours de la plantation on arrose régulièrement ; on protège un peu les jeunes Violettiers contre le soleil ardent avec des « nattes » sur fil de fer. En juin-juillet, on coupe les vieilles feuilles ; en juillet, on enlève les coulants, puis on répand de la litière de cheval très décomposée ; en août, on la renouvelle et supprime les stolons. Fin septembre on répète ces opérations. Vers le 15 octobre on met en place les châssis vitrés. On profitera de la cueillette pour enlever les stolons et ne laisser que le pied-mère auquel on supprime les feuilles fanées, malades ou mortes. Si on conserve la plate-bande deux ans, à la fin de la récolte, en avril, après avoir enlevé les châssis on arrose jusqu'en juin, puis on coupe les coulants, supprime toutes les feuilles et couvre les pieds de 5 à 8 centimètres de terreau. Quand les feuilles poussent, s'il fait très chaud, mettre les paillassons à 50 centimètres. Continuer à enlever les stolons, mettre le paillis et appliquer les engrais comme la première année.

Insectes et maladies. — *La grise* : occasionnée par l'*Araignée rouge*, Tétranyque tisserand (Tetranychus Telarius), sorte d'araignée microscopique qui se tient surtout à la face inférieure des feuilles, suce la sève et *tisse* une légère toile *grise* sous laquelle malheureusement elle est à l'abri des insecticides. Les feuilles restent chétives, recroquevillées. Cet acarien se multiplie surtout par les chaleurs et la sécheresse. Les arrosages, et mieux les bassinages fréquents lui sont donc nuisibles. La suppression des feuilles en mars-avril après la récolte est de nature à enrayer sa propagation (brûler en cas de forte invasion). Si la végétation repart on peut craindre pour les cultures voisines de haricots, melons, etc. (moutons, à Hyères).

On emploie les insecticides. Mais il faut ménager les fleurs pour la parfumerie ou la bouquetterie, c'est dire que l'on doit s'arrêter avant les pluies d'automne. Soufrer (soufre précipité nicotiné) de bon matin par la rosée en visant le dessous des feuilles. Quelques formules : 1 litre jus tabac manufacture, 15 à 20 litres eau ou 1 litre nicotine des bureaux de tabac et 80 à 100 litres eau. — Bouillie savon pétrole donnée aux Orangers. — 3 kilogrammes savon noir, 10 litres eau chaude ; après dissolution, 1^{kg},500 poudre pyrèthre, agiter et 90 litres eau. — Faire bouillir 500 grammes soufre en poudre, 1 kilogramme chaux vive fraîchement éteinte, quelques litres d'eau, agiter et mettre le restant de 20 litres d'eau. — Barèges, 500 grammes ; savon noir, 250 grammes ; eau, 100 litres. — Sulfure de carbone (attention au feu, explosion) un litre, savon 5 à 6 kilogrammes, eau 100 litres.

Chenilles d'*Argynnis* (papillons) qui mangent les feuilles : Ar. Paphia, 5 centimètres de long, brune, raie jaunâtre sur le dos avec double rangée de forts poils épineux jaunes. Joli papillon jaune d'ocre avec taches rondes et lignes brun noir ; dessous rose nacré. — Ar. Aglaïa, 4^{cm}, 5, foncée, raie jaune sur le dos, taches latérales rouge brique, poils épineux. Papillon à ailes antérieures jaune roux.

Apocellus Phaericollis (Coléo. Staphylin). Capturer avec des pièges faits de petits tas de feuilles de choux en décomposition. Quand on les relève, on les plonge dans l'eau bouillante et ils peuvent resservir.

Une *Anguillule*, Aphelenchus Ormerodi produit des galles sur les tiges traçantes ; le développement normal des feuilles est arrêté. Quand l'attaque est forte la plante prend l'aspect de l'inflorescence du chou. Arracher et brûler ; pulvériser de la bouillie sulfocalcique ; désinfecter les outils.

Contre les Courtilières, injecter une quinzaine de jours avant la plantation 60 à 80 grammes de sulfure de carbone par mètre carré, ou du sulfocarbonate de potassium (100 grammes dissous dans 20 à 30 litres d'eau par mètre carré).

Les *Escargots*, *Colimaçons*, *Limaces* commettent des dégâts surtout dans les bas-fonds, les endroits frais où ils dévorent les feuilles la nuit. Les asperger le soir ou avant le lever du soleil avec de la chaux vive en évitant de brûler les feuilles (1).

Maladies : Ramularia Lactea ou Violae (champignon du groupe des Hyphomycètes) : sur les feuilles taches d'abord blanchâtres circonscrites comme celles du black-rot de la vigne ; les feuilles se flétrissent et meurent. Les traitements

---

(1) Pour plus de détails sur les procédés de destruction, voir notre article dans *La Nature*, 7 février 1914.

à la bouillie bordelaise à 1 p. 100 ou au verdet à 0,5 p. 100 *avant* l'apparition du champignon et renouvelés auraient donné de bons résultats à M. Carré. D'après M. Prunet, les germes sont entourés d'une matière gommeuse qui facilite leur adhérence aux plantes. L'arrosage par aspersion éparpille ces spores. Pratiquer les irrigations par rigole quand la chose est possible.

Cercospora Violae (Hyphomycètes) : taches sur les feuilles ; dégâts surtout au premier printemps. Les sels de cuivre seraient sans effet. Brûler après fauchage.

Phyllosticta Violae (Sphœropsidées) : taches sur les feuilles avec des points noirs en cercle ; le milieu blanc, comme une tache d'huile ; la feuille se dessèche. En général attaque la plante quand la partie foliacée commence à se dessécher et va être remplacée par la pousse d'automne. Employer la bouillie bordelaise neutre.

Urocystis Violae (Ustilaginées, Charbon) : peut envahir toutes les parties de la plante. Les tiges, les pétioles, les feuilles (généralement le long des nervures) portent des véritables galles allongées, fructification du champignon. Les cellules fertiles sont réunies au nombre de quatre à huit par glomérule. Brûler les organes malades. Même remède contre le *Puccinia Violae* (Urédinées, rouille).

Maladie du pied : Observée par M. Prunet à Toulouse, puis par M. Foëx : plante à aspect languissant ; feuilles souvent petites, jaunissant ; se replient en gouttière et se dessèchent ; floraison faible. Racines et rhizomes avec plaies noirâtres, quelquefois des fentes ; les racines périssent mais le végétal s'épuise rapidement à en former de nouvelles. Même désorganisation des pétioles qui touchent le sol. Dans la partie corticale malade, plus rarement dans le bois, un champignon parasite qui paraît pénétrer par des blessures, plaies, etc. La maladie ressemble à celle qui occasionne sur le tabac l'affection due au *Thielavia Basicola* (Périsporiacées).

Les Violettiers des milieux humides, des terrains compacts sont plus exposés. — Arracher et brûler les plantes malades, ne pas les jeter au fumier car les semences du parasite, ou chlamydospores, infecteraient les champs. Choisir les pieds

sur des touffes bien saines. Drainer les terrains humides.
Attendre plusieurs années avant de revenir sur la place infec-
tée. Un mois avant la plantation injecter dans le sol une solution à 1 p. 100 de formol du commerce (à 40 p. 100).

La chaux et les engrais alcalins paraissent favoriser le cham-

Fig. 60. — La récolte des Violettes à Hyères.

pignon. Employer les superphosphates au lieu des scories
et mettre la potasse sous forme de sulfate. On peut utiliser
le plâtre.

On a signalé à Vence une maladie « très voisine de celle qui
atteint quelquefois la luzerne » et qui contamina les cultures
dans la proportion de 20 à 60 p. 100. « Les racines se ramollis-
saient et finalement devenaient spongieuses. Leur couleur de
blanche tournait peu à peu au brun. »

On a encore parlé d'un Peronospora, d'un Macrosporium (Sphœriacées), d'un Synchytrium (Chytridiacées).

Se rappeler qu'en général les plantes fortifiées par des soins culturaux, de bonnes fumures, etc., résistent mieux aux attaques des insectes et des champignons microscopiques.

Récolte et utilisation des produits.

Les Violettiers fleurissent dès la première année de plantation. Dans la région de Grasse on vend les Violettes à la parfumerie de janvier à avril, mais la récolte des fleurs pour bouquet commence en octobre-novembre. On cueille le matin après la rosée, ou le soir. Cette récolte est longue et coûteuse car avec l'ongle on détache la corolle seulement. Une femme ramasse ainsi de 3 à 6 kilogrammes par journée de dix heures suivant l'abondance de la floraison et son habileté (le kilo contient 4 000 fleurs). Jadis la Parme était payée par la parfumerie jusqu'à 7 francs le kilo. Aujourd'hui elle atteint rarement 5 francs. La Coopérative de la Colle a vendu en 1910 5 fr. 30. Ce chiffre avait été atteint ou à peu près (5 fr. 25) en 1905, époque de sécheresse. En 1899 et 1902, on a payé 2 fr. 50. On a vu 1 fr. 50. Quand cette Violette vaut 2 à 3 francs la Russe, la Victoria, la Luxonne sont payées 0 fr. 75 à 1 franc. On compte à Vence qu'un hectare donne en moyenne 800 à 900 kilogrammes de fleurs pour la parfumerie. Voici encore quelques chiffres qui ont été cités, sans affirmer qu'il n'entre pas là des Violettes à bouquet : en bonne culture, un hectare en plein rapport, la deuxième et la troisième années, produit 1 000 à 1 500 kilogrammes ; on a signalé aussi 2 000 kilogrammes la deuxième année. Un millier de touffes de Violettiers ayant 25 à 35 centimètres de diamètre donnent 20 kilogrammes.

Quand la culture est conduite aussi pour la bouquetterie il y a lieu de considérer que la floraison d'automne est bien plus abondante chez les jeunes sujets et les fleurs plus belles que chez les vieux pieds, mais elle se termine plus tôt. Si les Violettiers plus âgés commencent à fleurir à la Noël, ils donnent aussi plus longtemps. Il serait donc préférable d'avoir moitié de la plantation en Violettiers d'un an et l'autre de deux ans.

A Hyères si l'on dispose d'un terrain frais ou arrosable à volonté, où la végétation est active, on renouvelle la plantation chaque année, sinon on la garde deux ou trois ans et même cinq ou six quand le sol est sain, que l'on donne les soins voulus et on ne revient sur le même emplacement qu'après sept à huit ans. Il est d'ailleurs facile d'établir un roulement pour avoir chaque année des plantations nouvelles.

Mais si on néglige les soins, avec l'âge, les pieds se rabougrissent vite, deviennent chlorotiques, ils sont envahis par les maladies et les insectes ; les fleurs perdent de leur coloris, sont moins étoffées, leur pédoncule se raccourcit ; la floraison est plus tardive ; en définitive les rendements diminuent.

Fig. 61. — Violette le Czar.

A Vence les plantations de Parme sont gardées en moyenne quatre ans ; dans la région d'Albenga quatre à six ans ; ce n'est qu'exceptionnellement qu'à Toulouse les planches sont exploitées une deuxième année quand les plantes sont bien saines, bien florifères ; on ne revient sur le même terrain qu'après quatre à cinq ans. On a remarqué que lorsqu'on laisse en place deux ans la corolle des fleurs est plus foncée.

Les *feuilles* fauchées au printemps sont parfois achetées par la *parfumerie*, en moyenne 7 à 10 francs les 100 kilogrammes.

Dans la région de Grasse on compte que la création d'un hectare revient à : préparation du sol 300 francs ; fumure 300 francs ; achat des plants 220 francs ; plantation 200 francs ; entretien jusqu'à la première récolte 250 francs ; total 1 270 francs. La plantation dure en moyenne quatre ans. Chaque année les frais de labour, binages, arrosages, fumure, cueillette s'élèvent à environ 700 francs, non compris l'amortissement et l'intérêt du capital engagé. On récolte environ 800 kilogrammes de fleurs à 2 fr. 50, soit 2 000 francs. La Violette pour bouquet rapporterait, brut, 3 600 francs, avec 1 000 fr. de frais culturaux.

Dans la région d'Albenga on estime les dépenses de première année, tant pour la création que pour l'entretien, à 4 200 francs par hectare pour une vente des bouquets à 0 fr. 045 l'un de 7 800 francs. La deuxième année : 3 200 francs et 6 200 francs. La cinquième année les recettes ne sont plus que de 3 700 francs.

Traitement des fleurs. — Les Violettes doivent être traitées aussitôt cueillies si on veut que le parfum ne perde rien de sa délicatesse et de sa fraîcheur. On leur applique les procédés *d'enfleurage à froid* (on enfleure la graisse une douzaine de fois ; il arrive que l'on y a déjà fait macérer à chaud de l'iris en poudre que l'on sépare ensuite par tamisage; il faut un kilogramme de Violettes pour un kilogramme de graisse) ; de *macération* à chaud dans la graisse ou à froid dans l'huile. L'*huile* blanche neutraline aux Violettes de Parme ou la *pommade* valent 8 à 30 francs le kilogramme suivant degré de concentration du parfum ; l'*extrait* alcoolique que l'on tire des pommades ou de l'huile, 8 à 800 francs ; le parfum concentré de pommade 400 à 1 500 francs. On distillerait aussi la Violette, paraît-il, en Tunisie. La floressence de *feuille* est cotée dans certain catalogue 500 francs. Les fleurs macérées dans l'alcool donnent un *esprit* qui vaut 25 à 35 francs. On ajoute aussi quelquefois de l'Iris de Florence et de la Cassie.

D'après H. von Soden le kilogramme d'essence pure obtenue par les *dissolvants volatils* revient à près de 100 000 francs. Il exige entre autres frais 33 000 kilogrammes de fleurs à 3 francs le kilogramme. Cette essence est un liquide vert jaunâtre à odeur forte rappelant assez peu celle de la Violette. Ce n'est que par une dilution de 1/5000° à 1/10000° que se manifeste nettement le véritable parfum de la fleur, en même temps qu'une odeur herbacée rappelant celle des sépales (calice). Malgré le prix exorbitant cette essence naturelle ou l'extrait alcoolique qui sert à la préparer peuvent être employés avec avantage dans la parfumerie fine à côté des concurrents artificiels, ionone et irone. Les catalogues indiquent comme prix : floressence de Parme, 1 700 francs le kilogramme ; essence vraie, 2 000 francs ; quintessence, 15 000 francs, etc.

L'essence et son emploi. — La composition de l'essence est mal connue. Elle renferme probablement un isomère de l'irone, qui est le constituant principal de l'Iris, ou un isomère de l'ionone, produit artificiel, ou des produits analogues à ces corps.

L'odeur de la Violette se retrouve dans les rhizomes d'Iris (Iris de Florence, Iris de Livourne ou Pallida, Iris commun ou Germanica), l'huile ou le beurre de palme, extraits en Afrique et au Brésil par l'ébullition dans l'eau du sarcocarpe des fruits de l'Elaeïs Guinensis, et autres, qui servent en Europe à fabriquer des savons, des bougies ou des graisses industrielles ou alimentaires.

Haarmann et Reimer sont arrivés à extraire à l'état de pureté l'irone de l'Iris. On prépare le produit *synthétique*, l'ionone, par la méthode F. Tiemann et P. Kruger. En conjuguant le citral, aldéhyde tirée de l'essence de certaines plantes, le Lemon-Grass, par exemple, avec l'acétone ordinaire, on obtient la pseudoionone d'où l'on tire l'irone et l'ionone. Cette dernière coûtait au début 10 000 francs le kilogramme.

On obtient aussi une *imitation* en mélangeant les essences d'Iris, de Géranium et de Bergamote.

Le parfum de la Violette est un des plus populaires. Il entre dans la préparation des extraits, bouquets, laits, vinaigres, cold-cream, poudres, savons, etc. Homère, Théophraste, Dioscoride, Pline ont signalé la Violette comme l'une des fleurs odorantes qui plaisent le plus. Les Grecs avaient la coutume de parfumer le vin avec des Violettes. Le parfum doux et discret « convient aux jeunes filles » ; il rend mystique et porte à la dévotion, dit-on. On l'accuse de « casser la voix ». La

15.

duchesse de Lamballe ne pouvait supporter cette odeur. A l'époque de Marie-Antoinette, la Violette et la Rose étaient les parfums préférés. Autrefois la Violette parfumait les « sauces » employées pour la fermentation du tabac. Dans le langage des fleurs la Violette double représente plus particulièrement l'amitié réciproque ; la Violette blanche, l'innocence ; la jaune, la beauté passée ; le bouquet de Violettes entouré de feuilles, l'amour caché.

La confiserie incruste les pétales de sucre ; ce sont les fleurs candiées, délices des gourmands. La médecine met à contribution leurs propriétés émollientes et béchiques ; elle prépare avec les fleurs fraîches un sirop antispasmodique. Les Grecs croyaient que les effluves de la Violette blanche favorisent la digestion. Les Violettes sèches d'Auvergne sont achetées par la droguerie 3 à 4 francs le kilogramme.

LE CASSIER

Il ne faut pas confondre le *Cassier*, ou Acacia jaune avec le
Cassissier qui donne le cassis, sorte de groseille noire qui sert
à préparer une boisson fameuse chère aux amateurs de « mélé-
cassis » (1).

Le Cassier produit une boule jaune très appréciée en parfumerie. Cette inflorescence répand, en effet, une odeur suave,
délicieuse, captivante. Nos parfumeurs provençaux, « les
rois des parfumeurs et les parfumeurs des rois », ne pouvaient
manquer de l'utiliser. La Cassie ou Casse est aujourd'hui un
des plus beaux fleurons de leur couronne.

A propos de fêtes données à Marseille, le Dr Félix Brémond
écrivait : « Dans les réjouissances en l'honneur de Phocée, ce
qui m'a le plus réjoui, ce n'est pas le cortège somptueux de la
belle Gyptis, c'est une humble fleur qui fut longtemps l'at-
tribut des véritables Provençaux : la suave Cassie. On la
vendait par petits bouquets de deux sous tout le long des rues
joyeuses. Ce gracieux petit pompon jaune tenu entre deux
belles lèvres rouges avait un charme naïf. »

C'est, en effet, un arbre bien provençal que le Cassier :
« Il y a bien peu de propriétés rurales dans les environs de
Grasse, disent MM. Roure-Bertrand, qui ne possèdent un ou
plusieurs pieds de Cassier, souvent vénérables par leur âge,
et attestant l'affection des Provençaux d'antan pour la fleur
de Cassie. »

Quel est le Marseillais de race qui n'a pas rencontré dans
la campagne environnante, alors qu'il folâtre le dimanche loin

(1) Nous devons remercier ici M. Emile Isnard, trésorier de la
Coopérative des producteurs de Cassiers de Cannes, qui a bien voulu
nous fournir d'intéressants renseignements pratiques sur la culture,
ainsi que M. Arluc, président, pour ses détails sur le fonctionnement
de la société qu'il dirige avec distinction.

des bruits de la ville dans quelque coin de colline, le ravissant arbrisseau tout couvert de boules soyeuses saturant l'ambiance d'effluves embaumés, par un beau jour d'automne, et qui n'est pas revenu joyeux « la cacio à la bouco ».

Jadis, chaque auberge, chaque bastide, chaque cabanon avait son Cassier bien exposé au midi, en plein soleil, et « les belles Marseillaises du peuple cueillaient en passant, la fleur jaune pour en parfumer leurs lèvres ou le buisson de leurs cheveux ». Mais c'est sur les coteaux de Vallauris, de Mougins, du Cannet, de Saint-Laurent, qu'il faut aller goûter le charme prenant qui vous envahit au voisinage d'un jardin de Cassiers en fleurs ! C'est surtout dans cette région favorisée que l'arbuste délicat par nature trouve les chauds rayons réconfortants du soleil de Provence et la terre aux scintillants reflets dont il a besoin pour garnir ses diaphanes frondaisons d'une abondante moisson de flocons dorés. C'est là aussi que l'on trouve les jardiniers les plus habiles à diriger cette plante frileuse.

Variétés. — Le Cassier est de la même famille botanique que les Mimosas qui l'accompagnent souvent, mais qui, moins délicats, affrontent hardiment la pleine colline. Cassiers et Mimosas sont des Acacias, tribu des Mimosées (Légumineuses). Il ne faut donc pas confondre ces vrais Acacias avec l'arbre appelé vulgairement de ce nom, aux belles grappes blanches très odoriférantes aussi, mais qui n'est qu'un vulgaire plagiaire car son vrai nom est Robinier Faux Acacia (Robinia pseudo-Acacia).

Le *Cassier* [Acacia Farnesiana ou Farnesia ; Acacia Indica (Ald.) ; Mimosa Farnesiana (L. Wild.) ; Farnesiana Odorata] s'appelle aussi Cassier du Levant ; Cassier de Farnèse ; Acacie Farnèse ; Mimosa Nain, Cassilhier, Canéficier, Casse. Les Arabes l'appellent ben.

Description. — Arbrisseau qui dans les Alpes-Maritimes atteint 2 à 4 mètres dans les terrains moyennement fertiles, mais qui en Algérie et suivant la richesse du sol s'élève à 5 à 6 mètres. Port irrégulier, tortueux ; rameaux à aspect légèrement cendré (pubescents). Feuillage léger, comme diaphane, bien moins fourni que celui des autres Mimosas ; feuilles semblant découpées en dentelle, composées de huit à seize pennes

pourvues chacune de 10 à 20 paires de folioles linéaires. Fleurs
en forme de cils groupés comme d'innombrables épingles mi-
nuscules formant pelote, boule soyeuse (Acacie, Cassie, Casse)
couleur jaune d'œuf, portée par un fin pédicule vert qui s'in-
sère avec d'autres au point d'attache des feuilles (fleurs axillaires), là où s'im-
plantent également des
piquants bifurqués et
très rigides, qui pro-
duisent une douleur
assez vive mais de
courte durée. Fruit :
gousse cylindrique un
peu arquée, brun noi-
râtre à la maturité,
se striant finement en
travers en se desséchant et appelée vulgairement caroube ;
graines très dures,
ovales, aplaties, brunes,
lisses. « Mettez ces
gousses, avec ou sans
les semences, à bouillir
dans un peu d'eau et
vous obtiendrez, dit le
D\r Félix Brémond, un
liquide astringent pré-
férable à la décoction

Fig. 62. — Rameau de cassier avec
cassies.

des racines de ratanhia qu'il faut faire venir du Pérou. Faible,
c'est-à-dire préparée avec deux ou trois gousses seulement,
cette tisane est bonne contre les dévoiements. Plus forte
elle est capable de guérir nombre de maux de gorge, d'ophtal-
mies rebelles. »

On compte une dizaine de variétés de Cassiers à fleurs plus
ou moins odoriférantes.

L'*Acacia Farnesiana* dit « du pays », ou « l'ancienne », dans
les Alpes-Maritimes, est l'espèce la plus cultivée, celle dont la

fleur est la plus appréciée. Il y a des variétés à floraison hâtive, d'autres à floraison tardive.

L'*Acacia Semperflorens* dont la fleur est dite « romaine » est une espèce plus vigoureuse, plus élevée, à plus grand développement ; elle réclame plus de soins, plus d'aliments, des arrosages d'été, mais elle peut donner deux récoltes par an (avril, mai, et septembre-octobre).

L'*Acacia Cavenia* donne des produits de qualité secondaire.

Régions. — Originaire des Indes Occidentales, le Cassier aurait été introduit de Saint-Domingue en Europe vers 1656. On le rencontre dans les parties chaudes de l'Australie, l'île Maurice, aux Indes, à la Martinique, en Guyane, à la Guadeloupe, aux Canaries, en Egypte, etc. Il lui faut pour prospérer et fleurir une température assez élevée.

Chez nous les contrées méridionales seules lui conviennent, comme la zone maritime de la Basse Provence (1), du Roussillon, de l'Algérie, de la Tunisie, sans compter la Ligurie.

En Tunisie, sa végétation est très satisfaisante, même dans le Centre. En Algérie l'arbre croît vigoureusement autour des habitations mauresques. Il donnerait des produits rémunérateurs si l'on s'efforçait d'en perfectionner la culture. On en rencontre quelques plantations industrielles dans la Mitidja, près de Bouffarik, où, d'après M. Lecq, il fleurit peu d'ailleurs, à Blida, Chéragas ; suivant Heuzé la maison Chiris, de Grasse, récolterait annuellement à Bouffarik plus de 20 000 kilogrammes de fleurs.

En Provence le Cassier est connu de temps immémorial. On en trouve un peu partout, comme arbre d'ornement, en espalier contre les façades de certaines fermes, mais il disparaît dans bien des endroits, car c'est un arbrisseau délicat, frileux, qui demande à être abrité.

Les premières cultures un peu importantes auraient été faites à Cannes, puis à Vallauris (Vallis Aurea), à Mougins, au Cannet, à Saint-Laurent-du-Var (Alpes-Maritimes).

(1) Il aurait fait son apparition à Cannes avant 1792. Actuellement on trouve les plus belles plantations aux quartiers de la Croix-des-Gardes et de la Californie.

Aujourd'hui on le cultive surtout sur les collines qui dominent le Golfe-Juan, celles de la Maure, du Puadon, des Mauruches, de Cannes-Eden.

Il y a environ soixante-cinq ans la consommation des parfumeries était de 4 000 kilogrammes de Cassie. Aujourd'hui les usines de la région de Grasse en mettent en œuvre de 40 000 à 100 000 kilogrammes, suivant les années.

On compte au Cannet 45 hectares, à Cannes 60, à Mougins 25, à Grasse 20, à Mouans-Sartoux, 10, soit au total 150 hectares.

Climat ; exposition ; sol. — Celui qui veut entreprendre cette culture doit se rappeler que le Cassier est délicat, frileux et fragile. Il gèle à — 4°, — 5°. L'hiver de 1863-1864 en détruisit beaucoup à Cannes. Il doit être abrité contre les vents du nord et de l'est que ses branches, très cassantes, redoutent. Mais il faut un endroit aéré. Les collinettes et coteaux secs disposés en terrasses bien exposées au midi, au bord de la mer doivent être préférés. On peut aussi adosser les arbres le long d'un mur de 2 à 3 mètres. A une certaine altitude le palissage s'impose. Les températures froides et sèches qu'amène le mistral, par exemple, arrêtent l'épanouissement des fleurs et sont souvent mortelles au pied lui-même.

Au point de vue climat la variété *Semperflorens* est plus rustique, et elle s'accommoderait mieux de toutes les expositions que l'A. Farnesiana, mais elle est plus exigeante au point de vue engrais et elle réclame des arrosages. Si les boutons qui n'ont pu fleurir en automne arrivent au printemps sans encombre ils donnent une récolte en avril-mai.

Le Cassier n'est pas seulement difficile sur le climat. Comme la plupart des Mimosas il ne se plaît guère dans les sols calcaires, mais bien dans les terrains granitiques, de gneiss, de micaschistes, de grès, comme on en rencontre dans l'Estérel, à Cannes, à Vallauris. Est-ce parce que de tels sols légers, sablonneux s'égouttent mieux, que leur surface se gèle moins, qu'ils se réchauffent facilement (ce qui favorise une floraison plus précoce, plus prolongée, plus abondante), ou le fait tient-il à la composition minéralogique? Ce qui est certain c'est que les terrains en question sont pauvres en acide phosphorique. Mais on affirme cependant que l'arbre peut croître dans tous les terrains fertiles.

Quoi qu'il en soit pour une culture rationnelle il faut pouvoir compter sur un sol suffisamment profond, sans excès, sinon la végétation est luxuriante mais il y a peu de fleurs ; surtout pas trop sec, frais sans être humide, et de bonne fertilité. Dans les sols calcaires l'arbre est tardif et les récoltes peu abondantes.

Multiplication. — On ne multiplie guère par marcottage que l'*Acacia Semperflorens* en couchant dans le sol les basses branches. Rarement, aussi, on utilise les rejetons des vieux pieds, que l'on soigne en pépinière.

Le *semis* est employé pour le Farnesiana. On le pratique d'avril à mai suivant les conditions climatériques. Mais on peut semer même en été pourvu que l'on entretienne le sol dans un état de fraîcheur suffisant. Choisir les premières graines et dans les plus grosses gousses (caroubes), bien mûres, de couleur brun foncé et récoltées à la fin de l'hiver. Comme les semences sont à enveloppe très dure, les laisser tremper dans de l'eau très chaude deux minutes après l'ébullition (Voraldi). On recommande aussi le vinaigre. On peut encore couper les deux extrémités. Enfin, on emploie la stratification dans du sable humide.

Si l'on sème dans des terrines ou dans des pots il sera bon de repiquer en pépinière. Dans tous les cas les vases seront remplis de terre légère de bonne qualité ou d'un mélange de terreau et de sable.

On opère également sur une plate-bande en côtière, sur planche au midi, bien préparées, bien ameublies, garnies de terre de bruyère et de terreau, de terre franche ou de sable. On sème encore sur couche froide recouverte de ce dernier.

Les graines sont espacées de 20 centimètres environ et couvertes de 5 à 6 centimètres de terre. Arroser toutes les fois que cette dernière paraît sèche. Dans ces conditions la levée a lieu au bout d'un mois environ. On donne ensuite les soins habituels.

Plantation. — Les sujets venus de semis en pépinière sont en général assez forts pour être mis en place à la fin de l'hiver suivant en mars, avril et même mai. On peut se procurer des plants de Farnesiana au prix de 0 fr. 30 à 0 fr. 50. On a intérêt à *greffer* à écusson ou par approche avec des variétés sélectionnées, précoces, les sujets défectueux comme floraison, qualité, ou forme. La greffe par approche est employée pour les jeunes pieds de pépinière.

Choisir pour la plantation un terrain bien abrité de la nature que nous avons indiquée, bien préparé et bien fumé et préalablement défoncé à 70 centimètres. Si le sous-sol était compact il ne faudrait pas aller profondément car il est préférable, pour la précocité des récoltes, que les racines se réchauffent à peu de distance de la surface. Aussi quand on peut arroser en été faut-il se contenter de 0^m,50 à 0^m,60.

Les fosses destinées à recevoir les jeunes tiges auront 0^m,50 de côté et seront distantes de 3 à 5 mètres en tous sens, suivant la richesse du sol, le climat, la vigueur et le développement que peuvent prendre les Cassiers suivant la variété. Naturellement les distances en bordure sont réduites pour les plants que l'on établit le long des murs de soutènement des terrasses où on les conduit quelquefois en espalier, ce qui est la meilleure disposition pour la floraison. Au moment de mettre le sujet en terre on coupe le pivot de la racine ; ou bien après avoir enlevé l'extrémité le plie à angle droit.

Après la plantation on rabat la tige à 25 centimètres, 50 centimètres du sol, en même temps on enlève au sécateur les pousses latérales en en laissant cependant quelques-unes au sommet pour, un peu plus tard, ne garder que les plus belles représentant les futures branches-mères de la charpente à venir. Il faudra s'efforcer de donner à celle-ci une forme aussi régulière que possible pour faciliter plus tard la cueillette, rendue malaisée par la présence des piquants et la direction désordonnée des rameaux. Mettre un tuteur pour éviter les déviations surtout chez la variété dite romaine.

Soins culturaux. — Ils se résument en arrosages pour faciliter la reprise, binages et sarclages. Au début de l'été ébourgeonner le bas des tiges qui se garnit de pousses dans le courant du printemps. A l'entrée de l'hiver, butter la souche. A la fin de cette saison passer la houe.

Fin mars ou avril, suivant la température, on commence

la *taille* de formation. On rabat les trois ou quatre branchettes
nées des bourgeons réservés à la plantation en ne leur laissant
que 10 à 15 centimètres de long et on supprime les autres
pousses. Nous avons dit que le tronc doit être très court pour
faciliter la cueillette.

Généralement on abandonne ensuite l'arbre à lui-même.
Mais il vaudrait mieux en août supprimer encore tous les bourgeons adventifs, les gourmands qui sont à l'intérieur pour donner au Cassier la forme d'un gobelet bien évidé qui reporte la
végétation à l'extérieur, par conséquent la floraison, ce qui
facilite la cueillette car il est malaisé de pénétrer à l'intérieur.
A ce moment, aussi, on pince les branches pour équilibrer la
sève.

Dans les Alpes-Maritimes, on n'*arrose* pas d'ordinaire les Cassiers. S'ils souffrent un peu en été ils ne fleurissent que mieux
en automne. Cependant les arrosages produisent de bons
effets sur le *Semperflorens*, arrosages parcimonieux et suivant
les besoins de chaque plante.

Le *buttage* en novembre après la récolte doit être fait le plus
haut possible à 30 à 35 centimètres en même temps qu'on
laboure le sol piétiné.

On ne *fume* généralement que tous les quatre, cinq et même
six ans, sous prétexte, probablement, que l'arbre se plaît dans
les sols pauvres comme ceux qui dérivent des formations granitiques. Il serait intéressant de chercher si l'apport d'engrais
phosphaté aurait la même heureuse influence sur la floraison
que dans les productions analogues. Dans tous les cas, les
fumures trop azotées poussent plutôt au bois.

L'*Acacia Semperflorens* serait particulièrement sensible aux
fumures. On emploie presque exclusivement le fumier de
ferme, un peu aussi la vidange, les tourteaux (1^{k},5 à 3 kilogrammes), la viande ou le sang desséchés. Il faut les compléter
par 250 grammes de superphosphate et 100 grammes de sulfate de potasse.

La *taille annuelle* se pratique après les froids en mars-avril.
Il est de règle de ne pas remuer le sol au pied de l'arbre ni de
toucher aux racines à l'époque de cette opération. On rabat
les rameaux qui ont fleuri l'année précédente à 10 à 15 centi-

Fig. 63. — Cueillette de la cassie sur les coteaux de Vallauris (A.-M.)

mètres de leur point d'attache. On enlève en même temps les bois morts, les gourmands et l'on s'efforce de maintenir la forme en gobelet. On peut tailler une quarantaine d'arbres par jour. Quand les bourgeons ont atteint au printemps une dizaine de centimètres, on ne conserve que les plus vigoureux, surtout aux extrémités. En juillet, on les pince pour favoriser la floraison quand ils ont 30 à 40 centimètres. On opère de même sur les pousses qui se montrent par la suite.

Le Semperflorens ou « romaine » ne subit pas de taille, mais un simple nettoyage, ce qui explique qu'il puisse donner la récolte de mai avec les boutons qui ont pu traverser l'hiver.

Récolte des fleurs. — L'*Acacia Farnesiana* est en plein rapport vers cinq ou six ans. La floraison a lieu dès la fin août, début de septembre. Elle se poursuit pendant deux mois et demi à trois mois. En Egypte et sous les climats analogues elle dure beaucoup plus longtemps. La *Cassie romaine* donne une récolte en mai et une en octobre. Chez nous la cueillette peut se prolonger jusque dans les premiers jours de décembre si le temps reste doux. Si l'automne est pluvieux avec vents d'ouest violents et nuits fraîches, les fleurs sont peu abondantes ; le froid entrave la formation du parfum. Les fleurs de septembre-octobre sont les plus recherchées.

La cueillette est difficile en raison des piquants. On se sert de chevalets car les branches trop frêles, trop cassantes, ne peuvent supporter le poids des cueilleuses. On ramasse les fleurs une à trois fois par semaine suivant les régions, la température, etc., et de 8 à 10 heures du matin quand elles ont perdu l'humidité. En cas de pluie, on attend qu'elles soient sèches. Le parfum est un peu différent quoique toujours suave, suivant que l'on cueille le matin, au milieu de la journée ou le soir.

Un pied de *Farnesiana*, de cinq à six ans, donne par an 500 grammes à 1 kilogramme de fleurs fraîches. Des arbres plus âgés bien sélectionnés, bien soignés arrivent sous un climat chaud à 6 à 10 kilogrammes. Si l'on suppose les sujets distants de 2^m,50 au carré cela fait 1 600 Cassiers à l'hectare, qui avec une moyenne de 800 grammes rendent 1 280 kilogrammes de Cassie. On a cité des productions de 1 500, 2 000 et même 5 000 kilogrammes.

Prix. — Les prix varient avec l'abondance ou la rareté de la marchandise, sa qualité, les stocks chez les industriels, les cours des adjuvants, etc. La fleur des premiers Cassiers plantés aux environs de Grasse valait 80 francs le kilogramme.

Avant 1884 le prix normal était de 3 francs le kilogramme. La neige qui tomba le 10 mars 1884 et qui resta quarante-huit heures sur le sol tua la plupart des Cassiers et amena une hausse extraordinaire, jusqu'à 22 francs.

Aujourd'hui on peut prendre comme moyenne 4 à 5 francs, mais on a vu des années avec 2 fr. 50. Au cours de 5 à 7 francs, les sèches sont payées 24 à 25 francs. Il s'agit ici de la variété Farnesiana ou ancienne, plus appréciée. Quand elle vaut 4 francs la romaine ou Semperflorens est payée 1 fr. 50.

L'hectare de Cassiers vaut dans la région de Cannes 5 000 à 7 000 francs.

Traitement des fleurs. — On emploie quelquefois les dissolvants volatils. Mais le mode le plus général c'est l'absorption du parfum par la graisse, soit à froid (enfleurage sur châssis) soit par macération à chaud dans la graisse ou l'huile. On renouvelle plusieurs fois les fleurs jusqu'à ce que le « corps » soit saturé (2 kilogrammes environ par kilogramme de graisse). La pommade à la Cassie ou l'huile à la Cassie se vendent de 6 francs à 20 francs le kilogramme suivant concentration. L'alcool mélangé à la graisse en tire le parfum et cet « extrait » vaut jusqu'à 500 francs le kilogramme. L'extrait de pommade concentré à refus se paie 800 francs.

La plus grande concentration du parfum, que les industriels appellent « Quintessence » vaut 2 000 francs. L'huile essentielle de fleur ou floressence possède les propriétés caractéristiques de la quintessence ; son rendement serait égal au parfum concret. On la vend 750 francs le kilogramme.

Le kilogramme de fleurs donne 1 à 4 grammes d'essence. On a signalé qu'à Tunis et dans la vallée de Bougie, le kilogramme de cette dernière vaut 2 500 à 3 000 francs.

Le parfum de la Cassie entre dans de nombreux mélanges, en particulier dans les extraits de violette, vinaigres, fards, poudre de riz.

L'IRIS

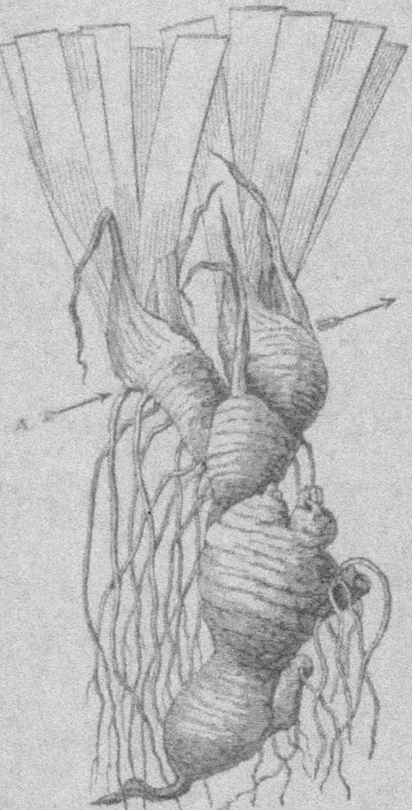

Fig. 64. — Rhizome d'Iris avec ses racines.

Espèces. — Il existe de nombreuses espèces d'Iris en floriculture ornementale, mais l'*Iris de Florence* fait à peu près seul l'objet d'une culture particulière pour la parfumerie. Sa racine, qui en réalité est une tige souterraine, un rhizome, est la partie recherchée à cause de son odeur de violette.

Les rhizomes d'*Iris germanique* ou *Iris bleu* sont parfois employés pour frauder le produit précédent.

Ces deux plantes qui appartiennent à la famille des Iriacées croissent spontanément dans les contrées méridionales de l'Europe. On les rencontre en particulier en Provence et dans le Languedoc dans les lieux arides. Mais l'Iris de Florence serait un peu moins rustique que l'Iris d'Allemagne. On se sert de ces plantes dans les jardins pour faire des bordures, garnir les ruines, les rocailles et les endroits secs.

L'Iris d'Allemagne, Iris Germanique (Iris Germanica),
Iris commun, est encore connu sous les noms de flambe,
grande flamme, glaïeul bleu, courtrai, lirguo. Il a de belles
fleurs violettes qui s'épanouissent en avril-mai. Il croît dans
les sols les plus secs, sur les ruines, les toits de chaume, etc.
Sa racine est plus grosse, plus volumineuse que celle de l'Iris
de Florence. On la laisse quelque temps avec la poudre de cette
dernière quand on veut la vendre frauduleusement.

On cultive aussi quelque peu pour la parfumerie l'Iris pâle

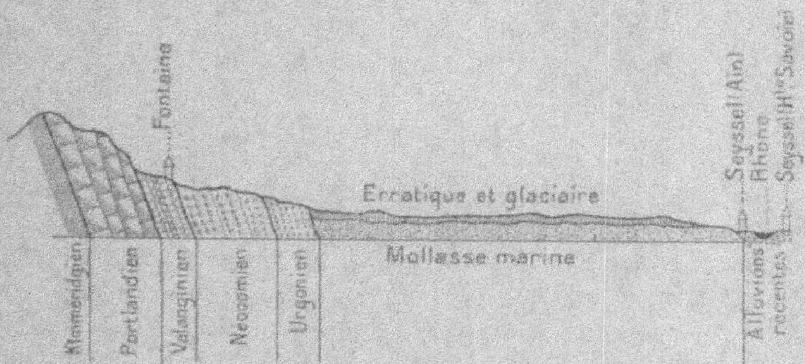

Fig. 65. — Coupe géologique des formations portant les champs
d'iris de Fontaine (Ain) (d'après Pélissier).

ou *Iris Pallida* des jardins ou de Livourne, à fleur d'un bleu
clair, et à odeur rappelant celle de la fleur d'Oranger. Sa
racine est également vendue pour celle de l'Iris de Florence.
Citons encore l'Iris jaune ou des marais ; l'Iris fétide.

L'Iris de Florence (*Iris Florentina* ou *Iris Alba*) porte
deux ou trois grandes fleurs blanches veinées de bleuâtre avec
des barbes d'un jaune vif sur bande longitudinale. Elles
répandent une odeur douce très agréable. La partie aérienne
a de 35 à 65 centimètres. Elle est droite, glabre (sans poils). La
base est garnie de feuilles planes aiguës en forme d'épée (ensi-
forme), d'un vert glauque, qui sont nées d'un bourgeon du
rhizome.

La partie souterraine est en morceaux inégaux, tubéreux,
noueux, contournés, genouillés, épais, charnus, à surface

raboteuse. Elle produit un chevelu de vraies racines. Ce rhizome est recouvert d'une pellicule grisâtre, ou écorce, que l'on enlève facilement à la main quand elle est fraîche. Le tissu interne est compact, blanchâtre à cassure nette marquée de points jaunes ou rougeâtres. A l'analyse, on y trouve entre autres substances une huile essentielle à odeur de violette qui l'emporte en qualité sur celle des deux autres Iris signalés. Il y a, en outre, d'après Vogel, une huile très âcre et très amère ; une matière âcre, jaune soluble dans l'eau ; de la gomme et de l'amidon. La saveur âcre disparaît en partie par la dessiccation car la matière se résinifie.

Régions. — Originaire de la Macédoine ou des bords sud-est de la mer Noire, l'Iris de Florence est l'objet d'une culture suivie surtout dans le département de l'Ain où elle a été introduite en 1835.

D'après M. Pellissier, professeur d'agriculture à Belley, sa production s'est cantonnée au pied de la falaise jurassique dépendant du massif du Colombier qui longe la rive droite du Rhône sur un parcours de 10 à 15 kilomètres dans les deux petites communes d'Anglefort et de Corbonod. Le hameau de Fontaine, en particulier, est un *cru* réputé. La surface totale réservée à l'Iris est de 10 à 30 hectares.

On rencontre encore quelques cultures, dit-on, dans les Bouches-du-Rhône, le Var, l'Algérie (les Arabes appellent la plante Zechlouch). L'Allemagne, la Turquie et surtout l'Italie, — en Toscane (Florence), à Vérone, — en produisent d'assez grandes quantités. Ce dernier pays récolte environ 1 250 000 kilogrammes par an dont 6 000 quintaux dans la province de Florence.

La racine la plus parfumée viendrait d'Elis (Grèce). Les Romains tiraient le meilleur Iris de Corinthe et de Cyzique.

Le Maroc, le Cachemire feraient une concurrence sérieuse à Florence.

Nos parfumeurs s'approvisionnent surtout dans l'Ain et en Toscane. Florence et Vérone expédieraient en France 350 000 kilogrammes de rhizomes, principalement à Grasse.

Sol. — L'Iris de Florence s'accommode de presque tous les terrains de consistance moyenne, pourvu qu'ils soient frais

l'été et pas trop humides l'hiver, par conséquent s'égouttant
facilement. Les terres d'alluvion de bonne qualité sont à

Fig. 66. — Plançon et touffe d'iris au deuxième été de
plantation.

préférer. Les sols secs, trop calcaires et pauvres conviennent
moins. Mais la présence du calcaire semble indispensable.
Dans l'Ain, on lui consacre les sols abandonnés par la culture,
les défrichements de lande_calcaire, principalement sur les

A. ROLET. — *Plantes à parfums.* 16

petits plateaux surélevés. Les terres grasses ne lui conviennent pas.

Préparation. — Au printemps, on donne un labour et un deuxième en août à la veille de la plantation.

L'Iris n'aime pas les fumures : « Il se plaît dans les terres pauvres et ne requiert aucun engrais », est-il dit quelque part. Le fumier paraît nuire à l'odeur des racines. Quand le sol est épuisé, on le laisse en friche, livré à la végétation spontanée, ou bien on le fait servir quelque temps à d'autres cultures.

D'après les recherches entreprises par M. Pellissier, les engrais chimiques azotés et phosphatés ne paraissent pas avoir d'action tandis que les ingrédients potassiques semblent favoriser l'arome et le poids des racines. Certains ont recommandé 15 000 à 20 000 kilogrammes de fumier de ferme toutes les deux ou trois rotations suivant l'état de végétation ; ou pour le Midi, où le fumier est rare, 800 à 1 000 kilogrammes de tourteau.

Plantation. — On plante dès fin août. On peut se procurer des rhizomes à la maison Vilmorin, 4, quai de la Mégisserie, Paris ; s'adresser aussi aux maires des communes de l'Ain que nous avons citées plus haut, ou encore au Syndicat des producteurs de Gigniès, commune de Corbonod (Ain), en septembre au moment de l'arrachage. Le kilogramme vaut en moyenne 1 fr. 25.

A la récolte, on sépare sur les rhizomes, qui ont en général deux années de plantation, les bourgeons de l'année qui n'ont pas encore de renflement, mais qui sont pourvus de racines. On les met en place à 25 à 30 centimètres en tous sens. Quelques praticiens placent ces bourgeons en pépinière pour ne les planter que l'automne suivant. Certains, aussi, se contentent de sectionner les touffes en autant de morceaux qu'elles possèdent de bourgeons.

On enterre ces sortes de boutures à peu de profondeur 10 centimètres, par exemple. Leur reprise est facile et les manquants rares.

La première année, on donne quelques binages et sarclages. La deuxième, la plantation a envahi le sol à ce point qu'elle étouffe les herbes étrangères.

Phot. Pellerer.

Fig. 67. — Aspect d'un champ pendant le deuxième été de plantation.

Maladies. — La *Pourriture* des rhizomes est occasionnée par des bactéries (Pseudomonas Iridis et Bacillus Omnivorus). Les feuilles se dessèchent tandis que leur base souterraine et la partie correspondante du rhizome deviennent molles, humides et pourrissent en restant inodores, au moins au début. La décomposition peut gagner toute la partie souterraine de la plante et la tuer. — Assainir le terrain, s'il est humide ; le désinfecter avec du sulfure de carbone.

Un *Schizomycète* indéterminé a été reconnu comme étant aussi un agent de la pourriture caractérisée au début par le jaunissement, le flétrissement des feuilles qui se décomposent ensuite.

Près de Vérone, on a remarqué sur des feuilles encore jeunes et vertes d'Iris Germanica de nombreuses taches circulaires ou oblongues de 5 à 10 millimètres de diamètre visibles sur les deux faces. Elles sont blanchâtres et à bord brun noir bien défini ; elles sont parfois rapprochées et provoquent le dessèchement d'une bonne partie du limbe. Au même endroit l'épiderme est soulevé sur les deux faces par une couche de pycnides très rapprochées les unes des autres. Le champignon est le *Septoria Iridis*.

Sur les feuilles on peut remarquer plusieurs sortes de Rouilles : *Puccinia Iridis*, D. C. Wallr., *Puccinia Caucasica*. Cette dernière, constatée au Caucase sur Iris Flavescens. Sur les deux faces des feuilles sont de grandes taches en forme de stromas plus ou moins irrégulièrement sphériques ou ovales.

On a signalé encore : Heterosporium Gracile ; Mystrosporium Adustum.

Récolte. — Dans l'Ain on récolte les rhizomes la deuxième année ; en Toscane à trois ans. Si les racines de trois ans ont plus d'odeur, par contre elles sont moins fermes et présentent souvent des cavités.

La plante fleurit de mai à juin. Dans l'Ain on récolte dans la première quinzaine d'août ; ailleurs jusqu'à octobre, après complète dessiccation des feuilles ; en Toscane au printemps avant la reprise de la végétation.

Les rhizomes de bonne qualité ont l'écorce adhérente et un tissu ferme.

Préparation des rhizomes. — Dès l'arrachage, des femmes et des enfants procèdent au nettoyage des racines, enlèvent la pellicule noirâtre. Si l'on attendait trop, la dessiccation rendrait cette opération malaisée. L'arrachage et le nettoyage reviennent à 0 fr. 20 par kilogramme. L'écorçage seul se paie à la tâche 6 francs par 100 kilogrammes de racines décortiquées, ce qui met à 12 francs les 100 kilogrammes de produit sec. Une femme peut décortiquer 40 à 50 kilogrammes par jour. Parfois on coupe en morceaux de 5 à 10 centimètres de longueur et 3 d'épaisseur. On laisse ensuite les rhizomes dans l'eau durant douze à vingt-quatre heures, puis on les étend en une seule couche sur des nattes de jonc, des claies, des corbeilles plates et laisse sécher au soleil ou dans un four à une douce température. S'il est nécessaire, on complète la dessiccation sous un hangar. On évite de laisser mouiller par la pluie, la rosée, les brouillards.

La dessiccation demande trente à quarante jours suivant le temps, le procédé employé, etc.

Les rhizomes secs à point et de bonne qualité sont blancs, lourds, durs, à texture serrée, compacte, homogène ; ils dégagent une odeur aromatique, fine et pénétrante de violette ; leur saveur est aromatique, le goût âcre a disparu en grande partie. On les blanchit quelquefois avec le gaz sulfureux produit par la combustion du soufre, mais le parfum s'en ressent. On traite surtout ainsi l'Iris destiné à faire des chapelets. On emballe les rhizomes dans des boîtes que l'on conserve au sec. On les livre aussi au commerce en rognures ou en poudre. On se sert de machines spéciales pour les diviser.

Le prix de revient des 100 kilogrammes de racines sèches est d'environ 40 francs.

Rendement et vente. — Dans l'Ain, on compte avec une culture soignée et pour deux ans des rendements de 5 000 à 6 000 kilogrammes de rhizomes secs (10 000 à 12 000 kilogrammes de produit frais, et même 20 000 kilogrammes), qui à 80 francs les 100 kilogrammes représentent 4 000 à 4 800 francs, soit par an 2 000 à 2 400 francs. Mais la récolte peut descendre aussi à 3 000 kilogrammes de racines sèches. Le prix atteint parfois 180 francs. Grâce au Syndicat des producteurs constitué dans l'Ain, à Giniés commune de Corbonod, les cours ont passé de 70 à 105 francs (1912) ; 80 francs est le prix moyen. On a conseillé de chercher des débouchés. Dans la République Argentine, par exemple à Buenos-Ayres, les racines valent 240 francs les 100 kilogrammes.

La droguerie vend en gros 150 à 200 francs les 100 kilogrammes et la poudre 200 à 400 francs.

Traitement et emploi. — En parfumerie, on emploie la *poudre* pour les sachets parfumés, poudres (1) de toilette, dans les préparations dites cassolettes et printanières, les crèmes dentifrices, pâtes de savon, etc.

La *macération* dans l'alcool donne des infusions, teintures, qui entrent dans les extraits, bouquets, vinaigres, laits, dentifrices, l'eau de Cologne. Avec les *dissolvants volatils*, on tire l'essence concrète à l'état de résinoïde, l'essence liquide. L'*enfleurage* produit des pommades, huiles, cosmétiques.

Macérée dans l'eau puis *distillée* à la vapeur sous pression, la poudre fournit de l'essence qui solidifiée après refroidissement porte le nom de beurre d'Iris. Mais cette distillation est longue, délicate ; les appareils peuvent être attaqués par les acides. Le réfrigérant doit être maintenu à une température assez élevée. 100 kilogrammes de rhizomes secs donnent 100 grammes d'essence.

On tire de l'essence l'irone pure par le procédé compliqué de Haarmann et Reimer. C'est une cétone méthylée isomère de l'ionone de la Violette ; elles ont toutes deux pour formule moléculaire $C^{13}H^{20}O$. En faisant réagir l'Irone sur le citral, on obtient une pseudo-ionone qui par l'acide sulfurique donne l'ionone, acétone cyclique constituant l'essence de Violette artificielle.

L'iris entre dans les eaux de toilette, laits, dentifrices, poudre de riz, savons, sachets, le parfum à la Maréchale, etc.

Les *rhizomes* d'Iris sont encore employés pour parfumer le vin, les liqueurs, — le vermouth en particulier, — le linge, le tabac, etc. La *médecine* utilise leurs propriétés spéciales. On en

(1) La fameuse poudre inventée par Frangipani.

fait des pois à cautères pour faciliter la suppuration de ces
petites plaies ; des hochets pour enfants, etc. (1).

La belle Gabrielle avait comme parfums préférés la fleur

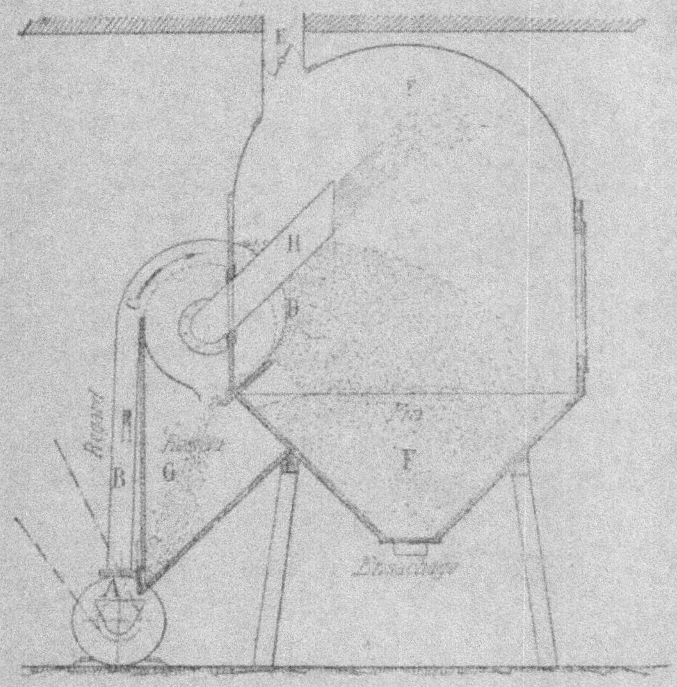

Fig. 58. — Pulvériseur à détendeur.

de l'Oranger et l'Iris. Dans l'antiquité l'Iris était en honneur
en Illyrie.

En Egypte les prêtres d'Héliopolis offraient chaque jour
à leur dieu trois aromates différents, un le matin, un à midi,
un le soir ; on cite parmi ces parfums l'encens, la myrrhe, le
safran, la cannelle, l'iris, etc.

(1) Pour plus de détails, voir *la Parfumerie moderne*, mai 1914.

LE BASILIC

La demande de cette Labiée (Ocimum Basilicum) **par la parfumerie** n'est pas très régulière, aussi sa culture est-elle limitée. Elle est originaire de l'Inde où elle était considérée

Fig. 69. — Grand Basilic.

autrefois comme une plante sacrée. Les Brames l'utilisaient dans les cérémonies religieuses en l'honneur de Vishnou, et dans les funérailles. On cultive dans cette région l'Ocimum Sanctum à tiges de 30 centimètres et dont le parfum rappelle un peu celui de la girofle, et l'Oc. Gratissimum dont les parties herbacées donnent une essence très odoriférante.

En France, c'est surtout une plante du Midi. En Provence, on l'appelle Baïmé et Balico. On l'emploie pour aromatiser bouillabaisse, poisson bouilli, ragoûts, sauces, omelettes, courts-bouillons, soupes (soupe au pistre dans les Alpes-Maritimes), légumes frais, pois, fèves, haricots, etc.

Variétés. — On distingue dans les jardins un certain nombre d'espèces, principalement le *Grand Basilic commun*, Herbe royale, Basilic aux sauces, B. des cuisinières, à fleurs d'un blanc rosé en longues grappes, avec calice blanc ou rosé, à odeur agréable recherchée des abeilles. Il a donné plusieurs variétés, entre autres, B. Anisé, B. à feuille de laitue, B. à feuille d'Ortie, B. frisé, B. grand violet, B. grand vert.

Le Petit Basilic ou B. fin, Oranger des savetiers, est plus

réduit dans toutes ses parties. Variétés : B. fin vert, B. fin vert nain compact, B. fin violet.

Le Basilic en arbre (Ocimum Fruticosum) du Cap de Bonne Espérance, par exemple, a le port d'un petit arbrisseau.

Le Grand Basilic, qui atteint environ 30 centimètres, capable de donner de hauts rendements est seul cultivé dans notre pays pour la parfumerie. On en trouve quelques plantations dans la région de Grasse, dans la vallée du Var (Malaucène) ; en Seine-et-Oise, en Algérie. La Réunion, l'Inde fournissent une certaine quantité d'essence.

Culture. — D'après Charabot et Hébert, à l'abri de la lumière le Basilic étiolé chez qui l'assimilation du carbone du gaz carbonique de l'air est insuffisante, peut décomposer les constituants de l'essence, en particulier les terpènes.

Lubimenko et Novikoff ont constaté au jardin impérial de Nikita (Crimée) que le rendement maximum en matière sèche est obtenu sous un ombrage très léger, puis sous un ombrage moyen et enfin en pleine lumière. Un fort ombrage ralentit considérablement le développement. La teneur en eau augmente à mesure que la lumière s'atténue. L'atténuation de la lumière provoque un allongement beaucoup plus considérable des tiges. Le poids sec des feuilles atteint sur une même plante le maximum à une lumière faiblement atténuée, tandis que la production d'huile essentielle continue à augmenter, même sous un ombrage moyennement fort. En résumé, la formation de l'essence ne dépend pas directement de l'accumulation de la matière sèche, mais aussi de l'éclairement. L'éclairement assez faible est le plus favorable. Chez les fleurs et les jeunes fruits la production de matière sèche atteint son maximum à une lumière faiblement atténuée tandis que le maximum d'huile essentielle correspond à une forte atténuation de la lumière. Une faible atténuation provoque une augmentation de 137 p. 100 dans la teneur en huile essentielle de toute la partie épigée de la plante, et un ombrage moyen une augmentation de 82 p. 100.

« Pour obtenir le maximum d'essence, il faut abriter la plante contre une trop forte illumination ». Ainsi donc, la lumière joue un rôle très important non seulement dans l'élaboration des hydrates de carbone mais aussi dans les transformations chimiques ultérieures. Les sucres accumulés dans les tissus chlorophylliens se transforment ensuite en cellulose, en glucosides, etc., et ils donnent aussi naissance aux divers produits de désassimilation comme les huiles essentielles.

Choisir un *sol* riche, meuble, sain, arrosable. En janvier-février, défoncer à la bêche à 35-40 centimètres en enfouissant le fumier de ferme. En avril, à la veille de la plantation, qui a lieu en mai, bien ameublir la surface et la disposer en conques ou en vaseaux (bourrelets pour l'irrigation).

Les graines, très fines (1 litre pèse 530 grammes pour le Grand Basilic, 500 pour le Petit B. ; il y a 800 graines au gramme pour le premier et 900 pour l'autre) ont été récoltées sur des pieds réservés à cet effet. Durée de la faculté germinative, quatre ans ; durée de la germination, sept à huit jours. On sème sur couche en février-mars. Parfois on repique encore sur couche et plante en mai. On sème aussi en place dans le Midi. On enterre très peu. Arracher à cinq ou six feuilles pour planter le soir ou par temps couvert ou pluvieux. Espacer les pieds de 40 à 50 centimètres en tous sens. Arroser de temps en temps si le sol est sec jusqu'à complète reprise. On répand alors du tourteau, de la vidange diluée, on donne des binages, sarclages, arrosages renouvelés, de préférence le soir : la plante aime à avoir les racines dans l'eau.

Récolte et emploi. — Fin août avant l'épanouissement des fleurs. Quand on supprime les inflorescences à leur naissance la plante augmente de poids (39 p. 100) et l'essence s'accroit de 82 p. 100 par rapport à la production normale. Le travail de la fécondation et celui de la fructification consomment donc de l'essence (Charabot et Hébert).

D'après M. H. Michel, dans la région de Grasse, une bonne récolte donne 1 kilogramme à 1^{kr},50 par plante, soit 20 à 25 000 kilogrammes à l'hectare. Malheureusement elle est fréquemment compromise par l'*échaudage* produit par un soleil ardent frappant les feuilles couvertes de rosée. De même le *pourridié* des racines fait souvent des ravages.

On livre l'herbe fraîche à la *parfumerie*, qui l'*achète* 10 à 15 francs les 100 kilogrammes. 600 à 1 000 kilogrammes

donnent à la distillation 1 kilogramme d'essence qui vaut
100 à 170 francs suivant l'origine. On l'utilise aussi dans
certaines conserves culinaires. Celle qui est extraite des tiges
feuillées encore vertes est jaune doré, plus légère que l'eau,
d'une odeur suave. Elle rougit en vieillissant. On y trouve

Fig. 70. — La distillation du Basilic à Villars-du-Var (A.-M.).

de l'estragol, du linalol, de l'anéthol, du thymol, des phénols. Celle de la Réunion contient aussi du camphre. Elle
est dextrogyre au lieu de lévogyre.

La plante est moins employée que jadis en *médecine*. Malgré
tout les feuilles et les sommités fleuries sont toujours estimées
comme excitantes, diurétiques et sternutatoires. On vend
en petites bottes que l'on a fait sécher à l'ombre 1 fr. 30 à
1 fr. 50 le kilogramme. La poudre est payée 5 francs.

Charlemagne a vanté les mérites du Basilic dans ses « Capitulaires ».

LE RÉSÉDA

Comme le Basilic, le Réséda est peu demandé. Mais il présente cet avantage de n'occuper le sol que quatre à cinq mois, de mars à juillet. Même, si l'on voit qu'au semis la levée des

Fig. 71. — Réséda.

graines ne s'annonce pas bien on a encore le temps de faire une autre culture, tubéreuse, géranium, etc.

La parfumerie utilise les sommités fleuries de la plante, au parfum très suave ayant quelque rapport avec celui de l'abricot et que Linné comparait à la céleste ambroisie.

La plante. — Originaire d'Égypte et importée en Europe vers 1752, le Réséda (Reseda Odorata, Dicotylédones ; Résédacées) est appelé encore Résède, Mignonnette, Herbe maure, Herbe d'amour. Ses rameaux sont étalés, ses feuilles oblongues, alternes, entières ou trilobées, ses fleurs petites, blanchâtres, son fruit une capsule courte, renflée, ouverte au sommet. Pour la production des graines choisir les pieds les plus trapus à gros épis, très florifères, bien parfumés ; les marquer avec un piquet et ne point y récolter de grappes de fleurs.

Mais si l'on supprime avec l'ongle l'extrémité de ces grappes, les graines sont plus grosses, mieux nourries. Cueillir dès qu'elles brunissent, mais non complètement mûres car elles se perdraient par l'ouverture de la capsule. Laisser sécher à l'ombre sur une toile, puis battre et conserver en lieu sain dans des sacs en papier.

Deux variétés principales : Réséda pyramidal à grandes fleurs et R. p. Machet. Ce dernier est plus trapu, à inflorescences plus courtes.

Culture. — Dans les Alpes-Maritimes, on le cultive surtout aux environs de Grasse (Pégomas, etc.), en *sol* très meuble, riche, fertile, sain, arrosable, à bonne *exposition*, à l'abri du froid. On défonce quelques mois à l'avance, puis on répand 300 à 400 kilogrammes de fumier de ferme bien décomposé par are, que l'on enterre par un binage un peu profond. Au binage de préparation avant le semis, on met encore 7 à 8 kilogrammes de superphosphate et 3 à 4 kilogrammes de sulfate de potassium. On dispose en même temps la surface en tables de 4 à 5 mètres de longueur et de largeur telle que l'on puisse facilement cueillir les sommités fleuries à la main. On doit bien ameublir la terre, car les graines sont fines, et établir des bourrelets pour l'arrosage. A partir du moment où les plantules ont quelques centimètres on répandra, quand les feuilles sont bien sèches, 10 kilogrammes de nitrate en plusieurs fois, ou bien on arrosera à la vidange diluée.

On *sème* en mars-avril directement en place, car la plante craint les repiquages, elle « n'aime pas à être dérangée ». En culture de jardin on met quelques graines par pot pour planter la motte et éclaircit après la reprise complète.

Les graines quoique fraîches et de bonne qualité germent souvent lentement et irrégulièrement (restant ainsi exposées aux ravages des insectes) surtout si la terre est un peu forte et forme croûte. Les laisser tremper dans de l'eau puis les étaler dans un lieu humide jusqu'à ce que le germe pointe.

On peut semer clair à la volée avec du sable. Mais pour faciliter les soins culturaux il vaut mieux le faire en lignes distantes de 25 à 35 centimètres et éclaircir les plantes à 8 à 10 centimètres. On « coule » les graines avec une petite bou-

teille dont le bouchon est traversé par une plume ; mais on
ne peut ainsi employer les semences trempées. Enterrer légèrement par un coup de râteau, ou mieux plomber avec la
planche emmanchée puis couvrir modérément de terreau.
Arroser à la pomme fine. S'il fait trop chaud mettre un paillis
que l'on enlève quand les tigelles sortent. Mais il a l'inconvénient de laisser les tissus très tendres, étiolés, qui supporteront
mal le soleil quand on ôtera l'abri protecteur. Le faire de préférence le soir ou dans une période où le ciel est brumeux, ou
bien opérer progressivement.

Éclaircir quand les plantes ont 3 à 5 centimètres et laisser
un écartement de 15 à 20 centimètres en tous sens suivant le
degré de fertilité. Quand elles sont bien enracinées on donne
binages, sarclages, arrosages modérés par infiltration, car la
submersion produit une croûte qui exige de fréquents binages.
En outre l'excès d'humidité au pied des plantes peut entraîner
la « fonte » par les chaleurs ou favoriser le « blanc ». Ainsi que
nous l'avons dit, quand les plantes sont suffisamment développées, pousser la végétation en apportant de la vidange
diluée ou en répandant du nitrate avant l'arrosage, en évitant les feuilles ; mieux vaudrait le dissoudre dans l'eau.
Enfin par les fortes chaleurs il serait prudent de placer des
abris comme on le fait à Hyères.

Les premiers chatons de fleurs qui se montrent sont sup-
primés pour faire ramifier la plante, qui sans cela s'épuiserait
avant son développement complet.

Les *fourmis* attaquent parfois les graines à peine semées.
Le trempage préalable active la levée ; les *altises* rongent les
premières feuilles à leur sortie : saupoudrer de chaux, de
cendre de bois, de poudre de pyrèthre, passer une planche
goudronnée à une certaine hauteur ; les racines peuvent être
envahies par des *pucerons* ; un mois avant le semis faire
deux ou trois traitements à huit à dix jours d'intervalle avec
60 à 80 grammes de sulfocarbonate de potassium par mètre
carré dans 15 litres d'eau, arroser ensuite. Pour les cultures
en cours, faire quelques essais préalables. Signalons encore
la *chenille* du *papillon* du chou ou Piéride de la rave ; les
limaces, limaçons (chaux, sulfate de fer).

La *fonte* et le *blanc*, maladies occasionnées par des champignons microscopiques, font quelquefois en peu de temps de grands dégâts, par les chaleurs. Modérer les arrosages. Contre le « blanc » le soufre appliqué dès le début peut être

Fig. 72. — Culture sous paillassons à Ollioules.

efficace, mais il faut respecter les fleurs pour la parfumerie. Nous avons déjà parlé du Botrytis. On a signalé aussi le *Cercospora Resedae*, Fuck., champignon Hyphomycète.

Récolte des fleurs ; rendement ; emploi. — En juin-juillet deux ou trois fois par semaine le matin, la rosée disparue, on coupe avec l'ongle les sommités fleuries. Le rendement est très irrégulier, il peut atteindre des chiffres fort divers : 20 kilogrammes de tiges fleuries par are, 200 à 250 grammes de sommités par mètre carré ; à Pégomas on compte 40 kilogrammes par are soit 4 000 kilogrammes à l'hectare. La culture est annuelle et elle ne doit pas être faite deux années de suite sur le même terrain. Les fleurs sont achetées plus souvent 1 franc que 3 francs le kilogramme. Les producteurs demandent au moins 2 francs.

On a dit que le bénéfice net par hectare peut s'élever à 2 000 à 2 500 francs.

On *traite* les fleurs en *parfumerie* par l'enfleurage à froid pour faire des pommades de corps durs ou des huiles parfumées, qui le plus souvent ont déjà reçu du réséda par macération, et qui se vendent 6 à 16 francs le kilogramme suivant la concentration du parfum. L'extrait de pommade vaut chez les industriels parfumeurs 20 à 50 francs. On trouve aussi sur les catalogues 100, 200, 500 francs. Par les dissolvants volatils 1 kilogramme d'essence absolue demande 33 tonnes de sommités fleuries et la valeur de la matière première serait de 37 500 francs (V. Soden). Nous extrayons encore des catalogues les chiffres suivants : floressence 750 francs, quintessence 4 000 francs, etc. L'essence se modifiant très rapidement on l'emploie mélangée à la violette pour faire des extraits. Le parfum entre dans les vinaigres, eaux de toilette, savons, fards, etc. Il y a un produit synthétique constitué par un éther.

La poudre des sommités fleuries entre dans les sachets.

LA LAVANDE

C'est une Labiée de la flore rustique des garrigues, collines, montagnes de Provence, du Dauphiné, du Bas-Languedoc, du Vivarais, etc. (1).

Depuis quelques années on tend à la cultiver méthodiquement pour mettre en valeur les terrains improductifs.

Caractères. — Plante vivace à apparence de sous-arbrisseau. Racine principale forte et pivotante. Rameaux dressés ; nombreux bourgeons adventifs qui donnent les rameaux feuillus ; feuilles sessiles, entières, aiguës, oblongues, lancéolées ; rameaux floraux nés de l'aisselle des feuilles ; fleurs lilas ou bleuâtres, irrégulières en glomérules formant épi par leur rapprochement ; calice tubuleux ; corolle bilabiée à lèvre supérieure à deux lobes ; androcée didyname ; ovaire à quatre demi-loges renfermant chacune un ovule ascendant ; fruit formé de quatre akènes de couleur brune. La plante en touffe présente la forme d'un gros bouquet symétrique, rond.

Espèces. — Trois espèces principales : *Lavande Vraie*, *Lavande Aspic*, *Lavande Stœchade*, ayant chacune son sol ou son altitude propres.

La *Lavande Vraie* comprend trois types : Lavande du Dauphiné ; Lavande odorante ; Lavande des Pyrénées. Il se produit, en outre, un Hybride entre la Lavande Vraie et la Lavande Aspic.

Lavande Vraie, Lavande véritable (Lavandula Vera Dec.) ; appelée encore Lavande Officinale (Lavandula Officinalis, Chaix), Lavande à feuilles étroites (Lavandula Angustifolia, Erht.) ; Lavande des Alpes, Lavande femelle, à cause de sa taille plus petite que celle de l'Aspic. On la rencontre dans le

---

(1) Lavande viendrait de Lavare ; les Grecs et les Romains s'en servaient pour parfumer les bains.

Dauphiné : Drôme (S.-E.) ; Isère (massif des Rousses) ; Hautes-Alpes (Gap et vallée de la Durance) ; le Vaucluse (Mont Ventoux) ; la Provence : Basses-Alpes (sur toute l'étendue) ; Bouches-du-Rhône (Saint-Rémy, les Baux, Pilon du Roi, etc.) ; Var (Sainte-Beaume, etc.) ; Alpes-Maritimes (parties hautes) ; le Languedoc : Aude (Corbières) ; Hérault (Garrigues) ; Gard (Cévennes) ; Ardèche (S.-E.) : Lozère (Causses) ; les Pyrénées-Orientales (Corbières) ; Ariège (vallée de l'Ariège) ; Lot, Aveyron (Sud) ; Loire (Saint-Romain-le-Puy) ; Rhône (Mont-d'Or) ; Tyrol ; Italie (Ligurie) ; Espagne (Ebre et Navarre) ; Montagnes du Portugal ; Dalmatie ; Grèce (Péloponèse).

On la trouve le plus souvent à 600 à 800 mètres d'altitude ; sur le Mont Ventoux (Vaucluse), à 400 à 500 mètres.

C'est une des plantes les plus visitées des abeilles.

Ce type comprend : *Lavande du Dauphiné*, Jordan ; *Lavande Odorante*, Jordan ; *Lavande des Pyrénées.*

Lavande du Dauphiné ou Lavande fine (Lavandula Vera Delphinensis, Jord.). La plus riche en essence, celle-ci contenant aussi le plus d'acétate de linalyle. C'est la Lavande la plus estimée. Tiges robustes ; rameaux flexibles : feuilles à fin duvet plus ou moins blanchâtre ; épis lâches plus gros que ceux de Lavande Odorante, avec des fleurs plus pâles. Régions élevées, froides ; très commune dans les Alpes du Diois. On connaît une Delphinensis à fleurs blanches au-dessous de 800 à 900 mètres, mais elle est très rare.

Lavande Odorante (Lavandula Vera Odorata, Lav. Vera Fragrans) ; se rencontre en mélange avec la Delphinensis, mais celle-ci paraît dominer dans les hautes altitudes, la Fragrans étant un peu plus bas. Rameaux grêles, plus nombreux que chez Delphinensis, donc plus d'épis ; ces derniers robustes, denses, mais plus petits (chez Delphinensis lâches, allongés et souvent interrompus à la base). Feuilles opposées très étroites, enroulées en dessous ; étages plus espacés que chez Delphinensis ; fleurs d'un bleu foncé (bleu pâle chez Delphinensis) plus nombreuses, plus sveltes, portées à la cime de l'épi et non disséminées sur sa longueur. Très commune dans la vallée de la Romanche (Isère) et dans les Basses-Alpes.

Lavande des Pyrénées (Lavandula Pyrenaïca) assez voisine

de la Fragrans par sa forme et son essence. Vallée de l'Ariège ;
contreforts des Pyrénées ; Causses de la Lozère, de l'Aveyron,
du Lot.

Lavande Aspic ou *L. Spic* (Lavandula Spica, Linné) ;

Fig. 73. — Lavande vraie, type Delphinensis.

Lavande à larges feuilles (Lavandula Latifolia, Will.) ;
Lavande mâle. Plante de 30 à 70 centimètres ; plus grande
que la L. Vraie. Rameaux *divisés* au sommet, ce qui la distingue de cette dernière. Feuilles plus grandes, plus larges, moins
vertes, tomenteuses, blanchâtres. Fleurs d'un bleu plus
clair ; bractées plus larges. Odeur plus forte, plus pénétrante
mais moins agréable ; plante plus sensible au froid ; plus

faible altitude ; plaines calcaires ; bords pierreux des torrents ;
coteaux abrités de la zone du chêne vert, du chêne yeuse,
du chêne blanc, du hêtre, du pin. Montagnes calcaires sèches :
Hérault, Drôme, Gard, Vaucluse, Basses-Alpes, Bouches-

Fig. 73 *bis*. — Lavande vraie, type *fragrans*, ou L. odorante.

du-Rhône, Alpes-Maritimes, Algérie, Ligurie, Sicile, Murcie
(Espagne).

A la zone limite où croissent la L. Fragrans et la L. Spica
naît du mariage de ces deux espèces un Hybride, la *Lavande
bâtarde*, Lavande Chaten, Grande Lavande, Grosse Lavande,
appelée aussi dans le Dauphiné, Badasse, Lavandin. Peut
prendre un grand développement. Un spécialiste distingué,

M. Lamothe, que nous aurons l'occasion de rappeler, a cité (1)
un pied, à La Garde, commune de Condorcet, près Nyons,
qui, ayant reçu 12 grammes de nitrate de soude et une légère
façon, mesurait $3^m,20$ de circonférence en août 1909 et $5^m,58$
en 1912, avec 1 493 épis d'un poids moyen de $1^{gr},58$, soit un
total de $2^{kg},350$

de fleurs fraî-
ches. Se recon-
naît facilement
à sa taille.
Larges feuilles
vertes au lieu
de gris argenté
l'été; épis
longs et pres-
que toujours
ramifiés
comme chez
le Spic; fleur
bleu violet plus
foncé que celle
de ce dernier,
et dans la
Drôme en re-
tard de quinze
ours sur la

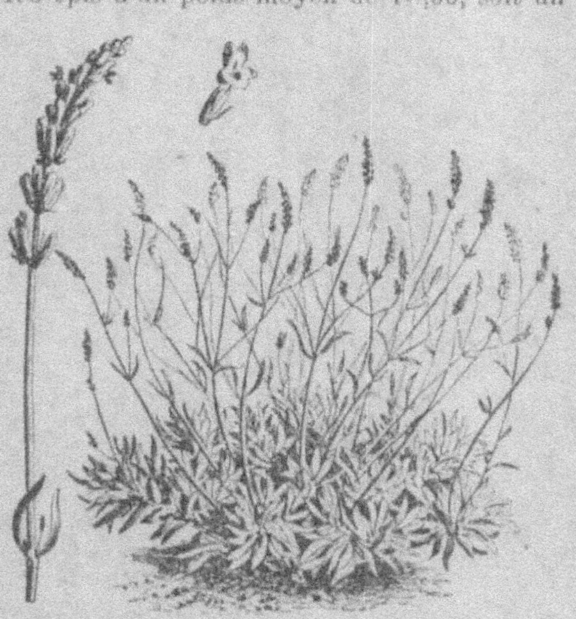

Fig. 74. — Lavande Aspic.

Fragrans. Ne nourrissant pas de graines ou que très peu,
car les étamines ne donnent pas ou peu de pollen, elle est
propagée par la Fragrans pollinisée par les insectes avec le
pollen du Spic, car on la trouve à une altitude plus élevée
que celui-ci de 300 à 400 mètres dans le voisinage de la Fragrans, où les vents ne sauraient avoir porté les graines de
Spic. D'ailleurs le semis direct des graines de Fragrans a
réellement donné des Hybrides.

« Odeur forte et désagréable d'herbe amère, de camphre, de
vinaigre, de poivre, etc. Les fleurs ne sont pas visitées par les

(1) Lavande et Spic.

17.

abeilles et les troupeaux épargnent la plante » (Lamothe). Donne plus d'essence (1 kilogramme par 77 à 80 kilogrammes d'épis, au lieu de 145 kilogrammes de Fragrans non cultivée), un peu supérieure à celle de l'aspic mais peu appréciée comme celle-ci par la parfumerie. M. Lamothe y a trouvé 24 à 30 p. 100 d'acétate de linalyle, alors que la Delphinensis peut doser

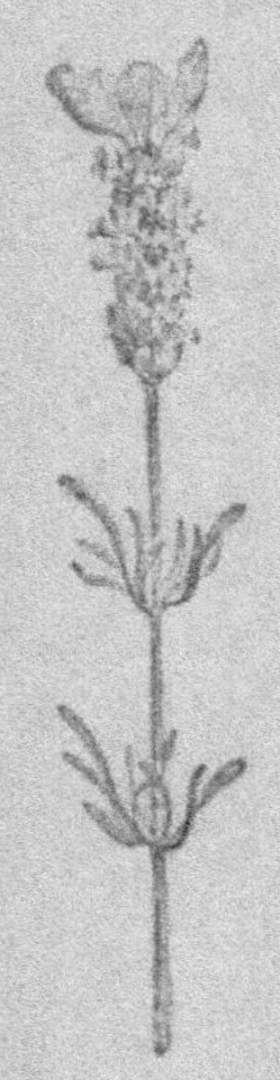

Fig. 75. — Lavande Stœchade.

42 à 45 et même plus. Sur une production totale de 60 000 kilogrammes d'essence de Lavande en France, la Lavande Hybride n'en donne que 12 000 kilogrammes, qui viendraient surtout de la région du Ventoux (Vaucluse). Là, la plante ne dépasse pas 300 mètres et n'est jamais au Nord.

On la rencontre au pied des montagnes ensoleillées de la région provençale vivant dans le voisinage de l'aspic, et aussi dans le Gard, dans le Nyonsais.

Lavande Stœchade (1) (Lavandula Stœchas) ; Lavande à toupet, en raison des deux bractées colorées larges membraneuses qui terminent l'épi, et que l'on prend souvent à tort pour les fleurs. Keirelé en Provence.

Elle croît dans les terrains schisteux ou granitiques des îles d'Hyères, des Maures, de l'Estérel, de la Corse, etc. On la rencontre également dans l'Aude, le Gard, l'Hérault, les Pyrénées-Orientales ; la Kabylie ; l'Espagne (Estramadure) ; le Portugal; les Canaries ; l'Arabie; les Indes occidentales.

Plante plus rameuse à tiges florales plus courtes, ou plutôt moins dégarnies de feuilles. Celles-ci sont linéaires, oblongues, un peu obtuses, à bords enroulés ; fleurs pourpre foncé ou violet foncé, en épi serré brièvement pédonculé. Bien que les Romains distillaient cette Lavande il y a deux mille ans, son essence est aujourd'hui peu appréciée. Elle ne dose que 4 p. 100

(1) Les Romains appelaient Stœchades toutes les îles de la côte de la Méditerranée depuis Marseille. On désigne plus particulièrement par ce nom les îles d'Hyères.

d'acétate de linalyle (chiffre que l'on a trouvé dans un échantillon venant d'Algérie).

Régions. — Dans une vingtaine de départements, qui sont, par lettre alphabétique : Basses-Alpes, Hautes-Alpes, Alpes-Maritimes, Ardèche, Ariège, Aude, Aveyron, Bouches-du-Rhône, Drôme, Gard, Hérault, Isère, Loire, Lot, Lozère, Pyrénées-Orientales, Rhône, Var, Vaucluse. On distille la plante dans huit départements : Basses-Alpes, Drôme, Vaucluse, Hautes-Alpes, Alpes-Maritimes, Bouches-du-Rhône, Ardèche, Var, qui donnent un total de 60 000 kilogrammes d'essence, provenant pour la plus grande partie des cinq premiers. L'Aspic n'en donne que 25 000 kilogrammes.

Les *Basses-Alpes* occupent le premier rang avec 30 000 kilogrammes d'essence. La plante croît surtout dans l'arrondissement de Forcalquier sur le massif montagneux de l'arrondissement de Digne, hauteurs de Moriez et plateau de Saint-André, et jusqu'à Barcelonnette. Principaux centres de récolte et de distillation : Lure, Cruis, Mallefougasse, Saint-Étienne, Forcalquier (usine de M. Laugier), Jabron, Châteauneuf, Valbelle, Sisteron, Barrême, Clumane. La seule commune de Cruis tire de la Lavande un revenu de 4 500 francs. A Barrême l'usine allemande Schimmel de Mitilz, près Leipzig ne distillait pas moins de 300 000 à 500 000 kilogrammes avec un matériel des plus perfectionnés. La société participait même aux adjudications des lavanderaies des terrains communaux et les enlevait aux distillateurs du pays. Elle soumissionnait aussi à Annot. Cette ville distille en temps normal plus de 2 000 quintaux. La maison allemande a traité en tout [usines de Barrême et Sault (Vaucluse) et quelques distilleries de campagne] 900 000 kilogrammes de fleurs de Lavande en 1912.

Quant à la Lavande cultivée on en trouve à Argens, Barrême, Gaubert, Lambruisse, Riez, Moriez, Sièyes, Saint-André, Sénez, etc. (1).

On distille non seulement dans les centres que nous avons cités plus haut mais encore à Tartonne, Castellane. Principaux marchés pour la vente de l'essence : Castellane, Bar-

_____

(1) Voyez ROLLAND, La culture de la Lavande dans le Sud-Est. *La Vie Agricole et Rurale*, 16 août 1913.

rême, Digne, Sisteron, Saint-Étienne, Forcalquier. A Laragne (Hautes-Alpes) se trouve l'usine de la maison Roure-Bertrand, de Grasse.

Depuis plusieurs années les instituteurs et institutrices sont invités à faire une active propagande en faveur de la culture de la Lavande.

Dans le *Vaucluse*, la Lavande Vraie croît surtout sur les hauts plateaux à 1 000 à 1 200 mètres. Au-dessous de 400 à 500 mètres, elle pousse mal et s'abâtardit. Les lavanderaies les plus importantes s'étendent sur les plateaux qui dominent la ville de Sault, dans la région de Saint-Jean et de Saint-Christol et qui se prolonge vers Banon jusque dans les Basses-Alpes. D'après M. Zacharrewicz, dans l'arrondissement de Carpentras, c'est-à-dire la région du Mont Ventoux, l'étendue occupée par la Lavande est de 4 000 à 6 000 hectares, dont un sixième cultivé (dans la région de la plaine). D'après Gildemeiser et Fr. Hoffmann, rien que sur le Ventoux les lavanderaies occupent 11 000 hectares, dont 7 000 aux communes, le reste aux particuliers. On récolte 1 700 000 kilogrammes, dont 1 200 000 sont distillés, le reste séché.

La production est de 8 000 à 11 000 kilogrammes d'essence, dont 1 300 pour la commune de Lagarde, 1 300 pour celle de Saint-Christol, 2 500 pour Sault, 3 000 pour Villes. Les deux premières communes donnent l'essence la plus estimée.

On distille principalement à Méthamis, Villes, Sault (le principal marché), Saint-Christol. A Sault l'usine louée par la maison allemande Schimmel a traité 180 000 kilogrammes de fleurs en 1912. Adjugée à MM. Gattefossé, de Lyon.

D'après MM. A. Carteron et Montagard, les communes qui fournissent le plus d'Aspic dans le nord du département sont : Lagarde-Paréol, Uchaux, Mornas, Sérignan, Mondragon, Rasteau, Saint-Roman de Malegarde ; en tout 150 000 kilogrammes d'aspic vert, dont 50 000 à Lagarde-Paréol.

D'après M. G. Fallès les produits de la distillation de Lavande, Aspic, Thym, Romarin, Hysope, Mélisse-Citronnelle, Fenouil inculte représentent la valeur suivante pour différentes communes : Bédoin, 250 000 francs ; Villes, 75 000 francs ; Malaucène, 50 000 francs ; Beaumont,

40 000 francs ; Flassans, 40 000 francs ; Gigondas, 15 000 francs ; Sault et plateau de Vaucluse, 400 000 francs ; vallée de l'Ouvèze et de l'Aigues, 150 000 francs.

Dans la *Drôme* c'est principalement dans la partie Sud-Est que pousse la Lavande. Surtout dans le Nyonsais (cantons de Remuzat, Nyons, Buis-les-Baronnies, Séderon) (dans le canton de Buis-les-Baronnies, la commune de Barret-de-Lioure a retiré en 1912 environ 80 000 francs de sa Lavande, la commune de Montauban 60 000 francs) ; dans l'arrondissement de Die (cantons de Saillans, Bourdeaux, Luc-en-Diois, La Motte-Chalançon) ; dans l'arrondissement de Montélimar (cantons de Montélimar, Pierrelatte, Grignan, Saint-Paul-Trois-Châteaux). On trouve aussi dans ce département quelques lavanderaies artificielles. La Drôme fournit 25 500 kilogrammes d'essence de Lavande Vraie : 4 500 kilogrammes dans chacun des cantons de La Motte-Chalançon et de Séderon ; 3 000 kilogrammes dans celui de Luc-en-Diois ; 2 500 dans chacun des suivants : Bourdeaux, Saillans et Rémuzat ; 2 000 kilogrammes dans ceux de Nyons, Buis-les-Baronnies (important marché à la foire du 9 septembre) ; plus l'appoint fourni par les cantons de Pierrelatte, Montélimar, Grignan. L'essence de Lavande Hybride ne dépasse pas 1 000 kilogrammes (cantons de Grignan, Saint-Paul-Trois-Châteaux).

La Lavande Aspic se rencontre sur les bas coteaux du département. Le total de la production moyenne d'essence est estimé à 3 000 kilogrammes (surtout cantons de Saillans, Bourdeaux, Saint-Paul-Trois-Châteaux, Grignan, Nyons).

Centres de récolte dans l'*Ardèche* : Saint-Julien-du-Serre, Lanas, Aps, Valvignère, Saint-Thomé, Gras, Saint-Remèze, Bidon, Saint-Martin-d'Ardèche (le tout dans l'arrondissement de Privas) ; Joyeuse, Ruoms, Sampzon, Orgnac (arrondissement de Largentière). Les plus forts rendements sont atteints dans les cantons de Bourg-Saint-Andéol et Viviers (1 900 quintaux de Lavande et 300 quintaux d'Aspic).

Dans l'*Ariège* : à Mirepoix, Fossat, Mas d'Azil, Varilhes, Sainte-Croix.

Dans le *Lot*, le syndicat de défense des intérêts du Lot encourage la culture et même un de ses vice-présidents,

M. Seige, s'adonne à cette production. On trouve la Lavande
à Livernon, Labastide, Murat, Gramat.

Il existe un Syndicat des Lavandes françaises.

On la cultive aussi comme plante pharmaceutique dans
la vallée de la *Loire*, dans la *Seine* (Aubervilliers, Gennevilliers, Nanterre).

En *Angleterre*, les cultures sont à Mitcham, Carshalton, Bed-
dington (comté de Surrey au sud de Londres), Hitchin (comté
de Hertford), Canterbury (C. de Kent), Market Deeping (C.
de Lincoln). C'est dans le Surrey que l'on produit l'essence la
plus fine. L'essence de Mitcham titre à peine, dit-on, 8 à
10 p. 100 d'acétate de linalyle.

La Lavande de Trondhjem est plus odorante que celle de
Christiania et celle-ci est encore plus riche en essence que la
Lavande anglaise.

Enfin, on cultiverait cette plante parfumée aux Canaries,
aux Açores, en Perse, en Argentine.

Culture.

Pour des raisons diverses, surtout par défaut de soin dans la
récolte, destruction par la dent des moutons, extension des
reboisements, etc., le nombre des lavanderaies naturelles diminue. Il est donc prudent de produire artificiellement la Lavande
pour nos parfumeurs.

Étant donné qu'en général l'essence fournie par les plantes
à parfums qui croissent spontanément dans les régions plus
froides est plus fine tout en étant moins abondante (exemple
pour la lavande même et par ordre croissant de finesse et d'altitude : L. Stœchade, L. Spic, L. Hybride, L. Fragrans, L. Pyrenaica, L. Delphinensis), on peut se demander si la culture, la
fumure, la sélection des plantes conduites à une altitude plus
faible sont capables de conserver à l'essence tous ses caractères. Certains propagandistes, en particulier M. Lamothe (1)
qui défend sa protégée avec enthousiasme et une véritable
foi d'apôtre, affirment que l'essence ne perd rien, qu'elle y

____

(1) Voir *Lavande et Spic*, par M. L. Lamothe, à Grand-Serre (Drôme).

Phot Cornillac.

Fig. 76. — Lavanderaie de M. Cornillac, à Valence (Drôme)

gagne même en finesse, sans compter un plus grand rendement en tant que plantes et pourcentage. Mais les avis n'en restent pas moins partagés pour ce qui concerne la qualité.

Malgré tout les lavanderaies artificielles présentent des avantages incontestables sur les baïassières naturelles.

Dans ces dernières les plantes souffrent beaucoup de la sécheresse ; seuls les pieds placés au bord des chemins et des clapiers se développent à l'aise. En 1916, où les pluies ont été rares, les lavanderaies artificielles ont donné quelque rendement tandis que les baïassières naturelles n'ont fourni que très peu d'épis desséchés. La culture est donc de nature à régulariser la production. Elle facilite aussi la récolte et on coupe plus de fleurs dans le même temps. On peut employer alors les hommes à la journée, tandis qu'à la tâche, ils coupent trop de tige. La proportion d'essence dans la plante cultivée est plus élevée (1 kilogramme d'essence par 80 kilogrammes d'épis frais contre 145 à 150 kilogrammes) et il y a plus de fleurs sur une même surface. M. Lamothe, dans la Drôme, M. Rolland dans le même département, M. Zacharewicz dans le Vaucluse ont prôné la mise en valeur des terres incultes par ce procédé. La plante est d'ailleurs peu exigeante de main-d'œuvre, d'engrais et de façons culturales.

La culture s'applique sous deux formes : la régénération des baïassières ou lavanderaies naturelles par l'éclaircissement des plantes, l'apport d'engrais, l'application de quelques binages, et la création de toutes pièces de véritables lavanderaies artificielles. A ceux qui seraient tentés de se livrer à de telles pratiques nous recommanderons de visiter des cultures déjà créées. Par exemple la lavanderaie de 10 hectares établie par M. Cornillac à 2 kilomètres de Valence en terrain sec de faible valeur culturale ; les champs de M. Félix Armand à Saint-Jean de Sault (Vaucluse), de M. Clément à Lagarde-Paréol (Vaucluse) ; les lavanderaies artificielles créées dans les Basses-Alpes, dans les communes que nous avons citées au chapitre : Régions. Les directeurs des services agricoles qu'il y a à la Préfecture de chaque département, les professeurs d'agriculture des chefs-lieux d'arrondissement fourniront les renseignements nécessaires et des adresses pour l'achat des jeunes plants.

Sol. Altitude. Exposition. — Sols calcaires légers perméables de préférence caillouteux, et aussi sols argilo-calcaires. On a vu, toutefois, des plantes très développées dans des sols non calcaires, silico-argileux. En terre riche, fraîche, profonde, de consistance moyenne, les plantes seraient vigoureuses mais moins parfumées.

L'Aspic ne se rencontre guère que sur les sols calcaires ; la Lavande Stœchade sur les terrains granitiques, schisteux.

D'après Zacharrewicz, la Lavande Vraie croît dans le Vaucluse entre 400 et 1 200 mètres. Au-dessous l'essence est peu riche en éthers et la plante tend à s'abâtardir au voisinage de l'Aspic. Plus on s'élève, plus l'essence est riche en principes actifs. Son maximum de valeur serait atteint à 900 mètres.

Toutefois, à plus basse altitude en terrain convenable et avec des engrais chimiques on obtient de bons rendements. Dans ces conditions, on peut entreprendre la culture même à 200 mètres.

Dans la *Drôme* on a vu des Delphinensis et des Fragrans récoltées à 1 200 mètres bien se comporter une fois plantées dans la plaine aux environs de Valence. Ainsi, chez M. Millard, à Saint-Ferréol, des Delphinensis donnaient à 1 200 mètres 1 kilogramme d'essence par 148 kilogrammes et cultivées à 200 mètres, par 101 kilogrammes seulement, celle-ci ayant la même finesse (Lamothe). Pour les lavanderaies artificielles, dit cet auteur, l'altitude a moins d'importance que pour les baïassières naturelles, car on peut mieux soigner les plantes et employer aussi les variétés les plus méritantes qu'en haute montagne. Mais si c'est sur les hauteurs que l'on trouve les variétés donnant l'essence la meilleure, les brouillards nuisent au rendement : « lou neblo béoù l'oli », disent les distillateurs.

L'exposition la plus favorable c'est le Sud et le Sud-Ouest car il faut avant tout de la chaleur et une grande lumière pour l'élaboration de l'essence.

Sous le climat de Paris la lavande ne supporte pas toujours en plein air les rigueurs de l'hiver.

Régénération des lavanderaies naturelles. — Il faut

soigner les baïassières bien situées, d'un accès facile, où la terre a une épaisseur suffisante, sans se soucier des lavanderaies trop éclaircies et à faible rendement.

En automne et le plus tôt possible pour avoir terminé avant les gelées, faire passer la charrue ou l'araire et tracer 2 ou 3 raies l'une à côté de l'autre. On laisse ainsi des lignes de plants espacées de 60 centimètres à 1 mètre. Avec les pieds arrachés on comble les vides, ou l'on établit une plantation nouvelle ; une touffe tous les mètres est suffisante.

En fin mars-avril, on donne une deuxième façon mais avant on répand en ligne 500 kilogrammes par hectare d'un mélange fait au moment de l'emploi avec : 20 kilogrammes nitrate soude, 60 kilogrammes superphosphate et 20 kilogrammes chlorure potassium (Zacharrewicz : le sol en question dosait à peu près moitié de terre fine contenant 1,02 p. 1000 Az ; 0,75 $P^2 O^5$ et 1,36 $K^2 O$).

Chaque année donner une façon à la houe canadienne avant l'hiver et une autre en mars, en appliquant l'engrais à cette dernière époque.

M. Martel Clément (commune de Lagarde, Vaucluse) a ainsi régénéré 150 hectares de lavanderaies à 800 mètres d'altitude, qui donnent, comparativement au sol sans engrais, plus d'épis, des fleurs mieux développées et de l'essence plus fine.

On a encore proposé pour les vieilles bouissières dont les rendements sont trop faibles et quand la montagne est nue, de mettre le feu le soir aux quatre coins de la lande. L'année suivante il pousse des rejets vigoureux.

Création des lavanderaies artificielles. — On *multiplie* la Lavande avec des jeunes plants et des éclats de touffe que l'on cueille dans la montagne ; par le semis direct ou en pépinière (même par bouturage mi-herbacé en juillet sous châssis en bassinant fréquemment).

Les jeunes plants bien enracinés pris dans la montagne ou dans une pépinière donnent les meilleurs résultats. Avec les éclats de pied plantés directement la récolte est retardée d'un an. Le semis est plus long encore. Le semis direct ne donne d'abord que la moitié de la récolte, comparativement à la plantation avec sujets entiers par âge correspondant ; ce n'est

qu'à partir de la cinquième année qu'elle sera sensiblement
égale. Mais le semis conservera une légère avance et durera plus
longtemps. En outre, il donne un excédent de plantes que l'on
peut utiliser ailleurs. Enfin, on est sûr d'obtenir des pieds
sains. Mais la création de la lavanderaie coûte 3 fois plus qu'avec
des plantes sauvages. Malgré tout on trouve parfois plus facilement des graines. On choisira attentivement les sujets dans
les lavanderaies indemnes de maladies. On peut en acheter
chez les spécialistes et dans les pépinières départementales
(dans la Drôme chez M. J. Milliard, ancien maire, à Saint-
Ferréol ; chez M. Ailloud, négociant à Puy-Saint-Martin ;
chez M. P. Augier, à Ferrassière ; dans le Vaucluse : M. Clément Martel, à Lagarde ; M. Armand, domaine du Castellet,
à Saint-Jean ; dans les Basses-Alpes à la pépinière départe-
mentale de Moriez). Dans la Drôme les variétés Fragrans et
Delphinensis en mélange se paient 30 à 50 francs le mille. Bien
emballés les sujets peuvent voyager de dix à quinze jours.

On arrache les pieds sauvages au-dessus de 500 mètres de
novembre à avril pour les planter en automne ou au printemps ;
cette dernière saison pour les altitudes élevées, froides, ou dans
les pays du Nord.

On peut planter les éclats directement en place si le sol est
frais et alors la dépense est notablement réduite puisque
chaque touffe donne 3 ou 4 plantes. Malgré tout la sécheresse
nuit souvent à l'enracinement. Avec les plantes entières qui
reprennent plus facilement, si le climat et le sol s'y prêtent, on
peut récolter des fleurs dès la première année. En Angleterre
où le climat est cependant plus humide et le sol généralement
frais on plante les éclats d'abord en pépinière en août après la
récolte des épis. Parfois en octobre on pique sur couche. On
pince les tiges de temps en temps pour fortifier les sujets et on
met en place l'automne suivant.

La *graine* de Lavande est noire, très petite. Le kilo en contiendrait 980 000. Employer celle de Delphinensis car la Fragrans s'hybride très facilement. On peut la récolter sur les
hautes montagnes, loin de l'aspic. On en trouve aussi au fond
du drap où le ramasseur a mis sa récolte. Mais ces semences
ne sont pas toujours assez mûres. Dans le commerce on vend

15 à 25 francs le kilogramme, suivant les années. Elle est parfois bien vieille et quelquefois aussi on ajoute celles qui sortent des alambics, cuites. Faire un essai germinatif sur une assiette garnie de papier buvard humide. Un litre pèse 600 grammes.

Au moment du *Semis* mélanger à du sable. On peut semer en place à la volée et si le terrain s'y prête dans du froment, du seigle, de l'avoine, suivant l'époque, plante qui protégera contre le parcage des moutons. On sème aussi en lignes distantes de 80 centimètres en employant 1 gramme de graines par mètre carré, soit 10 kilogrammes par hectare. Recouvrir de 2 à 3 centimètres de terre par un coup de râteau.

Opérer en novembre, décembre, en sol très ameubli. Dans les régions froides en mars-avril, le matin avant le lever du soleil ou le soir après son coucher ; si on semait en novembre-décembre, le semis pourrait être détruit par les gelées tardives de printemps. Maintenir le sol le plus frais possible, au besoin avec un paillis.

Pour semer en pépinière choisir un terrain léger et frais ou arrosable. Défoncer en été à la bêche en fumant. En novembre-décembre, au début de mars, semer à la volée, ou, mieux, en lignes espacées de 35 centimètres. Enterrer légèrement et tasser modérément. Couvrir de fumier pailleux, de crottin, de fougères, de feuilles si la saison est sèche. Levée après un mois ; biner, sarcler ; appliquer du nitrate de soude ; éclaircir les plants si besoin est. Mettre les pieds en place après un an.

Pour la *plantation* labourer le sol à 30 à 40 centimètres en été. Au printemps, pour les altitudes un peu élevées et les situations froides, dès la mi-novembre et en continuant jusqu'en février, si l'hiver est doux, dans les situations où la sécheresse est à redouter, ouvrir à la charrue ou à la houe des sillons parallèles distants d'un mètre sur lesquels on alignera les plants à 40 à 50 centimètres. Les distances varient d'ailleurs avec la nature du sol. Ainsi l'écartement sera plus grand en terrain maigre ou très peu profond, par exemple $1^m,20 \times 0^m,80$. En Angleterre on adopte $1^m,20 \times 1^m$. Avec $1^m \times 0^m,60$ il faut 16 000 pieds à l'hectare. Mais on trouve aussi des plantations n'en contenant que 9 000.

En attendant de mettre les sujets en place ne pas trop laisser sécher les racines. On fait le trou à la bêche et après avoir mis un peu de superphosphate puis du terreau on étale les racines et enfouit le plant jusqu'à la naissance des branches. On tasse la terre avec le pied. On plante aussi au plantoir. Quand on emploie des jeunes pieds arrachés dans la lande on les coupe au ras du sol avec un sécateur après la plantation. La division du travail active beaucoup la besogne. Trois hommes mettent deux jours pour planter 13 000 à 14 000 pieds. M. Rolland cite (*Vie agricole*) les chiffres suivants fournis par M. Cornillac, concernant les frais de création d'une lavanderaie artificielle près de Valence : Prix de revient des plants (arrachés dans la montagne à 1 200 mètres) à pied d'œuvre, 5 fr. 50 le 100 ; journée d'ouvrier, 3 fr. 50. Compte pour 10 hectares : Labour à 40 centimètres en terrain léger, siliceux au milieu des cailloux et des graviers, 632 francs ; plants, 5 775 francs ; terreau et engrais, 300 francs ; plantation au trou à la bêche avec 4 hommes se partageant la besogne, 1 037 francs ; total 7 744 francs soit 774 francs par hectare.

Dans les sols où les céréales bien que venant avec peine donnent une petite récolte, on sème la première année, et même la deuxième, avoine, seigle. Dans ce cas il faut écarter les lignes de 1^m,50 pour semer la céréale dans l'intervalle.

On plante encore dans une truffière artificielle en attendant la venue des truffes, soit après dix à quinze ans environ. Ou inversement, planter des chênes truffiers entre les lignes, les arbres profiteront des soins donnés aux Lavandes.

Pour établir une lavanderaie du jour au lendemain sur un fond calcaire abandonné, dit M. Lamothe, « labourer le sol au printemps, y semer de l'esparcette (sainfoin). En novembre, tracer des sillons à 1^m,20 de distance et y apporter les pieds que l'on vient d'arracher dans la lavandière ; les placer à 40 centimètres. Deux ans après, vers la fin de septembre, labourer les bandes d'esparcette, mais la moitié seulement et en alternant. Le tour des autres viendra au bout d'une égale période, et les bandes retournées seront ensemencées de nouveau après l'hiver. Ainsi de suite en observant la rotation ».

Des *soins culturaux* doivent être donnés dès la reprise. Ils consistent en binages, sarclages et application d'un peu de nitrate de soude. Pour faire ramifier les tiges et aussi pour éviter l'épuisement de la plante au début, on enlève les fleurs. La deuxième année on donne 2 binages et on fume. En automne assez tôt pour avoir fini avant les gelées, passer la charrue ou la houe canadienne. Donner une autre façon en mars, avril (trop tard on détruirait les jeunes racines). C'est à ce moment que l'on enfouit l'engrais répandu en couverture entre les lignes. Un troisième binage en juin est très utile les premières années. D'après M. Zacharrewicz ces façons reviennent à une centaine de francs : 2 labours de binage, 10 francs ; engrais, 82 francs ; 1 jour pour épandre l'engrais, 5 francs ; total, 97 francs.

La Lavande bien que rustique et pas exigeante paie bien les *engrais*. Le fumier de ferme, rare dans le Midi, est difficile à transporter sur les collines et les montagnes. Les engrais chimiques sont plus maniables. Nous avons cité déjà une formule (régénération des lavanderaies naturelles) où il entre du nitrate de soude. A défaut de ce sel employer 1 500 à 2 000 kilogrammes de tourteau de sésame et 700 à 800 kilogrammes de superphosphate. M. Lamothe conseille, dans la Drôme, 500 à 600 kilogrammes de superphosphate répandu en février après un léger labour à la houe canadienne, la lavanderaie ayant été travaillée en novembre. Fin mars on complète avec 200 à 300 kilogrammes de nitrate (à mettre en 2 fois dans les terrains en pente) appliqués la veille d'une petite pluie et que l'on enterre par un hersage. En Angleterre, on emploie du fumier court ou du phosphate de chaux.

Non seulement les engrais augmentent le rendement en épis par hectare, mais encore ces derniers donnent une essence de meilleure qualité (Lamothe), car elle est plus riche en acétate de linalyle.

Une baiassière entretenue comme il vient d'être dit peut *durer* de dix à douze ans. Quand on voit de nombreux pieds défaillants on met le feu comme nous l'avons expliqué. En Angleterre, à Mitcham et à Surrey on remplace les vieux pieds par des jeunes.

Ennemis. — La *Cuscute* (Cuscuta minor), plante parasite qui enlace les rameaux, est le principal ennemi. On la rencontre surtout dans les baïassières naturelles où les plantes sont trop rapprochées. La Cuscute attaque de préférence les jeunes pieds et aussi les vieilles baïassières incendiées à dessein pour les rajeunir. Elle est moins à craindre dans les lavanderaies cultivées.

Couper les plantes attaquées et brûler les débris, ou pulvériser une solution de sulfate de fer à 15 p. 100.

Le *Pourridié* est un champignon qui atteint les racines dans les sols argileux, humides, surtout quand les soins culturaux (labours et fumures) font défaut, et aussi les vieilles plantes manquant de vigueur. Le seul remède est d'arracher et de brûler toutes les racines le plus parfaitement possible. Éviter de prendre des plants dans les terrains contaminés, et pour plus de sûreté, avant de les planter, les désinfecter par trempage dans l'eau contenant du sulfocarbonate de potassium.

En Angleterre, Brierley William a observé une grave maladie due au champignon *Phoma Lavandulae* : bourgeons et rejets bruns, feuilles flétries tombant ; épiderme fendillé en petites écailles argentées. Se propage rapidement et peut détruire des plantations entières en peu de temps. En cultures pures le champignon produit des pycnospores et des conidies hyalines à paroi mince, qui plus tard deviennent brunes tandis que l'enveloppe s'épaissit, et des chlamydospores brunes à paroi très épaisse. Les spores à paroi épaisse sont très résistantes et ne germent qu'après un certain temps de repos. Chez l'hôte les pycnides se forment immédiatement au-dessous de l'épiderme qui se soulève et se détache de l'écorce. Le mycélium se développe surtout à 18°, 20°. Couper les parties malades et les brûler.

On a signalé aussi le *Septoria Lavandulae*, champignon qui forme à la face inférieure des feuilles des taches arrondies de couleur claire, bordées d'une ligne pourpre très nette. De petits points noirs apparaissent ensuite.

On s'est plaint un peu partout d'un *insecte* (Coléo) dont la larve attaque les parties pivotantes des grosses racines. Elle a 8 à 9 millimètres de long, est d'un jaune brunâtre très brillant avec une ligne noire le long du dos. La nymphe est ovale, jaune brun. L'insecte parfait est marron brun, 6 millimètres de long

(Lamothe). La plante attaquée a des rameaux qui perdent leur couleur. Parfois un tiers du pied seul est malade, le reste portant encore des fleurs.

Récolte et rendement. — Récolter dès que les fleurs sont en complet épanouissement au moment du maximum d'acétate de linalyle, en juillet. Opérer rapidement et ne pas dépasser, autant que possible, le mois d'août, car quelques jours après la pleine floraison le rendement va en diminuant de même que la qualité. L'essence s'appauvrit en acétate de linalyle, principe le plus important. Le butyrate de linalyle est plus stable mais il a moins de valeur et colore davantage l'essence en jaune, alors que celle de bonne qualité riche en acétate de linalyle est à peine colorée. Dans la Drôme c'est vers la mi-juillet que les fleurs renferment le maximum d'essence. On comprend, à ce point de vue, l'avantage des lavanderaies artificielles, où l'on peut récolter dans un jour un plus grand poids de matière, 400 kilogrammes et plus, comparativement aux baïassières naturelles (50 à 60 kilogrammes) où les plantes sont plus clairsemées et portent un plus petit nombre d'épis. En Angleterre la récolte est terminée en une semaine alors que dans les Alpes elle se prolonge jusqu'en fin septembre.

Choisir un temps sec. Arrêter la cueillette s'il survient des brouillards, de la pluie ou un vent froid. Le soleil est indispensable pour la formation de l'essence. Une haute pression barométrique retient celle-ci prisonnière dans la fleur. Si elle baisse, par vent du midi, par exemple, les particules odorantes s'échappent grâce à l'humidité et d'autant plus vite que la température est plus élevée. Il faut donc choisir le matin et le soir, et non le milieu du jour par forte chaleur. M. E.-V. Voulf, du Jardin impérial de Nikitskii, en Crimée, a trouvé à la distillation : plante cueillie entre 5 et 6 heures, 1,38 d'essence p. 100 ; à 7 heures, 1,09 ; entre 14 et 16 heures, 1,23 ; moyenne, 1,26.

Dans la majorité des *terrains communaux* la Lavande est mise en adjudication aux bouilleurs ambulants ou aux entrepreneurs de distillation des grandes parfumeries de Grasse, Paris, etc. En Tricastin et dans les Baronnies (Drôme), au Ventoux, à Bédoin, on fixe chaque année d'accord avec le service des Forêts la date des coupes ; généralement vers le 14 juillet. Dès lors tous les habitants peuvent aller récolter. On commence par le bas des montagnes où la floraison est plus précoce ; puis on monte graduellement vers les hauteurs. On voit alors aux Bruns, à Saint-Estève, par exemple, au pied du Ventoux d'immenses tas de Lavande de 10 à 15 mètres, le long des routes et les granges aussi en sont pleines. Gigondas afferme annuellement ses lavanderaies pour environ 200 francs ; Malaucène et Beaumont pour 400 à 500 francs. L'État agit aussi comme les communes, il met en adjudication les Lavandes des terrains domaniaux.

Le *ramasseur de Lavande*, le lavandiaïré, comme on l'appelle dans la Drôme et le Vaucluse, armé de sa faucille parcourt la lande, son « bourras » passé en sautoir sur l'épaule. Il n'apporte pas toujours dans sa tâche tous les soins voulus, et on a demandé que la récolte soit réglementée. Employer un appareil bien tranchant et ne couper que les épis avec quelques centimètres seulement du pédoncule, car ce dernier ne contient que peu d'essence. La disparition lente mais constante des lavanderaies naturelles est due en grande partie à la pratique défectueuse de la coupe. Les hommes à la tâche, pour augmenter le poids, tranchent les tiges à leur base et vont vite, avec brusquerie même, arrachant ainsi parfois la plante entière.

Il faut enlever tous les épis à chaque pied, si l'on veut trouver à nouveau une bonne récolte l'année suivante.

Dans les baïassières naturelles du Vaucluse, dit M. Zacharrewicz, la récolte est faite par des étrangers qui reçoivent en août à la tâche 5 francs par 100 kilogrammes d'épis avec tige, et 7 à 8 francs en septembre quand les fleurs sont plus rares. Un surveillant, payé 7 à 8 francs, dirige et pèse la récolte à midi et à la fin de la journée. Ces ramasseurs reçoivent en outre la soupe le soir. Les prix s'élèvent un peu quand la vente aux distillateurs est plus lucrative.

Dans les baïassières naturelles un homme à la tâche récolte par jour 50 à 80 kilogrammes d'épis et environ 130 avec tiges. Dans une lavanderaie artificielle établie dans une bonne terre à blé le coupeur peut récolter par journée de dix heures avec beaucoup moins de fatigue 350 à 450 kilogrammes d'épis.

Employé à la journée il est payé 3 à 5 francs ce qui met les 100 kilogrammes à 1 fr. 25 au plus.

M. Zacharrewicz estime à 7 francs les *frais* de ramassage et de transport à la distillation de 100 kilogrammes de Lavande.

On vend aux distillateurs 5 à 18 francs les 100 kilogrammes. L'usine allemande Schimmel, à Barrême (Basses-Alpes) achetait 17 francs les 100 kilogrammes quand le cours de l'essence était de 35 à 40 francs le kilogramme. Elle a même donné jusqu'à 20 francs.

On peut faire des offres pour la vente aux maisons suivantes de Marseille : Roques et Cie, 12, rue Cannebière ; Jolet, 1, rue de Rome ; Lamotte, 22, rue Vacon ; le Magasin général, 21, rue Saint-Ferréol ; les Nouvelles-Galeries, 17, rue Noailles, etc. Carpentras a un marché aux plantes aromatiques (Lavande, Thym, etc.) sur le boulevard du Jeu de Ballon du 1er juillet au 30 octobre.

Quand on plante des jeunes sujets de pépinière la *récolte* de la première année peut arriver à *payer* au moins la moitié des *frais* de la plantation. On a même cité une lavanderaie créée avec des pieds sauvages qui la première année a rapporté 100 francs à l'hectare. La deuxième année on peut tirer de la récolte 10 à 12 kilogrammes d'essence. Mais en *général* il faut attendre la troisième année pour convrir les frais culturaux.

Une baïassière naturelle peut donner 2 000 kilogrammes à l'hectare ; plus généralement 1 200 à 1 300 kilogrammes ; les 100 kilogrammes fournissant 600 grammes d'essence ; soit 12 kilogrammes pour les 2 000 kilogrammes de Lavande.

D'après M. Zacharrewicz une lavanderaie artificielle avec engrais chimiques en situation favorable et en année normale produit par hectare : première année, récolte insignifiante ; deuxième année, 2 000 kilogrammes fleurs (700 grammes d'essence par 100 kilogrammes) et 14 kilogrammes d'essence ; troisième année, 3 500 kilogrammes et 24 kilogrammes ; quatrième année, 5 000 kilogrammes et 35 kilogrammes. La proportion d'essence peut même atteindre 800 grammes par 100 kilogrammes. 35 kilogrammes d'essence représentent 980 francs brut, dont il faut déduire : frais de ramassage,

binage, fumure, frais de distillation, soit 225 francs ; reste net
par hectare environ 700 francs.

Dans la Drôme, dans une bonne terre à blé fumée au nitrate
et au superphosphate on a récolté la cinquième année
4 825 kilogrammes d'épis frais et 37^{kg},750 d'essence (sans

Fig. 77. — Récolte de la Lavande sur le Ventoux.

engrais, 2 450 kilogrammes et 21^{kg},350 ; avec superphosphate
seul 2 675 kilogrammes et 26^{kg},250 ; avec nitrate seul 4 775 kilogrammes et 34^{kg},100).

Enfin, voici un *compte de culture* établi par M. Zacharrewiez :
frais de création d'un hectare : première année : labour prépa-
ratoire, 60 francs ; 300 kilogrammes super 18/20, 27 francs ;
100 kilogrammes nitrate, 29 francs ; 100 kilogrammes chlorure potassium, 26 francs ; deuxième labour, 14 francs ; une
journée pour l'épandage des engrais, 5 francs ; 7 journées pour
la plantation, 28 francs ; 16 600 plants à 5 francs le 100,

830 francs. Total, 1019 francs. Frais pour les autres années : 2 binages, 10 francs ; engrais, 82 francs ; une journée épandage des engrais, 5 francs. Total, 97 francs. Total des frais pour quatre ans, 388 francs et en comptant ceux de la première année, 1 407 francs pour les 5 premières années. Dans ce laps de temps on récolte 15 500 kilogrammes de Lavande en tige à 7 francs les 100 kilogrammes de frais de ramassage et port à la distillerie ; soit 1 085 francs. Frais de distillation 1 franc par 100 kilogrammes, 155 francs. Total général des frais pour ces cinq années 1 407 + 1 085 + 155 = 2 647 francs.

Recettes : 108^{kg},500 d'essence à 30 francs = 3 255 francs. Reste net, 608 francs, soit 121 fr. 60 par hectare. A partir de la sixième année, le rendement restant à 5 000 kilogrammes, soit 35 kilogrammes d'essence, on a : frais culturaux, 97 francs comme ci-dessus ; ramassage des 5 000 kilogrammes à 7 francs les 100 kilogrammes, 350 francs ; distillation à 1 franc les 100 kilogrammes, 50 francs ; total 497 francs. Recettes : 35 kilogrammes d'essence à 30 francs, 1050 francs ; 3 000 kilogrammes tiges sèches pour litière à 1 franc les 100 kilogrammes, 30 francs ; total 1 080 francs. Reste net 583 francs. Si on a créé la lavanderaie par le semis les graines reviennent à 600 francs de moins que les éclats de pied, mais le rendement en essence est plus faible les premières années (deuxième année 7 kilogrammes d'essence au lieu de 14 kilogrammes ; troisième 14 kilogrammes au lieu de 24 kilogrammes ; quatrième 24^{kg},5 au lieu de 30 kilogrammes), mais la cinquième année les produits s'égalisent.

Utilisation des produits.

L'*essence* de Lavande s'extrait surtout par la *distillation* des épis de fleurs en présence de l'eau ou de la vapeur d'eau. Pour éviter le transport onéreux d'une grande quantité de matière et pour ne pas nuire à la qualité de l'essence, on distille sur les lieux mêmes au voisinage d'un cours d'eau, car il faut abondance de ce liquide pour le réfrigérant. C'est là une industrie toute rustique mais qui ne gagnerait pas moins à être perfectionnée.

Les distillateurs ambulants de nos montagnes emploient encore, en effet, l'alambic (peiroou) primitif des Arabes, à chauffage à feu nu, défectueux sous bien des rapports, non seulement au point de vue rendement en essence mais qualité

Phot. Reict.

Fig. 78. — La distillation de la Lavande avec l'alambic rustique dans les montagnes du Briançonnais.

de celle-ci. Dans une expérience des fleurs distillées à feu nu donnèrent 0,71 p. 100 d'essence avec 41 p. 100 d'éthers, et distillées à la vapeur 0,81 et 50,9. Voici quelques conseils : Vider l'eau à fond avant de recharger la chaudière, et éviter l'eau calcaire, si possible, ce qui est difficile, d'ailleurs, dans les régions où croît la Lavande. Le carbonate de chaux en présence d'une haute température décompose l'acétate de linalyle avec formation d'acétate de chaux. Le calcaire laisse aussi à la longue un dépôt incrustant qui nuit à la bonne marche du chauffage. Distiller les épis le plus tôt

48.

possible après leur récolte car ils s'échauffent vite en tas. Sinon les entreposer sous un hangar fermé et les brasser de temps en temps en les secouant pour les aérer. Employer un alambic perfectionné à double fond et aussi grand que possible. Conduire la distillation rapidement pour éviter une décomposition partielle des éthers. Se rappeler que les portions les plus riches passent vers la fin. La distillation à la vapeur donne la meilleure qualité d'essence ; elle économise le combustible et la main-d'œuvre. A Sault, Villes, Bédoin (Vaucluse), etc., on emploie les alambics perfectionnés ; à Bédoin, on peut voir des appareils de 3 mètres de haut et 1^m,5 de diamètre recevant sur des diaphragmes étagés 250 kilogrammes de fleurs.

A Moustier (Basses-Alpes), on a voulu montrer qu'il est possible de faire une concurrence fructueuse aux produits allemands (Barrème). Dans une note fournie à ce sujet par l'instituteur il est dit qu'avec un capital de 2 800 francs, on est parvenu à créer une petite installation avec outillage perfectionné qui a déjà donné de gros bénéfices.

En général on estime à 1 franc les frais de distillation de 100 kilogrammes de Lavande ; ou 1 fr. 25 par kilogramme d'essence. On a dit que lorsque celle-ci se vend 20 francs à 22 francs, si l'on achète la fleur 8 à 10 francs les 100 kilogrammes, pour un rendement de 1 kilogramme par 130 kilogrammes on a : frais de distillation combustible et main-d'œuvre 2 fr. 50 à 3 francs pour ce poids.

D'après M. Zacharrewicz 100 kilogrammes de Lavande cultivée peuvent donner avec des alambics ordinaires 100 à 200 grammes d'essence de plus, soit 800 grammes, que la Lavande sauvage (500 à 600). Sur les hauts plateaux de Vaucluse la Lavande cultivée et fumée donne le kilogramme par 120 à 130 kilogrammes de tiges et fleurs et la Lavande non cultivée par 190 à 200 kilogrammes, la Lavande des baïassières régénérées, par 145 kilogrammes. Une lavanderaie artificielle fournit la deuxième année 1 500 à 2 000 kilogrammes d'épis et tiges ; 700 grammes d'essence par 100 kilogrammes, soit 10 à 14 kilogrammes de cette dernière ; la troisième année, 3 500 kilogrammes et 24 kilogrammes ; la quatrième, 5 000 kilogrammes et 35 kilogrammes ; la cinquième, 5 000 kilogrammes et 35 kilogrammes. Si l'on a planté des éclats de pieds au lieu de plantes entières le rendement est en retard d'un an.

Avec la culture, la Delphinensis rend 1 kilogramme d'essence par 80 kilogrammes d'épis ; la Fragrans 140 kilogrammes ; l'Hybride 77 kilogrammes (Lamothe). Des Delphinensis sauvages à 1 200 mètres d'altitude donnèrent dans la Drôme le kilogramme d'essence avec 148 kilogrammes de fleurs fraîches, et la même variété cultivée à 20 mètres d'altitude, avec 101 kilogrammes. Une lavanderaie artificielle de cinq ans fumée au nitrate et au superphosphate, avec des Delphinensis, a fourni à la distillation dans un bon appareil par 100 kilogrammes d'épis frais 1^{kg},252 d'essence, soit 79 kilogrammes pour 1 kilogramme, tandis que les baïassières qui avaient fourni les jeunes pieds demandèrent 147 kilogrammes pour arriver au même résultat. A l'analyse ce fut la Lavande cultivée qui donna l'essence la plus riche en acétate de linalyle.

Normalement à cinq ans la récolte totale est de 4 820 kilogrammes de fleurs, donnant 37^{kg},5 d'essence qui représentent, à 25 francs le kilogramme, 943 fr. 75.

Nous avons dit que le rendement en essence est influencé par les conditions atmosphériques au moment de la récolte et surtout par la distillation. La bise froide empêche la formation de l'huile essentielle ; de même un été humide, sans chaleur, la pluie, le brouillard sont défavorables.

Le *prix* de l'essence est très variable, 12 francs en moyenne le kilogramme de 1893 à 1897 ; 13 francs de 1898 à 1902 ; 21 francs de 1903 à 1907 ; 27 francs de 1908 à 1913. Il a donc plus que doublé en vingt ans. Mais on a cité aussi des cours bien plus élevés, 32 francs en 1905-1906, 40 francs en 1912, 42 francs en 1913. La hausse constante est attribuée non seulement à la rareté du produit mais aussi à la demande de l'Allemagne qui tirait de l'essence de Lavande des constituants pour la fabrication de parfums divers.

La réputation de l'essence anglaise de Mitcham est, dit-on, surfaite, car elle ne renferme guère que 5 à 9 p. 100 d'acétate de linalyle. Le pays manque de soleil. Mais on vante les soins apportés dans la distillation. De plus on ne livre l'huile essentielle au commerce qu'après un long repos, souvent un an, quand elle est très limpide, très transparente, ce qui permet d'en tirer 85 à 110 francs le kilogramme.

Dans les Alpes, quelques petits distillateurs expédient directement aux négociants et parfumeurs. Les acheteurs locaux ou leveurs, qui opèrent pour le compte des grandes maisons, apprécient la marchandise d'après sa couleur et son odeur, ce qui n'est pas suffisant. Le prix devrait être proportionné au pourcentage du constituant chimique qui a le plus de valeur, l'acétate de linalyle. Ce dernier peut varier de 10 à 57 p. 100 suivant l'espèce de Lavande, l'exposition, l'altitude, les soins culturaux, les conditions de la récolte et, surtout, l'attention apportée dans la distillation. Nous avons dit qu'un printemps précoce, un été chaud et sec favorisent le développement des éthers, mais la distillation à feu nu diminue leur proportion. Plus on s'élève dans les régions montagneuses, plus l'huile essentielle est fine, l'odeur délicate, mais les rendements sont moindres. Celle des Hautes-Alpes et des sommets des Basses-Alpes dose 35 à 47 p. 100 d'éthers et plus ; celle des Alpes italiennes 20 à 30 p. 100, celle de l'Esterel 25 à 35 p. 100. M. Lamothe estime qu'une essence à 20 p. 100 d'acétate de linalyle est mauvaise, passable à 22 à 29 p. 100 ; bonne à 35 à 40 p. 100 ; supérieure au-dessus de ce taux, elle est dite « mont blanc » chez les techniciens, rappelant qu'elle provient d'une très haute altitude.

L'essence de Lavande *Hybride* dose 15 p. 100 et vaut 10 francs le kilogramme quand celle de Lavande Vraie est payée 23 à 25 francs.

L'essence d'*Aspic* (0,8 p. 100) ne titre que 6 à 10 p. 100 et elle contient, en outre, une forte proportion de camphre.

Propriétés et emploi de l'essence. — Légèrement jaunâtre ; odeur suave, aromatique ; saveur âcre. Renferme un alcool, le linalol en partie libre et en partie combiné avec de l'acide acétique pour former l'éther acétate de linalyle $[C^{10}H^{18} (CH^3Co^2)]$; on trouve aussi de l'acide butyrique combiné avec le linalol, formant du butyrate de linalyle. L'essence déterpénée est 2 fois à 2 fois et demie plus concentrée que l'essence ordinaire. Fraudes : succinate et citrate d'éthyle.

L'essence s'oxyde et brunit à l'air et à la lumière ; une température élevée est nuisible aussi. Employer des récipients opaques complètement pleins et bien bouchés ou les tenir dans une cave obscure, non humide à la température de 14 à 15°.

Elle est employée en parfumerie (savonnerie de luxe), pour

Phot. Rolet.

Fig. 70. — Séchage de la Lavande vraie pour la préparation des « calices », au virage de Saint-Estève, au pied du Ventoux.

préparer les coquilles parfumées. Elle pourrait remplacer l'essence de bergamote dans l'eau de Cologne. Elle entre dans la composition de l'eau phéniquée. En médecine elle est considérée comme céphalique, carminative, cordiale, détersive, stimulante, tonique, antiseptique. L'essence déterpénée peut rendre de grands services dans le traitement des plaies purulentes. Le Dr Battandier (de Viriville) a proposé l'essence de Lavande pour embaumer les cadavres comme on le fait aux États-Unis. Autrefois l'essence de Stœchade servait à parfumer le tabac.

L'huile d'Aspic (oil of spike, en Angleterre ; spiköil, en Allemagne) est moins aromatique, moins suave, plus forte. On l'emploie dans la parfumerie commune, et pour diluer les couleurs sur porcelaine. La médecine vétérinaire l'utilise également. Les pêcheurs en imprègnent les appâts.

Fleurs mondées et bouquets. — Les fleurs détachées, dites « calices », s'expédient dans les villes où on les vend parfois dans les rues.

Ces fleurs mondées servent à parfumer le linge et à préserver des mites les lainages et vêtements ; à garnir les sachets à parfum ; à aromatiser les bains. En Amérique on en répand sur les parquets des salles de réception pour chasser à la fois les insectes et l'odeur de moisi. On en fait également des poudres insecticides et désinfectantes.

Pour obtenir ces fleurs mondées on cueille les épis dès la floraison complète et les sèche, de préférence à l'abri du soleil pour conserver la couleur. Après dessiccation, battre à la fourche ou avec le rouleau ; passer au ventilateur puis au crible, pour n'avoir que les calices (employer successivement des cribles de grandeur différente). On vend 25 à 30 francs les 100 kilogrammes, parfois 50 à 70 et même 130 à 140 francs la belle Lavande Vraie. Choisir de préférence la Fragrans à cause de sa teinte bleu foncé. Cette préparation se fait surtout dans la région du Ventoux : Bedoin, Buis-les-Baronnies, Villes, etc., et les basses collines du Gard et des Cévennes. Les exportations (Angleterre, États-Unis, Brésil, République Argentine) représentent 500 000 kilogrammes. Il est regrettable que trop souvent on mélange la variété Hybride et, ce qui est plus grave, des fleurs de Delphinensis et de Fragrans qui ont été déjà distillées.

Pour la vente des épis en *bouquets*, on emploie la Fragrans. On laisse sécher les épis dans une chambre aérée ou sous un hangar puis les met en botillons.

Dans le comté de Surrey on se livre aussi à cette vente avec la Lavande du pays.

LE ROMARIN

On ne connaît qu'une seule espèce : *Rosmarinus officinalis* L.
(famille des Labiées). On l'appelle en provençal Roumaniéou,
Encensier (odeur d'encens). Autres noms : Rose marine,
Herbe aux Couronnes ; en anglais, Rosmary ; en allemand,
Rosmarin ; en
espagnol, Ro-
mero ; en ita-
lien, Rosmari-
no ; en arabe,
Klyl ou Asel-
ban.

Caractères.
— Arbrisseau
buissonnant,
toujours vert,
de 1 mètre à
1$^\mathrm{m}$,50 de hau-
teur. Le port
naturel érigé
peut se modi-
fier suivant les
conditions de
milieu. Ainsi,

Fig. 80. — Romarin.

aux environs de Marseille, à Montredon, sur le bord de la
mer, la plante a pris un port horizontal avec, même, une
inclinaison marquée vers le sol. Tiges à nombreux rameaux
serrés ; feuilles opposées, sessiles, raides, coriaces, chagrinées,
étroites, entières, à bords roulés, vert foncé dessus, blanchâtres et cotonneuses en dessous. Floraison dès janvier
se prolongeant parfois jusqu'en automne ; fleurs bleu pâle,
en grappes axillaires courtes formant de petits bouquets

au sommet des rameaux. Odeur fragrante aromatique, camphrée, forte ; huile essentielle aromatique chaude, un peu amère.

Les Anciens attribuaient au Romarin nombre de vertus. Il jouait dans la Rome antique et à Athènes un rôle important dans les cérémonies religieuses et les fêtes publiques ou intimes. Les Grecs l'appelaient Libanostis, qui signifie encens ; les Latins, Rosmarinus ou Rosée de mer (l'arbrisseau s'imprègne au bord de la grande bleue des effluves salins).

Au XVIIIe siècle, dit Heuzé, quand un boulanger était reçu à la maîtrise il présentait au grand panetier un Romarin auquel il avait attaché le plus beau fruit de la saison. L'essence était connue de tous les chimistes orientaux de notre Moyen âge. C'est en 1330 que Raymond Lulle l'isola pour la première fois.

Régions. — Le Romarin croît sur les collines, coteaux, montagnes peu élevées, calcaires, surtout non loin de la mer, compagnon de la Lavande et du Thym. Malheureusement il est recherché des troupeaux de moutons affamés et il ne présente souvent alors que des touffes plus ou moins rabougries.

On le rencontre en Provence (Bouches-du-Rhône, Var, Alpes-Maritimes, Basses-Alpes), dans le Languedoc (Aude, Hérault, Gard). Le miel réputé de Narbonne doit ses qualités aux nombreuses romarinières que l'on trouve dans le département de l'Aude (petites montagnes de Cruissan et falaises de la Clappe). Il croît également dans le Roussillon (Pyrénées-Orientales) ; le Dauphiné (Drôme) ; dans le Vaucluse, surtout sur les coteaux arides formant la partie basse silico-calcaire du plateau de Saint-Amand et sur les derniers contreforts du Mont Ventoux. La plante vit aussi sur la côte bretonne et même dans les jardins bien abrités des environs de Paris.

La Provence, le Vaucluse, la Drôme, le Gard, l'Hérault donnent un total de 25 000 kilogrammes d'essence.

On distille encore le Romarin en Dalmatie et sur tout le littoral autrichien de l'Adriatique, régions qui faisaient concurrence à nos produits ; en Espagne et aux Baléares, en Grèce et en Turquie, dans l'Afrique du Nord, principalement dans le sud tunisien.

L'essence française des Pyrénées-Orientales, Vaucluse,

Drôme, celle de Tunisie sont plus estimées que celles de l'Espagne et de la Dalmatie.

Culture. — Le Romarin est capable, comme la Lavande, comme le Thym, etc., de mettre en valeur les garrigues et les coteaux incultes si l'on apporte quelques soins aux romarinières naturelles (donner quelques grattages au sol et incorporer un peu de fumier et de superphosphate), comme on le fait, par exemple, dans le Vaucluse (Montagne de Lure, Luberon, Mont Ventoux). On aurait même créé des romarinières artificielles dans ces régions, dans la Drôme et en Tunisie.

Choisir un sol sec, calcaire, perméable, graveleux, à bonne exposition aérée, au soleil, au midi. La culture réussit cependant très bien sur les sols riches, dans les jardins. Il y aurait intérêt à vérifier si dans ce cas l'essence est aussi fine qu'en terrain sec, graveleux. Ce qui est certain, c'est que dans le Midi on voit le Romarin employé pour faire des haies qui ne manquent pas d'élégance et qui prennent un certain développement, s'élevant jusqu'à 2 mètres de hauteur dans les sols frais et de bonne qualité. Comme bordure, il remplace le buis, résistant bien à la chaleur et à la sécheresse. On peut aussi conduire la plante en forme d'élégante pyramide. D'ailleurs en horticulture ornementale, on a obtenu un type plus étoffé « au feuillage d'un vert lustré, aux tiges fières et droites, aux fleurs d'un bleu intense et considérablement agrandies, qui se montrent au sommet de rameaux opulents. Il demande de la terre franche, caillouteuse et pas trop d'eau » (Davin).

On sème les graines en pépinière de février à avril suivant la région et l'altitude et on donne les soins ordinaires.

On plante les jeunes pieds en place dans le terrain préparé après un an ou deux quand ils sont suffisamment pourvus de racines, et les espace de 75 centimètres à 1 mètre en tous sens ou moins suivant les terrains.

Deux à trois ans après la plantation, on exploite la romarinière pour la distillerie. On peut même s'en servir comme d'une prairie pour faire brouter les moutons et ne récolter que tous les deux ou trois ans. La plante se ramifie alors et donne de jeunes tiges où la partie ligneuse nuisible dans la distillation à cause du principe qu'elle renferme est très réduite.

M. Beaucaire qui a étudié cette question sur le versant nord du Mont Ventoux, dit que la plante végète facilement et qu'en la coupant au ras du sol elle repousse avec une grande vigueur, redonnant ainsi la deuxième année une touffe renfermant peu de bois mais beaucoup de feuilles. Si elle est trop vieille, trop ligneuse, le rendement est de beaucoup diminué. C'est une récolte que l'on peut faire tous les deux ans.

On multiplie aussi le Romarin par division des touffes en avril-mai. En automne ou au printemps on fait également des marcottes ou des boutures. Pour ces dernières on prend des branches sur les vieux pieds. On taille le gros bout en bec de flûte et on met en pépinière bien préparée. Ou encore on plante directement, quitte à remplacer les manquants. Mais il est préférable de passer par la pépinière, en sol un peu frais où l'on peut mieux soigner les sujets et assurer leur reprise.

La seule *maladie*, peu importante d'ailleurs, que l'on ait signalée c'est la formation de tumeurs irrégulières sur les branches dues à un bacille.

Récolte. — On récolte le Romarin à peu près toute l'année, mais la meilleure époque pour la distillation va de mai à juillet, et parfois jusqu'en septembre tant que dure la floraison. Les propriétaires vendent en bloc fleurs, feuilles, rameaux 1 fr. 50 à 2 francs les 100 kilogrammes. Dans le Roussillon en temps ordinaire on paie 1 franc à 1 fr. 50 les 100 kilogrammes aux équipes qui font la récolte. Les sommités fleuries mais sèches valent 0 fr. 80 à 1 franc le kilogramme chez les herboristes.

En pharmacie le Romarin fait partie des espèces aromatiques. En hygiène et thérapeutique, on met à contribution ses propriétés stomachiques, stimulantes, excitantes, toniques, céphaliques, antiseptiques, désinfectantes, bactéricides.

Distillation. — Couper la plante par temps sec et chaud. Ne pas laisser sécher la matière car la dessiccation lui fait perdre une partie de l'essence et nuit à sa qualité.

La distillation est généralement faite par des ambulants qui opèrent sur place avec des alambics de montagne dont le fond devrait toujours être pourvu d'une grille. Voir à ce sujet ce qui a été dit à la Lavande. Dans le Roussillon, avec les alambics rustiques, 100 kilogrammes de ramilles feuillues et fleuries donnent 125 grammes d'essence. Chez les industriels avec des appareils perfectionnés et la distillation à la vapeur on retire plus du double 300 à 400 grammes. On a même cité des rendements de 1 kilogramme et plus. Dans la région

Fig. 84. — Un poste de distillation du Romarin dans le Bled tunisien.

dont nous parlons on voit des installations d'alambics contenant 1 200 à 1 500 kilogrammes de matière. Avec de l'eau au fond, qui est pourvu d'une grille, le chauffage pour une telle quantité dure trois heures. Les appareils qui fonctionnent avec un générateur de vapeur indépendant demandent une heure et demie. On a cité à Salces, près de Perpignan, une usine pourvue de 6 alambics alimentés par un générateur de vapeur indépendant de 33 mètres carrés de surface de chauffe et chargés chacun de 300 kilogrammes de matière, distillant par jour 8 000 kilogrammes de Romarin (8 ouvriers le jour et 6 la nuit) qui récolte par an 4 000 à 5 000 kilogrammes d'essence.

Le rendement dépend, en dehors du perfectionnement des appareils, des conditions atmosphériques et de la proportion de matière ligneuse qui accompagne les feuilles et les fleurs dans la chaudière. On sait que le bois contient une résine à odeur d'encens.

M. Voulf, de Nikitskii (Crimée), a trouvé à la distillation : récolte à 6 heures et entre 7 et 10 heures, à 0,76 p. 100 d'essence ; à 15 heures, 0, 87.

On estime les frais de distillation à 1 fr. 50 par kilogramme d'essence.

L'essence des feuilles passe pour être plus fine que celle des fleurs.

D'après M. Beaucaire, par la culture, 100 kilogrammes de feuilles et sommités fraîches peuvent donner 400 à 500 grammes d'essence, ce qui représente plus du double du rendement des plantes qui croissent à l'état spontané, sans compter l'augmentation de matière brute par hectare.

Pour obtenir l'*eau de Romarin* on prend : 5 kilogrammes fleurs sans calice, 300 grammes sel de cuisine, 30 litres eau ; on laisse macérer les fleurs vingt-quatre heures dans l'eau salée, puis on distille et retient 15 litres.

L'essence. — Le prix de vente de l'essence varie de 3 à 10 francs le kilogramme suivant origine et situation du marché. L'essence rectifiée et l'essence déterpénée ont plus de valeur. L'essence déterpénée est 4 fois plus concentrée. L'essence distillée de Romarin éperlé vaut, chez les industriels parfumeurs 0 fr. 30 les 10 grammes et 2 francs les 100 grammes.

L'huile essentielle de Romarin est très fluide, jaunâtre, très odorante, rappelant les effluves de la plante; l'essence rectifiée est incolore. Elle réveille et fortifie la respiration. On la recommande aux orateurs. Elle est antiseptique. Elle a comme constituants le pinène, le camphène, le bornéol, le cinéol, le camphre. On la fraude avec de l'essence de térébenthine.

L'Angleterre consommerait par an 50 000 kilogrammes d'essence de Romarin (oil of rosemary, rosmarineol). La demande est croissante en Amérique et en Australie.

Emploi. — Cette essence est indispensable à la fabrication des savons fins auxquels elle communique une douce odeur de rose. Mais pour cet usage on la combine généralement à d'autres parfums. Elle peut fournir 8 p. 100 de camphre.

Elle entre dans la composition des extraits, lotions et eaux pour les cheveux qu'elle fortifie ; vinaigres et eaux de toilette, en particulier de l'eau de la reine de Hongrie, dans l'eau de Cologne, le cold-cream, des sels, produits antiseptiques, poudres dentifrices, etc. Dans les arts, on l'emploie pour fabriquer des vernis. Elle sert aussi à frauder l'essence de Cajeput. Autrefois le Romarin servait à parfumer le tabac. Charlemagne a vanté les mérites de la plante dans ses Capitulaires.

Pour obtenir l'esprit de Romarin on ajoute 30 grammes d'essence à un litre de bonne eau-de-vie, ou bien on distille la plante avec de l'alcool.

Les feuilles sèches pulvérisées servent à la fabrication des sachets.

LE THYM COMMUN

Thymus Vulgaris, L., *Th. tenuifolius* (famille des Labiées) ; Thym ordinaire, Th. français, Th. blanc (le Thym rouge étant le Serpolet), Mignotise des Genevois ; connu dans le midi de la France sous les noms de : farigoulo, férigoulo, farigouleto, frigoule, frigouleto, frigorila. Les Allemands l'appellent Thimian ; les Danois, Timian ; les Russes, Fimian. Originaire de l'Europe méridionale, il croît spontanément dans les départements méditerranéens (Pyrénées-Orientales, Aude, Hérault, Gard, Bouches-du-Rhône, Var, Alpes-Maritimes), dans les lieux incultes, les terrains secs et rocailleux, les coteaux, collines, garrigues, les ruines ; la plaine de la Crau, où il est le compagnon de l'Aspic et des « tousco » de chêne Kermès. On le rencontre aussi dans l'Ardèche, où l'on en récolterait 50 quintaux, que l'on réduit en poudre pour la vente ; dans le Vaucluse, la Drôme, etc. Plus frileux que la Lavande, il ne s'élève pas au-dessus de 500 mètres dans le Dauphiné. Recherché par les abeilles, et aussi brouté par les troupeaux. Quand l'herbe est rare, moutons et chèvres ne laissent guère qu'une plante plus ou moins rabougrie, ligneuse, dont les récolteurs ne peuvent pas, le plus souvent, couper les tiges à la faucille. On le cultive aussi dans les jardins.

L'Angleterre (French thyme) fournit une certaine quantité d'essence, mais la plus grande quantité vient d'Espagne (Tomillo). On trouve aussi cette plante en Portugal (Tomillo), au Maroc, en Algérie, Tunisie, Grèce (Tumos), Italie (Timo).

En Tunisie, on distille le Thymus Algeriensis qui croît en peuplements d'une certaine densité dans les régions de Zaghouan, Pont-du-Fahs, Oudna.

Caractères. — Petit sous-arbrisseau (15 à 20 centimètres, mais en culture jusqu'à 40 centimètres), arrondi, très ramifié, touffu, buissonneux, à rameaux ligneux, noueux, dressés ;

pubescent. Feuilles sessiles, opposées, rapprochées en fascicule ; très nombreuses, petites, étroites, lancéolées, obtuses, verdâtres en dessus, gris blanc en dessous ; bords roulés en dessous. Fleurs (en avril-mai, sur le littoral méditerranéen) rose lilas, quelquefois plus ou moins blanches, dépassant à peine le calice ; réunies en grappe à l'extrémité des rameaux. Graines très petites, arrondies, brunâtres.

On rencontre encore en France quelques autres espèces de Thym, et, nous intéressant plus particulièrement, le Thym Serpolet, que nous étudions plus loin. En outre, certaines Labiées, classées aujourd'hui dans les genres Calamintha, Micromeria, Mentha, portaient, jadis, le nom générique Thymus ; par exemple : Thymus Acynos, L. (Calamintha Acinos, Benth.) ; Thymus Alpinus, L. (Calamintha Alpina, Lam.) ; Thymus Filiformis, Ait. (Micromeria Filiformis, Benth.) ; Thymus Corsicus, Moris, ou Thy. Parviflorus, Reg. (Mentha Requienii, Benth.), etc.

Culture. — Le Thym commun est peut-être la moins exigeante des plantes intéressantes de la lande. Mais dans les régions du Nord il faut le mettre à bonne exposition, au midi. Dans les jardins, la plantation en bordure a l'avantage de bien tenir les terres. On espace les pieds de 10 en 10 centimètres, et refait ces bordures tous les trois ou quatre ans avec des éclats de touffe.

Bien que le Thym pousse spontanément, surtout dans

Fig. 82. — Thym.

les sols calcaires, légers, secs, pierreux, on peut le cultiver même dans les terres fortes et fraîches, où, toutefois, il est moins aromatique. Il redoute l'excès d'humidité. Pour la création de thymeraies artificielles, choisir les terrains incultes, les sols trop pauvres pour nourrir des céréales. On cite comme centres de culture : Aubervilliers,

Gennevilliers, Nanterre (Seine), l'Aisne, la Tunisie, etc.

La *multiplication* se fait par *division* des *grosses touffes*, d'octobre à mars dans le Midi, en mars-avril dans le Nord, en lignes distantes de 50 à 70 centimètres, et à 25 à 30 centimètres sur la ligne. On arrose, si besoin est, jusqu'à la reprise complète. Le *semis* en place ou en pépinière s'opère en mars-avril, pour *planter à demeure* en juin-juillet, ou en automne. Les graines sont petites. Dans 1 gramme on en compte 3 000 disent certains, 6 000 prétendent d'autres ; le litre pèse 650 à 680 grammes. La durée de leur faculté germinative est de trois à quatre ans. Il est préférable, après le semis, de plomber le sol, puis de le couvrir d'un léger paillis. Si ce procédé de multiplication donne des plantes plus vigoureuses, elles mettent plus longtemps à produire. Le *bouturage* convient pour la petite culture de jardin, quand on n'a pas de touffes ou de graines. On enterre les rameaux aux deux tiers, tasse la terre, puis arrose.

Pour *régénérer* les vieilles thymeraies de la lande, arracher à la main les plantes trop rapprochées, pour laisser les autres en lignes espacées de 50 à 70 centimètres. On se servira des pieds enlevés pour garnir les vides sur ces lignes. Donner en hiver un labour dans les intervalles, et interdire l'entrée des troupeaux.

Le *fumier* de ferme ne peut guère être transporté en pays de montagne. Employer 300 kilos de nitrate de soude à l'hectare en février-mars, puis donner un léger labour. Les superphosphates et le chlorure de potassium seraient utiles aussi.

La plante est souvent envahie par la cuscute (voir ce qui a été dit à la Lavande).

Récolte. — Récolter à la pleine floraison (avril-mai, dans le Midi). Dans les thymeraies de la lande sauvage il est difficile de couper les tiges à la faucille, car elles sont trop ligneuses. Mais la plante rasée au niveau du sol repousse facilement. On a prétendu que le contact du fer la fait périr, et que l'on doit détacher les ramilles à la main. Dans les endroits où elle est trop malmenée par la dent des moutons, on l'arrache entière, mais en faisant simplement des éclaircies dans les places touffues. On peut ainsi ramasser 700 kilogrammes par jour.

Pour la droguerie, on sèche les ramilles fleuries réunies en petites bottes, que l'on suspend à cheval sur des cordes tendues dans un endroit aéré. D'après Heuzé, les feuilles sèches valent 0 fr. 50 à 0 fr. 80 le kilogramme. Dans l'Ardèche, les ramilles sèches réduites en poudre se vendent 7 à 12 francs les 100 kilos. Cent kilos de matière fraîche donnent 34 kilogrammes.

Composition, propriétés, emploi. — Le Thym est une plante très anciennement connue. Il a été vanté par Théophraste, Virgile, Horace.

Ses feuilles ont une odeur forte, aromatique, agréable, plus suave à l'état frais qu'à l'état sec, d'autant plus que la plante croît dans une région plus méridionale, mais où elle est, aussi, plus rabougrie, si le sol est pauvre, sec. La saveur est chaude, piquante, amère. Elles sont stimulantes, excitantes, toniques, stomachiques, antispasmodiques, emménagogues, antiseptiques (aucun bacille ne résisterait guère plus de trente-cinq à quarante minutes à l'action de l'essence). On les dit aussi aphrodisiaques. La plupart de ces propriétés sont dues à une huile essentielle que l'on retire par la distillation.

On *distille* le Thym dans les Basses-Alpes, le Gard, l'Hérault, les Bouches-du-Rhône, le Var, la Drôme. D'après certains ces départements fourniraient 40 000 kilogrammes d'essence, alors que d'autres prétendent que cette plante est rarement distillée en France, et que l'essence nous vient surtout d'Espagne.

Si l'on a arraché la plante à la main avec les racines, il faut détacher à la hache les ramilles qui, seules, doivent être mises dans l'alambic. Les racines, les branches mortes ou trop ligneuses, ainsi que les résidus retirés de la cucurbite, serviront au chauffage de l'alambic. La matière fraîche donne une essence à odeur plus suave. D'après M. Lamothe, M. Milliard, ancien maire de Saint-Ferréol (Drôme), a obtenu, en se servant de l'alambic rustique, 1 kilogramme d'essence par 280 kilogrammes de branches. On dit qu'en Tunisie on retire 1^{kg},5 par 100 kilogrammes. L'essence brute, qui est rouge et de saveur

âcre, se vend, généralement, 10 à 12 francs le kilogramme.
Chez les industriels-parfumeurs des Alpes-Maritimes, l'essence
de l'Estérel vaut 16 francs le kilogramme ; chez les marchands
de produits chimiques de Paris 20 à 25 francs.

Pour obtenir l'*eau de Thym*, laisser macérer vingt-quatre
heures 5 kilogrammes de sommités fleuries dans 30 litres d'eau
additionnée de 300 grammes de sel, et distiller 15 litres en
poussant vivement le feu.

L'essence rectifiée est incolore, très fragrante. Sa saveur
est chaude, aromatique ; son odeur rappelle un peu celle de la
Mélisse et du Citron. La rectification est assez difficile avec
la méthode ordinaire de l'œuf à vapeur, plus facile quand on
se sert des appareils à vide partiel. L'essence contient du
thymol et du carvacrol (phénols), du cymène, du pinène ou
thymène, du menthène, du linalol, du bornéol, etc. Celle de
Thymus Virginicus renferme une cétone, la pulégone. Certaines essences contiennent jusqu'à 60 p. 100 de phénols.
D'après Jeancard, celle de l'Estérel a comme caractères :
densité, 0,885 à 0,920 ; faiblement lévogyre ; une partie
soluble dans une partie et demie à 2 parties d'alcool à 80° ;
20 à 35 p. 100 de phénols. L'essence déterpénée est 4 fois plus
concentrée que l'essence ordinaire ; une partie est soluble
dans 2 à 4 parties d'alcool à 70°, ou dans 5 d'alcool à 65°.

Agitée avec une lessive de soude, l'essence laisse dissoudre
les phénols, thymol et carvacrol, qui, après repos, se trouvent
dans la portion inférieure du liquide où on peut les doser,
ou bien en extraire le thymol. Dans ce dernier cas, employer
une solution aqueuse de potasse ou de soude caustiques à 10 à
20 p. 100 ; ajouter un peu d'eau chaude, pour faciliter la
séparation de la portion non phénolique, décanter celle-ci,
ou l'entraîner au moyen de la vapeur d'eau ; puis remettre
le thymol en liberté par addition d'acide chlorhydrique étendu
et le faire cristalliser. Le carvacrol est liquide, incristalli-
sable.

Le thymol se présente sous forme de beaux cristaux à
odeur de thym, peu solubles dans l'eau, solubles dans
l'alcool ; ils fondent à 50°-51° et bouillent à 232°. L'acide
thymique cristallisé ($C^{10}H^{14}O$) vaut 49 francs le kilogramme,

chez les marchands de produits chimiques ; liquide à 50 p. 100,
20 francs. Le thymol est concurrencé par celui que l'on extrait
de l'essence d'autres plantes, en particulier celle des semences
d'une Ombellifère, l'Ajowan Ptychotis, qui en contient 45 à
55 p. 100. Elles proviennent surtout des Indes (Marwar et
Rajputana).

Le thymène, ou résidu de l'extraction du thymol de l'Ajowan
sert à frauder l'essence de thym. On emploie aussi, pour cette
coupable manipulation, l'essence de térébenthine [l'essence
fraudée dévie alors à droite la lumière polarisée (dextrogyre)],
le pétrole. Enfin, on fabrique une essence artificielle de thym
dérivée du cymène.

Le thymol est un puissant antiseptique. Il entre, à la place
de l'acide phénique, dans la composition de diverses « eaux
antiseptiques », de savons médicinaux. Il sert de matière première dans la fabrication de l'aristol, $C^{20}H^{24}(OI)^2$, produit
bi-iodé, souvent préféré à l'iodoforme, auquel on reproche
son odeur désagréable. Il forme la base de certains dentifrices.

En parfumerie, l'essence de thym entre, en outre, dans les
cosmétiques, les poudres de riz. On l'a proposée pour l'embau-
mement des cadavres.

La médecine met à contribution les propriétés hygiéniques
que nous avons énumérées (1).

Signalons que les Romains utilisaient déjà le Thym pour
assaisonner les aliments. De nos jours, il accompagne presque
toujours le laurier-sauce dans les sauces, marinades, ragoûts,
soupes aux poissons, bouillabaisses, civets de lapin et de
lièvre ; il sert à parfumer les boudins, jambons, figues, pru-
neaux, etc.

Enfin, les sommités fleuries sont mises à contribution,
comme la lavande, pour éloigner les mites des armoires à linge.

(1) Voir *Plantes médicinales*, par Rolet et Bouret (*Encyclopédie
agricole*).

LE SERPOLET

Thymus Serpyllum, L., ou *Th. Reflexus*, Láj. (Labiée) ;
Thym rouge, Th. serpolet, Th. sauvage, Th. bâtard, Sarpoulet,
Serpoule, Pilolet, Poleur, Poullet. Spontané dans la plupart
des terrains secs de l'Europe, mais bien moins abondant que
le Thym. On le trouve dans les Alpes à une certaine altitude,
sur les hauts plateaux, dans les vallées ; le long des fossés,
des chemins, sur les roches ; en sol aride et sec, comme, aussi,
en sol frais, argileux, dépourvu de calcaire. On le voit dans les
anciens champs cailouteux délaissés, les vieilles luzernières
épuisées, les pelouses nues et sèches, les éclaircies des prairies.
Les animaux ne le mangent guère. D'après certains, les lapins
n'y touchent pas, tandis que d'autres prétendent qu'il donne
à leur chair un fumet agréable. Les abeilles butinent les
fleurs.

On le récolte pour la vente dans les champs de l'Aisne.

On le cultive en bordure dans les jardins ou pour garnir les
rocailles et les talus exposés au soleil.

Ne pas confondre cette plante avec la Véronique Serpolet
(Veronica Serpyllifolia, L.), herbe vivace de la famille des Véro-
nicacées, qui croît dans les lieux humides.

Caractères. — Plante vivace. Bien que botaniquement
on le range à côté du Thym commun, il est loin de lui res-
sembler parfaitement comme aspect. Tout au plus s'il en a les
proportions, quoique plus trapu. Tiges couchées, presque ram-
pantes, redressées au sommet, munies de branches ascen-
dantes simples ou rameuses. Feuilles petites, entièrement
vertes, ovales, en coin, planes, plus ou moins poilues (on sait
que celles du Thym commun sont étroites, courtes, grisâtres,
à bords roulés en dessous). Fleurs purpurines, rosées ou blanches,
en épis terminaux, plus grandes que celles du Thym commun.

Comme chez ce dernier le calice est velu à la gorge. La floraison a lieu en mai-juin, dans le Midi ; mais quand la plante a souffert de la dent du bétail elle ne se met à fleurir que plus tard, jusqu'en septembre-octobre.

Culture. — Le Serpolet n'est pas difficile sur la nature du sol, mais il préfère une terre légère, sablonneuse ou graveleuse, exposée au midi.

On le propage par semis, bouturage ou divisions de touffe, que l'on plante à 25 à 30 centimètres en tous sens ou à 20 centimètres sur des lignes espacées de 40 centimètres. Les soins consistent en sarclages, binages, fumures au fumier de ferme, en automne ou hiver, et aux engrais azotés pulvérulents au printemps.

Fig. 83. — Serpolet.

On récolte à la pleine floraison, qui a lieu, en général, en juillet-août. Pour la vente à la droguerie, étendre la matière sur un plancher très propre, dans un local aéré. La vente est bonne. On paie 50 à 60 centimes le kilogramme et 0 fr. 65 à 0 fr. 75, quand la plante est coupée en morceaux de 2 centimètres.

Emploi. — Le Serpolet a un parfum fin, agréable, qui s'exhale surtout quand on le froisse. Sa saveur est aromatique. A la *distillation* 100 kilogrammes de matière sèche donnent 150 grammes d'essence valant 10 à 20 francs le kilogramme. C'est un liquide jaune, à odeur moins pénétrante que celle du Thym. Elle contient 30 à 70 p. 100 de phénols (Thymol, ou acide thymique, Carvacrol), du cymène. D'après Charabot, sa densité varie de 0,915 à 0,930 ; elle est faiblement dextrogyre ; une partie est soluble dans 10 parties d'alcool à 70°. On fait une essence artificielle avec le Thymol. En parfumerie, l'essence de Serpolet entre surtout dans les savons. Pour obtenir l'eau parfumée, on laisse macérer vingt-quatre heures, dans 30 litres d'eau, additionnée de 300 grammes de sel marin,

5 kilogrammes de sommités fleuries et on distille 15 litres en poussant vivement le feu.

En médecine, le Serpolet a les mêmes propriétés que le Thym commun, mais à un degré un peu moindre. Il est aromatique, excitant, antispasmodique, diurétique, emménagogue, anticatarrhal, antiseptique.

On l'utilise en infusion (10 grammes par litre d'eau) contre les affections de la poitrine avec toux quinteuse ; dans les digestions difficiles. Cette infusion passe, aussi, pour dissiper l'ivresse. On la donne en bains contre la faiblesse des enfants. L'huile est préconisée en frictions contre les douleurs sciatiques et névralgiques. Une goutte d'essence, sur de la ouate, introduite dans une dent cariée, peut calmer pour quelque temps la douleur.

Dans les ménages les sommités fleuries servent à aromatiser les civets.

L'HYSOPE OFFICINALE

L'*Hyssopus officinalis*, L. (Labiée) était connue dès les premières civilisations. Les Juifs l'honoraient : Moïse, David, Salomon en ont parlé dans les Livres saints. C'est l'Esobis de la Bible, l'Herbe sacrée des Hébreux. Elle est mentionnée dans le Lévitique. Les Indiens l'appellent Zuti yiabas.

Cette plante est assez rustique pour résister aux hivers ordinaires de la région parisienne, et même du nord de la France. Les herboristes allaient, autrefois, la chercher dans les environs de Mantes. Dans le Nyonsais, M. Lamothe l'a trouvée sur le mont Angèle, à 1 500 mètres. On la rencontre aussi dans la Maurienne ; dans le Dauphiné (Massif de la Chartreuse), le Bugey ; le centre de la France, la Nièvre. Mais son habitat de prédilection est le même que celui de la Lavande, du Thym et du Romarin, bien qu'elle soit plus

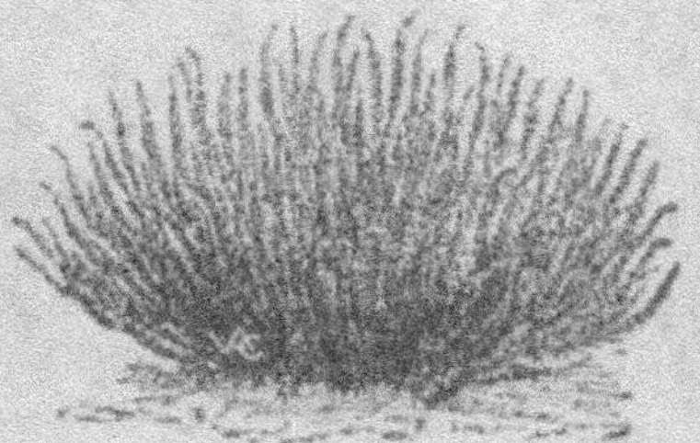

Fig. 84. — Hysope.

rare que ces plantes sauvages, c'est-à-dire les régions accidentées, calcaires, pierreuses, arides des contrées méditerranéennes (France, Espagne, Italie, Grèce, Dalmatie, rivage de l'Adriatique, etc.) ; de l'Asie méridionale.

En ce qui concerne plus particulièrement la France, l'Hysope croît dans les Alpes-Maritimes, le Var (on en trouve dans les terrains granitiques de l'Estérel), les Bouches-du-Rhône (Alpines, Montagne de Cordes), Crau (costière, coussous de la Fossette et du Retour ; près Grans et Salon).

Très recherchée par les abeilles, elle est épargnée des troupeaux.

Caractères. — Plante ligneuse, se présentant en touffe formée de rameaux légèrement dressés, pouvant atteindre une hauteur de 50 centimètres, mais ayant, généralement, 20 à 30 centimètres. Feuilles petites, linéaires-elliptiques, entières, glabres, ponctuées et glanduleuses, très rapprochées, opposées, caduques, tombant aux premiers froids, à odeur forte mais agréable. Fleurs de juillet à septembre, d'un bleu violacé, rosées, rarement blanches, en épi terminal unilatéral (toutes du même côté). Fruits : akènes trigones (à trois angles). Racine pivotante, pourvue d'un abondant chevelu.

On trouve dans les Pyrénées-Orientales une variété à bractéoles (petits organes membraneux qui avoisinent les fleurs) longuement aristées : Hyssopus Officinalis Aristatus, Godr.

Culture. — L'Hysope se plaît dans les terres légères et sèches des collines calcaires bien exposées au midi, et peut mettre en valeur, comme la Lavande, le Thym, le Romarin, la Sarriette, les coteaux arides du Sud-Est. Elle prend un plus grand développement dans les sols riches, mais elle craint l'humidité. On la cultive un peu près de Nice, dans le Gard (Sommières), le Vaucluse, en Seine-et-Oise (environs de Milly), dans l'Anjou, l'Aisne, le Doubs, la Haute-Saône, en Suisse (Val de Travers et Couvet). Dans ces dernières régions on la livrait aux fabricants d'Absinthe qu'elle colore surtout en vert. En Hongrie, principalement dans la région sèche de l'Alföld.

La *multiplication* se fait par graines, semées en avril-mai ; par boutures ; marcottes ; éclats de touffe ayant quelques racines ; par touffes entières plantées au printemps. M. Lamothe, qui a étudié particulièrement cette question, estime que le semis en pépinière entraîne un retard de trois ans, comparativement à la plantation des touffes, et de deux ans pour les éclats. Malgré tout, c'est encore le moyen le plus économique, même, dit l'auteur, si les graines devaient coûter 100 francs le kilo (ce dernier contient au moins un million de semences). On a, ainsi, de jeunes sujets sains et vigoureux, bien enracinés.

Le semis est préféré, aussi, aux éclats de pied, dans les

contrées septentrionales, tandis que dans les pays chauds les
éclats conviennent mieux, car l'enracinement y est facile.

Dans le Midi, on les *plante* par temps doux et humide, vers
le 15 mars, en sol préparé à l'automne, ou même l'été, et
convenablement fumé au fumier de ferme bien consommé. On
les met à 30 centimètres sur des lignes espacées de 50 centimètres, ou, encore, à 35 à 40 centimètres au carré.

Chaque printemps on donne un léger labour, un peu de
fumier, ou 200 à 250 kilogrammes de nitrate appliqués en
deux fois, avril et juin, et 500 kilogrammes de super.

Dans le Midi, on *sème* en février-mars ; plus au nord en mars-
avril. Le semis en pépinière permet de donner tous les soins
voulus aux jeunes plantes. Les graines sont noires, rugueuses,
oblongues et très petites. Elles conservent trois ans leur faculté
germinative. On les récolte dans un coin de la plantation où
on a laissé grainer les plus beaux pieds, et coupé les rameaux
quand ils commençaient à se faner pour les disposer sur un
drap et les battre après dessiccation. On peut avoir, ainsi,
200 graines par pied, à raison de 10 graines par rameau, et
20 rameaux par touffe adulte (Lamothe).

La pépinière est établie en sol très léger, assez frais, riche
en humus. On mélange la graine à du sable, pour mieux la
répartir dans des lignes espacées de 30 centimètres. On
recouvre légèrement, puis met un paillis, pour empêcher la
formation de croûte (crottin de cheval, poussier de blé,
feuilles, aiguilles de pin, etc.). Dans ces conditions, la levée
peut atteindre 95 p. 100.

Pour la culture en bordure, dans les jardins, semer au début
du printemps en terrine drainée, et transplanter en juillet.
Ces bordures sont renouvelées tous les trois à quatre ans.

Près de Nice, on s'est plaint en 1911, des dégâts produits par
la *larve* d'une Chrysomèle, l'Arima marginata, qui opérait
dans la deuxième quinzaine de mai.

Récolte. — Dans la Crau (Bouches-du-Rhône) on récolte
en août pour la distillation. M. E. Voulf, du Jardin impérial
de Nikitskii (Crimée), a trouvé les proportions suivantes
d'essence à la distillation, suivant le moment de la récolte :
entre 4 et 6 heures, 0,28 p. 100 ; entre 7 et 10 heures, 0,31 ;

entre 15 et 16 heures, 0,27. Dans le Doubs, où les plantes étaient cultivées pour la fabrication de l'absinthe, on coupait à la serpe fin juin, au début de la floraison ; il y avait, parfois, une deuxième récolte en automne. On entrait la matière le soir même, car elle ne devait pas séjourner sur le champ la nuit, et la disposait sur des claies dans un local. Le séchage demandait deux semaines à un mois. On cherchait, le plus possible à conserver à la plante sa couleur verte. L'emballage se faisait en ballots de 80 kilogrammes.

Dans le Sud-Est on coupe les sommités fleuries en juillet, août, en pleine floraison. En bon terrain, les plantes cultivées peuvent donner jusqu'à 450 grammes de ramilles. Dans les hysoperaies naturelles, une femme ramasse 30 à 40 kilogrammes par jour. En culture bien établie, ce chiffre est plus élevé. Dans la lande, la troisième année, en pleine floraison, les feuilles vertes, seules (mondées), représentent 42 grammes par touffe.

Pour la vente à l'herboristerie, placer ces feuilles, ou les rameaux, dans un hangar, et les étendre sur un drap pour les laisser sécher à l'ombre et leur conserver leur couleur verte.

Si l'on doit distiller, opérer aussitôt après la récolte.

D'après Heuzé, les feuilles mondées sèches se vendent 1 fr. 75 à 2 francs le kilogramme ; les sommités sèches en bouquets, 1 franc. Un autre auteur a aussi parlé de sommités en bouquets, vendues à Lyon à l'herboristerie, 20 à 30 francs les 100 kilogrammes, et les feuilles mondées 60 à 70 francs.

D'après M. Lamothe, les 1 800 kilogrammes que produit un hectare de terrain ordinaire cultivé peuvent rapporter net 600 à 700 francs par an. Mais ce chiffre serait plus élevé pour un sol riche.

Suivant des expériences faites à Kolozsvár (Hongrie), on peut obtenir par hectare un revenu annuel de 730 à 1 460 francs. Ce pays fait un important commerce d'Hysope avec l'Allemagne et l'Autriche.

Emploi. — Il faut, à la distillation, 100 à 120 kilogrammes de rameaux frais pour 1 kilogramme d'essence. Pour obtenir l'eau d'Hysope, laisser macérer vingt-quatre heures 5 kilogrammes de sommités fleuries dans 30 litres d'eau contenant

300 grammes de sel de cuisine, et distiller 15 litres, en poussant vivement le feu. Pour avoir l'esprit d'Hysope, faire macérer 2 kilogrammes de sommités fleuries dans 5 litres d'alcool ; ajouter 2 litres d'eau distillée, et distiller 5 litres en séparant $0^l,300$ de tête et un demi-litre de queue.

L'*essence* est très fluide, ambrée, à odeur pénétrante, très agréable. Elle contient de l'hysopine. Son prix moyen est de 90 à 100 francs le kilogramme. On a vu 35 francs et, aussi, 220 francs, suivant année et qualité. L'essence déterpénée gagne beaucoup en finesse.

M. Jeancard a trouvé à l'essence d'Hysope de l'Estérel les caractéristiques suivantes : densité, 0,920 à 0,930 ; pouvoir rotatoire à + 15°, $l = 100^{mm}$, — 1° à — 20° ; une partie soluble dans une partie d'alcool à 80°.

L'essence est un peu employée en parfumerie commune, et, surtout, dans l'industrie des liqueurs (vulnéraire, eau de Mélisse des Carmes, Chartreuse, Absinthe). Les hygiénistes disent qu'elle contient deux fois plus de principes épileptogènes que l'essence d'absinthe elle-même.

C'est de l'Italie, de la Dalmatie, du rivage de l'Adriatique que nous venait surtout l'essence.

On emploie comme condiment les sommités des rameaux dans la cuisine.

L'Hysope avait sa place dans les cérémonies religieuses. Aujourd'hui, on chante encore dans les églises : *Asperges me, Domine, hyssopo et mundabor. Lavabis me et super nivem dealbabor* (Asperge-moi, Seigneur, avec l'Hysope, et je n'aurai plus de souillure. Tu me laveras, et plus que la neige je deviendrai blanc.)

Charlemagne dans ses Capitulaires a vanté les mérites de cette plante, et aujourd'hui la thérapeutique met à contribution ses propriétés spéciales.

LA SARRIETTE

C'est le Timbrion des Grecs et le Satureia des Latins. Les vieux auteurs français l'appelaient Sadré, Savouré, Herbe de Saint-Julien.

La Sarriette de montagne (Satureia montana, L., ou S.

Fig. 85. — Sarriette.

Hyssopifolia, Bert., Labiée), ou S. sauvage, est vivace, et la S. des jardins (Satureia hortensis, L.) annuelle. Dans le langage provençal, la Sarriette de montagne est connue sous le nom de Pébré d'Aï (Poivre d'âne). On la rencontre en Provence sur les coteaux calcaires, rocailleux. Nous en avons trouvé aussi de beaux spécimens sur les sommets granitiques qui dominent la Garde-Freinet, l'ancien repaire des Sarrasins dans les Maures. La S. des jardins croît également dans les lieux arides du Midi.

Caractères. — Linné avait réuni à la Sarriette le genre Thymbra de Tournefort, ainsi que plusieurs plantes décrites dans les vieux auteurs de botanique sous les noms de Thymus et de Thymum. Aujourd'hui la Sarriette est rangée tout près de l'Hysope, à laquelle elle ressemble. Elle en diffère surtout par son calice campanulé à cinq dents égales, par ses étamines non saillantes en dehors de la corolle et par son port.

La Sarriette de montagne atteint 20 à 30 centimètres. Ses tiges sont ligneuses à la base ; ses feuilles coriaces, linéaires, ordinairement plus longues que les entre-nœuds ; ses fleurs petites, jaunâtres, ou purpurines, solitaires au sommet des rameaux ; ses graines brunes, finement chagrinées.

La Sarriette annuelle est un peu moins développée. Ses tiges sont herbacées, plus feuillées, à rameaux souvent rougeâtres, à feuilles molles, linéaires, ordinairement moins longues que les entre-nœuds ; ses fleurs blanchâtres et ponctuées de rouge, en bouquet au sommet des rameaux.

Il ne faut pas confondre la Sarriette avec la Satureia graeca, L., ou Micromeria graeca, Benth., ou Satureia micrantha, Linck (Micromérie grecque), ni avec la Satureia Juliana, L., ou Micromeria Juliana, Benth. (Micromérie de Saint-Julien), plantes vivaces voisines, à fleurs très petites, qui croissent dans le Midi et en Corse.

Culture. — M. Lamothe nous écrivait dans une aimable lettre : « La Sarriette est sûrement une plante d'avenir à la condition de la cultiver. Sauvage, elle est disséminée à 700 à 800 mètres d'altitude sur nos landes calcaires, autrefois livrées à la culture. Des essais me permettent d'affirmer qu'elle réussirait à merveille en terrains frais. »

On la multiplie par le semis et aussi par division de touffe pour l'espèce montana, qui est vivace. On sème la Sarriette annuelle à la volée, dans une terre légère, en fin avril, dans le Nord, fin février, mars, dans le Midi. La graine lève après une semaine, environ. On plante les sujets à 30 centimètres au carré. On renouvelle naturellement la plantation chaque année, mais la plante se ressème sur place quand on la laisse venir à graine.

Dans le nord de la France, en hiver, il faut couvrir de paille les pieds de la Sarriette vivace.

On *récolte* les tiges en juin, à la pleine floraison. On les distille fraîches, ou les fait sécher pour la vente à l'herboristerie.

Utilisation. — L'*essence* obtenue par distillation vaudrait 80 à 100 francs le kilogramme. Elle renferme du thymol et du carvacrol. Elle entre dans la préparation de liqueurs diverses : chartreuse, vulnéraire, arquebuse, alcoolats, etc.

La plante sert à assaisonner certains mets (Satura signifie ragoût). Dans les ménages du Midi, on l'emploie avec les fèves bouillies, les poissons, les civets, etc. En Provence, elle sert à envelopper les fromageons préparés avec le lait des brebis, Dans le Nord ou la met à l'état frais dans la salade,

La Sarriette a été prônée par Virgile. Au siècle dernier les médecins vantaient sa tisane contre une infinité de maladies internes ou externes. Elle a des vertus aromatiques, expectorantes, stomachiques, digestives, amères, excitantes, stimulantes, cicatrisantes. Elle passe pour faciliter le travail intellectuel. D'après certains, Satureia viendrait de Satyrus, satyre, à cause de la vertu aphrodisiaque.

En médecine, on la conseille pour tonifier l'estomac, combattre les intoxications animales d'origine alimentaire. « Les gibiers faisandés n'ont pas de meilleur correctif, dit le Dr Félix Bremond, que cette plante intéressante. » On prend la tisane (20 grammes par litre) dans les cas de faiblesse de l'estomac, dyspepsie, chlorose, scrofule. En bains, elle fortifie les enfants délicats, soulage les douleurs, raffermit les tissus. Son efficacité contre la gale et les vers intestinaux est douteuse.

LA SAUGE

Variétés. — Il existe une dizaine d'espèces de Sauges (famille des Labiées) qui vivent à l'état spontané dans notre pays : Sauge Officinale, S. Sclarée, S. Sauvage, S. Verveine, S. d'Éthiopie, S. Hormin, S. faux Hormin, S. Verticillée, S. Glutineuse, S. des Prés, etc. Mais le genre comprend un bien plus grand nombre d'espèces, dont la plupart sont aromatiques.

La *Sauge Sclarée* (Salvia Sclarea), Sclarée, Sauge Musquée, Toute Bonne, Orvale est utilisée en parfumerie non pas tant pour le parfum de l'huile essentielle tirée de ses fleurs, mais parce que cette essence contenant des produits résineux constitue un « fixateur » intéressant pour d'autres parfums. Elle peut remplacer

Fig. 86. — Sauge officinale.

dans beaucoup de cas l'ambre, coûteux et rare. A ce titre MM. Mus et Gattefossé, à qui nous empruntons la plupart des renseignements qui suivent, conseillent de cultiver cette plante capable de mettre en valeur, comme la Lavande, le Romarin, le Thym, etc., les coteaux, causses, garrigues du Midi, ou le couvert des Oliviers. Elle est, en effet, spontanée sur les collines calcaires de Provence, Languedoc, Dauphiné. Si là elle ne dépasse guère 70 centimètres, par la culture elle peut atteindre le double, 1 mètre en un an, 1ᵐ,50 en deux. Vivace elle fleurit la deuxième année, et il vaut mieux renouveler la plantation bien qu'il soit possible de l'exploiter trois ou quatre ans. Sa racine est forte, pivotante ; ses feuilles larges, épaisses, « bulleuses », très rugueuses, velues, grisâtres, légèrement crénelées. Les fleurs, de couleur mauve, sont en épis portés par une tige de 40 à 50 centimètres ; leur calice est vert et mauve et les bractées membraneuses, rose violacé, très amples et acuminées. La floraison a lieu en juillet-août.

Culture. — La Sauge Sclarée est un peu cultivée dans le Gard (environs de Nîmes, Sommières), le Var (Sorgues), le Vaucluse. Elle a bien réussi semée en plein champ

Fig. 87. — Sauge sclarée.

dans des expériences faites à Kolozsvár (Hongrie). De par son origine sa culture est facile ; mais en sol de jardin ou en plaine la qualité de l'essence est moindre qu'en côteau ou en montagne. On sème les graines en mars, avril, en lignes distantes de 40 centimètres. On plante en mai, à 50 centimètres à 1 mètre en tous sens, suivant la qualité du terrain, le développement que les plantes peuvent prendre. On emploie aussi des éclats de pied. On donne ensuite les soins habituels, binages, sarclages, et, si possible, arrosages.

Récolte et emploi. — On coupe seulement l'inflorescence et quand les fleurs sont en complet épanouissement pour les distiller. Les feuilles donnent peu d'essence et de qualité inférieure. Cependant quelques parfumeurs achètent la plante entière.

Un pied donne la première année 100 grammes de fleurs, 200 la deuxième et 250 la troisième.

L'essence se vend un prix très élevé ; nous lisons 750 francs le kilogramme dans un catalogue. Le kilogramme de fleurs

Fig. 88. — Développement de la Sauge sclarée en culture dans les Alpes-Maritimes.

en donnerait un demi-gramme et rarement un gramme. On pourrait utiliser aussi l'eau de fleurs distillée.

L'huile essentielle, que les Anglais appellent « huile d'ambre », a une composition qui varie avec le sol, les soins culturaux, les arrosages, l'âge des plantes, le mode de distillation, etc. Elle contient du linalol, de l'acétate de linalyle, 15 à 22 p. 100

A. ROLET. — *Plantes à parfums.* 20

de résines qui lui donnent des propriétés fixatives pour la préparation des bouquets (foin coupé, fougère, etc.). Elle donne en outre de la fraîcheur aux parfums, aussi l'ajoute-t-on aux produits synthétiques, tubéreuse, néroli, mimosa, narcisse, etc., qui manquent de cette qualité importante. On l'utilise encore comme essence parfumée proprement dite (odeur délicate de muscat) après déterpénation, qui la débarrasse de ses résines la rendant, d'ailleurs, à peu près insoluble dans l'alcool pur, tandis que déterpénée elle est très soluble dans l'alcool à 50°. Ainsi purifiée, concentrée, elle a une grande fraîcheur et beaucoup de finesse. Son odeur se marie bien avec d'autres parfums, par exemple avec l'essence de feuilles de violettier, elle imite l'essence d'Origan.

Enfin, fleurs et feuilles sont employées en Hongrie pour truquer les vins. On la cultive aussi pour la pharmacie et l'exporte en Allemagne.

LA VERVEINE CITRONNELLE

Plante Dicotylédone de la famille des Verbénacées, voisine des Labiées, *Verbena Triphylla*, Lippia ou Aloysia Citriodora ; Verveine odorante, V. citronnée, V. Citronnelle et à tort Citronnelle tout court, car ce nom revient à la Mélisse Citronnelle, Mélisse Officinale (Melissa Officinalis), qui est une Labiée. Il ne faut pas la confondre, non plus, avec la Verveine Sauvage (Verbena Officinalis) qui croît au bord des chemins.

Elle est originaire de l'Amérique méridionale (Pérou et Chili) d'où elle aurait été importée en Europe méridionale en 1784. On la rencontre aussi dans l'Inde, à la Martinique, la Réunion. C'est un sous-arbrisseau au port gracieux cultivé en plein air dans les jardins des régions chaudes du midi et de l'ouest de la France. Ses feuilles contenant une essence à odeur agréable,

Fig. 89. — Rameau fleuri de Verveine citronnelle.

on la cultive pour les besoins de la parfumerie dans les environs de Grasse (Plan de Grasse), à Cannes, Antibes, Nice ; en Algérie (Staouéli, Rovigo, Bouffarik), en Tunisie. Elle résisterait bien depuis plusieurs années à Montbrison, Lyon, Dijon, Avignon, Nîmes, Arles. On s'étonne de ne pas la voir exploitée sur une plus grande échelle, alors que nous importons de l'essence de Citronnelle de l'Inde (Andropogon Nardus).

La plante atteint 1m,50 de hauteur ; ses longues tiges ligneuses rondes à arêtes longitudinales sont ramifiées seulement à l'extrémité supérieure. Fleurs (juillet à septembre) petites, en épis lâches axillaires, verticillés ou en panicules terminales. Ces fleurs sont petites, étoilées à quatre pointes, blanches en dehors et d'un bleu purpurin en dedans. Feuilles verticillées par trois, très allongées, rudes au toucher ressemblant un peu à celles du pêcher, mais moins luisantes et plus pointues. Leur saveur est piquante, un peu amère. Froissées entre les doigts elles dégagent l'odeur du citron. Fruit sec à deux loges contenant chacune une graine.

Sol et exposition. — Lui réserver un endroit exposé au midi et abrité des vents froids du nord. Bien que l'on ait dit que la plante est rustique, si l'on veut en tirer le meilleur parti, il ne faut pas négliger les soins culturaux, sinon elle végète péniblement comme nous avons pu le constater bien des fois. Choisir une terre substantielle de consistance moyenne, meuble, perméable. Il importe, en effet, qu'elle puisse se ressuyer facilement en hiver car l'humidité exagérée occasionne la pourriture des racines et la mort de la plante, accident dont nous avons été témoin et qui a obligé souvent à combler les vides. Mais en été à défaut d'arrosages le sol doit rester frais si l'on veut compter sur un bon rendement et ne pas voir la sécheresse entraîner la chute des feuilles (1).

Multiplication et plantation. — La multiplication se fait par graines, boutures, marcottes, mais surtout par éclats de pied. Voici comment M. Seyffarth, un horticulteur distingué de Nice, conseille de pratiquer le bouturage. On choisit une planche ou une bâche au nord d'un mur, bien préparée et composée de deux tiers de sable de rivière et de terreau ou de terre tamisée. La meilleure époque est le mois d'août pour le bouturage en plein air. Mais si l'on dispose d'une serre, de châssis ou de paillassons on peut opérer sous le climat de Nice presque tout l'été. Prendre de petites tiges, non épaisses, sur

(1) Les feuilles sont parfois attaquées par le « blanc ».

les vieux pieds que l'on arrosera peu afin d'avoir toujours des jeunes ramifications dures et pas trop vigoureuses. Après la mise en terre on arrose assez souvent. Deux mois après il est possible de repiquer en pépinière ou de mettre en pot. Mais pour la grande culture le repiquage dans un terrain bien défoncé et fumé est préférable, car on obtient la première année des

Fig. 90. — Récolte et mise en « balle » de la Verveine citronnelle.

plantes fortes que l'on peut mettre en place au printemps suivant.

Le bouturage des rameaux herbacés est possible, si l'on dispose d'une serre chauffée, de février à fin mai. Les jeunes pousses de 5 à 8 centimètres s'enracinent au bout d'une quinzaine de jours à la température de 15 à 16°. On les place alors dans de petits vases de 3 pouces, et un mois après on plante en pleine terre. Il ne faut pas oublier de ménager la transition de la serre au grand air et d'arroser assez souvent. Enfin si l'on n'a pas l'espace suffisant on peut bouturer à l'étouffée en terrines, vases, sous cloche et à l'abri du soleil.

Pour le marcottage on se sert de toutes les basses branches que l'on entaille un peu et que l'on enterre autour de la plante-mère. Il est bon, au préalable, de remplacer par du terreau sablonneux la terre souvent épuisée. Quand les tiges sont bien enracinées on les sèvre au moment de les planter. Ce procédé ne donne pas toujours entière satisfaction ; il est long et, en outre, pour la culture en grand tel sujet qui ne peut donner que 20 marcottes fournirait 200 boutures. On l'emploie plutôt au printemps pour remplacer les manquants.

On plante en février-mars à $1^m,50 \times 1$ mètre. On emploie une fumure mixte composée moitié de fumier de ferme ou tourteau et moitié d'engrais chimiques.

Soins culturaux. — On donne un binage au sortir de l'hiver, quand la végétation va reprendre son cours ; on déchausse les pieds et en même temps on enfouit les engrais. En général on applique en février 200 à 300 kilogrammes de tourteau ; puis après la première coupe 200 à 250 kilogrammes nitrate, 300 kilogrammes super et 100 kilogrammes sulfate potassium. Ou encore, au déchaussage, par pied : une poignée tourteau sésame, 100 grammes sulfate ammonium, 250 grammes super, 100 grammes sulfate potassium.

En été on arrose pour éviter la chute des feuilles et surtout après la première coupe.

A l'approche des froids, on accumule de la paille ou autre sur les pieds et les chausse ; en même temps dans les terres humides on creuse les interlignes en rigole suivant la pente naturelle du sol pour faciliter l'écoulement de l'eau.

Récolte et rendement. — On récolte à la floraison vers la mi-juillet et à la mi-octobre. Avec une bonne fumure et surtout de copieux arrosages en été on peut avoir 3 récoltes : fin juin, août, octobre. Il ne faut pas trop tarder pour la dernière, car les premières pluies de septembre favorisent la Rouille qui attaque les feuilles. On emballe les tiges dans des filets comme on le fait pour les brouts de taille de l'Oranger que l'on destine à la parfumerie, ou encore comme pour le foin.

D'après M. Seyffarth la Verveine peut donner un *rendement*

pécuniaire égalant plus du double celui des céréales, à la
condition d'apporter à la culture
tous les soins voulus. Ainsi, sup-
posons les plantes à 1 mètre au
carré ou 10 000 à l'hectare. En
estimant à 500 grammes le
poids de la récolte par pied
5 000 kilogrammes à 25 francs les
100 kilogrammes rendus à l'usine
rapportent brut 1 250 francs.

Nous avons suivi nous-même
une petite culture conduite
rationnellement sur une surface
de 1 500 mètres carrés. La plantation avait été faite au printemps à l'aide de marcottes
placées à 1^m,50 × 1 mètre. La
première coupe au début d'août
donna 750 kilogrammes. Ce
poids aurait facilement atteint
les 1 000 kilogrammes s'il n'y
avait pas eu de nombreux
manquants. En octobre, nouvelle récolte de 600 kilogrammes, soit au total 1 350 kilogrammes ou 9 000 kilo-
grammes à l'hectare. On a cité
il est vrai 30 000 et même
40 000 kilogrammes.

Dans un autre cas, une plantation de trois à quatre ans
s'étendant sur 24 ares, les pieds
étant à 1^m,25 × 1 mètre donna
dans les deux récoltes 2 000 kilogrammes, qui à 25 francs les
100 kilogrammes représentent

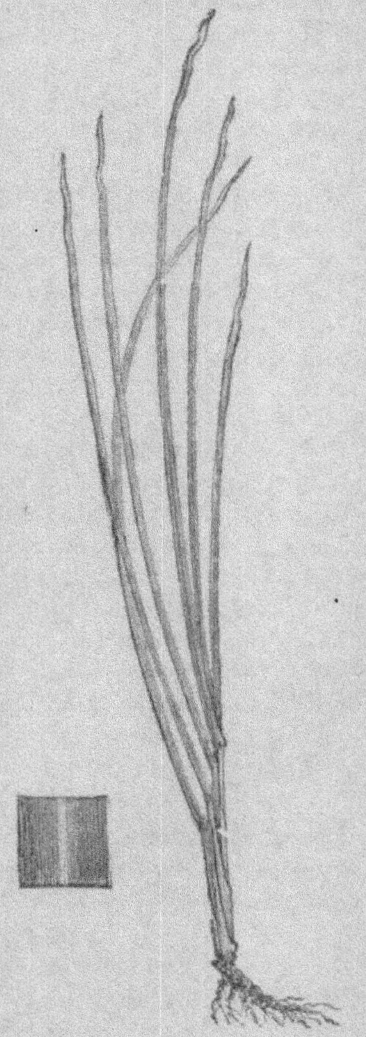

Fig. 91. — Lemon grass.

2 000 francs pour l'hectare. En estimant les frais à 500 francs
il reste encore 1 500 francs soit 3 sous par mètre carré.

Les chiffres de 4 000 francs à 5 000 francs de bénéfice net
par hectare sont fort exagérés. Ils sont déduits des rendements de surfaces restreintes, or la récolte est souvent compromise par le pourridié, le froid ou la sécheresse.

Emploi. — La Verveine est utilisée en pharmacie, dans l'é-
conomie domestique (feuilles stomachiques et stimulantes),
en parfumerie; pour fabriquer des liqueurs digestives, etc.
A la pharmacie on livre quelquefois les feuilles sèches jusqu'à
4 à 5 francs et plus le kilo (on suspend les tiges sous un hangar
pour amener la dessiccation).

L'essence entre en parfumerie dans un grand nombre de
préparations, extraits, bouquets, mélanges, sachets, alcoolats,
lampes à parfums. Son parfum s'allie fort bien à ceux du
citron, du limon, de l'orange. Elle est antiseptique. Cent kilos
de feuilles sèches donnent à la distillation environ 150 grammes d'essence valant de 40 à 160 francs le kilogramme. Cette
essence douce, très fine, a un parfum très agréable, mais elle
est peu répandue dans le commerce à cause de son prix relativement élevé et des succédanés que l'on peut avoir au contraire à bas prix. On la falsifie, d'ailleurs, avec l'essence de
Mélisse Citronnelle et l'essence d'Andropogon Nardus de
l'Inde, ou Citronnelle de Ceylan (graminée) appelée aussi
essence de Lemon grass.

Au Moyen âge la Verveine et l'Ambre gris étaient les parfums préférés. Aujourd'hui on dit que l'odeur de la Verveine
rend artiste et génial.

La *Verveine Sauvage* ou Verveine Officinale (Verbena
Officinalis) qui croît au bord des chemins, et que l'on appelle
aussi herbe sacrée, herbe du foie, herbe du sang donne à la
distillation par 100 kilogrammes 60 grammes d'essence.

LA MÉLISSE CITRONNELLE

Mélisse officinale (Melissa officinalis, L. ; M. Altissima, Sibth. ; M. Cordifolia, Pers. ; M. Hirsuta, Horn. — Labiée) ; Citronnée, Citronnade, Herbe au Citron (les feuilles froissées répandent l'odeur du zeste de Citron), thé de France, Poncivade, Ponchirade, Piment des abeilles, Piment des ruches.

Originaire du midi de l'Europe, on la rencontre à l'état spontané dans le sud-est, le long des haies, dans les lieux incultes frais, les bois ; dans les Alpes, les Pyrénées, les environs de Paris ; à l'état subspontané dans presque toute la France autour des habitations. On la cultive aussi.

Le nom tiré du grec, indique qu'elle est butinée par les abeilles.

Caractères botaniques. — Vivace : 30 à 60 centimètres ; velue dans sa partie supérieure et près des nœuds. Tige rameuse dressée, carrée. Fleur (de juillet à septembre) par 6 à 10 en glomérules à l'aisselle des feuilles, déjetés du même côté ; les boutons sont jaunâtres, la fleur épanouie blanc rosé ou bleu pâle. Feuilles d'un vert clair, à court pétiole, ovales, cordiformes, réticulées, dentées, couvertes de poils courts. Racine fibreuse, ligneuse, ronde.

Les Calaments sont dans la même section botanique (Mélissées), aussi les confond-on souvent avec la Mélisse. Citons : le Calament ou *Melisse à grandes fleurs* (Calamintha Grandiflora Mœnch), voisin du Calament officinal (Melissa Calamintha, L. ou Calamintha officinalis, Mœnth.) ; ses fleurs sont très grandes, rose pourpre ; ses feuilles, profondément dentées. On le trouve sur les hautes montagnes, dans le Centre, le Midi. Le Petit Calament (Calamintha Nepeta Link., Melissa Nepeta, L.), ou *Melisse à petites fleurs*, est une plante vivace, pubescente, redressée, de 30 à 60 centimètres, à odeur forte ; à fleurs petites, bleu clair ; à feuilles petites, également, fermes, ovales, crénelées. On la rencontre dans les lieux secs et pierreux. Elle a les mêmes propriétés que la Mélisse citronnelle, mais son parfum se rapproche de celui de la menthe.

L'Horminelle des Pyrénées (Horminum Pyrenaïcum, L., autre Mélissée, vivace, de 15 à 25 centimètres, à fleurs grandes,

Fig. 92. — Mélisse citronnelle.

violettes, en épi interrompu, à feuilles presque toutes à la base, à souche noire, écailleuse, qui fleurit en juillet, et que l'on rencontre dans les pelouses des Pyrénées, s'appelle aussi *Mélisse des Pyrénées* (Melissa Pyrenaica, Wild.).

Enfin, il ne faut pas confondre la Mélisse citronnelle avec l'Aunée, appelée vulgairement citronnelle, armoise citronnelle, et qui est une Composée.

Le *Calament officinal*, que nous avons cité plus haut, Calament de montagne, Baume sauvage, Millespèle, a des propriétés qui se rapprochent de celles de la Mélisse citronnelle, et il pourrait remplacer celle-ci. Il était, d'ailleurs, fort en usage dans l'ancienne médecine. Aujourd'hui les buveurs de petit-lait récoltent ses sommités dans l'Aubrac (Aveyron), sous le nom de « Thé d'Aubrac », qu'ils utilisent en infusion à cause de ses propriétés stimulantes. C'est une plante vivace, à odeur douce, agréable, que l'on rencontre dans les bois ombragés, sur les collines, et au bord des champs dans le Midi. Ses fleurs, purpurines, tachées de violet, sont en grappe paniculée ; leur corolle est deux à trois fois plus longue que le calice. Les tiges de 30 à 60 centimètres sont dressées, flexueuses, et plus ou moins velues. Les feuilles sont ovales, dentées en scie.

Culture. — La Mélisse officinale était cultivée pour la préparation de l'Absinthe en Suisse (Val de Travers et Couvet), dans le Doubs, la Haute-Saône, et aussi en Seine-et-Oise (environs de Milly). Citons encore comme régions de culture, l'Aisne, la Drôme, le Maine-et-Loire (environs de Jumelieu et de Beaulieu) la Seine (Montreuil), le Vaucluse, l'Espagne (Valencia), la Hongrie (Alföld et Haute-Hongrie).

Cette plante est assez sensible au froid de nos climats. Il faut lui réserver une exposition chaude, ensoleillée. Dans les jardins, on la place en côtière, au midi.

Tout *terrain* lui convient, surtout s'il est arrosable, mais elle préfère les sols de moyenne consistance, profonds, frais, sains (elle redoute l'humidité) ; les terres d'alluvions fraîches, fertiles. Dans les terrains légers et secs, ses feuilles jaunissent et son rendement diminue.

Préparer le sol par un *labour* de 30 à 35 centimètres ; au deuxième labour, enfouir 30 000 kilogrammes de fumier de ferme, avec 400 kilogrammes de scories par hectare ; herser, rouler. A l'approche de la plantation, diverser en planches de 1^m,50 à 1^m,75 de largeur, en enterrant un peu de nitrate de soude. Dans des expériences effectuées en Hongrie, la parcelle à engrais complet donna 1 439 kilogrammes de récolte sèche à l'hectare, et la parcelle témoin 1 137 kilogrammes.

Dans le Maine-et-Loire, on cultive dans des terres légères, ou argilo-calcaires, perméables, profondes, qu'on loue en moyenne 150 francs l'hectare. La plantation vient après blé. Ailleurs, au contraire, le blé succède à la Mélisse, car la préparation du sol qu'elle exige est favorable à la céréale.

On *multiplie* la plante par le semis en place dans une terre bien émiettée, ou, mieux, en pépinière. La graine conserve trois ans, environ, sa faculté germinative, même quatre à sept ans, d'après Vilmorin, et la durée de la germination est de douze jours.

Mais il est préférable de planter des éclats de pied, mode le plus courant, d'ailleurs, éclats provenant de la division des touffes en février-mars, ou encore, en automne, dans le Midi. On les met en lignes distantes de 50 à 60 centimètres, et à 40 à 30 centimètres sur la ligne. Quelquefois, on place d'abord les éclats en pépinière.

Les soins en cours de végétation consistent d'abord en arrosages pour la reprise, puis en binages et sarclages répétés, quand celle-ci est complète, car la plante se défend assez mal contre les mauvaises herbes. Il ne faut pas abuser des arrosages, la plante étant alors, moins appréciée par l'herboristerie. A l'entrée de l'hiver, on donne un labour, et enfouit le fumier, en même temps que l'on couvre la souche, dans les pays froids.

La Mélisse citronnelle est attaquée par les escargots et le champignon de la Rouille.

La plantation peut durer une dizaine d'années.

Récolte. — On cueille la Mélisse sauvage vers la Saint-Jean. En culture, un peu avant la floraison, par une belle journée, après la rosée, autrement l'herbe mouillée noircirait en séchant. D'ailleurs, la matière redoutant un soleil trop ardent, ne pas tarder de la porter au hangar.

Dans les terres fertiles, et arrosées tous les quinze jours, on peut faire 3 coupes par an, mai, juin, fin juillet, début décembre. On obtient, ainsi, 25 000 à 30 000 kilogrammes de tiges et feuilles vertes à l'hectare. Mais, le plus souvent, on ne fait que 2 coupes, fin mai et août, qui donnent 15 000 à 20 000 kilogrammes.

Quand on destine les feuilles à l'herboristerie, on les coupe à leur plein développement, mais avant la floraison. Ne pas mettre en tas, par crainte d'échauffement. Monder les feuilles. Les sécher à l'ombre dans un local bien aéré sur des claies ou un plancher bien propre. Le mondage peut se faire, aussi, après la dessiccation des tiges suspendues.

Dans l'Anjou, on compte 1800 kilogrammes de feuilles mondées sèches. La vente à l'herboristerie est forte. On les paie 0 fr. 80 à 1 fr. 50 le kilogramme. Les bouquets valent 0 fr. 90 à 1 franc le kilogramme.

M. Blin a établi ainsi le compte de culture d'un hectare en Anjou :

Location du terrain. .... 150 francs.
Préparation du sol, plantation, soins....... 250   —
Cueillette, Mondage, façons diverses........ 250   —
                                    Total :   650 francs.

Vente : 1800 kilogrammes de feuilles sèches, à 150 francs les 100 kilogrammes, 2 700 francs.

D'après les expériences de la station de Kolozsvàr (Klausenburg), en Hongrie, où l'on cultive la Mélisse pour les besoins de la médecine, on peut compter sur un revenu de 1 448 francs par hectare, coût du travail déduit.

Voici comment on opérait dans le Doubs, pour la Mélisse destinée aux fabricants d'absinthe. Récolte à la serpette, parfois avec la faucheuse à cheval, vers la mi-juillet, quand les fleurs commencent à paraître ; parfois une deuxième récolte en septembre. Rentrée au grenier 2 fois par jour, dans des filets. Secouage et épandage à la fourche sur une faible épaisseur ; mise sur claie, où la dessiccation s'opère en trois semaines environ. Pour conserver la couleur verte, — le prix étant plus élevé quand elle est à son maximum d'intensité, — des producteurs de la région de Pontarlier faisaient sécher la plante dans un grenier complètement obscur. Pour livrer aux distillateurs de cette ville, l'ensachage se faisait dans des balles de 50 kilogrammes.

Utilisation. — Les feuilles, cueillies avant l'épanouissement des fleurs, ont l'odeur du citron, qui se change légèrement en celle de punaise, quand les fleurs sont fanées. Leur saveur est chaude, aromatique, un peu amère.

On obtient, par distillation à la vapeur, une *essence* à odeur très fraîche et très agréable, mais avec un faible rendement. Aussi le produit du commerce est-il généralement mélangé. Cette essence, qui vaut 20 à 80 francs le kilogramme, est employée en parfumerie, et surtout dans la composition des liqueurs. Déterpenée elle est 5 fois plus concentrée.

En parfumerie, pour obtenir l'eau de Mélisse, on laisse macérer vingt-quatre heures dans 30 litres d'eau, chargée de 300 grammes de sel marin, 5 kilogrammes de feuilles et fleurs, et l'on distille 15 litres, en conduisant le feu rapidement. Cette eau entre, aussi, dans les potions toniques. Pour avoir l'esprit de Mélisse, on laisse 2 kilogrammes de matière macérer dans 5 litres d'alcool à 90°, puis on ajoute 2 litres d'eau, et distille 5 litres, en séparant 0ˡ,300 de tête, et un demi-litre de queue.

La Mélisse entre dans l'eau de Mélisse des Carmes, la Chartreuse, l'eau d'argent (aqua di argento), l'Arquebuse, l'absinthe (qu'elle colore surtout en vert), l'eau de Cologne. La médecine utilise aussi ses propriétés. Dioscoride, Pline Virgile, ont signalé ses vertus. On dit aujourd'hui, dans le Dauphiné: «Si femme savait ce que vaut la Mélisse, elle en mettrait jusque dans sa chemise.»

En thérapeutique, la Mélisse est considérée comme stomachique, digestive, cordiale, stimulante, tonique, carminative, vermifuge, excitante du système nerveux, céphalalgique, antispasmodique, légèrement sudorifique, emménagogue. On l'emploie contre les digestions pénibles, maux d'estomac, palpitations, hypocondrie, indispositions nerveuses, maux de tête, migraines, défaillances, vertiges, syncopes. L'infusion théiforme se prépare avec 15 à 40 grammes de sommités fleuries par litre d'eau. La Mélisse entre dans l'alcoolat vulnéraire du Codex.

Voici un procédé de préparation de l'Eau de Mélisse des Carmes : dans 3 litres d'esprit-de-vin à 85°, mettre : 500 grammes de sommités de Mélisse, 125 grammes de zeste de citron, 15 grammes d'Angélique. Après une dizaine de jours, passer et exprimer à travers un linge, puis ajouter au liquide : 200 grammes Coriandre ; 40 grammes noix muscade ; 40 grammes Cannelle ; quelques clous de girofle. Après huit jours, filtrer.

Pour la Chartreuse : essence de Mélisse 1 gramme ; essence d'Hysope, 1 gramme ; essence d'Angélique, 5 grammes ; essence de Menthe, 10 grammes ; essence de Muscade, 1 gramme ; essence de Girofle, 1 gramme, que l'on fait dissoudre dans un litre d'alcool à 80°. Ajouter 1 litre de sirop de sucre bien cuit. Colorer avec 5 à 10 gouttes de teinture de Safran.

LE FENOUIL

Le Fenouil Officinal (Fœniculum Officinale, All. F. Vulgare Gaertn, Dicotylédonée, Ombellifère) est appelé aussi Aneth doux, Aneth Fenouil (Anethum Fœniculum). Ne pas le confondre avec l'Aneth Odorant (Anethum Graveolens), ou Fenouil bâtard des moissons du Midi. On a cité aussi les noms de Fenouil sauvage (Fœniculum Capilaceum), F. parfumé, F. des confiseurs, F. de Paris, F. de France, Anis doux.

Le Fenouil Doux (Fœniculum Dulce), F. de Florence, de Bologne, d'Italie (Finocchio, chez les Fruttivendoli) ou F. nain est cultivé en guise de légume pour son renflement de la base. Il donne des semences plus grosses mais plus légères, plus douces, plus agréables au goût.

Les graines de ces plantes sont utilisées au même titre. Mais la grande culture emploie surtout le Fenouil Officinal. Les provenances les plus réputées sont celles de France, de Russie et de Saxe.

Description. — 1 mètre à 1ᵐ,50 ; feuilles glabres très divisées à segments très fins, pétioles membraneux embrassant la tige ; celle-ci, robuste, verte, lisse, à intérieur spongieux ; fleurs en ombelle, jaunes, petites ; fruit composé de deux graines brun verdâtre appliquées l'une contre l'autre, petites, ovales un peu comprimées, marquées de 5 côtes ; elles renferment une huile essentielle chaude très aromatique ; elles ont une saveur sucrée.

Régions. — Le Fenouil est indigène dans les régions méditerranéennes où il croît dans les endroits secs et pierreux ; il s'étend en Abyssinie, Perse, Europe occidentale, Angleterre maritime, Russie, Allemagne.

Dans le *Gard* sa culture a occupé jusqu'à 300 hectares, donnant 300 000 à 350 000 kilogrammes de graines, principalement dans le canton de Roquemaure : Sabran, Bagnols, Cornillon, Issirac, Orsan, Saint-Nazaire, Saint-Pons-la-Calm,

Loudun, Verfeuil, Roquemaure, Goudargues, Sauveterre,
Montclus, Saint-André de Roquepertuis, Salazac, Saint-Alexandre, Saint-Laurent de Carnols, Vers, Tavel, Montfaucon,
Rochefort, Pujaut, Pont-Saint-Esprit (arrond. d'Uzès),
Sommières, Sembac, Meynes, Montfrin (arrond. de Nîmes).
Parfois les négociants ou leurs représentants fournissent la
semence aux cultivateurs et s'engagent d'avance à acheter la
récolte à un prix déterminé.

Ardèche : 250 hectares, principalement dans le canton de
Bourg-Saint-Andéol (arrond. de Privas) ;

Vaucluse ; canton d'Orange, surtout dans la commune de
Travaillan. On cultive là les variétés « Petit Quarantain » dont
les fleurs « coulent » moins facilement et « Gros Quarantain »,
qui diffèrent par la hauteur des plantes et la grosseur des fruits.

Aux environs de Montpellier, Marseille, dans le Tarn (Albi
et Castres), la Drôme, l'Indre-et-Loire (Bourgueil), la Loire,
l'Algérie, cette culture est à peu près abandonnée. Citons
encore l'Allemagne : Magdebourg (Saxe), Erfurth (Saxe), Halle
(Saxe), Breslau (Silésie) ; la Moravie, où on cultive souvent
dans les vignobles, la Transylvanie ; l'Espagne, l'Italie, Malte,
la Roumanie, la Macédoine (Salonique exporte 600 000 kilogrammes de graines, dont un tiers en Europe), l'Asie Mineure
(Smyrne), l'Égypte, les Indes Orientales, la Chine, le Japon, etc.

Culture. — Choisir une plaine bien *exposée*, bien découverte, ensoleillée, en *sol* perméable, léger, profond, argilo-calcaire,
silico-calcaire, d'alluvions, riche, à sous-sol frais mais sans
excès d'humidité. En automne labourer à 25 centimètres,
30 centimètres en incorporant 10 000 à 15 000 kilogrammes
de fumier ; en février, mars, deuxième labour et ameublissement de la surface par des hersages et des roulages.

L'acide phosphorique favorise la formation des graines. Le
Fenouil vient généralement après blé semé sans engrais, après
betteraves ou pommes de terre fumées au fumier de ferme.
Si on le fume ce n'est que modérément. En terrain argilo-
calcaire de bonne fertilité plutôt frais et non arrosable, M. Par-
cy a obtenu le meilleur rendement à Saint-Michel d'Ardèche,
soit 160 kilogrammes de graines sur 1 000 mètres carrés

(1 600 kilogrammes à l'hectare) avec, à l'hectare, 400 kilogrammes super, 200 kilogrammes sulfate potassium, enfouis au labour de février et 200 kilogrammes nitrate mis après la levée au premier binage.

Dans le Vaucluse, sur alluvions du Rhône, M. Zaccharrewicz recommande : en couverture un mélange de 500 super, 150 chlorure potassium et 200 plâtre ; quelque temps après la levée, mettre dans les interlignes 300 kilogrammes nitrate mélangés à 200 plâtre.

Dans le rayon Ardèche, Gard, Vaucluse, Bouches-du-Rhône, on *sème* fin février, mars ; en mars, avril, dans le Dauphiné et en Saxe. M. Beaucaire expérimentant dans la région du Ventoux a fait les constatations suivantes : semis, 9 mars ; levée 3 au 7 avril ; floraison 3 au 23 juin ; récolte 25 juillet au 4 août.

En culture de jardin, on sème quelquefois en pépinière d'août à octobre en sillon on en planche pour mettre en place en mars, avril, ou directement en place pour éclaircir au printemps ; ou encore en février, mars pour transplanter en juillet, août.

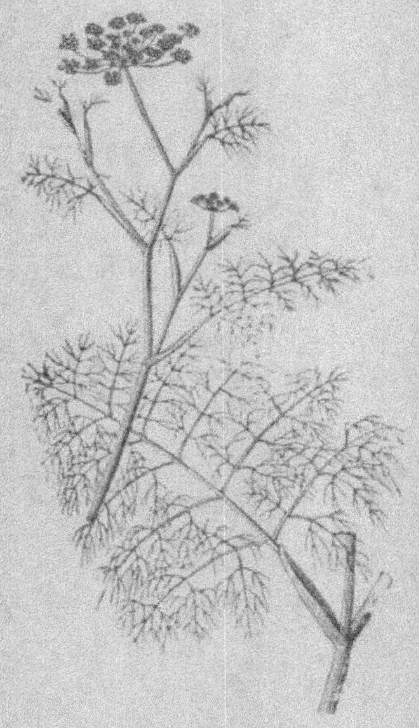

Fig. 93. — Fenouil.

La semence est très petite, il y a au gramme 100 à 120 graines. Elle conserve sa faculté germinative quatre à cinq ans. La sélectionner sur les plantes les plus vigoureuses, saines, à grandes et nombreuses ombelles à maturation hâtive.

On trace à l'araire des sillons peu profonds dirigés du nord au sud. D'après M. Farcy, le semis en lignes distantes de 0^m,8 à 1 mètre demande 10 kilogrammes de graines par hectare. Suivant M. Zaccharrewicz avec des lignes à $0^m,7$ à 1 mètre et 15 à 20 centimètres sur la ligne, il en faut 5 à 6 kilogrammes.

On plante aussi à 40 à 50 centimètres en tous sens. Recouvrir très peu de terre.

Quand les plantules sont suffisamment développées on les éclaircit à 20 centimètres environ, si besoin est. Un mois après la levée, on bine à la main en enterrant 300 kilogrammes de nitrate et on butte légèrement. Pendant la végétation donner deux labours à vingt jours d'intervalle et un fort buttage ; on maintient par des sarclages la propreté du sol. En Allemagne, on apporte en cours du purin à plusieurs reprises.

Des insectes commettent parfois des dégâts, par exemple des *chenilles* de teignes ou petits papillons : Depressaria Daucella ou Nervosa ; Depr. Marcella. Elles mangent les parties tendres et tissent des toiles sur les ombelles où elles dévorent fleurs et graines. Elles sont à craindre par les périodes de sécheresse. Il est difficile de les atteindre avec les liquides insecticides, nicotine, sels d'arsenic, et les poudres, que l'on ne peut, d'ailleurs, recommander en raison de la destination des graines à moins que l'on puisse opérer avant la floraison. Essayer de secouer les tiges au-dessus d'un drap. En cas de forte invasion, couper les ombelles et les brûler. Attendre quelques années avant de cultiver à nouveau.

La chenille de la D. Nervosa est d'un vert olivâtre avec des lignes couleur orange et des points noirs.

Autres chenilles : Agrostis Rubi ; Machaon (Papilio Machaon), belle chenille longue lisse qui mange les feuilles ; vert clair avec sur chaque anneau une bande transversale veloutée noir foncé parsemée de points orange ; chrysalide fixée à la tige, tantôt grisâtre, tantôt vert clair. Le papillon est un de nos plus beaux ; il vole la nuit dès juin ; jaune avec taches et raies noires ; les ailes postérieures ont du bleu et portent une sorte de queue.

En Russie, on s'est plaint du Lygus Pratensis.

Les pucerons attaquent les jeunes tiges vertes ; des Acariens, les limaces, les escargots, limaçons, mille-pattes, forficules, commettent aussi des dégâts après la levée : chaux vive-

cendres, etc., pièges faits de feuilles fraîches, de chiffons, etc.

Les pluies fréquentes en juin, au moment de la floraison, entraînent la coulure.

Récolte, rendement, frais. — Floraison en juin ; maturation des fruits successive en juillet et août. Couper les ombelles deux ou trois fois par semaine dès que les graines sont jaune clair, les nervures saillantes ; toutefois, très mûres, elles tombent facilement.

On récolte en septembre, octobre, dans le nord de l'Europe, en février en Égypte.

Bien que le Fenouil soit vivace, on ne le cultive qu'une année. Après avoir arraché les tiges, on prépare le sol pour les céréales. Dans les jardins, où on le conserve, on coupe les tiges à 0^m,10, et donne un labour à la houe entre les lignes.

Après dessiccation des ombelles à l'ombre sur une claie, on dépique au fléau ou au rouleau léger en bois, puis on vanne.

L'hectare donne 1 000 à 2 000 kilogrammes ; dans le Gard, 1 200 à 1 800 kilogrammes, en moyenne 1 500 kilogrammes ; dans l'Ardèche on a cité 1 800 à 2 000 kilogrammes, en Angleterre 1 900 kilogrammes, en Italie 1 200 kilogrammes à 2 000 kilogrammes. Les graines pèsent 36 à 40 kilogrammes l'hectolitre. Les prix de vente varient de 30 à 60 francs les 100 kilogrammes, dans le Gard 50 francs. On a donné encore : graines de Salonique 60 à 70 francs ; de Nîmes 80 francs ; de Florence 125 à 200 francs ; qualités ordinaires 50 à 60 francs. La poudre de Fenouil vaudrait 3 fr. 50 le kilogramme. On se plaint que le Fenouil de Galicie renferme souvent des fruits vides (jusqu'à 50 p. 100). Les principaux marchés du Midi sont : Nîmes, Orange, Pont-Saint-Esprit. On expédie aussi aux distillateurs de Nîmes, Avignon, Marseille, Montpellier, Valence, Grenoble, Lyon. Marseille reçoit 1 500 000 kilogrammes, en partie de Salonique, Malte, Smyrne, Inde.

On estime les *frais culturaux* à 250 à 300 francs. D'après M. Farcy avec 1 800 à 2 000 kilogrammes à 40 à 55 francs on a un bénéfice d'au moins 600 francs. M. Zaccharrewicz établit le compte suivant : préparation du sol 80 francs, fumure 120 francs, achat des semences et soins culturaux 40 francs, frais de récolte 26 francs, battage et vannage 30 francs ; total

296 francs. Récolte moyenne 1 000 kilogrammes à 50 francs soit 500 francs; bénéfice 204 francs. On fait ensuite du blé dans d'excellentes conditions.

Emploi des graines et de l'essence. — On distille les graines après trempage dans l'eau de quatorze à quinze heures : 100 kilogrammes donnent 2^{kg},5 à 3 kilogrammes d'essence. Ne pas laisser l'eau du réfrigérant descendre au-dessous de 14°, l'essence se figeant à 10°.

Pour l'eau distillée ou hydrolat de Fenouil pour la toilette, on distille 5 kilogrammes de graines avec 20 litres d'eau et on conduit le feu vivement.

L'essence vaut 18 à 25 francs le kilogramme. Quand celle de Fenouil doux est payée 18 francs celle de Fenouil amer est cotée 12 francs. Cet écart n'a rien d'immuable, bien entendu.

L'*essence* est une huile jaune clair ou citrine à odeur suave et plus légère que l'eau. Elle a une grande analogie avec celle d'anis. Elle contient une forte proportion d'anéthol, de la fénone, de l'estragol, des terpènes. On l'utilise en parfumerie dans les savons.

C'est un succédané de l'anis pour la préparation des spiritueux, surtout l'anéthol, que l'on extrait facilement par refroidissement, anisette (anisette de Strasbourg), absinthe, chartreuse, vespetro (a la propriété de prévenir les gaz qui proviennent des mauvaises digestions).

Les graines s'emploient quelquefois comme l'anis dans les dragées. En Allemagne et en Autriche, on en met dans le pain.

En Provence, on met les sommités de Fenouil sauvage, de préférence pourvues de fruits, dans les conserves d'olives, les châtaignes bouillies, etc. Autrefois le Fenouil servait à aromatiser les « sauces » pour la fermentation du tabac.

Hippocrate, Dioscoride ont signalé ses propriétés thérapeutiques. En pharmacie les semences sont considérées comme apéritives, stomachiques, carminatives, diurétiques, sudorifiques, pectorales, fébrifuges. Elles font partie des quatre semences chaudes. L'essence est considérée comme aphrodisiaque. Pour exciter la sécrétion lactée des laitières, on leur administre une décoction de Fenouil, surtout du Levant ou de l'Inde.

L'ANIS

C'est une Ombellifère appelée aussi vulgairement Boucage ou Anis Vert (*Anisum Officinale*, *Pimpinella Anisum*). Ne pas la confondre avec l'Anis doux ou A. de France, A. de Paris qui est le Fenouil (Anethum Fœniculum), non plus qu'avec l'Anis âcre, A. aigre ou faux Anis qui est le Cumin (Cuminum Cyminum) ; ni, enfin, avec l'Anis bâtard ou A. des Vosges qui est le Cumin des prés ou Carvi (Carum Carvi).

L'Anis des Indes, Anis de la Chine, Anis étoilé, c'est la Badiane Anisée (Illicium Anisetum).

On cultivait déjà l'*Anis* du temps de Dioscoride et sa graine faisait partie des quatre semences majeures. Les Anciens le retiraient de la Crète et de l'Égypte.

Cette plante serait originaire du Levant, disent les uns, de l'Égypte ou même de la Russie, disent les autres, et elle aurait été introduite en Europe vers 1557. Cependant si l'on en croit l'histoire, Charlemagne en ordonna la culture en France dans les domaines impériaux.

Description. — L'Anis est une plante qui atteint environ 50 centimètres de hauteur. On a signalé qu'une fois les tiges coupées, on peut avoir une deuxième récolte l'année suivante. Principaux caractères : tiges droites, cylindriques, rameuses, pubescentes. Feuilles peu nombreuses ; les radicales (au ras du sol) cordiformes, lobées et incisées ; les moyennes, pennilobées à lobes lancéolés ; celles de la partie supérieure, très découpées, à divisions linéaires. Fleurs petites, blanches, en ombelles formées d'un assez grand nombre d'ombellules. Fruits (anis vert, graines d'anis) petits, allongés, verts ou verdâtres, finement striés longitudinalement ; ils dégagent une odeur aromatique agréable, très suave ; leur saveur est chaude, piquante, un peu sucrée. Racines blanchâtres, longues, fusiformes.

Variétés. — Les plus réputées sont : l'Anis de Touraine

(Indre-et-Loire) et d'Anjou (Maine-et-Loire ; Angers, Bourgueil, Chinon), très gros vert ou grisâtre, doux ; l'Anis du Languedoc (Tarn : Albi et Gaillac, particulièrement à Cordes ; Gard), très blanc, très aromatique ; grosseur moyenne ; apprécié dans la fabrication de l'Anisette fine.

Mais la culture dans ces régions a perdu beaucoup de son importance, si tant est qu'elle subsiste encore dans tous les centres que nous venons de citer.

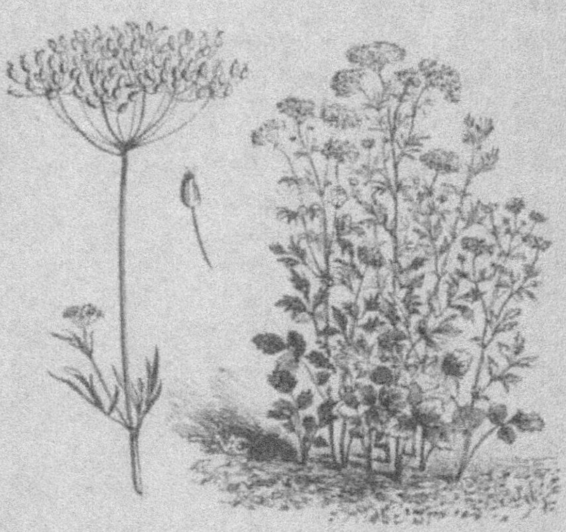

Fig. 94. — Anis.

L'Anis de Malte et celui d'Espagne sont très estimés. L'Anis d'Italie est employé dans la préparation de l'Anisette fine de même que celui de Malte. L'Anis d'Espagne est de grosseur moyenne. On reproche à l'Anis de Russie, le plus petit de tous, son goût âcre.

Régions de production en France, outre celles que nous avons citées : environs de Bordeaux ; Gers ; Flavigny (Côte-d'Or) qui produit des anis réputés ; quelques points de la Provence et de la Lorraine.

La France ne suffit pas à sa consommation et nous *importons*, surtout par Marseille et Bordeaux, près de 1 400 000 kilogrammes représentant 1 200 000 francs, soit, au prix moyen de 85 francs les 100 kilogrammes, venant de Russie, Malte, Italie, Bulgarie, Turquie, Espagne, etc. Voici quelques chiffres : en 1902, 431 652 kilogrammes d'Odessa ; 228 653 d'Espagne ; 630 492 de Turquie ; 84 068 d'Italie, Malte, etc. Total

1 374 685 kilogrammes représentant 1 099 748 francs. En
Russie, on produit tous les ans pour 500 000 roubles (le rouble
2 fr. 70). En 1911, elle expédiait 157 477 pouds (le poud 16kg,40)
valant 473 139 roubles (77 982 pouds à l'Autriche-Hongrie ;
32 403 à l'Allemagne ; 27 784 à la France, 19 308 à divers).
Cette même année 1911, la statistique française attribuait
à la Russie une importation de 3 784 quintaux d'anis au commerce général, et 1 222 quintaux au commerce spécial, sur un
total de 9 320 quintaux, dont 6 000 quintaux venant d'Espagne et 1 500 quintaux de Turquie.

L'Espagne produit 2 millions de kilogrammes d'Anis, surtout en Andalousie (altitude moyenne 300 mètres) et dans
le centre. Andalousie : Torre Campo, Torredoujimeno, Villa-
nueva de la Reina, Jaminela, Rute et Cazalla de la Sierra.
— Manche : Daimiel, Manzanarès, Membrilla, Bollano s
Torralva, Villarubia, Quintanar de la Orden. Malaga a
exporté en 1911, 992 tonnes. La province de Jaen produit à
elle seule 1 453 quintaux.

En Italie jusqu'au siècle dernier, l'Anis était produit en
Romagne, Ombrie, Campanie, dans les Abruzzes. Aujourd'hui
il a presque disparu de ces régions pour faire place à la vigne
et on rencontre surtout des cultures en Sicile.

Citons encore parmi les autres pays producteurs : Egypte,
Pays-Bas, Allemagne, Angleterre, Saxe, Autriche, Chine,
Cochinchine, Tonkin, Cambodge, Pérou, Bolivie. Au Tonkin,
on fait trois récoltes par an : une principale en juillet, et
deux petites en décembre, janvier et avril, mai. L'Angleterre
cultive en faible quantité à Westington près de Chipping Norton.

Ces quelques détails montrent qu'en France la culture de
l'Anis devrait prendre plus d'extension, notamment en Provence, dans le Languedoc, en Algérie, Tunisie. Toutefois avant
de l'entreprendre en grand dans les régions où elle est peu
connue, il est bon de faire un essai et de s'assurer des débouchés chez les fabricants de liqueurs, etc. L'Office des Renseignements agricoles (Ministère de l'Agriculture), les Chambres
de commerce des grandes villes (Marseille, Bordeaux, etc.),
les directeurs des Services agricoles peuvent fournir d'utiles
renseignements.

Culture. — La plante n'occupe le sol que quatre à cinq mois et la récolte enlevée, on peut faire en temps voulu les labours nécessaires pour les semailles d'automne. Les dépenses de culture sont peu élevées.

Au point de vue cultural, l'Anis se plaît sous le climat méditerranéen chaud et sec. Il aime les expositions chaudes du sud et du sud-est. Les brouillards, les rosées, les pluies lui sont préjudiciables. La situation en coteau est la meilleure. Lui réserver les terres fertiles propres, saines, perméables, qui sans être sèches sont peu humides ou arrosables. Le sol doit être léger, sablonneux et renfermer du calcaire (silico-calcaire ou calcaro-siliceux) ; les graines sont alors plus aromatiques. La plante végète d'ailleurs mal dans les terrains argileux, humides, froids. Il faut écarter aussi les situations ombragées, celles qui sont battues par les vents du nord et du nord-est dans les vallées étroites.

On défonce le sol avant l'hiver, donne un labour léger au printemps, que l'on fait suivre de plusieurs hersages et roulages, car les semences, petites, doivent être bien assises dans une terre homogène à grains fins. On donne une demi-fumure au fumier de ferme et au labour de printemps on apporte en outre : 200 kilogrammes nitrate, 500 kilogrammes super, 100 kilogrammes sulfate potassium, 400 kilogrammes plâtre par hectare. Finalement on nivelle bien et divise en planches pour faire le semis.

On *sème* quand les gelées tardives ne sont plus à craindre, soit de mars à mai suivant les régions (Algérie, Lorraine). Les graines perdant assez facilement leur faculté germinative, employer celles de la dernière récolte. Si elles sont ternes, brunes, noirâtres, on court le risque d'avoir une germination défectueuse. Faire un essai sur du buvard humide dans une assiette.

On sème généralement à la volée, très clair, 15 à 20 kilogrammes à l'hectare. Quand le vent souffle, baisser la main (semer en coulant) car les graines sont très légères. Ne les enterrer que très peu au râteau puis plomber avec le rouleau ou avec une planche adaptée à l'extrémité d'une fourche. Quand, au préalable, on dispose le sol en tables de 2 mètres

de large, par exemple, on rend les sarclages et la récolte plus
faciles. Mais à ce point de vue, il vaut mieux encore semer en
lignes distantes de 70 centimètres à 1 mètre, et si les plantes
sont à 15 à 20 centimètres il ne faut guère alors que 8 à 10 kilogrammes de graines. La germination se produit en trois à
quatre semaines. Dans les sols très secs, on peut la favoriser
par des arrosages. On bine et sarcle le plus souvent possible.
Ordinairement on donne un premier sarclage à la levée, un
deuxième vers la mi-juillet avant la floraison. En même temps
on éclaircit, élimine les pieds les plus faibles pour laisser entre
ceux qui restent 15 à 20 centimètres en tous sens. Dans les
semis en lignes on fait un léger buttage quand les plantes ont
25 à 30 centimètres. Si on le peut on donne dans les sols secs
quelques arrosages pendant les chaudes journées de juin et de
juillet, par exemple en faisant passer l'eau dans les sentiers qui
séparent les planches. L'Anis aime à avoir le pied frais et la tête
au soleil. Mais les cultures irriguées donnent des graines moins
aromatiques. La floraison a lieu en juillet et la maturité en
août, septembre (dès la mi-juillet, même, en Algérie). Mais
elle est assez irrégulière. Elle n'est guère complète qu'environ
un mois après la floraison.

Récolte. — On récolte les ombelles avec des ciseaux de bon
matin à la rosée, au fur et à mesure que les fruits tournent au
foncé, au brun verdâtre et qu'ils sont suffisamment durs.
Si la cueillette ainsi pratiquée est longue, par contre elle permet
de récolter des graines de bonne qualité riches en essence car
la maturité est successive sur la même plante.

On met les ombelles sur une toile au soleil ou mieux dans
un local aéré. Si on arrache les pieds à la main, ou si on coupe
les tiges à la faucille, on fait des javelles qu'on laisse en fais-
ceaux deux ou trois jours sur le champ, à moins que l'on ne
craigne la pluie qui en six à huit heures donnerait aux graines
une couleur noirâtre. On achève la dessiccation dans un local
aéré. Dans toutes ces manipulations, il ne faut pas trop
secouer la matière car les graines se détachent facilement.

Quand les ombelles sont sèches on les bat légèrement sur
une toile avec des baguettes flexibles ou le fléau, puis les
graines sont vannées et criblées et séchées à nouveau au

soleil. On les emballe dans des sacs, des tonneaux, que l'on tient bien fermés dans une pièce ni trop sèche ni trop humide. En tas dans un grenier, elles perdraient leur arome.

On obtient par hectare 400 à 1 500 kilogrammes, en moyenne 600 à 700 kilogrammes. L'hectolitre de produit pèse 35 à 36 kilogrammes. Pour la vente et l'expédition, on fait des balles en toile de 50, 100, et 150 kilogrammes suivant les régions.

Le prix de vente varie de 100 à 150 francs les 100 kilogrammes ; la poudre vaut 3 francs le kilogramme ; la variété dite de Verdun se paie jusqu'à 4 fr. 50 le kilogramme. L'Anis importé vaut dans les 85 francs les 100 kilogrammes.

Dans le Tarn, on estimait les frais de culture à 300 francs par hectare.

Emploi. — On distille les graines après qu'elles ont trempé dans l'eau durant vingt-quatre heures. On tient le réfrigérant de l'alambic au-dessus de 15°, car l'essence se figerait. 50 kilogrammes de graines donnent un kilogramme d'essence. Celle-ci vaut 20 à 60 francs le kilogramme. L'essence d'Espagne (Alicante) et celle de France sont supérieures à celles d'Allemagne et de Russie. Quand l'essence de Krasnoyé (Russie) vaut 38 francs, celle de France 60 francs.

Les graines d'Anis et leur essence sont utilisées dans l'industrie des liqueurs et spiritueux (anisette, absinthe, etc.) ; en pâtisserie, confiserie, en pharmacie, en parfumerie (eaux de bouche et hydrolat d'anis), etc. (1). L'essence contient de l'estragol et de l'anéthol. On substitue parfois ce dernier à l'essence même. Il sert aussi à préparer l'aldéhyde anisique, ou parfum de l'aubépine. Jadis on parfumait le tabac avec l'anis.

(1) Pour plus de détails, voir le numéro de mai 1916 du journal *la Parfumerie moderne*.

L'ANGÉLIQUE (ARCHANGÉLIQUE)

Angélique officinale (Archangelica officinalis ; Arch. Sativa ; Angelica Archangelica), (Ombellifère) ; Angélique cultivée, Angélique de Bohême, Herbe aux Anges, Herbe de Saint-Esprit (1).

Grande plante vivace par sa racine, qui devient épaisse et forme une souche, originaire des montagnes du nord de l'Europe, où elle croît dans les lieux frais, humides, le long des fleuves et des rivières qui avoisinent les montagnes. On la rencontrerait, aussi, çà et là en Belgique, notamment sur les bords de l'Escaut, près d'Anvers.

Les Archangéliques, ou Angéliques supérieures, forment un groupe différent du genre Angélique, où l'on range, notamment, l'Angélique sauvage, l'Angélique des Pyrénées, etc., dont nous parlons plus loin. Aux Etats-Unis, on trouve, aussi, l'Archangélique noir pourpre (Arch. Atra-purpurea).

Caractères botaniques. — L'*Archangélique* a des tiges de 1^m,50 à 2 mètres, herbacées, vert glabre, glauques, ou violacées ; grosses, épaisses, cylindriques, cannelées, striées, fistuleuses (creuses), recouvertes d'une enveloppe filamenteuse. Feuilles d'un beau vert, très découpées, grandes, deux fois pennées, alternes, odorantes ; les radicales (base) très grandes, engaînantes à la base du pétiole, qui est souvent d'un rouge violacé ; elles se fanent et tombent en automne aux premiers froids, pour être remplacées au printemps. Monte généralement à graine, la troisième année. Fleurs (en juillet, août) odorantes, en ombelles composées, petites, nombreuses, d'un jaune verdâtre, ou couleur de celles du sureau. Fruits ou akènes, oblongs,

---

(1) L'Angélique est l'emblème de l'inspiration. Les anciens poètes se couronnaient de son feuillage. C'est aussi l'emblème de la mélancolie.

anguleux, contenant des graines nues, marquées de trois stries saillantes, aplaties d'un côté, convexes de l'autre. Les racines consistent d'abord en un corps central, conique, plus ou moins régulier, tronqué à une extrémité, quelquefois aux deux bouts, portant un grand nombre de branches cylindroconiques, longuement atténuées, plus ou moins tordues les unes sur les autres, en faisceau cylindroïde ; grisâtres ou noirâtres à la surface, qui est ridée, plus pâles à l'intérieur ; aromatiques, à saveur douce, chaude, puis amère.

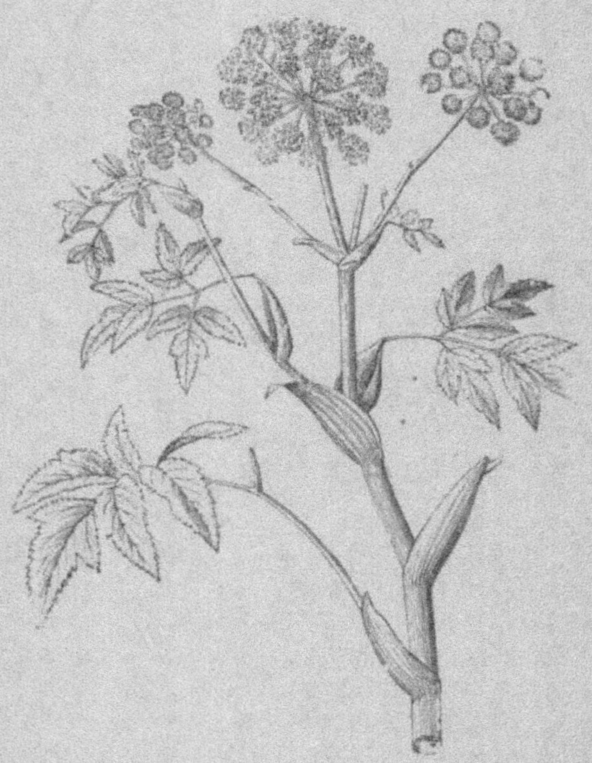

Fig. 95. — Angélique.

Angéliques sauvages. — On rencontre en France l'*Angélique sauvage*, dans les bois et les prés humides, au bord des eaux (Angelica Sylvestris, L. Imperatoria Sylvestris, D. C.). Elle est employée en Suède pour combattre quelques affections nerveuses, notamment l'hystérie. On utilise sa graine pulvérisée pour détruire les poux. Les abeilles qui butinent ses fleurs passent pour donner un miel balsamique. Mais ces insectes ne visiteraient pas l'angélique cultivée. Ses feuilles peuvent fournir une couleur jaune d'or pour teindre la laine. La plante contient aussi du tannin.

Les autres Angéliques sont moins intéressantes : *Angélique des montagnes* (Angelica Montana, Gaud), ou Angélique des Alpes, et sa variété Purpurea, Lavertu, d'un vert foncé teinté de pourpre.

L'*Angélique à feuille d'Yèble* (Angelica Ebulifolia, Lap.), ou Angélique de Razouli (Angelica Razoulii, Gouan, ou Angelica Pyreanica-tenuifolia T.) qui pousse dans les prairies des Pyrénées.

L'*Angélique des Pyrénées* (Angelica Pyrenaea, Spr.), des hautes montagnes, qui mesure 10 à 30 centimètres.

Autres. — La petite Angélique sauvage, ou pied de chèvre, n'est pas une Angélique, mais l'Egopode des goutteux (Aegopodium Podagraria, L.), ombellifère des haies et prairies.

Quelques autres Ombellifères portent aussi le nom générique Angelica, telles que : *Siler trilobé* (Angelica Aquilegifolia, Lam., Laserpitium (L.) ou Siler Trilobum (Scop.), des montagnes ; *Trochisque Nodiflore* (Angelica Paniculata, Lam. ; Trochiscanthes Nodiflorus, K.), des Alpes ; *Xatardia Scabre* (Angelica Scabra, Petit. ; Xatardia Scabra, Meissn), des Pyrénées.

Enfin, on confond parfois l'Angélique sauvage (Angelica Sylvestris) avec les Ombellifères suivantes : *Berce branc-ursine*, des prés et des bois, ou grande Berce (Heracleum sphondilium, L.), qui mesure 80 centimètres à 1 mètre, et que l'on appelle aussi, communément, panais sauvage, patte de loup, patte d'oie, fausse acanthe, bibreuil, héraclée, dont la racine, âcre et caustique, était employée contre l'épilepsie et les digestions laborieuses ;

Bérule à feuille étroite (Berula Angustifolia, K. ; Sium Angustifolium, L.), des fossés, dont le suc des tiges et des feuilles est utilisé contre les engorgements de la rate, la scrofule, l'hydropisie, et qui passe pour être emménagogue, diurétique et stimulant ;

Berle à large feuille (Sium Latifolium, L.), des eaux courantes.

Culture. — La France recevait, avant la guerre, pour 1 à 2 millions de graines d'Angélique de Bohème. On avait réclamé un droit de 50 francs par 100 kilogrammes.

L'Angélique redoute les *climats* froids et humides, mais elle peut être cultivée dans une bonne moitié de la France. Sa production dans le département des *Deux-Sèvres* remonterait au XIIe siècle. Elle occupe une surface de 75 à 80 ares, notamment à Niort, Saint-Liguaire, Saint-Maixent. D'après la notice du ministère de l'Agriculture, on y récolte environ 25 000 kilogrammes de produits. Le commerce de l'Angélique à l'état de liqueur ou de matière confite ne se fait qu'à Niort. Il représente environ 120 000 à 130 000 francs. La variété blanche, beaucoup moins fibreuse que la rouge, est seule cultivée pour la confiserie.

On rencontre aussi l'Angélique à Nantes, Châteaubriand (Loire-Inférieure). Celle de Châteaubriand serait plus estimée par les confiseurs que celle de Niort. Elle donne un produit plus ferme, plus sec.

Autres *régions* : Environs de Paris (Montreuil), de Lyon ; un peu dans la Loire.

On voit des cultures importantes dans le pays de *Clermont-Ferrand* (Puy-de-Dôme), où les producteurs passent des marchés avec les confiseurs. On y exporte presque toute l'Angélique confite en Amérique, Angleterre, Australie. Les plantations sont établies surtout dans les sols riches en potasse, d'origine volcanique, de la Limagne d'Auvergne, principalement dans les jardins maraîchers qui entourent la ville de Clermont.

A l'*étranger*, la plante en question est cultivée en Saxe, en Belgique, dans plusieurs régions de la Haute-Hongrie (la Bohême nous envoyait des quantités importantes) ; en Suède, en Norvège.

En général, l'Angélique croît assez bien partout, si la situation est exposée au midi. Mais elle préfère les *terres* d'alluvions profondes, arrosables ou fraîches. Dans les sols compacts, froids, la plante vient mal, monte à graine la première année, avant d'avoir pris tout son développement. A défaut de fertilité naturelle, le sol sera bien fumé au fumier de ferme bien consommé. La potasse exerce une heureuse influence.

Les pieds conservés pour la production des graines fournissent la *semence* en août de la troisième année (à Clermont-

Ferrand, pour un hectare, on recueille la graine sur une trentaine de pieds). On détache les ombelles avec 30 centimètres de pédoncule, avant la maturité complète, puis les laisse au soleil ; enfin on les garde dans cet état jusqu'au semis. Pour certains les semences conservent leur faculté germinative huit à neuf mois, douze mois, au maximum. Elles sont très longues à germer, vingt jours à un mois. Le gramme en contient 150 à 180 ; les 100 grammes coûtent 2 francs à 2 fr. 20.

Avec le semis en pépinière en lignes espacées de 15 centimètres où l'on met les graines par petites pincées, une surface de 3 à 4 mètres carrés porte 10 000, 15 000 plantes. Avec des lignes espacées de 12 à 15 centimètres, 2 à 3 mètres carrés suffisent pour planter un hectare.

Les semis d'automne, en septembre, début d'octobre sont préférables, parce que les graines, récemment récoltées, germent mieux. On opère en pépinière sur plate-bande au midi et plante en mars. Mais, parfois, suivant le climat, la levée ne se fait qu'au printemps. D'autre part, avec la plantation d'automne, la reprise est mieux assurée.

Quand on ne peut opérer à cette saison, on sème en pépinière en mars ou avril sur costière ou sur couche sourde, en employant des graines stratifiées en novembre ; on repique en mai, juin, et plante à la fin de l'été, ou en octobre. Enfin, certains font le semis d'avril à juillet, d'autres en novembre ou en février, sous verre, puis repiquent en mars ou juin en laissant entre les pieds 18 à 20 centimètres, et mettent en place en août, septembre.

Un procédé spécial consiste à piquer en pépinière sur plate-bande les ombelles mêmes par leur tige coupée à 30 centimètres et le vent fera tomber les semences. Ce procédé ne réussit bien que si des haies ou des murs s'opposent à une action trop violente du vent.

Dans les Deux-Sèvres, on sème sur couche en mars, ou en septembre, aussitôt les graines mûres. On repique en septembre ou en mars, en espaçant de $0^m,80$ à $1^m,20$ en tous sens.

A Clermont-Ferrand, on sème en pépinière dans un coin de champ, en décembre, ou en février, mars, au plus tard, en lignes distantes de 15 centimètres, où on place les graines par petites pincées, que l'on couvre de terreau sableux. La levée s'opère en un mois, environ. On repique en lignes et donne les soins habituels, binages, sarclages, arrosages.

On *plante* l'Angélique quand sa racine a la grosseur du petit doigt (on laisse les sujets faibles en pépinière). L'écartement varie suivant les régions : depuis 40 à 50 centimètres au carré, jusqu'à 1 mètre à 1^{m},20. Avec 70 × 70, cela fait environ 20 400 pieds à l'hectare. Le sol a été, en temps voulu, profondément labouré et copieusement fumé, puis émietté. On choisit, pour la plantation, un temps pluvieux, frais, ou bien on arrose pour favoriser la reprise.

A Clermont-Ferrand, on plante de juillet à octobre, en sol, où, généralement, on vient de récolter, oignons, choux, pommes de terre. On emploie jusqu'à 80 000 kilogrammes de fumier de ferme appliqué en août, avant la plantation d'octobre, et on en apportera encore 80 000 kilogrammes en avril qui suit. D'ailleurs, on fait suivre la plantation d'un paillage de fumier pailleux ou de crottin de cheval, qui garantit des pluies battantes et des grands coups de soleil. On donne, à la fourche, *quatre labours* pendant la belle saison : au printemps, quand les premières feuilles se développent ; les autres, à intervalles, dans le courant de l'année. Les binages doivent être répétés tant que l'on peut entrer dans la plantation. Quant aux arrosages, ils seront fréquents et copieux, surtout dans le Midi. On dit que la plante doit avoir les racines dans l'eau et la tête au soleil. Si elle souffre de la sécheresse, elle peut monter à graine l'année même de la plantation. On supprime alors les tiges florales au-dessus du premier nœud. A l'automne, on opère, entre les lignes et entre les pieds sur les lignes, un labour à la fourche, en buttant légèrement les plantes ; on répand une bonne couche de terreau ou de fumier, que l'on enterre. Au printemps, nouvelle façon.

Nous avons dit que l'Angélique fleurit généralement la troisième année. On l'arrache alors. Mais si l'on décapite les tiges de la partie centrale avant la floraison, on peut la conserver cinq à six ans.

Deux *maladies* ont été signalées, occasionnées par deux

champignons : Plasmopara (Péronosporée) ; sur les feuilles, taches jaunes, puis fauves, se couvrant d'un velouté blanc (filaments fructifères émergeant des stomates), et Puccinia Angelica (Rouille).

D'après la notice du ministère de l'Agriculture, on compte à Clermont-Ferrand pour un an de culture, la récolte des tiges pour la confiserie se faisant à la fin de la première année : 160 tonnes de fumier à 6 francs, 960 francs ; 105 journées à 3 francs, 315 francs ; total 1 275 francs. Récolte de 8 000 à 12 500 kilogrammes de tiges, vendues 20 à 40 francs les 100 kilogrammes.

Récolte. — La culture de l'Angélique vise soit la production des tiges et des pétioles pour la confiserie, soit celle des feuilles, racines, graines, pour la distillerie et l'herboristerie.

Les *tiges* sont coupées le plus souvent à deux ans, de juin à août. La première année le rendement est plus faible. Les plus grosses et les plus tendres sont les plus appréciées par la confiserie. On opère le matin à la rosée, en tranchant en biseau, au ras du sol, en respectant la partie centrale de la plante, pour avoir une récolte l'année suivante, que l'on fait quand les ombelles commencent à fleurir.

On débarrasse les tiges des feuilles, en laissant le pétiole adhérent, et les met en bottes, que l'on porte aussitôt chez le confiseur. Les débris sont donnés aux vaches laitières. La confiserie achète 20 à 60 francs les 100 kilogrammes. A Clermont on récolte, à la fin de la première année, 8 000 à 12 500 kilogrammes de tiges fraîches par hectare sans compter les feuilles. 1^{kg},5 donnent 1 kilogramme de produit confit.

Les *feuilles* peuvent être enlevées l'année qui suit le semis. On continue l'année suivante. Dans tous les cas, la récolte doit se faire avant la floraison. On les sèche rapidement à l'ombre, la lumière les faisant jaunir, puis on les emballe dans des sacs de 25 ou 50 kilogrammes. L'herboristerie les paie 0 fr. 50 à 0 fr. 60 le kilogramme. La vente est moyenne ou faible.

Les plantes destinées à fournir les *graines* ne doivent pas être effeuillées. On surveille attentivement les ombelles, et les coupe au fur et à mesure de leur maturité, qui a lieu, généralement, en août. Si elle est trop avancée, les semences peuvent se perdre sur le sol.

Après séchage à l'ombre, de préférence, pour ne pas altérer la couleur, sur une claie ou sur le plancher d'un grenier bien aéré, où on les retourne de temps en temps, on les bat avec un fléau léger, les crible et les vanne. Les graines sont alors mises dans un tiroir ou un sac tenus en lieu sec. L'hectolitre pèse 14 à 16 kilogrammes. L'herboristerie achète 125 à 200 fr. les 100 kilogrammes. La vente est forte.

En médecine, la *racine* est la partie de la plante la plus employée. Celle d'un an est la plus active. Dans tous les cas, on l'arrache de préférence en automne, avant la récolte des feuilles ou des graines. Après les avoir nettoyées, on les fend longitudinalement, ou les coupe en quatre, puis les sèche en plein soleil, pour aller vite. Dans ces conditions, 100 kilogrammes lavés et sectionnés en quatre rendent 25 à 30 kilogrammes. On les conserve dans des boîtes en bois. L'herboristerie paie 0 fr. 75 à 1 franc le kilogramme, l'Angélique de Bohême 1 fr. 50. On doit vendre le plus tôt possible, parce que l'huile essentielle se perd peu à peu, et il faut craindre, aussi, les insectes.

Utilisation. — Outre l'emploi des tiges en confiserie, on *distille* les différentes parties de la plante, mais surtout les graines, qui donnent une essence utilisée en parfumerie, et, ainsi que les tiges et les graines, dans la préparation de liqueurs diverses : Chartreuse, Vespétro, ou Ratafia d'Angélique, Mont-Dore, Raspail, Eau de Mélisse des Carmes, Absinthe, Vermouth de Turin, Vulnéraire, etc.

Cette essence nous venait, surtout, de Bohême. En parfumerie, on extrait et emploie séparément l'essence des racines et celle des graines, qui sont un peu différentes. Cette dernière est un liquide très volatil, à odeur plus franche, plus suave. Elle jaunit, aussi, rapidement à la lumière, et se résinifie en absorbant l'oxygène de l'air. L'essence des racines à 0,875 de densité, elle bout à 165-170°. La notice du ministère de l'Agriculture, publiée en 1906, dit, parlant des racines, que l'on extirpe après la récolte des tiges faite de juin à août, la plantation ayant eu lieu en octobre précédent : « On a essayé d'en extraire le principe odorant par distillation ; on n'a pas obtenu, jusqu'ici, de résultat appréciable. »

Cent kilogrammes de matière verte donneraient 130 à 150 grammes d'essence, qui vaut 125 à 250 francs le kilogramme. Les semences en fourniraient 700 à 750 grammes.

L'essence renferme un terpène, le phellandrène, des acides (méthyléthylacétique, oxypentadécylique, etc.). L'acide angélique, ou acide sumbulique, a une odeur aromatique, une saveur acide et piquante. Sa solution aqueuse rougit la teinture de tournesol. Il est peu soluble dans l'eau froide, plus dans l'eau chaude, l'alcool, l'éther, les huiles essentielles. Il fond à 45°, bout à 190° et brûle en donnant une flamme fuligineuse. Chauffé avec un excès de potasse, il se décompose et donne un acétate et un propionate potassiques, avec dégagement d'hydrogène. A la longue, il se transforme en acide méthylcrotonique.

L'anhydride angélique se produit quand on fait réagir à froid l'oxychlorure de phosphore sur l'angélate de potasse bien sec. On lave avec une dissolution faible de carbonate de sodium. On dissout le produit dans l'éther et on mélange avec du chlorure de calcium fondu. Après un temps assez long, on distille. On obtient une huile incolore, d'odeur faible à froid, neutre, plus lourde que l'eau.

En parfumerie, on prépare l'eau d'angélique en laissant macérer quarante-huit heures, dans 15 litres d'eau, avec 500 grammes de sel de cuisine, 2^{kg},5 de racine sèche concassée et distille 10 litres, en poussant vivement le feu.

La racine sert aussi à parfumer les poudres.

Le mot angélique vient des propriétés surnaturelles que l'on accordait à la plante. En Norvège, Islande, Sibérie, elle est employée comme aliment et condiment. On mange les jeunes tiges, dépouillées de leur épiderme. Les Norvégiens mettent de la racine dans leur pain. Parlant des Lapons, un auteur (1) écrit : « Ils ne connaissent de comestible végétal, outre l'écorce intérieure du sapin, que l'Angélique, qui croît dans les vallées, sur le bord des fleuves, où elle atteint un

____

(1) René DE GOURMONT, « Chez les lapons ». — Paris, Didot.

grand développement. Ils en mangent la racine et les feuilles, qu'ils font souvent bouillir avec du lait. D'ordinaire, leur repas se termine ainsi. Ils accommodent aussi les tiges avec le poisson. » On affirme encore que ce mets préserve des fièvres des marais pendant l'été, court, mais chaud, des régions polaires.

Toutes les parties de l'Angélique ont une odeur aromatique caractéristique, une saveur chaude, amère, musquée qui lui communiquent des propriétés stomachiques, cordiales, carminatives.

Les feuilles perdant leurs vertus par la dessiccation, on n'emploie guère, en thérapeutique, que les racines (racine du Saint-Esprit) et les graines. Mais les jeunes tiges fraîches peuvent être employées aussi.

La racine contient une huile volatile, une matière analogue à la cire, une résine, de l'acide malique, des acides spéciaux (acide angélique), du sucre, de l'angélicine, de la gomme, de l'amidon, de l'acide pectique, des matières azotées. Plusieurs auteurs prétendent que les racines exportées du Japon sont tout à fait différentes, comme propriétés, de l'espèce qui croît chez nous. Les racines du Japon proviendraient des espèces cultivées Angelica refracta et Angelica anomala.

La racine, celle d'un an surtout, est employée comme sudorifique et diurétique, reconstituante, tonique, antispasmodique. Elle a une saveur douce, d'abord, puis chaude, musquée, piquante, amère, qui provoque la salivation. Ses propriétés stimulantes, énergiques, sont propres à combattre la torpeur de l'appareil digestif. Olivier de Serres, dans son Théâtre de l'agriculture, la désigne comme antidote de toutes les infections, et très utile ; en cas de peste, il conseillait de mâcher la racine. On lui attribue quelque efficacité sur la longévité de l'existence, et on cite à ce sujet, un habitant de Nice, Annibal Camaux, qui mourut à Marseille en 1759, à cent vingt et un ans, qui mâchait, habituellement, de la racine en question. Les Lapons en font usage, croyant, aussi, qu'elle a la propriété de faire vivre longtemps.

La médecine emploie la racine d'Angélique sous forme de poudre, tisane, infusion, teinture. Elle entre dans un grand nombre de compositions pharmaceutiques, le baume du commandeur, et autres. Dans les convalescences longues et difficiles, on prend l'infusion préparée avec 20 grammes de racine dans un litre d'eau.

Les graines sont employées comme celles de l'Anis, en infusion, teinture alcoolique, liqueurs diverses, mais moins souvent que la racine. Contre les indigestions, vomissements spasmodiques, coliques venteuses, on prend 8 à 16 grammes de graines par litre. Ces dernières sont mises aussi à contribution par la confiserie. Jadis on cherchait à augmenter le montant ou la force des tabacs, et à les aromatiser, en y mélangeant certaines poudres dans lesquelles entrait parfois l'Angélique.

Voici quelques liqueurs préparées avec les graines, les racines ou les tiges : liqueur simple : laisser macérer 8 à 15 grammes de graines dans 1 litre d'eau-de-vie. — Ratafia d'Angélique, ou Vespétro : laisser macérer huit jours dans un litre d'eau-de-vie à 60°, en agitant de temps en temps : 30 grammes de graines d'Angélique ; 30 grammes de graines de Coriandre ; 4 grammes de graines d'Anis vert ; 4 grammes de graines de Fenouil. Filtrer, puis ajouter un sirop fait avec 250 grammes de sucre dans un litre d'eau. Autre formule : laisser huit à dix jours, dans deux litres d'alcool à 90°, 250 grammes de graines d'Angélique ; une petite gousse de Vanille ; 8 grammes de Girofle, puis décanter. D'autre part, faire un sirop avec 3 kilogrammes de sucre dans un litre et demi d'eau, celle-ci versée, d'abord, bouillante, sur 250 grammes de râpures et tiges d'Angélique. Après refroidissement, ajouter au liquide précédent. Bien boucher. Après quatre à cinq semaines, filtrer et mettre en bouteilles. — Laisser huit jours dans un litre un quart d'eau-de-vie, 45 grammes de tiges vertes d'Angélique ; filtrer et ajouter un sirop fait avec 1 kilogramme de sucre dans trois quarts de litre d'eau. — Liqueur analogue à la Chartreuse : Laisser quinze jours dans 2^l,5 d'alcool à 90°, contenant 2 gouttes d'essence de Menthe, 2 grammes de racine d'Angélique ; 2 grammes de Mélisse fraîche ; 2 grammes de sommités fleuries d'Hysope ; 2 grammes de Muscade ; 2 grammes de Coriandre ; 1 gramme de Girofle, 2 grammes d'Anis vert ; 1 gramme de Safran. Agiter tous les jours ; filtrer à travers un linge, et ajouter un sirop fait avec 500 grammes de sucre dans 1 litre d'eau.

LA MARJOLAINE

La Marjolaine cultivée est une plante de la famille des Labiées désignée encore sous les noms d'Origan Marjolaine, Marjolaine des jardins, Marjolaine à Coquille, Marjolaine d'Orient (Origanum Majorana, Majorana Hortensis). Il ne faut pas la confondre avec l'Origan Vulgaire (Origanum Vulgare), ou Marjolaine Sauvage, qui croît à l'état spontané sur les collines de Provence, du Vaucluse, des Basses-Alpes, du Bas-Languedoc, du Bas-Dauphiné. Elle serait originaire de la Palestine et aurait été introduite en Europe en 1573.

Cette plante fait l'objet d'une culture soignée principalement dans les environs de Saint-Remy (Bouches-du-Rhône) et dans quelques communes voisines du Vaucluse où nous avons pu l'étudier. M. Félix Mathieu, des Paluds-de-Noves (Bouches-du-Rhône) a bien voulu nous donner des renseignements intéressants.

Caractères : 20 à 40 centimètres de hauteur; ramifiée, touffue ; tiges semi-ligneuses, menues, carrées, rougeâtres un peu velues, bifurquées à leur extrémité. Feuilles opposées, petites, ovales, entières, blanchâtres et molles, à odeur fortement aromatique rappelant celle de la Lavande ; saveur âcre et amère. Fleurs en gueule, petites, d'un blanc verdâtre réunies au sommet des rameaux en bouquet globuleux caractérisé par des bractées en écailles imbriquées qui frappent au premier abord, les fleurs se flétrissant vite. Graines oblongues, très fines, brun foncé.

La plante est vivace mais elle est traitée comme annuelle dans les cultures de quelque importance. Elle ne supporterait pas un froid de 3 à 4°. Elle est assez résistante à la sécheresse et redoute l'humidité persistante. Il lui faut une exposition chaude ou le climat méridional.

La graine se paie chez les marchands 50 à 70 centimes les

30 grammes. Les *semis* se font rarement à demeure en lignes, d'avril à juin, pour éclaircir ensuite les pieds. Il est préférable de semer d'abord en pépinière vers la Saint-Michel, sur une planche bien exposée, bien saine et bien abritée. On compte qu'il faut 145 mètres carrés pour fournir les plantes d'un hectare. La terre est, au préalable, bien ameublie, additionnée de sable, au besoin, pour que l'émiettement soit parfait, car les graines sont très fines. On opère par temps sec. On n'enterre que légèrement la

Fig. 96. — Marjolaine à coquille.

semence et plombe. Il serait préférable, après avoir seulement plombé, de recouvrir d'un centimètre de terre de bruyère. On a conseillé 2 centimètres de tan épuisé que l'on paie chez les tanneurs 1 à 2 francs le mètre cube.

La *plantation* à demeure dans un sol bien préparé, bien fumé, surtout aux superphosphates, frais ou arrosable, autant que possible, a lieu en avril, mai, quand les plantes sont assez fortes, et que les gelées ne sont plus à craindre. On plante aussi des éclats.

On dispose en lignes espacées de 65 à 70 centimètres. Les trous, qui reçoivent chacun quatre ou cinq petits plants, sont distants de 25 à 30 centimètres. On arrose au fur et à mesure pour mieux assurer la reprise. Les soins consistent ensuite en binages, sarclages et arrosages, si besoin est.

On procède à la *récolte* quand la Marjolaine est en pleine floraison, en août, septembre. On choisit un temps sec et chaud. On se sert de la faucille ou encore du couteau-scie. Quand la terre est très meuble, on arrache complètement la plante.

On *distille* la matière verte ou sèche. Dans ce dernier cas, on la coupe en menus morceaux. 100 kilogrammes de produit vert donnent 135 à 220 grammes d'essence, rarement 300 à 400. En 1766, Baumé obtint dans une expérience : en juin 141 grammes ; en juillet, 600 grammes ; en août, 250 grammes. Cent kilos de Marjolaine sèche rendent 625 grammes d'essence. Celle-ci vaut de 15 à 30 francs le kilogramme. Elle est communément appelée dans le commerce essence d'Origan. Elle est neutre, plus légère que l'eau. Fraîchement obtenue c'est un liquide mobile incolore ou légèrement verdâtre, mais qui à la longue jaunit à l'air. Elle a une odeur forte spéciale qui au bout de quelque temps rappelle celle de la Lavande. Elle contient environ 5 p. 100 d'un terpène dextrogyre bouillant à 160 à 162°, du camphre droit et du bornéol. On la débarrasse de son camphre, en partie tout au moins, en la rectifiant par distillation.

La Marjolaine entrait dans l'ars ornatrix des Romains.

Dans le Midi on vend quelquefois l'essence de Calamintha Nepeta sous le nom d'essence de Marjolaine. M. Genvresse, de la Faculté des sciences de Besançon, a étudié particulièrement avec M. Chablay cette essence de Calamintha. Les expérimentateurs ont trouvé une cétone nouvelle, la calaminthone outre le pinène et la pulégone.

L'essence de Marjolaine est employée en parfumerie surtout pour les savons. Les feuilles sèches pulvérisées entrent dans les sachets. Dans la Grèce antique, où l'on avait un parfum pour chaque partie du corps, on mettait dans les cheveux et dans les sourcils une pommade faite avec de la Marjolaine. L'huile essentielle était tirée de Cos.

En économie domestique, les feuilles constituent dans le Midi et ailleurs un assaisonnement qui facilite la digestion. On les emploie comme condiment avec certains légumes, pois, fèves, pommes de terre, avec les poissons marinés, le jambon, le boudin, les hachis. Les inflorescences servent à parfumer les ragoûts et les sauces.

Les feuilles torréfiées seraient utilisées pour falsifier le thé.

On a conseillé la plante comme produit propre à aromatiser les fourrages des animaux.

On pourrait faire, dit-on, trois coupes donnant par hectare 5 000 à 6 000 kilogrammes de matière sèche.

En confiserie, les graines entrent dans la préparation des dragées fines. La production des graines rapporterait par hectare, dans les environs de Graveson (Bouches-du-Rhône) 1 150 francs brut.

En Provence, il y a une vingtaine d'années, pour la vente, on faisait avec les branchettes des petits paquets de 25 à 30 grammes. Aujourd'hui on laisse sécher sur une aire, puis on passe le rouleau. Les feuilles et les fleurs tombent en débris. On secoue avec la fourche pour les séparer, puis on crible pour débarrasser de la terre et des poussières. Les producteurs portent leur marchandise le mercredi et le vendredi aux acheteurs de Saint-Remy. Le territoire de cette ville et de quelques communes du Vaucluse donnaient ainsi 300 000 à 500 000 kilogrammes de *Marjolaine émondée*. Une éminée, ou 870 mètres carrés, en fournit environ 150 kilogrammes, soit 1 600 à 2 000 kilogrammes par hectare, qui à 0 fr. 75 le kilogramme représentent 1 200 francs. Mais la plante est quelquefois atteinte par une rouille qui réduit la récolte, comme en 1912 où le prix s'est élevé à 1 fr. 50 le kilogramme.

Les 300 000 à 500 000 kilogrammes produits par les Bouches-du-Rhône et le Vaucluse étaient exportés presque entièrement en Suisse, Allemagne et Hollande, où la Marjolaine est employée pour assaisonner la charcuterie. Mais on avait constaté que le chiffre des exportations dépassait de 200 000 kilogrammes environ celui de la production ; c'est que l'on mélangeait à la plante naturelle des feuilles, des fleurs sèches, des débris d'autres plantes peu ou pas aromatiques et d'une valeur commerciale presque nulle. On a signalé en particulier les feuilles de Cornus Sanguinea ou Sanguin. D'après M. Eugène Collin, expert-chimiste du laboratoire de la répression des fraudes, on met la falsification en évidence en faisant

22.

bouillir le produit suspect dans une solution alcaline, ou, mieux, en l'examinant au microscope. On ajoute aussi des feuilles de Cistus Albidus. Il paraîtrait que cette fraude était imposée aux vendeurs par les négociants suisses et allemands. Mais pour éviter tout ennui, les expéditeurs envoyaient la marchandise sous les noms de « herboristerie » ou de « feuilles sèches », et la marchandise ainsi présentée ne tombait plus sous le coup de la loi.

Origan. — Marjolaine Commune, Marjolaine Sauvage, Marjolaine Vivace (Origanum Vulgare). Plante vivace : tiges de 30 à 40 centimètres dressées, velues ; fleurs rosées blanches ou pourpre à bractées violacées, en épis oblongs et courts formant des bouquets terminaux. Feuillage plus abondant.

Même genre de culture que la Marjolaine, mais la plante peut durer plus longtemps. On la multiplie par semis, boutures et division des touffes au printemps.

L'essence renferme du thymol et du carvacrol. Elle a des propriétés antiseptiques. Celle qui est déterpénée est plus fine et plus concentrée. L'essence de la Martinique et de la Guadeloupe vaut 25 à 30 francs le kilogramme. La plante est employée aussi en distillerie pour la préparation de certaines liqueurs (l' « Origan du Comtat », par exemple), la fabrication du Vulnéraire, de l'eau d'Arquebuse, etc. L'Origan fait l'objet d'un certain commerce dans l'Aisne où on la ramasse dans les bois. Les fleurs sèches sont achetées par la droguerie 50 centimes le kilogramme.

L'*Origanum Dictamus* ou Dictame des Anciens est le célèbre Dictame de Crète que d'après l'Enéide, de Virgile, Vénus allait cueillir dans cette île pour panser les blessures d'Enée. C'est un sous-arbrisseau peu élevé à fleurs rosées en épi. On le cultive comme plante d'ornement. Mais l'hiver il a besoin de la serre froide.

L'*Origanum Maru* est un sous-arbrisseau de l'île Candie de 0m,50 de hauteur à fleurs rosées en épis globuleux.

L'ESTRAGON

Artemisia Dracunculus (Composée) ; herbe dragonne, Dragon, Fargon, Serpentine. Spontané dans les régions montagneuses et froides de l'est de l'Europe, dans la Sibérie, Tartarie, Mongolie chinoise. Cultivé en France dans les jardins potagers, comme condiment.

Plante vivace, à tige herbacée, de 50 à 70 centimètres de hauteur ; grêle, rameuse, formant touffe, mais périssant en hiver. Feuilles linéaires, alternes, d'un beau vert, glabres (sans poils). Fleurs (juillet à septembre), petites, en capitule à l'extrémité des rameaux, ne donnant que très rarement

Fig. 97. — Estragon.

des graines. Les semences d'une espèce voisine sont souvent vendues pour des graines d'Estragon. Mais cette espèce n'a pas les propriétés recherchées chez la plante qui nous occupe.

Culture. — Choisir une *terre* de bonne qualité, riche en engrais, perméable, fraîche en été, à bonne exposition et mi-ensoleillée. Éviter les sols argileux, humides en hiver.

La *multiplication* se fait par boutures, marcottes et, surtout, par éclats de touffe, que l'on met en place de la mi-juillet à la mi-août, dans le Nord, en automne, dans le Midi et aussi au printemps en avril-mai, dans un sol profondément labouré et bien fumé. Les lignes sont distantes de 40 à 50 centimètres, et les pieds de 30 à 40 centimètres. Arroser copieusement.

Pour une petite surface, si l'on veut avoir une plantation plus avancée au printemps, en hiver diviser les touffes ; mettre les portions pourvues d'yeux en pot, sur couche. On met en place au printemps.

Le marcottage se pratique de la façon suivante. Au printemps recouvrir les touffes de 15 à 20 centimètres de terre légère. Quand les racines et les rhizomes qui se développent sont assez forts, on les sépare et les plante à demeure. Mais pour avoir des plantes plus fortes, qui s'enracinent mieux et craindront moins la sécheresse, les mettre en godets, que l'on porte sur une couche tiède sous verre. On les plantera en automne ou au printemps.

Le bouturage se pratique aussi au printemps. Couper les tiges qui poussent quand elles ont 5 centimètres de hauteur, en enlevant une portion de racine ; les piquer sur couche tiède sous verre. Après enracinement, repiquer en godets. Mettre en place au printemps suivant. On peut bouturer aussi, en plein hiver, si l'on a une serre à multiplication. En décembre, planter les touffes côte à côte dans la serre chaude, à 10°, d'abord, puis à 15 et 20°. Couper les pousses de 5 centimètres avec une portion de rhizome et les repiquer. On empotera et laissera dans la serre jusqu'à la reprise. Mettre sous châssis en mars-avril. Planter au printemps. On gagne, ainsi, un an sur le bouturage de plein air. Ne pas oublier que l'Estragon redoute les déplantations trop fréquentes.

Les *soins culturaux* consistent en nombreux arrosages en été, en binages, sarclages. En automne et en hiver, la plante redoute plus l'humidité que le froid. Cependant, dans les régions septentrionales, abriter les pieds, en hiver, avec de la litière, des feuilles sèches, après avoir coupé les rameaux morts. Donner, ensuite, un labour à la bêche, en enfouissant du fumier.

La plante est parfois attaquée par la *Rouille* (Puccinia Absinthii D.C.).

Récolte. — On pratique des récoltes successives dans la belle saison, d'avril-mai à septembre-octobre. Pour les besoins du ménage, si l'on veut des tiges bien tendres, on coupe les jeunes rameaux tous les vingt à vingt-cinq jours, et arrose copieusement. Dans tous les cas, la récolte des extrémités feuillées peut commencer un mois à six semaines après la reprise des plantes.

Il est bon de renouveler la plantation tous les trois à quatre ans, en divisant les touffes, que l'on plante dans un autre terrain.

Pour les besoins de la distillerie, de l'herboristerie, de la droguerie, on récolte les rameaux entiers, quand la plante a atteint son maximum de développement, prête à fleurir. On livre frais aux distillateurs. Pour l'herboristerie, on sèche en petits paquets, que l'on attache deux par deux, et que l'on met à cheval sur une corde ou un fil de fer, dans un local aéré. On paie 1 franc à 1 fr. 10 le kilogramme. La vente est forte.

Utilisation. — Les feuilles de l'Estragon ont une saveur aromatique, piquante, amère. Leurs propriétés apéritive, stomachique, excitante, fébrifuge, sont mises à contribution en médecine. Cent kilogrammes de tiges vertes donnent à la distillation 300 grammes d'essence, vendue 70 à 150 francs le kilogramme. Elle présente en chimie un grand intérêt historique, ayant servi de base à Laurent dans une série de travaux mémorables. On lui a trouvé les caractères suivants : densité, 0,930 à 0,935 ; pouvoir rotatoire à $+15°$, $l=100^{mm}$, $+3°$ à $+5°$; une partie est soluble dans une partie d'alcool à $90°$. Elle renferme une forte proportion d'estragol et de l'anéthol (phénols).

En médecine, la tisane (20 grammes par litre d'eau), est considérée comme stomachique, excitante et fébrifuge.

Dans les ménages, l'Estragon est employé comme condiment et pour aromatiser le vinaigre, la moutarde, etc. Dans l'industrie des conserves, l'essence est utilisée dans le même but.

L'EUCALYPTUS

Il existe, suivant les auteurs, de 150 à 200 espèces d'Eucalyptus, tous arbres originaires de l'Australie, de la Tasmanie et de l'archipel indien, où ils forment de véritables forêts, et dont l'aptitude à résister au froid, à croître dans les sols secs, siliceux, calcaires, humides ou argileux, salés ou non, près ou loin de la mer ; dont le port, les dimensions, la qualité du bois, la richesse des feuilles en huile essentielle, la composition de celle-ci, sont très variables.

On rencontre aujourd'hui de ces représentants de la famille des Myrtacées, à peu près dans tout le bassin méditerranéen. Ils ont été introduits sur la Côte d'Azur, où il en existe une quarantaine d'espèces, vers 1860, et quelques années plus tôt, en Algérie. C'est Ch. Naudin qui en fut le protagoniste, l'instigateur.

Les Eucalyptus ont été présentés, jadis, au public agricole et horticole presque comme une panacée, pouvant être exploités aux points de vue forestier et industriel, hygiénique et médical, en horticulture ornementale et commerciale. Trop vantés, alors, comme il arrive souvent pour ce qui est nouveau et grossi par le mirage des lointains horizons, toujours un peu mystérieux, la réaction a été ensuite peut-être un peu trop forte. Sur la Côte d'Azur, on ne considère guère l'Eucalyptus que comme arbre d'ornement, qui par son feuillage spécial, son port irrégulier, sa ramure claire, ajoutent encore au cachet oriental de cette région privilégiée. Quelques-uns, cependant, leur dénient toute qualité esthétique. « Les Eucalyptus Globulus en vieillissant deviennent d'affreux sujets d'alignement et de bosquet, d'ailleurs impitoyablement condamnés, maintenant, et avec juste raison », disent MM. Rivière et Lecq, dans leur ouvrage : *Cultures du Midi*.

Dans tous les cas, certaines espèces fournissent au commerce d'exportation des branches de feuillage frais pour verdure d'hiver, qu'accompagnent les fleurs curieuses de ces végétaux singuliers. Quoi qu'il en soit, ces arbres nous intéressent ici par l'huile essentielle qu'élaborent leurs feuilles.

En France, en dehors de la région de l'Oranger, les Eucalyptus ne sont guère regardés que comme curiosité horticole, pour former, tout jeunes, des « fusées » dans les corbeilles des jardins, ou des plantes en pot d'orangerie. Certains types atteignent, toutefois, des dimensions quelque peu importantes dans le Gard, l'Hérault, l'Aude, le Bordelais, le Périgord, en Bretagne, en Angleterre, en Écosse. Remarquons, sans vouloir rééditer l'enthousiasme d'il y a quelque trente à quarante ans, que l'Eucalyptus Globulus, en particulier, par la rapidité de sa croissance, qui tient du phénomène, est de nature à attirer l'attention de ceux que les problèmes d'après-guerre doivent préoccuper, car il est capable de fournir, dans un nombre d'années relativement faible, un volume de bois considérable. D'après le Dr Trabut, 1 000 à 2 000 pieds (un hectare), d'un an de semis, plantés en terrain marécageux, donnent, à six ans, 500 à 600 stères de bois, et les coupes se succèdent ainsi de six ans en six ans, augmentant en quantité et qualité. Un peuplement dense peut ainsi fournir, par hectare et par an, 50 tonnes de bois sec à brûler.

Cette espèce est la plus répandue dans tout le midi de l'Europe, en Algérie et dans la région de l'Oranger. Mais on a recommandé, aussi, comme pouvant être cultivées en dehors de cette aire géographique, les espèces Urnigera, Coccifera, Cordata, Gunnii, Viminalis.

EUCALYPTUS GLOBULUS, *Labill.* — Appelé, aussi, Gommier bleu de Tasmanie (Blue gum tree), en raison de la teinte glauque (vert bleuâtre), de son feuillage. C'est le type du genre, une des espèces les plus rustiques, et, comme nous l'avons dit, remarquable par la rapidité de son développement. Il réclame un climat chaud, peu pluvieux, beaucoup de soleil, un hiver doux. Parfois, les grandes plantations ont causé des déceptions, par suite des froids et de la sécheresse. Il ne résiste pas à un abaissement thermique un peu notable, et, ailleurs que sous le climat de la Côte d'Azur, il faut souvent le recéper après chaque hiver un peu rude. Même dans cette dernière contrée, ses feuilles commencent à souffrir à — 3° — 4°, et ses branches sont fort endommagées quand elles subissent l'action un peu prolongé de — 5°, — 6°. En Algérie, des pieds ont été détruits en 1902, aux environs de Constantine, par un froid de — 15°.

Après la germination de la graine, la tige est d'abord quadrangulaire ; puis elle s'arrondit peu à peu. Tout jeune, l'arbre a un port pyramidal élégant. Plus tard, ses ramifications sont mal équilibrées, et l'écorce se détache en longues exfoliations pendantes comme des loques, laissant un tronc parfaitement lisse, comme une colonne d'ardoise de couleur cendrée. On remarque à la surface la tendance de l'arbre à se tordre en tire-bouchon, suivant son axe longitudinal.

La pousse annuelle, longue et grêle, est d'une texture peu consistante et se brise très aisément sous l'action du vent. Mais le bois, très flexible dans le jeune âge, ne tarde pas à devenir très dur et lourd.

On a vu des sujets, placés dans un sol favorable, léger et humide, croître les premières années d'un mètre par mois, dans la belle saison, et de 6 mètres par an. A dix ans, ils peuvent atteindre, sur la Côte d'Azur, 15 à 17 mètres, avec $1^m,5$ de circonférence de base. On a cité, à Hyères, un sujet qui, à sept ans, avait un pied de $1^m,90$ de tour, et dont la cime dépassait le toit d'une maison de cinq étages. On en rencontre en Provence maritime qui, à dix-huit-vingt ans, atteignent 30 à 35 mètres, avec $2^m,5$ de circonférence à 1 mètre du sol. En Australie, on en voit s'élever jusqu'à 100 mètres.

Bien que les *racines* de l'arbre soient fortes, pivotantes et traçantes, on n'a pas moins signalé, en Algérie, que planté le long des lignes de chemins de fer, il constitue un danger permanent pour la sécurité des convois, en cas d'ouragan qui abat les branches.

On reproche à ce système radiculaire d'aller puiser loin à la ronde les aliments et l'eau, au point de nuire grandement aux cultures environnantes et d'empêcher, en plantation forestière, le développement du sous-bois.

Les *feuilles* des jeunes sujets, ou des pousses nouvelles venant après recépage, diffèrent de celles de l'arbre adulte. (On prétend que les rameaux adventifs seraient plus résistants au froid que ceux dont le feuillage est adulte.) Elles sont opposées,

Fig. 98. — Eucalyptus globulus et Pritchardia filifera
(Jardin public à Nice).

arrondies, larges, se rapprochant un peu de celles du chèvre-feuille, sessiles, embrassantes, blanchâtres, caractères qui en font, à ce moment, l'espèce la plus ornementale. Les feuilles des branches âgées sont persistantes, alternes, coriaces, d'un vert brillant, en forme de faux, très acuminées (en pointe allongée), arrondies à la base. Elles pendent verticalement à l'extrémité d'un assez long pétiole où elles se balancent au gré du moindre vent, formant d'immenses panaches pleureurs, portés par des branches flexibles.

Elles répandent une odeur balsamique prononcée, qui passe pour avoir une action fébrifuge, et elles ont une saveur amère et astringente. Elles brûlent en fusant, en longues flammèches.

Tout l'hiver, les frondaisons sont parsemées de sortes de gros boutons d'habits, *globuleux*, d'un vert pruiné, comme saupoudré de farine. Ce sont les futures *fleurs*, dont la curieuse organisation, à leur complet épanouissement, n'est pas sans charme. Ces organes ont, aussi, une odeur aromatique.

Le bouton en question est en forme de toupie bosselée. Sa partie supérieure, arrondie, est constituée par une sorte de couvercle, coiffe ou opercule, qui représente morphologiquement la corolle et qui se détache circulairement pour tomber tout d'une pièce, laissant se détendre une multitude d'étamines blanches, entourant un petit style filiforme. La partie inférieure, qui reste attachée à la branche, est le calice. C'est une espèce de cupule, à 4 loges, qui s'ouvrent supérieurement, en été, à la maturité, pour laisser se répandre de nombreuses petites graines noirâtres, anguleuses, qui ressemblent un peu à de la graine d'oignon.

Quelques autres espèces. — L'*E. Rostrata*, Gommier rouge (Red gum tree) a, comme l'E. Globulus, quoique à un moindre degré, un développement rapide. Il se plaît aussi bien dans les terres humides, inondées, plus ou moins mêlées de silice, que dans les terres sèches. A ce point de vue, il est plus intéressant que ce dernier, qui n'aime pas les sols marécageux. Il le remplace souvent en Algérie, où l'on apprécie, d'ailleurs, sa plus grande rusticité et sa résistance à la sécheresse. Il peut atteindre 12 à 15 mètres en huit à dix ans.

L'*E. Robusta* est assez répandu sur la Côte d'Azur, où l'on remarque ses grandes et belles feuilles d'un vert luisant. Sa croissance est assez rapide, et il repousse bien du pied. Il se plaît dans les lieux humides, et ne craint pas le voisinage de la mer. En Oranie, il prospère dans les terrains salés.

Fig. 99. — Eucalyptus globulus.

L'*E. Occidentalis, Var. Oranensis*, croît aussi dans les terrains salés de cette région.

L'*E. Gomphocephala* prospère dans les sols calcaires.

L'*E. Cosmophylla*, l'*E. Marginata*, l'*E. Corynocalyx*, s'accommodent des terres sèches.

On a signalé l'*E. Urnigera*, surtout comme résistant au froid : à — 10°, — 12°, et même — 16°, dans le Gard, à Montsauve ; à — 10°,5, à Carcassonne. Une variété a supporté — 13° à l'École d'Agriculture de Montpellier. Dans le Périgord des Urnigera de deux ans ont péri à la suite de vingt-deux journées consécutives de gelée à — 11°. On reproche à l'arbre de risquer la casse des branches par les vents.

D'après Ch. Naudin, l'*E. Viminalis* adulte endure sans encombre des froids de — 9° à — 10°. On en trouverait des représentants dans les régions de Bordeaux et d'Angers.

L'*E. Amygdalina* ou E. Menthe poivrée, ou Tasmanian peper, des Australiens, est le géant du genre ; il peut atteindre jusqu'à 150 mètres avec 30 mètres de circonférence. Ses feuilles passent pour être les plus riches en huile essentielle. Dans son pays d'origine, il croît à 100 mètres dans les vallées abritées. Sa culture est difficile dans le jeune âge. C'est, paraît-il, la seule espèce qui supporte le plein air dans la Haute-Italie.

Culture. — Nous nous occuperons ici de l'Eucalyptus Globulus. Nous avons dit qu'il ne doit pas être mis dans le voisinage des cultures, car ses racines sont envahissantes. D'autre part, en massif, il a une mauvaise végétation, poussant plus droit, s'élançant à la recherche de la lumière. Mais dans cette situation, les arbres s'abritent mieux contre les vents violents. Certaines variétés se dessèchent, si on les plante trop serrées. Il ne faut pas, non plus, trop le rapprocher de la mer, car il souffre des embruns et il craint les terrains salés.

Il ne se plaît pas dans les *sols* secs, ni dans les calcaires ou les argiles. Il demande une bonne terre siliceuse, fraîche ou arrosable, pour prendre un développement rapide. L'humidité du sol doit passer avant sa fertilité, bien que cette dernière ne soit pas sans importance. On en a vu en terrain sec et maigre périr assez rapidement, ou ne mesurer que 4 à 5 mètres, après 30 à

35 ans, avec un tronc grêle. En résumé, pour compter sur une bonne production, il faut consacrer à l'arbre des terres de choix, les alluvions perméables, fraîches, silico-argileuses, en plaine, et lui donner, dans le jeune âge, des arrosages et des binages.

Semis et plantation. — La multiplication se fait par *semis*. Malgré la grande quantité de graines qui tombent chaque année, on ne voit, sous nos climats, qu'exceptionnellement des jeunes pieds venus de cet ensemencement naturel. On a invoqué la sécheresse du sol au moment, — l'été, — où il se produit ; l'interversion des saisons, par rapport à l'habitat naturel, l'Australie, etc.

D'après Heuzé, l'arbre commence à produire des graines fertiles à l'âge de six ans. On conseille de les récolter de préférence sur des sujets de six à huit ans.

Suivant les régions, on les sème de février à mai, soit en pleine terre dans un endroit chaud, sur un sol léger, substantiel, ou sur un terreau de feuilles additionné de sable, soit en caisse, terrine, en plein air, les plantes étant ainsi plus résistantes, soit, encore, sous châssis vitré. Les récipients sont remplis d'un mélange de terre de bruyère et de terreau, additionné d'un peu de sable. Quand on a une serre, le semis d'août, septembre et la tenue des plantes en végétation pendant tout l'hiver donnent des sujets plus beaux que ceux du semis de printemps. Mais ce mode n'est guère employé que dans les régions autres que celles de l'Oranger, pour la production des plantes de 1 mètre à 1^m,50 servant à l'ornementation des jardins. Dans ce cas, on repique en godets à 3 ou 4 feuilles que l'on tient en serre froide près du verre. En février-mars, on rempote et met sur couche chaude pour planter en mai.

En Australie, on sème directement en place.

Il faut semer très dru, car il y a beaucoup de graines qui ne germent pas, et ne recouvrir que très légèrement celles-ci. La terre doit être tenue ensuite constamment humide, et débarrassée des herbes adventices.

Suivant le climat, l'époque et le mode de semis, la levée a lieu après une semaine et demie à quatre semaines. La tigelle est grêle, rougeâtre, et porte deux feuilles cotylédonaires d'un beau vert. On repique dans des pots de 8 à 10 centimètres, par 2 ou 3, quand les deux feuilles au-dessus de ces cotylédons se sont développées. Les plantes étant très délicates, on doit les garantir contre le soleil et le vent. Entretenir la terre dans un état suffisant d'humidité. Il est préférable, même, d'enterrer les pots en terre légère. Dans les régions où l'on peut encore craindre le froid, les entrer dans une serre, ou les mettre sous châssis.

Quand les plantes ont 15 à 20 centimètres, on fait un nouvel empotage. Il faut toujours, au préalable, mouiller la terre avant de dépoter.

On plante à demeure les jeunes Eucalyptus quand ils ont un an à un an et demi. Ils mesurent, alors, environ 50 à 70 centimètres. Plus âgés, ils reprendraient moins facilement. La plantation a lieu, généralement, au printemps qui suit l'année du semis. Si elle se fait en petit massif, on espace les pieds de 5 à 6 mètres. On fait des trous de 50 à 60 centimètres de côté et de hauteur, dans le sol bien défoncé. Après la mise en place, arroser, mettre du fumier pailleux, butter. Un tuteur peut être utile. Si le vent brise la tige, la recéper.

Chaque année, en été, donner deux pincements, pour faire développer les branches latérales et fortifier le tronc, qui, plus trapu, résistera mieux aux vents. Par la suite, et d'une façon générale, l'élagage doit être modéré, et appliqué aux branches qui tendent à s'emporter aux dépens de la tige principale. Pour la production des feuilles destinées à la distillation, l'arbre ne demande que l'étêtement.

Distillation. — Les feuilles d'Eucalyptus, regardées avec attention en face du soleil, montrent de fines gouttelettes d'essence, logées dans l'épaisseur des tissus. Les fleurs, les fruits en contiennent aussi, mais dont l'odeur diffère sensiblement. De même, les diverses espèces donnent une huile essentielle de composition variable. Chez quelques-unes, elle a une odeur analogue à celle de la sauge, chez d'autres, elle se rapproche du citron, ou, encore, de la menthe, sans compter qu'elles renferment plus ou moins d'eucalyptol, composant le plus important.

On distille généralement les ramilles chargées de feuilles et de boutons à fleurs, et plus particulièrement celles de l'Eucalyptus Globulus, qui dégagent une odeur pénétrante, balsamique, camphrée, rappelant celle de la citronnelle.

Cette distillation se pratique surtout dans la région de Grasse, en Algérie, en Australie, en Californie. L'Algérie a fourni jusqu'à 6 000 à 7 000 kilogrammes d'essence par an. D'après Heuzé, le territoire de Bouffarik produisait annuellement 2 000 kilogrammes.

Au laboratoire de Soukhoum (Caucase), M. Kozlov a constaté qu'avec l'E. Globulus, l'E. Maideni, l'E. Amygdalina, etc., la quantité d'huile essentielle obtenue est plus grande au printemps et au début de l'été. M. Beklemicher a trouvé par 100 kilogrammes de feuilles et ramilles d'Eucalyptus Globulus, en mars, 0,9 p. 100; en septembre, 0,8 p. 100; en décembre, 0,7 p. 100. M. Kozlov, avec l'E. Viminalis, en septembre, 0,6 p. 100; avec l'E. Pulverulenta 1,8 p. 100. Les feuilles desséchées de Globulus et de Viminalis donnent près du double. Comme il y a, alors, moins d'eau, cela réduit la dépense de combustible.

En Algérie, on estime que 100 kilogrammes de feuilles fraîches donnent 500 à 600 grammes d'essence. On a écrit qu'en Provence les E. Globulus, Leucoxylon Goniocalyx, Rostrata, produisent 1 à 2 kilogrammes par 120 à 150 kilogrammes de feuilles. Ailleurs, il est dit que 100 kilogrammes de feuilles fraîches d'E. Globulus fournissent $1^{kg},5$ à 3 kilogrammes. En Californie, 2 tonnes de feuilles de cette même espèce rendent 3 à 4 gallons (le gallon, $4^{l},5$ environ), soit en moyenne $1^{kg},5$ p. 100.

Le prix de vente de cette essence est très variable, 4 à 8 fr. le kilogramme, suivant année, provenance, composition, degré de pureté. Celle d'Australie (Mentha Australis) concurrence sérieusement notre production. Pure, l'essence vaut chez les marchands de produits chimiques 12 à 20 francs le kilogramme.

La fraude la plus courante consiste dans l'addition d'essence de romarin ou d'essence de térébenthine.

On a dit que si la distillation de l'Euc. Globulus était pratiquée en Tunisie, elle rapporterait 90 à 120 francs par hectare et par an. D'après les recherches faites au laboratoire de

Soukhoum, déjà cité, les recettes et dépenses probables de la production et de l'extraction industrielles de l'huile essentielle pourraient s'établir ainsi, par hectare : 1 200 francs pour la plantation ; 500 francs de dépenses annuelles ; 1 200 francs à 1 400 francs de revenu net. Avec une exploitation de 10 à 20 hectares, un capital de 65 000 à 80 000 francs (terrain et construction de l'usine de distillation) donnerait un intérêt de 13 à 30 p. 100.

L'ESSENCE. — L'essence brute d'E. Globulus est jaunâtre et renferme une sorte de gomme. Elle bout à 170°, et sa densité à 15° est de 0,896 à 0,910, suivant provenance. L'essence rectifiée sur la potasse est très fluide, incolore, plus riche en eucalyptol.

M. Jeancard a trouvé, à l'essence d'Eucalyptus de Provence, les caractéristiques suivantes : densité, 0,918 à 0,925 ; pouvoir rotatoire à + 15°, l = 100 mm. + 2° à + 5° : une partie d'essence est soluble dans 5 à 8 d'alcool à 70° ; proportion d'eucalyptol, 60 p. 100. D'après Piesse, le pouvoir rotatoire va jusqu'à + 17°, suivant l'origine du produit.

Le composant qui donne à l'essence sa principale valeur thérapeutique est, avons-nous dit, l'eucalyptol (C^{24} H^{36} O^2), ou Cinéol (Cloez), qui se rapproche du camphre par sa composition et par ses propriétés chimiques. On le trouve, surtout, dans l'essence d'Eucalyptus Globulus. L'essence de Californie en contiendrait parfois plus de 70 p. 100, 90 a-t-on dit. M. Kozlov a remarqué que les trois espèces Globulus, Maideni, Pulverulenta, qui végètent bien sur le littoral de Batoum, donnent à la distillation des essences très similaires. Elles contiennent toutes plus de 40 p. 100 d'eucalyptol.

MM. Baker et Smith ont fait une intéressante constatation. La composition de l'essence de Globulus, de Corymbosa et de Sieberiana ne sont pas identiques. Les différences appréciées à l'analyse sont étroitement liées aux différences d'orientation des nervures de la feuille. L'Euc. Globulus, dont les nervures latérales sont peu inclinées sur la nervure médiane, donne une essence exempte de phellandrène mais dans laquelle domine surtout l'eucalyptol. L'Euc. Corymbosa, qui a les nervures latérales très rapprochées, et peu inclinées, aussi, sur la nervure

médiane, mais dont celle du bord de la feuille est plus rappro-
chée de ce bord que dans le Globulus, donne une essence
exempte, également, de pellandrène, mais riche en pinène.
L'Euc. Sieberiana, dont les nervures latérales s'inclinent très
fortement sur la médiane et où la nervure marginale est plus
éloignée du bord que dans les deux cas précédents, donne une
essence où domine le phellandrène.

On a trouvé encore dans l'essence d'Euc. Globulus, du dipen-
tène, du terpinéol droit.

L'eucalyptol pur vaut, chez les marchands de produits chimiques, 18 à 25 francs le kilogramme ; l'eucalyptène, 0 fr. 25
le gramme ; l'eucalyptéol (bichlorhydrate d'eucalyptène),
0 fr. 20 ; l'eucalyptolène 0 fr. 25.

L'Eucalyptus Amygdalina rendrait à la distillation 2 à
3 p. 100 d'essence à odeur de menthe poivrée. L'essence
d'Euc. Maculata, var. Citriodora, rappelle à la fois celles de
citron, de mélisse et de citronnelle. Elle contiendrait du
citronnellol. Au Caucase, sur le littoral de Batoum, on a constaté un rendement plus élevé avec l'Euc. Maideni, qu'avec
l'Euc. Globulus, en raison du poids relatif plus élevé des
feuilles. M. Kozlov a trouvé, en septembre, 1,8 p. 100 chez le
Pulverulenta, et 0,6 chez le Viminalis.

L'eucalyptus en parfumerie et en pharmacie. —
L'essence d'Eucalyptus, et en particulier l'eucalyptol, de
même que les feuilles, sont utilisées, soit en parfumerie, soit
en médecine et hygiène et même dans l'industrie des liqueurs,
dans la préparation des élixirs, des pastilles. L'essence, ou
l'eucalyptol, entrent dans l'eau dentifrice au cyprès. En médecine légale, l'essence d'Eucalyptus serait préférable à celle de
térébenthine pour différencier les taches de sang des taches de
rouille.

La thérapeutique met à contribution les propriétés stimulantes, antispasmodiques et antiseptiques de l'eucalyptol.
L'essence (15 gr.), avec le phénol (15 gr.), et l'essence de térébenthine (100 gr.) constituent un mélange antiseptique, qu'on
laisse évaporer près du lit des malades atteints d'affection des
voies respiratoires. L'eucalyptol est employé en inhalations
et en capsules. L'essence (5 gr.) sert à garnir les inhalateurs,

avec l'alcool rectifié (75 gr.) et l'eau distillée (170 gr.), pour combattre la laryngite chronique.

L'eucalyptol, employé, parfois, comme vermifuge, en particulier chez les enfants atteints d'ascarides, ne produirait, d'après M. H. Brüning, aucun effet, même à dose forte. Par contre, des doses, même faibles, occasionneraient, chez ces derniers, des malaises et des vomissements. L'eucalyptol, combiné au chloroforme et à l'huile de ricin, ne serait vermifuge que grâce à la présence du chloroforme.

En Australie, on extrait de l'Euc. Rostrata, le Kino, riche en principes tanniques, et utilisé, en médecine, comme astringent, à la place du cachou.

L'Eucalyptus Globulus s'emploie, encore, sous forme de feuilles, poudre, teinture. Il passe pour fébrifuge, à l'usage des enfants qui supportent mal la quinine (1 à 4 grammes de teinture et en potion). La tisane de feuilles, prise dans les cas d'affection légère des voies respiratoires, est désagréable au goût, amère, âcre, si elle est trop concentrée. Voici comment on doit la préparer, d'après le médecin-major Cavalier-Bénezet : n'employer que 5 feuilles, de taille moyenne, pour un litre d'eau bouillante, et ne les laisser infuser que jusqu'au refroidissement ; sucrer le liquide et boire. L'infusion concentrée est employée, aussi, à l'extérieur, comme antiputride. Pour faire un sirop, laisser infuser 10 grammes de feuilles dans 150 grammes d'eau bouillante. Passer et ajouter 180 grammes de sucre pour 100 grammes de liquide. On prend 3 ou 4 cuillerées à soupe par jour.

Contre la toux, on fait, aussi, des fumigations, que l'on aspire. On connaît l'usage des bonbons et pastilles « à l'eucalyptus ». Les asthmatiques fument les feuilles séchées à l'ombre. On en brûle, également, dans les appartements, pour les assainir.

Autres usages. — Serait-il superflu de rappeler encore ici diverses autres destinations, auxquelles nous faisions allusion au début de ce rapide aperçu sur les Eucalyptus, et qui avaient produit un certain engouement quand ces nouveaux venus s'implantèrent en Provence et en Algérie? Leurs qualités, propriétés, avantages sont mis aujourd'hui en doute, niés, même, au moins pour certaines espèces.

L'efficacité attribuée à ces arbres contre les fièvres paludéennes, paraît tenir plutôt à la grande capacité d'évaporation, pour l'eau, de leur feuillage abondant, ces végétaux se développant, nous l'avons dit, très rapidement. On a estimé le poids de liquide, en vingt-quatre heures, à 10 fois celui de la ramure. Mais il n'y a pas là, d'après Griffon, une propriété spécifique des feuilles ; toutefois, leur accommodation à la lumière vive favorise la transpiration. De là la facilité remarquable d'assèchement et d'assainissement des régions marécageuses, comme on l'a constaté, par exemple, dans les marais pontins de la campagne romaine, dans certaines régions de la Corse, de l'Algérie, de la Tunisie, etc. Il en est résulté l'anéantissement des « gîtes » à moustiques, anophèles et autres transporteurs et inoculateurs des hématozoaires incriminés.

Mais nous avons vu que cet assèchement du sol, produit à la ronde des Eucalyptus, devient un grave défaut dans les régions de culture, où, le plus souvent, on est loin de souhaiter l'abaissement du plan d'eau, ou le tarissement des mares et des puits.

Enfin, les moustiques sont loin de fuir les Eucalyptus ; ils trouvent, au contraire, un abri sous leurs écorces soulevées ou sous leurs feuilles. Faut-il signaler, encore, les moineaux pillards des récoltes, qui remarquent en eux un refuge facile.

Le bois d'Eucalyptus, qui est très dur, puisqu'on l'a comparé, à ce point de vue, au bois de teck, a eu aussi sa part d'éloges. Ainsi, on donnait celui de Globulus, de Marginata, de Polyanthema, de Rostrata, comme matière de longue durée, convenant pour la charpente, le charronnage, la menuiserie, l'outillage agricole, les foyers. On citait son emploi dans le boisage des galeries de mine, les travaux des ports, car, paraît-il, il résiste mieux dans l'eau qu'à l'air. Des cargo-boats à vapeur, qui font le voyage d'Australie en Angleterre, seraient construits avec de l'Eucal. Globulus. Le Rostrata (gommier rouge) ne s'altèrerait pas sous l'action de l'humidité atmosphérique, aussi serait-il employé pour construire des ponts, des jetées, des chemins de fer. Le Cladocalyx, le Corynocalyx, conviendraient pour les poteaux télégraphiques, les traverses de chemin de fer, les pavés. Le Botryoïdes, le Colossea l'Amygdalina, sont réputés incorruptibles. Le bois de Rostrata, à grain serré et dur, et susceptible d'un beau poli, serait utilisé en Australie pour la menuiserie ; en ébénisterie, en raison de sa couleur rouge, il fournirait de très beaux meubles. Certaines espèces veinées conviennent spécialement aussi pour cet usage.

Mais d'autres sons de cloche jettent quelques gouttes d'eau froide sur ce concert d'éloges. Ils reprochent au bois son poids, sa dureté, qui le rendent difficile à débiter et à travailler quand il est sec. Ils l'accusent, en outre, de se tourmenter, quand il n'a pas subi une dessiccation complète ; de mal résister aux alternatives de sécheresse et d'humidité. Chez beaucoup d'espèces, il est contourné, fendu, difficile à couper, débiter, et le prix de revient de ces opérations est trop élevé. « Rares sont les espèces, a-t-on dit, dont le bois peut faire de bons poteaux télégraphiques, de bons piquets, des traverses de chemin de fer (peu de durée, fendillement, jeu incessant).

Voyons l'Eucalyptus comme bois de feu. On prétend que ce serait le combustible le plus employé en Australie ; il brûle bien, sa braise est ardente et se maintient longtemps. Son charbon a une grande puissance calorifique. On a constaté que 256 kilogrammes de branches sèches peuvent remplacer 100 kilogrammes de briquettes de houille, dans le chauffage des machines au bois. D'après le Dr Trabut, « 2 kilogrammes de bois sec d'Eucalyptus Globulus sont à peu près l'équivalent d'un kilogramme de briquette, pour le chauffage des locomotives. » Cet emploi serait courant sur les principales lignes de chemins de fer algériens et tunisiens. Le professeur anglais D.-E. Hutchins dit que le bois sec d'Eucalyptus, en raison de sa densité et de son pouvoir calorifique supérieurs à ceux de la houille, peut concurrencer le charbon, d'autant qu'un hectare est capable de fournir 50 tonnes de bois de chauffage, sans préjudice pour la forêt. Des essais faits dans les locomotives des chemins de fer de San-Paulo (Brésil) ont montré que le bois d'E. Rostrata, et celui d'E. Tereticornis, sont égaux, ou supérieurs, aux meilleurs bois durs ; ils brûlent avec une flamme courte et durent longtemps. Les espèces, Longifolia, Botryoides et Robusta donnent aussi des bois durs, quoiqu'un peu moins que les précédents ; ils sont excellents pour les transports des voyageurs.

On a reproché au bois d'Eucalyptus de pétiller au feu, comme celui du mûrier, et d'exiger, dans certains cas, quelque surveillance.

L'écorce de l'E. Globulus, qui se détache en grands lambeaux tombant au pied de l'arbre, est très inflammable, plus, paraît-il que les cônes de pin maritime, et à ce titre, peut servir pour allumer les foyers.

On a conseillé la plantation des Eucalyptus dans les forêts de résineux, pour diminuer les risques d'incendie. Des massifs serrés, ou de larges rideaux isolant les parties embrasées, empêcheraient la projection des pommes de pin incandescentes, qui sont quelquefois lancées à plus de 100 mètres, propageant le feu avec rapidité. Nous avons dit, d'ailleurs, que l'Eucalyptus s'oppose à la venue du sous-bois, qui fournit aux flammes un aliment facile.

On a proposé d'employer l'écorce fibreuse de certains Eucalyptus pour fabriquer des cartons et des papiers grossiers et même des tissus hygiéniques. Quant à l'exploiter pour en tirer le tanin, on trouve d'autres matières premières plus avantageuses.

LE VANILLIER

Le Vanillier produit des fruits, gousses ou bâtons de vanille du commerce, très appréciés en parfumerie et pour aromatiser les liqueurs, sucreries, pâtisseries, etc.

C'est un arbuste des régions tropicales, que l'on exploite avec succès, entre autres, dans quelques colonies françaises.

Caractères. — Il existe plusieurs espèces de ces *Orchidées*. La plus répandue est le *Vanilla Planifolia*, Andr., ou *Vanillier du Mexique*, que l'on dit être, aussi, le V. Sativa Sch., le V. Claviculata Sw. On l'a propagé par la culture dans diverses contrées du globe, car il fournit la vanille la plus estimée.

Les Vanilliers sont des lianes ou végétaux sarmenteux grimpants, à *tiges* noueuses très longues, à racines souterraines roux pâle, traçantes, de la grosseur du petit doigt. En outre, la plante possède des *racines adventives* aplaties, solitaires à chaque nœud de la tige et apposées aux feuilles. Les unes sont courtes et comme roulées en spirale à leur sommet, ayant ainsi l'aspect de vrilles, qui servent à la plante à se fixer sur un support ; les autres s'allongent, descendant verticalement, pour se fixer dans le sol, ou flotter simplement dans l'air humide.

Les *feuilles* sont entières, un peu épaisses, sessiles, alternes, *planes* ; elles mesurent 10 à 15 centimètres de longueur, sont de forme oblongue, lancéolée, lisses, d'un vert gai, plus pâle en dessous, légèrement striées.

Les *fleurs* ont un aspect particulier, comme, d'ailleurs, celles de toutes les orchidées exotiques ; toutefois elles ne sont guère ornementales ni parfumées. Ecloses le matin, elles sont, paraît-il, « fanées à tout jamais au coucher du soleil ». Elles ne vivraient donc guère plus que le poétique « espace d'un matin ». Elles constituent de grosses grappes, principalement dans la partie supérieure des tiges, à l'aisselle des feuilles. Relativement grandes et d'un blanc sale à l'intérieur, l'extérieur étant jaune verdâtre, leur forme est irrégulière, en cornet campanulé à six divisions. Une d'entre elles, appelée labelle, enveloppe le prolongement de l'ovaire (gynostème), auquel elle est soudée sur sa plus grande longueur. Au sommet de ce prolongement se voit, sur un mince filet, l'anthère, unique organe mâle, pourvu de masses polliniques. A proximité, est le stigmate de l'ovaire, qui doit recevoir le pollen, poussière fécondante. Ce stigmate constitue une sorte de réceptacle formé de quatre petites valves s'adaptant l'une à l'autre. Deux de ces valves latérales sont à peine saillantes ; la troisième, supérieure, très développée, a la forme d'un opercule, qui dépasse l'anthère, empêchant donc ce dernier de remplir son rôle génital. Par suite de cette disposition défectueuse, que l'on retrouve d'ailleurs dans la plupart des fleurs d'Orchidées, les fruits seraient rares si l'hyménée n'était pas favorisée par les insectes, qui imprègnent le stigmate de pollen, en venant visiter ces étranges fleurs. On comprend aussi que la main de l'homme puisse être là d'un grand secours.

Une fois fécondé, l'ovaire grossit rapidement en fève, ou capsule cylindrique très allongée, sorte de silique à deux valves. Ce fruit, d'abord vert, devient brun jaunâtre à la maturité. Il contient une pulpe noir luisant, douce, onctueuse. On remarque aussi de nombreuses graines noires, petites, ovoïdes, lenticulaires. La gousse dégage une odeur balsamique, très suave, qu'elle tient, principalement, d'un principe spécial, la vanilline qui, dans les fruits de première qualité, vient après séchage s'effleurir à la surface en aiguilles blanchâtres et brillantes ou *givre*.

Autres espèces. — Le *Vanilla Pompona*, Schiede, de la Guadeloupe, donne un fruit (Vanilla rosa, des Espagnols),ou *vanillon*, moins apprécié. Il est épais, plus large, aplati, un peu mou et visqueux avec un parfum se rapprochant de l'Héliotrope.

Le *Vanilla Simarouna*, ou V. Sylvestris, donne la vanille bâtarde, d'une valeur commerciale plus faible aussi. Elle est courte, non givrée, peu charnue et assez sèche.

D'après MM. Costantin et Bois, les Vanilles commerciales

se rattachent à six espèces : *Vanilla Planifolia*, *V. Pompona*, Schiede, *V. Garderii*, *V. Appendiculata*, Rolfe, *V. Odorata*, Presl., *V. Rhacantha*.

Régions. — Les auteurs que nous venons de citer disent que nos colonies produisent les deux tiers de la Vanille commerciale, soit 187 000 kilogrammes en 1912.

Tahiti est, ou plutôt a été, au moins pendant un certain temps, le premier producteur de Vanille, en ce qui concerne le poids, sinon la qualité. Le V. Planifolia y fut introduit de Manille, par l'amiral Hamelin en 1848.

A la *Réunion*, la culture du Vanillier donne d'excellents résultats. En 1892, il occupait une surface de 680 hectares et on exportait 96 268 kilogrammes ; en 1912, 560 hectares et 67 155 kilogrammes. De 1892 à 1912, la production moyenne a été de 70 tonnes par an, en passant par un maximum de 200 tonnes en 1898.

A *Madagascar*, l'exportation s'élevait, en 1904, à 9 tonnes, et à 44 en 1909.

La Vanille de la Réunion, Maurice et Madagascar est plus riche en vanilline (1,9 à 2,5 p. 100) que celle du Mexique (1,7 p. 100). Mais l'arome de cette dernière, ou Vanille leg, est plus fin, parce qu'elle renferme une moins grande quantité d'un produit spécial, à odeur désagréable, qui se trouve d'ailleurs dans toutes les variétés.

La Martinique a exporté, en 1899, 933 kilogrammes et 273 en 1900.

A la *Guadeloupe*, la production est plus importante. On exportait, en 1891, 5 763 kilogrammes ; en 1892, 22 733 kilogrammes ; en 1896, 4654 kilogrammes ; en 1899, 24 276 kilogrammes ; en 1900, 8 465 kilogrammes. On y cultive le V. Planifolia et la variété sauvage dite « du pays », ou Vanillon (V. Pompona, Schiede).

Il y a quelques années, la France était le principal acheteur de Vanille du *Mexique*. Jusqu'en 1894, San Rafael (colonie agricole française), et Papantla, envoyaient chez nous la majeure partie de leur production. Mais les exportateurs ayant eu, paraît-il, à se plaindre de certains commissionnaires de Paris et de Bordeaux, cherchèrent d'autres débouchés. D'ailleurs aujourd'hui, les îles de la Réunion, Maurice, Java, exportent plus que le Mexique, bien que la Vanille de ce pays soit toujours l'objet d'une très forte demande. Ainsi il a exporté, en 1891, pour 969 611 piastres (la piastre, 2 fr. 58) ; en 1896, 997 155 piastres ; en 1900, 1 283 057 piastres (les États-Unis prirent pour 1 246 052 piastres et la France pour 35 555 piastres). En 1904-1905, l'exportation s'est élevée à 120 653 kilogrammes (117 406 kilogrammes aux États-Unis, et 2 762 kilogrammes à la France).

Au Mexique, le Vanillier pousse à l'état sauvage dans les forêts vierges des états de Vera-Cruz (Acayunean, Costa de Sotavento, etc.) ; Oaxaca (Yantepec, Tuxtepec) ; Michoacan (Coahuayana) ; Tabasco (Corualcalco) ; Chiapas (Pichucalco) ; Guerrero (Tabao, Atoyac) ; Hidalgo (Pisaflores, Achiotepec) ; Zalino (Tomatlan, Sihuatlan) ; Yucatan (Valladolid de Juarez); Tamaulipas et Colimar.

Les premiers essais de culture remontent à 1760, à Misatlla (Vera-Cruz). Actuellement, elle est pratiquée dans les états d'Oaxaca (Zacatlan, Ajitlan, Ixcatlan); Tabasco (Corualcalco) ; Puebla (Tetela de Ocampo); Michoacan (Ario); Vera Cruz (Jalacingo, Misantla, Papantla, Gutterez-Zanora, Nantla, Chicontepec, San-Rafael, Zicaltepec, Tuxpam, Paseo-Viejo, etc.).

Les deux grands états producteurs sont ceux de Vera-Cruz (on estime qu'il y a 6 millions de pieds), et d'Oaxaca, le premier surtout, où les Vanilliers sont presque exclusivement dans les cantons de Papantla et de Misantla. C'est la côte de Boclavento (Papankos) qui fournit le meilleur produit. Le principal port d'exportation est Tuxpam ; viennent ensuite Vera-Cruz et Tampico.

On rencontre encore le Vanillier au *Brésil*, à la *Guyane*, au *Guatémala*, dans la *Colombie*, au *Pérou*, en *Indochine*, à *Java*, à *Manille*, aux *Seychelles*, etc.

Culture. — Le Vanillier ne pousse bien que dans les contrées intertropicales, où il trouve à la fois une atmosphère humide et chaude, et une température moyenne de 25 à 28°. Bien que réclamant le soleil, il demande un peu d'ombre. Il peut, alors, dans ces conditions, croître jusqu'à 300 à 400 mètres d'altitude.

On suit, d'habitude les méthodes culturales adoptées dans les provinces mexicaines de Vera-Cruz et d'Oaxaca. Dans ces contrées, on estime que cette production, bien que présentant un certain aléa, n'en est pas moins très à la portée des gens pauvres. Elle n'exige pas une grande surface pour donner un revenu appréciable, ni un outillage compliqué, par conséquent, pas de forts capitaux. La récolte des gousses est, en outre, facile, peu fatigante, à la portée des femmes et des enfants.

On considère comme étant les plus favorables, les *terrains* couverts d'une forte couche de terreau, tels qu'on en rencontre beaucoup dans les états de Vera-Cruz, Oaxaca, Tabasco, où la température élevée et l'atmosphère humide hâtent la décomposition des matières organiques.

Le sol doit être léger et sain, mais le sous-sol assez humide. La plante se plaît dans les anciennes alluvions très fertiles ; mais elle redoute les terrains secs et ceux qui sont très argileux.

Elle réclame une *exposition* abritée des vents, par exemple par la situation en pente de la vanillière. S'il lui faut un peu d'ombre, qui avec une bonne aération et la chaleur humide favorise la production de gousses longues, grosses, aromatiques, un couvert trop épais, par contre, compromettant la fructification et les lianes s'allongeant alors outre mesure, le végétal perdrait dans ce travail physiologique l'énergie qu'il doit employer pour nourrir les gousses, qui, sans cela, restent minces, molles et mûrissent difficilement.

On a remarqué que la végétation du Vanillier est plus intense quand il a comme *support* un arbre vivant au lieu d'un simple tuteur sec. M. Jacques de Cardémoy aurait, en effet, constaté que, dans le premier cas, il emprunte par ses racines prenantes et à l'aide d'un champignon, une partie de la sève de son hôte.

Pour établir une vanillière, on plante donc d'abord les arbres qui, en même temps qu'ils serviront d'appui aux lianes, leur donneront l'ombre nécessaire. On espace ces arbres de 4 mètres. Quand ils ont atteint 3 à 4 mètres de hauteur, on met à leur base le Vanillier. Il y en a ainsi environ 6 000 à l'hectare.

Pour les tuteurs, on profite aussi de certaines cultures arbustives. Par exemple, dans les plantations de Cacaotiers, on

trouve des Cocohites, des Chiplecohites, des Chontals, qui
donnent leur ombre aux Cacaoyers et sur lesquels on peut
faire grimper le Vanillier. On peut ainsi intercaler dans un
champ de cacaoyers ou de caféiers 400 Vanilliers à l'hectare.

Si la vanillière doit être installée sur un défrichement de
bois, on marque à l'avance, pour les conserver, les arbres de
taille appropriée et suffisamment espacés, qui serviront de
tuteur. On abattra ceux qui empêcheraient une bonne aération, ou projetteraient trop d'ombre.

Autant que possible, ces arbres-tuteurs ne doivent pas
changer d'écorce. D'après Heuzé, on utilise encore, suivant
les pays : Acacia bois noir (Acacia Latifolia); Avocatier
(Laurus Persea); Bibassier (Eriobotrya Japonica); Bois
Chandelle (Dracœna Candelaria); Dragonnier (Dracœna
Draco); Filao de l'Inde (Casuarina Equisetifolia); Fromager
ou Ouatier (Bombax Malabaricum); Jack ou Jacquier (Arto-
carpus Integrifolia); Manguier (Mangifera Indica); Pignon
d'Inde (Jatropha Curcas). Ce dernier a le défaut de perdre ses
feuilles au moment où le Vanillier mûrit ses fruits et a besoin
d'un peu d'ombre. Dans ce cas, on peut planter quelques
Bananiers.

Le Vanillier ne donnant pas de graines fertiles, on le multiplie de *boutures*, que l'on peut laisser d'abord se développer
en pépinière. Ce bouturage se pratique au printemps (mars
à mai), ou à l'automne (septembre à novembre). On prend des
portions de tige de 1 mètre à 1^m,5, dans tous les cas ayant au
moins trois nœuds, avec des yeux bien apparents. On leur
enlève les feuilles inférieures et les couche en terre, en ne laissant sortir qu'un ou deux yeux, suivant leur longueur. Quand
on les met à demeure, on doit faire en sorte que les pattes,
crochets ou suçoirs soient dirigés du côté du tuteur. Au besoin,
on fixe leur partie supérieure à ce dernier. Au préalable, on
aura mis dans le trou du terreau ou du fumier bien décomposé.
Après la plantation, on arrose si le sol est sec. A mesure que
la jeune plante s'élève, on la fixe au support. Quand elle a
atteint le sommet de ce dernier, elle se ramifie et les sarments
retombent pendant librement dans l'air. Mais souvent, pour
éviter que les lianes ne s'élèvent trop et ne s'épuisent ainsi, ce

qui nuirait à la bonne fructification, on les abaisse, pour les enrouler sur les premières branches, ou pour les entrelacer. Dans ce dernier cas, on les soutient à l'aide de taquets fixés sur les arbres.

Les *soins culturaux* consistent en élagages des arbres-tuteurs, pour qu'ils ne deviennent pas trop touffus ; en sarclages, qui détruiront particulièrement les plantes grimpantes. On fume tous les ans avant la floraison.

Nous avons dit, au moment de la description de la fleur du Vanillier, que si l'on veut assurer une bonne récolte, il faut amener artificiellement le pollen en contact avec le stigmate. On prétend que c'est un créole de Bourbon nommé du Buisson, Edmond, a-t-on écrit, aussi, qui, le premier, en 1817, aurait employé ce procédé. D'après certains, c'est Neumann, chef des serres du Museum d'Histoire naturelle de Paris, qui l'aurait découvert en 1830. Enfin, on raconte encore qu'en 1839, M. Ch. Morren, de Liège, pratiqua la *fécondation artificielle*.

Quoi qu'il en soit, on procède à cette délicate opération pendant la chaleur du jour, de 8 heures à 2 à 3 heures. Avec une aiguille arrondie à l'un des bouts, on soulève le labelle de la fleur, roulé en cornet qui recouvre l'organe mâle et, exerçant une légère pression avec le pouce et l'index, on met cet organe en contact avec l'organe femelle, pour que le pollen l'imprègne. On a encore donné la technique suivante : saisir la base de la fleur entre le pouce et l'index de la main gauche, de façon que le pouce relevé soit à la hauteur des organes. Avec un petit bâton pointu, tenu de la main droite, déchirer le labelle, afin de mieux voir ces derniers. De la pointe du bâton, passée sous la valve qui recouvre le stigmate, relever cette valve qui a sa place tout indiquée sous l'anthère et où elle va, pour ainsi dire, d'elle-même, soulevant l'anthère, qui retombe sur le stigmate en y attachant ses pollinies. Une légère pression du pouce gauche sur l'anthère assure le contact parfait des organes.

Après la fécondation, l'ovaire grossit rapidement et le fruit peut atteindre son complet développement en trois mois. Quand l'arbuste est fort chargé, — il peut y en avoir de 2 à 12,

et plus, par grappe, — n'en laisser que 5 ou 6, pour les avoir
plus beaux.

Culture en serre. — La culture en serre du Vanilla Planifolia peut se pratiquer en Europe. Mais, ici, la production des
fruits ne peut pas présenter un intérêt commercial.

Il faut disposer d'une serre chauffée au thermosiphon, et
dont la température oscille entre 15 et 20°. On plante en pot

Fig. 100. — Vanillier en serre.

ou en pleine terre, dans un mélange de terre de bruyère ou de
fougère et de sphagnum. Le support sera une tringle de fer,
courant au-dessous du vitrage, ou une charpente de bois, ou de
gros fil de fer galvanisé. La culture en pot permet le déplace-
ment des pieds de Vanillier, et rend l'entretien des plantes plus
facile. Alors, il est préférable de donner comme support une
charpente de bois conique.

Il importe de remarquer qu'il y a dans le cycle de végétation
de cette plante, et des Orchidées tropicales, en général, deux
phases bien distinctes : la période de végétation active et
la période de repos. Ces deux états sont indiqués par les racines
adventives, qui s'allongent progressivement dans la première
phase, mais qui s'arrêtent complètement de croître dans la
deuxième.

Quand le Vanillier est en vie active, on doit le mettre à la
grande lumière. On lui donne, alors, de copieux arrosages et
de fréquents bassinages sur les branches et les feuilles. Quand
il est en repos, ces soins sont plus modérés et donnés avec beau-

coup de prudence. En hiver, qui est généralement la période de repos, on maintient une température de 15 à 20°.

Si la plante est attaquée par les pucerons, friands de ses fleurs et de ses jeunes pousses, on les combat avec le jus de tabac.

En mars-avril, a lieu le réveil de la végétation. On ne tarde pas alors à voir naître les inflorescences à l'aisselle des feuilles et elles se développent rapidement. La floraison ne se produit guère que si les rameaux ont 1^{cm},5, environ, de diamètre.

Quand la plante est en pleine floraison, on commence à arroser légèrement, en augmentant progressivement, afin de lui rendre toute la force, dont elle a besoin pour grossir ses gousses et former de nouvelles branches. Ne reprendre les bassinages que quand les fruits sont déjà gros, car un peu d'eau séjournant à leur surface pourrait les faire pourrir.

Ici, où l'on ne peut généralement compter sur aucun insecte, la pollinisation artificielle importe plus encore qu'en plein air.

La maturité des gousses n'a lieu qu'au bout de neuf à dix mois, c'est-à-dire pendant le repos de la végétation, en décembre.

Récolte des gousses. — Les gousses sont mûres trois à six mois après la fécondation des fleurs, suivant les pays, de fin mai à septembre. Au Mexique, le Vanillier commence à fructifier dès la deuxième ou la troisième année, et la plantation est en plein rapport la quatrième année. On procède à la récolte en septembre.

La *cueillette* demande une certaine attention. Il ne faut pas, en effet, attendre la complète maturité des gousses, ni s'y prendre trop tôt. Insuffisamment mûres, leur parfum est moins développé ; elles sèchent difficilement et sont souvent attaquées par les moisissures, principalement à la crosse. Trop mûres, elles sont presque toujours entr'ouvertes ; elles conserveront une couleur rougeâtre et seront moins odoriférantes.

En général, les premières et les dernières cueillies ne valent pas les autres par leur arome.

On détache les fruits tous les deux ou trois jours, dès que leur partie inférieure brunit et en leur laissant un tout petit bout de pédoncule. On rapporte que la manipulation de la Vanille fraîchement mûre provoque chez beaucoup de personnes des démangeaisons désagréables, analogues à celles que produisent le poil ou la poudre à gratter, mais qui durent bien plus longtemps. Peut-être faut-il incriminer le suc visqueux de la tige, riche en raphides (cristaux d'oxalate de chaux) qui produit sur l'épiderme une action vésicante.

On estime que le *rendement* d'un Vanillier est bon quand il

Fig. 101. — Paquet de vanille.

donne 50 gousses en moyenne. Mais 25 sont déjà une récolte très acceptable, pour la généralité des plantations. 250 gousses font d'ordinaire le kilo, dont le prix varie, suivant l'année, la provenance et la qualité. Les vanillons sont payés un tiers de moins que la bonne Vanille. Au Mexique, on parle de 10 à 50 piastres (la piastre, 2 fr. 58). On observe, dans ce pays, qu'après une dizaine de récoltes, le rendement décroît et qu'il est préférable de renouveler la plantation après douze à quinze ans ; mais elle peut durer trente à quarante ans.

M. Charles Stéphan a donné, toujours pour cette région, le compte suivant, concernant une vanillière de 100 plantes intercalées dans une culture de cacaoyers ou de caféiers :

Valeur d'un quart d'hectare de terrain, de qualité supérieure, 10 piastres ; façons, jusqu'à la première récolte, 40 piastres ; récolte et préparation de 2 500 gousses, 50 piastres; total 100 piastres. Vente des 2 500 gousses, soit 10 kilogrammes à 20 piastres, 200 piastres. Bénéfice, 100 piastres. — Pour la deuxième récolte, l'exploitation exigera seulement 10 piastres pour les soins et 50 dollars pour la préparation des gousses. Le gain sera de 140 dollars, chiffre qui se répétera à chaque récolte suivante.

« Il a été constaté qu'une famille de quatre personnes peut cultiver et soigner parfaitement une plantation de 400 arbustes, et qu'après s'être assuré un salaire de 0,75 piastre par personne et par jour, pendant soixante jours, durée de la période végétative du Vanillier, il lui reste un bénéfice net de 620 piastres à chaque récolte. »

Préparation. — Les gousses, aussitôt récoltées, doivent subir une certaine préparation pour être livrées au commerce. Ces manipulations varient suivant les pays, mais elles sont toujours délicates et réclament beaucoup d'attention et de soins spéciaux, sans être cependant ni difficiles, ni fatigantes.

Les fruits, placés dans un panier, sont *plongés* dans de l'*eau* un peu avant d'avoir atteint son point d'*ébullition*, soit à 80-85°, et on les y laisse de vingt secondes à une minute, suivant leur grosseur. Au besoin, on renouvelle une deuxième fois cette opération. Les gousses ont ainsi moins de tendance à s'ouvrir. D'ailleurs il est possible, pour éviter la déhiscence, de lier l'extrémité avec une bandelette de coton, que l'on serrera au fur et à mesure de la dessiccation. Puis on étend la récolte sur une claie. Après un quart d'heure d'égouttage, on la fait *sécher* au soleil pendant six à huit jours. Pour cela, on place les gousses sur une couverture de laine, qui conservera la chaleur pendant la nuit, et les laisse, chaque jour, deux à trois heures au soleil, sur des tables ; puis on roule la couverture, que l'on met dans une caisse. Ce séchage, que l'on termine parfois simplement sous un hangar, continue jusqu'à ce que les fruits, ne suant plus, ne transpirant plus, ridés et flétris, aient pris une belle couleur brun chocolat. Ils ont perdu, alors, du quart à la moitié de leur volume.

Pour que, par la suite, ils ne se dessèchent pas outre mesure et conservent toute leur souplesse, on les imprègne d'huile, qui ne rancit pas (de cacao ou de cachou), et les met encore sur des tablettes garnies d'étoffe de laine, placées dans un local aéré, où ils restent un temps plus ou moins long. De temps à autre, on les aplatit un peu avec les doigts, tout en répartissant uniformément l'huile à leur surface pour les lustrer.

A la Guyane, on fait sécher les gousses sous la cendre, jusqu'à ce qu'elles se rident. Puis on les nettoie et les imbibe d'huile, après avoir lié l'extrémité, pour éviter la déhiscence. Enfin, on les étale à l'air libre pour terminer le séchage.

Si la cueillette se faisait par une période de pluies, on pourrait passer les gousses dans un four à 45°, et terminer la dessiccation au soleil, ou sous un hangar.

Dans ces opérations, il faut surveiller plus particulièrement les fruits qui ont été récoltés trop tôt, car ils ont une tendance à se couvrir de moisissure à la crosse et laissent échapper une odeur peu agréable. Ce défaut peut, d'ailleurs, se rencontrer chez d'autres gousses qui ont été mal préparées.

Le séchage étant terminé, on procède au *triage*, puis au classement par *qualités*: gousses noires et très parfumées; gousses un peu rougeâtres et ayant quelques rugosités; vanillons, ou gousses fendues; gousses malades, caractérisées par un pédoncule ligneux et cassant. En général, les gousses rondes, récoltées sur les Vanilliers indigènes, sont moins souples, moins onctueuses que les gousses aplaties récoltées sur les Vanilliers cultivés.

La Vanille est dite « givrée », ce qui se produit après trois à quatre mois de conservation en boîte, quand elle est couverte d'efflorescences argentines, brillantes, formées d'aiguilles blanches de vanilline, implantées normalement. C'est donc là l'indice d'une qualité supérieure des fruits. Mais on vend quelquefois aussi des gousses dont on a extrait la vanilline, ou Vanilles épuisées, et que l'on a ensuite enduites de baume du Pérou, puis roulées dans des cristaux d'acide benzoïque. Disons que, ici, ces cristaux ne sont plus implantés normalement; que l'acide vanillique fond à 80°, tandis que l'acide benzoïque à 120°.

Dans le commerce, on distingue aussi, par provenance: V. du Mexique; V. de Bourbon; V. des Seychelles ou de Maurice; V. de l'Amérique du Sud; Vanillon (presque triangulaire, à odeur rappelant la coumarine; produit du *Vanilla Pompona*, Schiede).

La Vanille du Mexique est la plus fine; on l'appelle quelquefois *sobra buena*. Dans ce pays, on classe, en partant des plus fines: *legal vanilla* (gousses très ridées, onctueuses au toucher, et non sèches; à aspect huileux; de couleur uniformément brune, sans nuance rougeâtre ou noire ; à pulpe molle) ; *Vanilla fina* ; *V. chica* ; *V. zacata*, ou *azacata* ; *V. zeracata* ou *rezacata* ; *V. simarouna* ou *cimarona*, ou *pala vanilla* ; *V. cassura*, ou *casura*.

La Vanille de Saint-Domingue est peu estimée. Elle est noire et d'un parfum faible.

Dans le commerce européen, on distingue trois sortes de Vanilles : la *V. légitime* ou V. lec, V. ley, ou Vanille givrée : 16 à 20 centimètres de long, 6 à 7 millimètres d'épaisseur ; brun noirâtre (ni trop rouge, ni trop noir) ; pleine, ridée, souple, onctueuse, courbée en crosse ; un grand nombre de petites graines noires ; odeur très suave, très balsamique, très pénétrante, saveur très agréable, chaude, un peu piquante. — La *V. bâtarde*, ou *cimarona*, moins estimée, qui vient des Antilles et de la Guyane : odeur plus forte, mais parfum moins fin ; moins effilée, plus courte, moins épaisse, plus sèche ; de couleur plus pâle ; se couvre rarement de givre ; paraît être le fruit du Vanillier indigène au Brésil, au Pérou, à la Guyane, aux Antilles. — Le *Vanillon*, ou *pompona*, ou bova, du Mexique ou des Antilles, paraît être aussi le fruit du Vanillier indigène au Pérou, au Brésil, à la Guyane, aux Antilles ; gousses souvent triangulaires ; très courtes, très grosses, enflées ; très foncées en couleur ; odeur forte, mais non balsamique ; le vanillon gras (par opposition au vanillon sec) est souvent fendu ; parfois falsifié en le roulant dans des cristaux d'acide benzoïque.

On ne doit mettre en paquet que des gousses d'égale *longueur*. Le commerce distingue la Vanille longue, la Vanille moyenne, la Vanille courte : Vanille longue, dite longue belle : 21 à 23 centimètres et 7 à 9 millimètres, onctueuse, souple, mais non molle ; Vanille moyenne, ou bonne : 16 à 19 centimètres, avec les autres caractères indiqués ci-dessus ; Vanille courte ou ordinaire, 10 à 13 centimètres.

La Vanille du Brésil est plus longue que celle du Mexique. Elle mesure jusqu'à 24 à 30 centimètres, et $1^{cm},5$ à 3 centimètres de largeur ; celle du Mexique 18 à 24 centimètres et un demi-centimètre à $1^{cm},5$ de largeur. La Vanille légitime ou V. lec, ou ley, du commerce européen, a 16 à 20 centimètres et 6 à 7 millimètres.

Avant l'empaquetage, on procède au *dressage*, c'est-à-dire que l'on tire chaque gousse par les deux bouts.

On livre au commerce par *paquets* contenant le plus souvent 50 gousses, les plus belles étant mises à la surface. On ligature avec trois fils de rabane (*Sagus Raphia*). Pour éviter la déhiscence possible des fruits, il faut serrer assez fortement le lien correspondant. Cet empaquetage doit être soigné, sinon les gousses pourraient se moisir ou perdre leur odeur. C'est par la pointe que la moisissure apparaît d'abord ; elles deviennent alors sèches et cassantes.

Les paquets de 50 bâtons de première qualité pèsent 300 à 325 grammes ; ceux de deuxième choix, 250 à 260 grammes ; ceux de troisième qualité, 120 à 150 grammes. Le paquet de Vanille mexicaine de première qualité ne pèse que 240 grammes.

Dans toutes ces manipulations, il faut éviter de trop remuer les gousses givrées, qui perdraient une partie de leur efflorescence.

On doit *conserver* la Vanille dans un endroit sain, sec, et dans des récipients (de préférence des bocaux ou des boites métalliques) bien clos, pour empêcher la déperdition du parfum.

On *emballe* les paquets dans des boites métalliques en contenant 6 rangées de 5. Une étiquette porte la tare et le poids net des paquets, ainsi que la longueur des gousses. On met aussi quelquefois en vrac, dans des caisses dont le poids est variable.

D'une étude publiée il y a quelques années par M. Charles Stéphan, sur l'agriculture au Mexique, nous extrayons ce qui suit : La Vanille est cotée au Havre : Picadura, 60 à 75 francs le kilogramme ; ordinaire rajada, 75 à 85 francs ; Paluda pezcuezada, » » francs ; bonne classe, 90 à 115 francs ; supérieure, 120 à 140 francs ; extra, 160 à 180 francs.

Emploi — La Vanille ne contient pas d'huile essentielle proprement dite (on trouve, cependant, certains catalogues d'industriels parfumeurs mentionnant une essence de distillation, qui vaut 140 à 150 francs le kilogramme). Son parfum est dû à un principe cristallisable, la vanilline (Gobley), $C^8H^8O^3$, ou aldéhyde paraoxybenzoïque métoxyméthylée, qui, abandonnée à l'air, donne de petites quantités d'acide vanillique.

Il y a encore dans la gousse des matières grasses et cireuses, une résine, une matière sucrée, etc.

La Vanilline se forme sous l'action d'une oxydase qui transforme l'alcool coniférylique, provenant de l'action d'un autre ferment hydratant sur la coniférine.

La teneur des gousses en vanilline varie de 1,5 à 2,5 p. 100. Les Vanilles mexicaines sont les moins riches, mais le principe utile y est mélangé à moins de corps masquant son odeur. Celles de Java et de Bourbon sont les plus riches, mais la vanilline y est mêlée à des substances atténuant un peu son parfum. Une Vanille des Antilles contient aussi une autre aldéhyde, probablement l'aldéhyde benzoïque, et l'ensemble dégage l'odeur de l'héliotrope. C'est ce parfum qui, en Provence, fait souvent appeler cette plante (*Heliotropium Peruvianum*) du nom de Vanille. Les Vanilles de Tahiti sont réputées pour contenir moins d'oxydase que celles des autres origines. La préparation en est rendue plus délicate, mais les industriels ont maintenant le tour de main nécessaire pour obtenir les meilleurs résultats.

On sait que la *Vanilline artificielle* est un des premiers parfums synthétiques obtenus par la chimie (Tiemann et Haartmann). Aujourd'hui on la fabrique de plusieurs façons, en partant : de la coniférine, tirée de la sève de certains mélèzes ; de l'eugénol, que l'on rencontre dans l'essence de girofle, de massoy, de myrcia, de bétel, etc. ; du gaïacol, extrait du benzène des goudrons de houille ; de l'hydrate de terpène, etc. Son prix, qui était, en 1874, au moment de sa découverte, de 8 000 francs le kilogramme, est descendu à 60 francs, 50 francs. On a prétendu que cette découverte n'a pas nui à la culture du Vanillier. Ce serait plutôt le contraire, si l'on se fie au chiffre des exportations de nos colonies. Il n'atteignait pas 20 000 kilogrammes de Vanille en 1880, et il dépasse 200 000 kilogrammes aujourd'hui. « Vanille artificielle et Vanille naturelle s'adressent, a-t-on écrit, à deux clientèles différentes. La Vanille naturelle reste le parfum ou le condiment du riche, parce qu'elle renferme, en plus du produit principal, que le laboratoire sait produire, une foule d'autres essences, qui donnent à son arome une finesse et un velouté incomparables. »

La *parfumerie* extrait la vanilline en épuisant les gousses et le givre de Vanille par l'éther. Mais, le plus souvent, elle prépare des extraits, esprits, teintures. Par exemple, on laisse, pendant un mois, dans 4 litres d'alcool, 300 grammes de gousses coupées en petits morceaux et on agite une fois par jour. Il ne restera plus qu'à filtrer. On tire aussi l'extrait des pommades parfumées.

Le parfum de la Vanille, convenablement associé à d'autres, sert à obtenir les senteurs de giroflée, d'héliotrope, de clématite, etc. Il entre dans le « bouquet Maréchale », dans les pommades, savons, etc. L'extrait sert à préparer les eaux pour la chevelure, en mélange avec les eaux de rose, de fleur d'oranger, de sureau, de romarin.

Les *liquoristes*, *pâtissiers*, *confiseurs*, utilisent les gousses ou la vanilline pour aromatiser leurs produits. On prétend que la vanille rend le chocolat plus digestible.

D'après Johnston, la Vanille agit sur l'économie comme un *stimulant aromatique*, qui excite les fonctions intellectuelles et augmente, en général, l'énergie animale ; c'est un aphrodisiaque. En pharmacie, on prépare du sucre vanillé, que l'on donne à la dose de 2 à 8 grammes. Ou bien on l'associe (50 gr.) avec de la poudre de cannelle (10 gr.) et de la muscade (10 gr.), pour constituer une poudre stimulante. On obtient une potion analogue avec : teinture de vanille, 10 grammes ; teinture de cannelle, 10 grammes ; vin de Malaga, 100 grammes ; sirop d'écorce d'orange amère, 50 grammes.

TABLE ALPHABÉTIQUE
DES NOMS LATINS DES PLANTES

TABLE SYSTÉMATIQUE DES MATIÈRES

(Les plantes sont classées par ordre alphabétique)

291717. — Coulommiers. Imprimerie Paul Brodard.